그림으로 쉽게 배우는

야채재배 첫걸음

아라이 도시오 지음 | 박성진 편역
이태근 감수 | 임락경 추천

중앙생활사

몸에 좋은 야채 77종

주렁주렁 열매 맺는 열매채소 12종

토마토
가정 텃밭에 잘 심는 채소. 바질도 함께 키우면 이탈리아 요리에 이용할 수 있다.

방울토마토
작은 토마토지만 많이 수확되어 좋다. 색깔, 형태도 가지각색이어서 관상용으로도 좋다.

가지
얇고 기다란 품종에서부터 두툼하고 큰 미국가지 등 종류가 점점 증가하고 있다. 가을보다는 여름에 재배하는 것이 더 간단하다.

오이
지루를 세워서 키우는 종류가 많으나 땅바닥에 그대로 재배하는 품종도 있다. 신선함이 맛에 잘 드러나는 채소이다.

옥수수
단맛이 있는 품종을 고른다. 수확 후 1시간 이상 지나면 단맛이 떨어진다고 하니 막 딴 옥수수를 맛보자.

피망
딸기와 같은 정도의 비타민 C를 함유하고 있다. 색깔이 있는 피망이 녹색 피망보다 많은 비타민 C를 함유하고 있다.

호박
식물섬유 등 영양이 풍부하고 조리법도 다양하다. 척박한 토양도 넓은 곳이라면 충분히 재배가 가능하다.

국수호박
삶거나 찌면 안쪽이 소면(국수)처럼 되는 호박으로 주키니호박의 한 종류이다. 깔끔한 맛이 나며 식초와 어울린다.

오크라
히비스커스와 같은 꽃을 즐긴 후 열매를 수확한다. 추위에 약하므로 주의가 필요하다.

고추
매운맛이 강한 작은 고추와 매운맛이 약한 고추가 있다. 건조하면 더욱 매운맛이 강해진다.

쓴오이(레이시)
생으로는 쓴맛이 나므로 익혀서 먹는다. 일본의 오키나와 요리에 빠뜨릴 수 없는 채소이다. 긴 모양, 두꺼운 모양, 하얀색 등 그 종류가 다양하다.

늙은오이
주로 절임용으로 쓰이며 생으로도 맛있다. 잘 시판되지 않는 채소를 재배하면 가정 텃밭의 재미가 더욱 배가 될 것이다.

누구에게나 인기 있는

과채류 3종

영양이 가득한

콩과 종류 5종

강낭콩
초보자에게는 넝쿨이 없는 품종을 권장한다.

대두(메주콩, 줄기콩)
여름에 풋콩을 먹는 것도 하나의 즐거움이다. 지역에 맞는 품종을 재배한다. 영양이 풍부한 것도 인기의 한 이유이다.

완두콩
그린피스는 열매만 먹지만 완두콩은 깍지째로 먹는 종류가 많다. 깍지가 생기면 매일매일 수확할 수 있다.

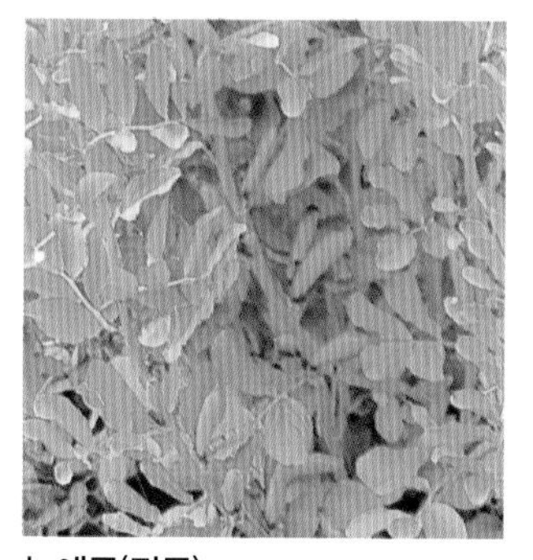

누에콩(작두)
하늘을 향해 콩깍지가 자라는 것이 특징이다. 막 딴 신선한 맛이 각별하여 장마 전의 즐거움이 되기도 한다.

땅콩
꽃이 떨어진 뒤 꽃줄기가 땅 속으로 들어가서 땅콩이 된다.

딸기
매년 새로 나는 어린 모종을 심어서 수확한다. 화분에 심어서 재배하는 것도 가능하다. 막 따낸 딸기 맛은 각별하다.

수박
커다란 열매는 수확이 즐겁다. 작은 크기의 품종이라면 가정에서도 재배하기 쉽다. 다만 연작할 수 없는 것이 아쉽다.

멜론
머스크멜론은 재배하기 어렵지만 그물 모양이 없는 노지재배 품종을 선택하면 가정에서도 재배가 가능하다.

수확하면서 재배하는 엽채류 26종

소송채
영양가가 높다. 특히 비타민 A · C와 칼슘은 시금치보다 많이 함유되어 있다. 재배하기가 쉽고 품종도 다양하다.

시금치
품종이 다양하므로 연중 재배가 가능하다. 비타민, 미네랄류가 특히 많이 함유되어 있는 영양가가 많은 채소이다.

쑥갓
봄에 국화와 비슷한 꽃이 피고, 종류에 따라 잎의 모양과 크기가 다르다.

경수채
최근에 쌈채로도 많이 소비되고 있다. 배추철이 지난 후 찌개용으로 많이 이용한다.

배추
결구하는 배추. 병에 강한 품종을 선택하여 비옥한 땅에서 재배하는 것이 텃밭재배의 필수사항.

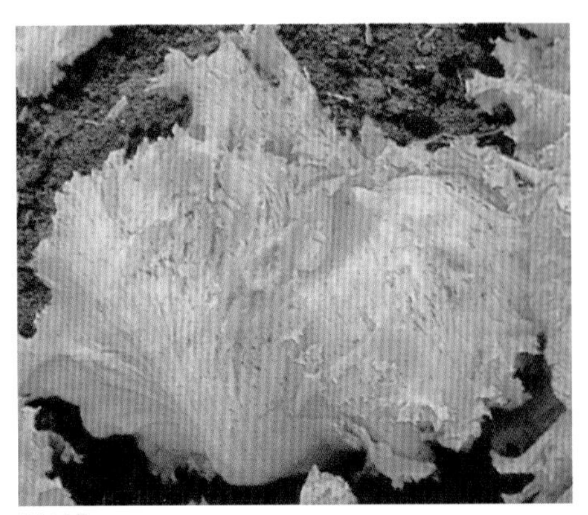

양상추
결구하는 양상추. 시원한 기후를 좋아하므로 가을에 파종하는 것이 재배하기가 쉽다.

상추
생육이 빠르고 결구하지 않는다.

치마상추
주로 쌈채용으로 이용한다. 봄 파종의 청엽과 가을 파종의 적엽이 있다.

샐러드채
양상추와 상추의 중간 종으로 크게 자란 부분부터 잘라서 이용한다.

양배추
더위에 조금 약하다. 가을에 씨앗을 뿌리고 천천히 자라게 하여 이듬해 장마 전에 수확하면 성공률이 높다.

미니양배추
양배추라고는 하지만, 이 품종은 곁싹을 먹는 채소이다. 결구한 곳부터 조금씩 수확해간다.

셀러리
더위에 약하므로 재배하기 어려운 것으로 알려져 있다. 하지만 통풍이 잘 되도록 하고, 소형 품종을 선택하여 모종을 옮겨심으면 가정에서도 재배가 가능하다.

아스파라거스
겨울철에는 지상 부분이 마르고 봄이 되면 자라난다. 수그루는 수량이 많고 줄기가 굵다.

컬리플라워
브로콜리에서 분화하여 꽃봉오리가 흰색이며, 일반적으로 꽃채소로 불린다. 꽃봉오리의 표면이 울퉁불퉁해지기 전에 수확한다.

로켓
잎은 참깨와 같은 향이 나며, 감미로운 향의 꽃이 핀다. 비타민 A · C의 함유량이 높은 채소이다.

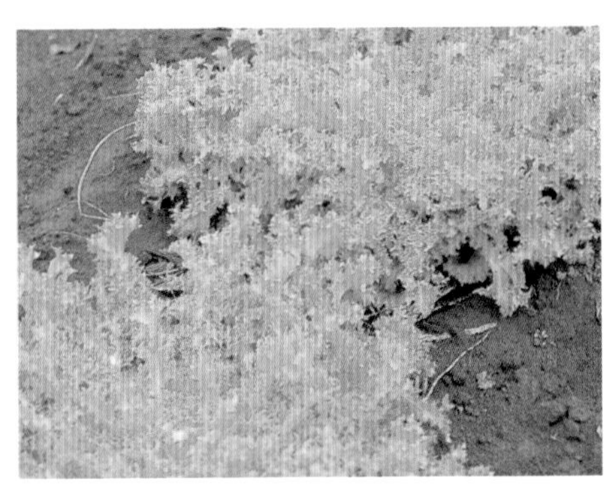

엔다이브
레티스의 한 종류로 비타민 A의 함량이 높고 꽃도 식용으로 이용한다.

브로콜리
컬리플라워의 원형으로 꽃봉오리가 녹색이며 곁싹을 수확할 수 있다. 비타민 C가 풍부한 녹황색 채소이다.

쪽파

파보다는 비타민이나 미네랄을 많이 함유하고 있다. 그루나누기로 잘 번식하므로 한 그루 심어놓으면 편리하다.

부추

잎뿐 아니라 꽃부추도 맛있다. 한 번 심으면 매년 수확할 수 있다. 통로나 담 밑에 심어놓으면 편리하다.

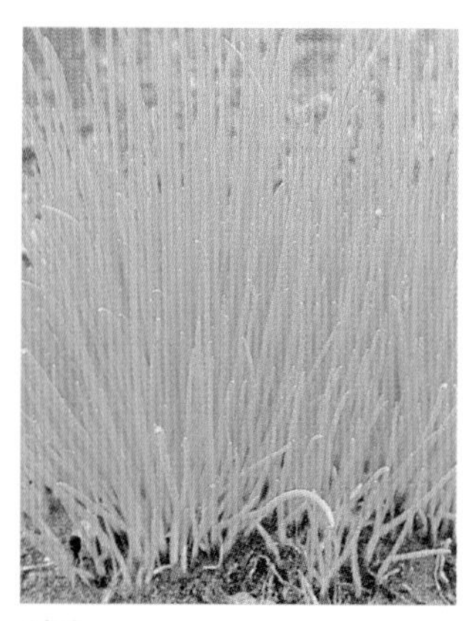

실파

양념으로 이용될 뿐만 아니라 구근도 맛있다. 한 번 심어놓으면 매년 봄에 싹이 나온다.

대파

일본의 관동지방에서는 흰 줄기가 긴 심근성 파가 많으나, 우리나라에서는 주로 연백부가 짧은 잎파가 많다.

양파

재배하는 것도, 보존하는 것도 간단하다. 가열하면 감미가 진해진다.

삼엽초

원래는 깨끗한 물에서 자라는 채소이므로, 수경재배로 비교적 간단하게 재배할 수 있다.

염교(락교)

수확하기까지 시간은 걸리지만 텃밭에서 재배하여 생으로도 먹을 수 있다. 토질을 가리지 않는 강한 채소이다.

명강

여름 · 가을에는 명강 순, 봄에는 명강 대를 먹는다. 일조량이 나빠도 자라고, 매년 방치해둬도 수확할 수 있다.

모로헤이야

생잎을 다지면 끈적끈적해지고 뜨거운 물에 데치면 부드러워진다. 고대 이집트에서 쓰던 약초로 유명하다.

순무

작은 순무, 큰 순무가 있다. 무보다는 빨리 수확할 수 있다. 잎은 미네랄이 풍부한 녹황색 채소.

래디시

'20일 무'라고 하는 별명처럼 여름에는 20일 정도에 수확이 가능하다. 모양과 색깔이 다른 신품종이 등장하고 있다.

무

길이가 긴 것뿐 아니라 둥근 형태도 있다. 옮겨심는 토양과 계절에 맞추어 재배할 품종을 선택한다.

당근

강하고 잘 자라는 채소이다. 그중에서도 뿌리가 짧은 것은 빨리 수확할 수 있고 재배하기가 쉽다.

미니당근

생식용으로 인기. 플렌터에서 가볍게 재배할 수 있어서 매력적이다. 향과 단맛이 좋다.

우엉

깊이 갈지 않으면 곧바르고 길게 자라지 않는다. 영양이 가장 많이 모이는 곳이 껍질과 내육 사이 부분이므로 조리방법에 주의한다.

감자

품종에 따라 점도가 다르다. 식용으로 구입한 것은 심어도 싹이 나지 않으므로 주의. 좋은 씨감자를 확보하는 것이 중요하다.

고구마

척박한 땅에서도 재배되는 강한 채소. 비타민 C를 감자보다 많이 함유하고 있다. 시간을 들여 가열하면 단맛이 높아진다.

실내에서 재배 가능한

새싹채소 3종

무순

세계적으로 육류요리의 장식에 사용되고 있다. 빨리 수확하는 것이 좋다. 테이블 위에서도 재배할 수 있다.

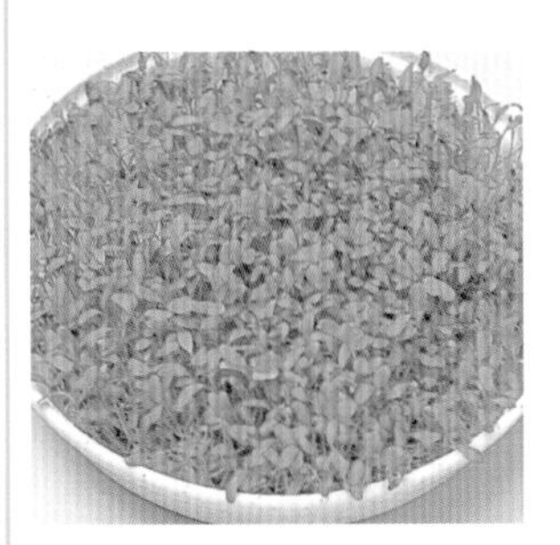

알팔파, 콩나물류

육류요리에 장식하고 싶은 새싹채소. 수확하기 전에 햇빛을 쪼여 녹색을 짙게 하면 영양분이 늘어난다.

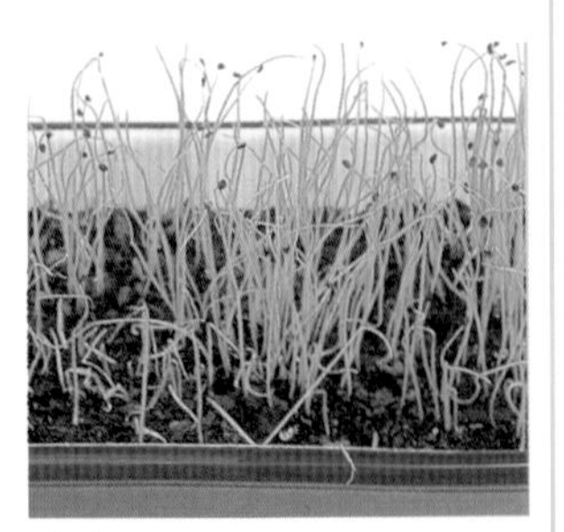

싹파

파의 향이 약간 나며 부드러워서 생선요리에 잘 어울린다. 검은 씨앗 껍질이 달린 채로 자라므로 재미있다.

토란

자생하는 마와는 달리 널리 재배되고 있다. 일조량이 좋지 않은 장소에서도 잘 자란다.

생강

수확시기의 차이, 잎이나 뿌리 등 식용부위의 차이에 따라 각각 맛에 깊이가 있는 향신용 채소.

인기 급상승 중인

중국채소 5종

청경채

잎자루의 녹색은 열을 가하면 한층 선명해진다. 봄과 가을 2번 재배할 수 있어 길이가 긴 화분에서도 재배가 가능하다.

비타민(다채)

시금치의 2배의 카로틴을 함유하고 있으며, 부담 없이 먹기 좋은 중국 채소.

세리폰

겨자채의 사촌으로 매운맛이 있으나 데치면 매운맛이 없어지고 색깔이 선명해진다. 더위와 추위에 강하고 재배하기가 쉽다.

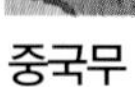

중국무

겉은 빨갛고 속은 흰 홍환(紅丸)무, 윗부분이 녹색인 청장(靑長)무, 희고 둥글지만 속은 홍색인 홍심(紅心)무 등이 있다.

팍초이

청경채의 사촌. 잎자루가 희고 부드럽다. 추위에는 약하므로 서리가 내리기 전에 수확을 끝내는 것이 좋다.

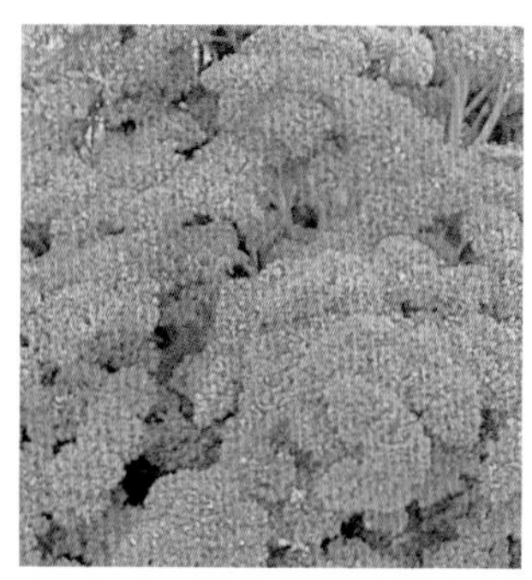

파슬리
그리스 · 로마시대부터 약용으로 재배되어왔다.

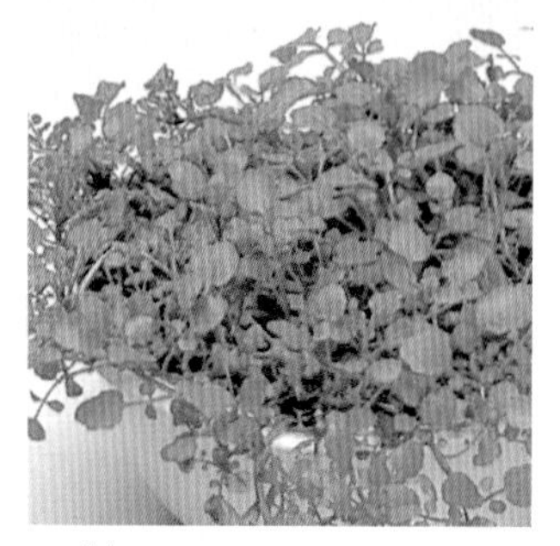

크레송
워터크레스, 네덜란드겨자라고도 불린다. 독특한 매운맛이 있는 향신용 채소.

민트
교잡되기 쉬고 품종이 다양하다. 향이 좋은 것을 꺾꽂이나 그루나누기로 번식시킨다. 드라이로도 즐길 수 있다.

바질
이탈리아 요리에는 바지리코라는 이름으로 쓰이며, 토마토 요리에는 빠뜨릴 수 없는 재료이다.

로즈마리
향이 진해서 냄새를 지우는 데 좋은 역할을 한다. 귀여운 꽃이 피기도 하므로 해충을 막는 의미에서 정원에 한 그루 정도 심어도 좋을 것이다.

타임
어떤 요리에도 어울리는 만능 허브. 종류도 많으므로 좋아하는 향이 나는 것을 선택하여 심는다.

세이지
약용 사루비아라는 이름으로도 알려져 있다. 만능 약초로 식용, 미용, 건강증진 등에 쓰인다.

라벤더
과자류에 쓰이거나 꽃의 향기를 살려서 향수 등에 쓰인다. 햇빛이 잘 드는 곳에서 꽃을 잘 피우고 싶다.

레몬밤
이름대로 레몬의 향기를 즐길 수 있다. 잎이 번성해지면 틈새를 둘 겸 잘라서 사용하고 남은 것은 드라이를 해도 좋다.

오레가노
토마토 요리, 생선요리에 이용되는 경우가 많다. 꽃이 피기 전에 수확하여 드라이를 하면 향이 진해진다.

딜
잎이나 줄기를 생선요리에 이용하거나 씨앗을 향신료로 사용한다.

차빌
'미식가의 파슬리'라고 불리듯이 섬세한 맛과 향을 지니고 있다. 너무 열을 가하지 않도록 하여 이용한다.

차이브
짜릿한 매운맛이 있고, 양념으로는 서양요리뿐만 아니라 일식에도 많이 쓰이는 편이다. 맑은 날 수확한다.

채소에 많이 생기는 병해충

병해충

무농약 재배라고 해서 병해충 방제를 포기하는 것은 잘못이다. 생육이 좋고 건강한 채소는 병해를 물리칠 수 있다. 해충에도 지지 않는 튼튼한 채소를 키워보자.

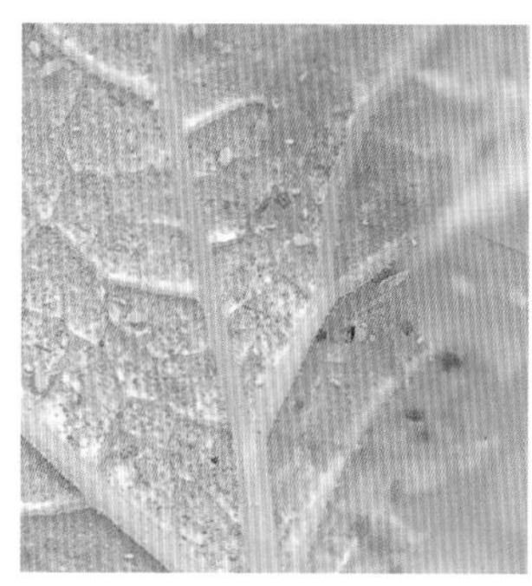

진딧물과 잎응애

진딧물은 바이러스병을 매개하므로 초기에 방제해야 한다. 잎응애는 물을 뿌려서 씻어낸다.

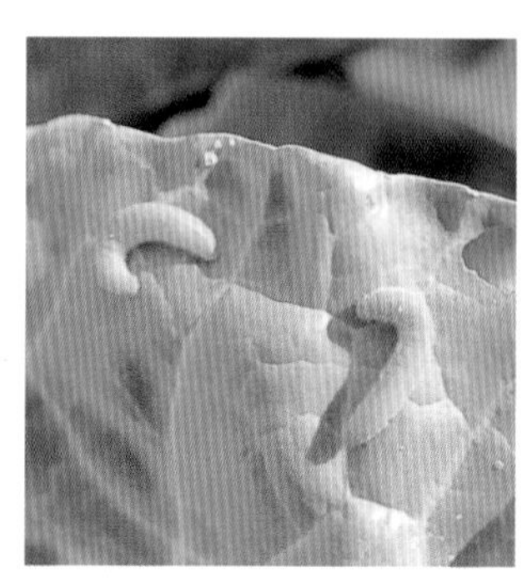

청벌레

잎을 갈기갈기 먹어버린다. 털벌레를 포함해서 큰 벌레는 발견하는 즉시 끈기 있게 손으로 잡아낸다.

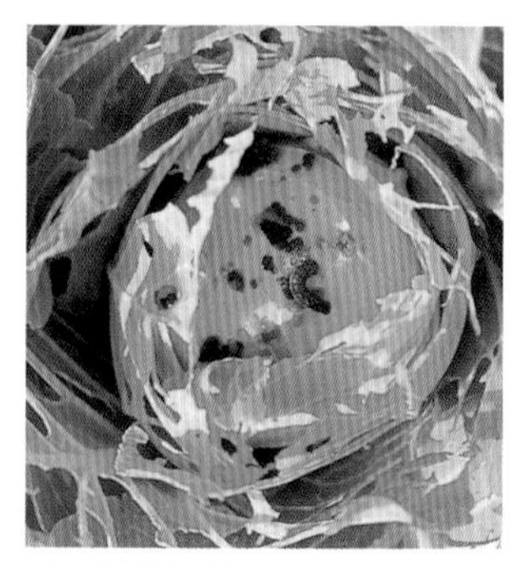

야도충(夜盜蟲)

거의 모든 채소의 잎을 먹어서 피해를 준다. 낮에는 흙 속에 있지만 밤에 잎 뒤쪽에서 발견되므로 제거한다.

이십팔점무당벌레

진딧물의 천적인 천둥벌레를 닮았지만 열매를 무는 해충이다. 사진 왼쪽의 유충도 해충이다.

뿌리혹선충

그루 전체의 생육이 나쁠 때는 뿌리의 병을 의심한다. 메리골드나 땅콩을 심으면 줄어든다.

배꼽썩음병

토마토를 재배할 때 잘 발생한다. 칼슘이 부족할 경우 특히 잘 발생하므로 밭에는 고토석회를 반드시 뿌려준다.

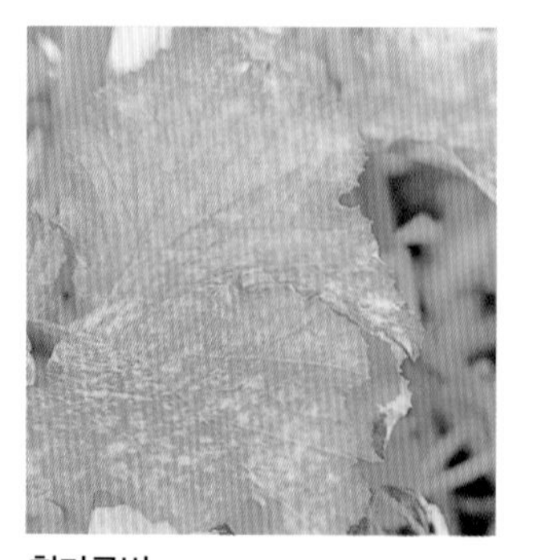

흰가루병

곰팡이가 원인이 되어 생기는 병으로 장마가 갠 후에는 특히 주의한다. 배수가 잘 되도록 재배한다.

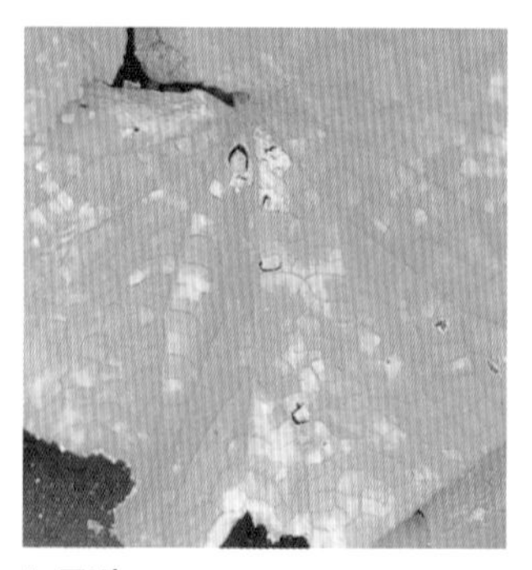

노균병

잎 표면에는 다각형의 병반, 뒤쪽에는 검은 곰팡이가 생긴다. 저온다습하면 발생하므로 봄에 특히 주의한다.

그림으로 쉽게 배우는

야채재배 첫걸음

그림으로 쉽게 배우는

야채재배 첫걸음

아라이 도시오 지음 | 박성진 편역
이태근 감수 | 임락경 추천

중앙생활사

감수의 글

텃밭가꾸기는 집 주변 공터나 베란다, 옥상, 화분 등을 이용해 직접 씨앗을 뿌리고 화학비료와 농약을 사용하지 않고 채소를 가꾸는 것을 말합니다. 비록 큰 공간은 아니지만 생명체가 자라나는 것을 온몸으로 체험하는 마당이 되어 농사의 소중함을 느끼며 스스로 환경을 지키는 생활훈련의 장으로 자리매김하고 있습니다.

텃밭가꾸기는 농촌뿐만 아니라 도시의 삶 속에서 생명의 경이로움을 느끼고 흙과 거름과 작물을 통해 자연 순환의 생태를 깨닫게 합니다. 또한 자신의 손으로 직접 가꾼 작물들을 맛보며 생산자로서의 기쁨을 만끽하고 건강한 먹을거리의 소중함도 깨닫게 합니다.

텃밭가꾸기는 이러한 즐거움을 가족들과 함께 나누는 좋은 기회이며, 텃밭을 통하여 함께 일하고 나누는 가족공동체의 기쁨을 얻을 수 있습니다. 아울러 자라나는 아이들에게는 생명과 흙의 소중함을 배우는 체험 학습장이며, 노인들에게는 좋은 일거리로 삶의 보람을 느끼게 해줍니다.

그러나 이렇게 이로운 텃밭가꾸기를 어떻게 해야 할지 몰라 선뜻 나서지 못하는 경우가 많습니다. 어릴 때부터 김치를 담는 배추나 고추를 어떻게 씨뿌리고 키우는지 배우지 못했습니다. 나아가 텃밭에 맞는 어떤 작물을 선정하여 어떻게 심어야 할지 배울 수 있는 기회가 거의 없었습니다.

농사는 그저 씨뿌리고 가꾸고 거두면 되는 단순한 일 같아 보이지만 생명체를 다루는 일이기에 많은 지식과 정성이 필요합니다. 요즘은 농사에 관련된 많은 정보들을 인터넷 등을 통해 쉽게 접할 수 있지만, 화학비료와 농약에 의한 대규모 농사 위주로 되어 있으며 일반인에게 익숙하지 않은 전문용어들이 많아 텃밭을 가꾸고자 하는 초보자들이 접하기에는 어려운 점이 많습니다. 또한 텃밭가꾸기는 좁은 땅에 여러 작물을 키우면서도 매일 작물을 돌볼 수 없는 경우도 고려하여, 텃밭에 맞는 적절한 재배작물의 선정과 재배방법이 필요합니다.

이 책은 이런 점들을 감안하여 텃밭을 가꾸어보려는 분들에게 좋은 길잡이가 되리라 생각합니다. 텃밭에 기르려는 작목선정, 토양만들기, 씨앗준비, 씨뿌리기, 옮겨심기 등 77가지 채소의 구체적인 재배방법을 제시해 텃밭에 농사를 지어보려는 초보자들에게 소중한 지침서가 될 것이라 봅니다.

텃밭을 가꾸면서 작물에 대해 공부하고 병해충과 싸우며 작물과 하나 되어 한 단계 한 단계 어려움을 극복해나갈 때 텃밭가꾸기의 기쁨이 더해가지 않을까 생각됩니다.

이태근

추천의 글

우리나라에서 정농회가 처음으로 무농약·유기농업을 시작한 지 30년이 되었습니다. 정농회가 처음 유기농업을 시작할 때 그 이념과 기술을 일본에서 배웠다고 합니다. 정농회가 아닌 다른 유기농업 단체들도 직·간접적으로 일본의 영향을 받았습니다.

그러나 일본의 영향을 받기 전부터 우리나라에서는 생태적이고 자연친화적 농업을 5,000년 전 농경시대가 시작되면서부터 해왔습니다. 또한 농업에 관한 기록도 조선시대의 《농사직설》이나 《산림경제》 같은 책들이 많습니다. 그러나 모두 옛 문헌들이어서 지금 시대에 참고는 할 수 있어도 구체적으로 적용하기에는 많은 설명이 필요합니다.

지구 환경파괴를 비롯한 화학농업 분야에서 현재는 우리보다 일본이 앞서고 있습니다. 이러한 농법이 잘못된 것을 깨달은 것도 일본이 우리보다 앞섰습니다. 그래서 무농약·유기농업도 먼저 시작하였습니다.

이 책은 우리가 마트나 대형 슈퍼마켓에서 흔히 볼 수 있는 채소를 텃밭이나 옥상, 아파트의 베란다 등 빈 공간을 활용하여 쉽게 재배할 수 있도록 편집되어 있습니다.

농산물의 안전성에 민감한 일본에서 펴낸 책을 정농회에서 인증업무를 담당했던 박성진 선생이 유학시절 일본에서의 경험과 정농회원들의 현장을 방문하여 익혀온 감각을 살려서 알기 쉽게 편역한 것입니다. 우리보다 앞서 환경친화적인 농법을 개발하고 경험한 자료들이라고 생각되므로 우리는 이러한 자료를 받아들여 보다 나은 우리 것으로 환원할 수 있어야 합니다.

《주역》을 보면 '선두를 달리면 길을 잃기 쉬우나 남의 뒤를 따라가면 무난히 목적지에 도달한다'고 하는 경문이 있습니다. 우리보다 먼저 잘못되고 먼저 반성한 선각자들의 농법을 일본에서 공부하고 경험하고 느껴온 박성진 선생이 이 책을 우리 실정에 맞게 편역하여 내게 되었습니다. 나랏말씀이 중국과 달라 어린 백성을 어여삐 보시고 백성 가르치는 바른 소리처럼, 나라 농법이 일본과 달라 실수를 거듭함을 보고 백성 가르치는 경험들을 소개하게 되었습니다. 사람마다 쉬이 익혀 경험해보고 바른 농사를 지어내는 아름다운 (작은) 농부들이 되기를 바랍니다.

임락경

차 례

3장 무농약·유기야채 77종 재배방법

1장

무농약·유기야채 이런 점이 다르다

1 농약도 화학비료도 없는 안전한 채소

♣ 무농약 · 유기채소란 무엇인가

최근 '무농약 채소', '유기채소'라는 표시가 붙어 있는 채소들을 마트나 채소가게에서 자주 볼 수 있습니다. '무농약 채소'란 재배할 때 농약을 사용하지 않고 재배한 채소를 말하며, '유기채소'란 재배할 때 농약, 화학비료 등을 3년 이상 사용하지 않고 재배한 채소를 말합니다.

농약이나 화학물질에 의한 환경오염, 인체에 끼치는 악영향, 아토피 등의 문제로부터 안전한 식품 · 식재(食材)에 대한 관심이 최근 날로 높아지고 있습니다. 따라서 지금까지 주류를 이루던 농약과 화학비료를 사용한 재배방법에서 벗어나기 위해 옛날부터 전해 내려온 유기재배와 무농약 재배방법이 재평가되고 있습니다.

유기채소는 안전성 이외에도 채소의 본래 맛을 즐길 수 있다는 이점이 있습니다. 화학비료와 농약에 절여진 흙이 건강할 리 없고, 그런 흙에서 생산된 채소가 고유의 맛을 충분히 발휘하리라고는 생각할 수 없습니다.

'유기재배'란 농약이나 화학비료를 사용하지 않는 재배법입니다. 화학비료를 뿌리고 병해충 구제에 농약을 사용하면 손쉽게 채소를 재배할 수 있지만, 채소는 직접 생으로 먹는 경우가 많기 때문에 막 수확한 싱싱한 채소를 안심하고 식탁 위에 올려놓을 수 있도록 무농약으로 재배하고 싶어하는 분들이 많을 것입니다.

농약이나 화학비료가 처음 사용되기 시작한 것은 채소가 상품으로 대량 생산되면서부터입니다. 따라서 채소재배의 즐거움을 맛보고 자급을 목적으로 하는 텃밭에는 농약이나 화학비료가 필요하지 않습니다.

이 책에서는 화학비료나 농약을 사용하지 않고, 부엌에서 나오는 음식물 쓰레기나 낙엽, 볏짚 등 가까운 곳에 있는 유기물을 잘 활용하여 유기재배에 의한 안전하고 맛있는 채소 재배방법을 소개하고자 합니다.

■ 보다 더 정확한 유기(친환경) 농산물의 정의

1997년 12월 13일 공포된 친환경농업육성법에 의한 인증제도는 저농약, 무농약, 전환기 유기, 유기재배의 4가지로 구분되어 있으며, 각 인증구분에 따라 인증품 표시마크 하단의 색깔이 다릅니다.

친환경농산물 인증 표시

3년 이상 농약, 화학비료를 사용하지 않고 재배한 농산물 (녹색)

1년 이상 농약, 화학비료를 사용하지 않고 재배한 농산물 (연두색)

농약을 사용하지 않고 재배한 농산물 (하늘색)

농약을 1/2 이하로 사용하여 재배한 농산물 (주황색)

※전환기 유기재배, 유기재배는 친환경농업육성법에서 허용한 천연 소재의 자재만 사용하는 것을 원칙으로 하고 있습니다.

2 비료는 어떤 것을 써야 할까

♣ 채소에 맛있는 비료를!

우리가 매일매일의 식사에서 영양분을 섭취하고 있듯이 채소에 있어서의 음식은 비료입니다. 뿌리로부터 수분과 비료성분을 흡수하여 잎의 표면으로 이산화탄소를 흡수하고, 광합성 작용을 하여 양분을 만들어 생장하는 것입니다. 채소가 생장하기 위해서는 많은 양분이 필요하며, 토양의 양분만으로는 부족한 경우가 많습니다. 특히 질소, 인산, 칼륨의 3가지 요소는 채소의 생장에 아주 중요하며, 어느 하나가 부족해도 생장에 악영향을 끼치므로 인공적으로 비료를 보충해주어야 합니다.

♣ 맛있는 비료는 유기비료

유기비료에는 퇴비, 유박, 쌀겨, 골분, 어분, 가축분뇨 등이 있고, 여러 가지 상품이 시중에서 판매되고 있습니다. 효력은 느리지만 지속적이며, 작물에 투여해도 부작용을 일으키는 경우가 거의 없습니다.

♣ 유기비료는 이런 점이 좋다

좋은 채소를 재배하기 위해서는 흙만들기가 기본입니다. 흙 입자의 틈새에는 식물의 생장에 필요한 수분이나 비료, 산소 등이 보전되어 있습니다. 틈새가 좁은 흙에서는 산소, 수분, 비료가 적으므로 채소의 생장이 좋지 않습니다. 흙을 갈아엎으면 틈새가 생기지만 비가 오면 곧 처음으로 되돌아가버립니다. 그래서 떼알구조를 지속시키기 위해 유기물 퇴비나 부엽토를 흙에 뿌려줍니다. 적당한 유기물을 주면 흙이 부드러워지며 통기성, 보습성, 물빠짐 등이 좋아집니다. 또 퇴비는 질소, 인산, 칼륨뿐만 아니라 철, 망간 등

미량요소의 공급원이 되어 한층 더 비료성분을 잘 보유하는 역할을 해주기 때문에, 빗물에 의해 유실되는 비료성분도 줄어들고 보비성이 높아집니다.

♣ 미숙성 퇴비를 주의

숙성되지 않은 퇴비에는 병원균이 되는 곰팡이류(사상균)가 많이 있습니다. 그대로 거름을 주면 작물 뿌리에 부작용이 생겨 발육장애를 일으키거나 병해충이 발생하기 쉽습니다. 비료는 미숙성 비료인지 완숙 비료인지 잘 보고 판단하여 거름을 주는 것이 중요합니다.

완전히 발효되지 않은 퇴비는 유기물의 원형이 남아 있어서 손으로 쥐어짜면 수분이 제대로 증발되지 않아 물기가 나오기도 하고 악취가 납니다. 시판되고 있는 자재 중에도 미숙성된 퇴비가 있으므로 주의해야 합니다.

♣ 퇴비 만드는 방법 1 – 밭에서 만들기

퇴비는 여러 가지 미생물들이 유기물을 분해함으로써 만들어집니다. 분해속도는 재료에 따라 다르지만 산소를 필요로 하는 호기성 미생물의 활동이 활발할수록 분해가 빠르고 질 좋은 퇴비가 됩니다. 퇴비만들기의 포인트는 이러한 미생물들이 왕성하게 활동할 수 있는 환경을 만들어주는 것입니다.

미생물이 활발해지기 위해서는 미생물에 필요한 양분의 밸런스가 중요합니다. 재료에 적당한 수분을 주어 질소성분이 많은 쌀겨, 유박, 우분 등을 섞어 발효시킨 다음 공기를 불어넣기 위해 뒤집기 작업을 3~4번 반복해줍니다.

♣ 퇴비 만드는 방법 2 – 베란다에서 만들기

발효퇴비나 EM 특성비료 등은 폴리에스테르 바구니 등에 만들기 때문에 정원이나 베란다 등의 제한된 공간에서도 퇴비를 만들 수 있습니다.

또한 최근에는 정원이나 베란다용 퇴비화 장치 등이 시판되고 있으므로 음식물 쓰레기나 낙엽, 전정한 가지, 잡초 등 가까운 곳에서 쉽게 구할 수 있는 것들을 퇴비 재료로 이

퇴비 만드는 방법

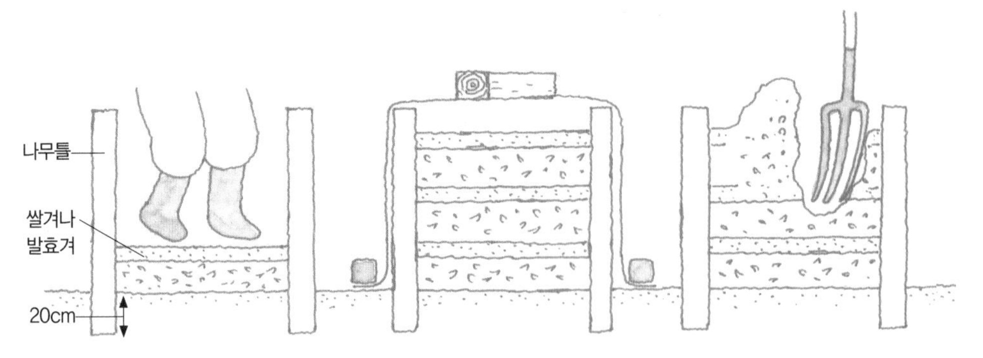

① 퇴비 재료(짚, 낙엽, 왕겨, 음식물 찌꺼기)를 물을 뿌리며 잘 밟아준다. 물의 양은 재료를 가볍게 손으로 쥐면 손가락으로 물이 스며나올 정도가 좋다.

② 쌀겨나 발효제를 뿌리고 퇴비 재료를 깔아주는 방법으로 층층이 쌓아 올린 다음 비가림을 하여 10~20일 정도 방치한다.

③ 발효해서 생긴 열이 어느 정도 식으면 가장자리부터 부스러뜨리며 공기를 넣고, 다시 쌓아올리는 방법으로 뒤집기를 해준 다음 비가림을 해준다.

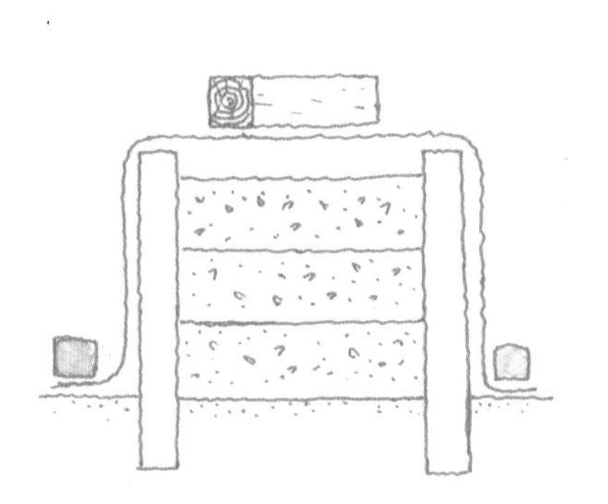

④ 이러한 작업을 2~3회 반복해서 재료의 원형이 없어지고 부슬부슬해지면 완성이다. 기온이 높을 때는 2~3개월, 저온일 때는 8~10개월 정도 걸린다.

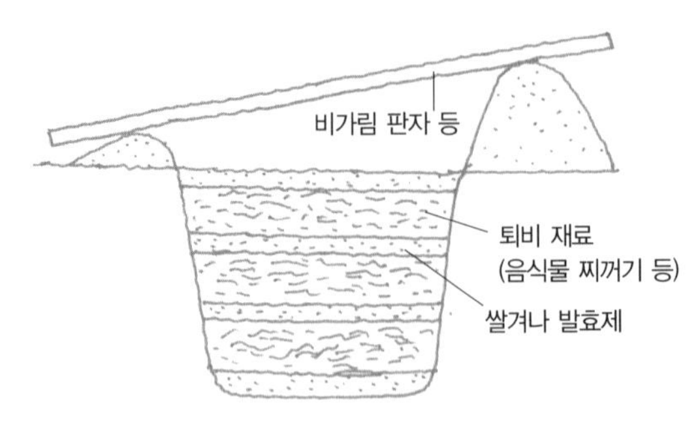

[구덩이 속에 퇴비 만들기]

혐기성 발효제, 쌀겨 등을 뿌린다.
숙성한 퇴비나 부엽토를 종균으로 뿌려줘도 좋다.
뒤집기는 하지 않아도 된다.
또는 시중에서 판매되는 발효제(호기성, 혐기성)를 이용하면 더 빨리 발효, 분해시킬 수 있다. 산소를 필요로 하지 않는 혐기성 미생물은 뒤집기를 하지 않아도 되므로, 구덩이를 파서 그 안에 퇴비를 만들 때는 편리하다.

용할 수 있게 되었습니다. 음식물 쓰레기는 조개 껍데기 등의 알칼리 성분을 제거하고 신문지 등에 쌓아서 물기를 제거한 다음 퇴비장치에 넣습니다. 음식물 쓰레기와 동일한 양의 마른 흙을 넣어줍니다. 이때 흙에 발효제를 섞으면 발효가 촉진됩니다. 이러한 재료를 용기에 가득 채워서 일주일에 한 번 잘 섞어줍니다. 한 달 정도 지나 냄새가 없어지면 완성된 것입니다.

쓰레기를 줄이기 위해서라도 퇴비를 만들어야 합니다. 퇴비만들기는 특히 음식물 쓰레기를 줄일 수 있기 때문에 유기채소 재배와 별개의 관점에서도 주목을 받고 있습니다.

♣ 잘 쓰면 효과 만점인 완숙 퇴비

밑거름은 씨뿌리기나 옮겨심기 전에 주는 비료입니다. 채소의 종류에 따라 거름량은

■ 유기비료로 액비를 만들자!

액비는 잎이나 줄기에 직접 주는 경우도 있으므로 유기비료를 사용하는 것이 좋습니다. 유박을 이용하여 액비를 만드는 방법을 소개합니다.

[만드는 방법]

① 플라스틱 통(양동이)에 유박과 물을 1:10의 비율로 넣고 가끔씩 뒤섞어주어 발효시킵니다(여름에는 1~2개월, 겨울에는 5~6개월).

② 통 위로 뜬 액비를 채소의 종류에 따라 필요한 농도(표준은 5배)에 맞게 물로 희석해서 사용합니다.

[사용방법]

액비는 직접 주기 대신 조로를 사용하여 뿌려줍니다. 채소와 채소 사이에 직경 1cm, 깊이 10cm 정도의 구멍을 파고, 희석한 액비를 담은 조로(분산꼭지를 뺌)를 흙에 꽂아줍니다. 큰 채소는 300cc, 작은 채소는 100cc 정도를 생장상태를 보아가며 5~10일 간격으로 줍니다. 보통 물주기와 같은 방법으로 줄기에 주면 냄새로 인해 해충이 몰려들기 때문에 주의해야 합니다.

음식물 쓰레기를 버릴 때의 불편함(분리수거), 발생하는 냄새, 비용(장치, 전기) 등의 문제점은 점차 개량과 개발이 진행되고 있습니다. 그중에는 미생물이 아닌 지렁이를 이용해 분해시키는 방법도 있습니다. 환경 면에서도 퇴비만들기는 더욱더 일반 가정으로 침투해가야 합니다.

다르지만 재배기간이 짧은 채소는 밑거름만으로도 충분합니다. 흙을 갈아엎기 전에 밑거름으로 퇴비와 석회를 뿌리고 그후에 유기비료를 줍니다.

퇴비는 작물을 재배하기 2~3주 전에 병해충과 생장장해를 피하기 위해서라도 될 수 있는 한 완숙 퇴비를 사용해야 합니다. 1작별로 1㎡당 2~3kg, 처음 재배하는 텃밭에서는 그보다 많은 4~5kg을 갈아엎을 장소에 미리 뿌려둡니다. 퇴비가 굳어지지 않도록 괭이 등으로 빈틈 없이 갈아엎어줍니다.

석회는 칼슘성분을 함유하고 있어 채소가 필요로 하는 양분공급뿐만 아니라 산성화된 토양을 중화시켜주는 역할도 합니다. 그러나 너무 많이 투여하면 미량요소의 결핍증을 일으키므로 서리가 내린 듯한 정도의 양을 뿌리고 퇴비도 같이 뿌려 잘 섞어서 중화시켜 놓습니다.

고토석회는 산성 토양에서 부족해지기 쉬운 마그네슘도 보급됩니다. 유박이나 쌀겨 등의 유기비료는 석회와 같이 뿌리면 암모니아가 발생하여 해가 되거나 비료효과가 없어지므로 석회를 살포한 후 일주일 정도 지난 후에 뿌리는 것이 좋습니다. 비료를 뿌리는 방법은 밭 전면에 뿌리는 방법과 고랑에 뿌리는 방법이 있습니다.

전면 거름

밭 전면에 밑거름을 살포하고 땅 속 깊이 묻어준다. 거의 대부분의 채소재배에서 이루어지고 있어 작업은 간단하지만 비료효과가 오래 가지 않는 것이 결점이다.

고랑 거름

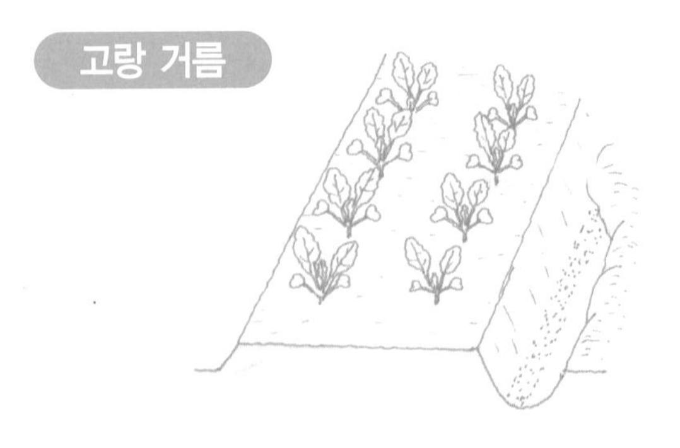

이랑 중앙에 폭 20~50cm, 깊이 30~50cm 정도의 고랑을 괭이로 파고, 고랑 안과 파낸 흙에 비료를 균일하게 뿌려준 다음 비료와 흙을 잘 섞으면서 고랑을 다시 덮어준다. 이랑 사이에 폭 10cm, 깊이 15cm 정도의 고랑을 파고 비료를 뿌리는 경우도 있다. 일반적으로 가지 등과 같은 큰 과채류를 재배할 때 하는 방법이다.

♣ 미숙 퇴비가 완숙 퇴비로 변신!

미숙 퇴비는 그대로 사용하면 흙 속에서 미생물에 의해 분해될 때 발생하는 열과 유독가스로 뿌리나 잎이 상하거나 냄새로 인해 해충이 발생하여 건강한 채소로 성장할 수 없습니다.

어쩔 수 없이 미숙 퇴비를 사용할 경우에는 늦어도 씨뿌리기나 옮겨심기 1개월 전에는 뿌려주어 흙 속에서 충분히 분해되고 발효시킨 후에 작물을 재배하는 것이 좋습니다. 그 경우에는 얇게 뿌리는 것이 분해가 빠릅니다.

■ 발효 퇴비란?

유기비료와 흙을 미리 발효시킨 퇴비로 베란다에서도 간단하게 만들 수 있습니다. 양분이 농축되어 있으므로 퇴비와 같이 많이 만들 필요도 없으며 1㎡당 1kg 정도 만들면 충분합니다.

재료는 쌀겨, 계분, 골분, 유박, 어분 등입니다. 또한 달걀 껍데기, 음식물 찌꺼기 등도 좋은 재료가 됩니다. 숯을 섞어주면 냄새를 억제할 수 있고 수분함량이 좋은 퇴비가 됩니다.

여기에 재료와 같은 무게의 물을 섞어주고 재료와 같은 양의 흙을 준비합니다. 뚜껑이 있는 폴리에스테르 양동이 등에 재료를 교대로 쌓아넣어서 보존하고, 일주일에 한 번 정도는 전체를 뒤집어주면 고온기에는 1개월, 저온기에는 2개월 후에 퇴비가 완성됩니다.

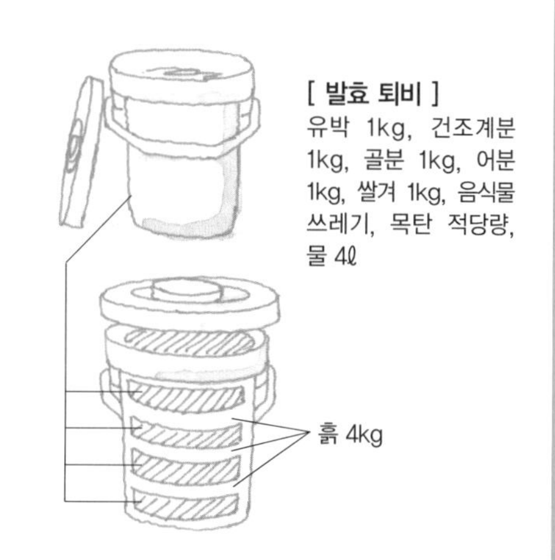

[발효 퇴비]
유박 1kg, 건조계분 1kg, 골분 1kg, 어분 1kg, 쌀겨 1kg, 음식물 쓰레기, 목탄 적당량, 물 4ℓ

■ EM 특성비료란?

음식물 찌꺼기나 계분, 유박, 쌀겨, 골분 등의 유기질 재료에 EM균이라는 세균을 섞어서 만드는 유기질 비료입니다.

유기질 비료가 발효할 때는 강한 악취가 나지만, EM균은 발효를 촉진시키는 동시에 부패하는 냄새를 제거하는 작용을 하기 때문에 냄새를 풍기지 않고 유기질 퇴비를 만들 수 있습니다. EM균은 원예점 등에서 액체 또는 분말로 판매하고 있습니다.

♣ 추비를 하면 더욱 건강해진다

길이가 긴 채소는 밑거름만으로는 양분이 부족하므로 성장 도중에 추비를 해주어야 합니다. 추비의 포인트는 양분이 결핍되기 전에 적당량의 비료를 뿌리가 뻗어 있는 부근에 뿌려주는 것입니다. 단지 비료를 뿌려주는 것뿐 아니라 비료가 비에 유실되지 않도록 가볍게 흙을 섞어주거나 덮어주어야 합니다.

3 해충과 병해를 이겨내는 채소

♣ 사람이 먹어서 맛있는 채소는 벌레들도 좋아한다

채소를 재배하다 보면 거의 100%라고 해도 과언이 아닐 정도로 병해충 때문에 어려움을 겪게 됩니다. 병은 대부분 채소의 생장세가 약해져 있거나 장마가 계속되어 일조량이 부족하고 통풍이 악화되면 급격히 발생합니다. 채소를 재배할 때 이러한 병해충의 피해에 대비하여 미리미리 대응방법을 세워두어야 건강하고 맛있는 채소를 수확할 수 있습니다.

농약을 쓰면 효율적으로 병해충을 구제할 수 있습니다. 그러나 화학비료나 농약에 의존하지 않는 것이 유기재배의 기본이기 때문에 다소 힘이 들더라도 병해충 피해를 줄이기 위해 관리를 철저히 하는 것이 중요합니다.

그러기 위해서는 병해충이 접근해도 견딜 수 있는 건강한 채소를 재배하는 것이 가장 좋은 해결책입니다. 밭을 항상 잘 살피고 병해충을 조기에 발견하여 피해가 심하지 않을 때 방제합니다. 특히 장마철이나 9~10월의 가을비가 오는 계절은 병해충이 발생하기 쉬우므로 주의해야 합니다.

또한 같은 작물을 매년 심는 연작을 피하고 계획적으로 돌려짓기를 하며, 병해에 강한 품종을 선택하여 적기에 재배하는 것도 중요합니다.

건강한 채소를 기르기 위해서는 밭의 산성 토양을 개량하여 퇴비 등을 적합한 양만큼 뿌려주어 활성화시키고 좋은 토양 만들기를 꾸준히 해야 합니다. 청갈병, 줄기갈림병(줄기쪼갬병) 등의 병에 걸린 채소는 남김 없이 뿌리까지 뽑아내고 토양 소독과 위생관리를 철저히 해야 합니다. 물빠짐이 좋지 않은 곳은 이랑을 높게 하고 밭 주위에 배수로를 파는 등의 방법을 생각할 수 있습니다.

재배하는 채소 종류에 적합한 이랑 폭과 작물간의 재배거리를 적절히 하여 통풍이 잘 되도록 관리합니다. 무엇보다도 중요한 것은 추비, 깔짚, 물주기, 밭 주변의 제초작업 등 일상의 관리를 게을리 해서는 안 됩니다.

♣ 농약을 사용하지 않고 병해충을 물리친다

농약을 사용하지 않는 병해충 대책에는 다음과 같은 것들이 있습니다.

[해충은 끈기 있게 제거한다]

야도충(夜盜蟲), 청벌레(배추흰나비애벌레) 등 눈에 잘 띄는 벌레는 끈기 있게 제거하고, 알을 낳는 벌레들이 있으므로 벌레가 낳은 알까지 철저하게 제거하면 피해를 줄일 수 있습니다. 또한 병에 걸린 잎은 병이 번지는 것을 막기 위해 반드시 제거해야 합니다.

[피복, 기피자재를 이용한다]

많은 채소에 피해를 입히는 바이러스병을 옮기는 진딧물의 발생을 막기 위해 견직물로 덮어줍니다. 또한 진딧물은 빛이 반사되는 것을 싫어하므로 반사 멀칭의 일종인 실버 필름 등을 쳐놓으면 그 부근의 작물에는 가까이 가지 않습니다.

채소에 많은 병의 증상과 방제대책

병 이름	발생하는 채소	발생시기	주요 피해증상	방제대책
흰가루병	오이과, 가지과, 콩과류의 채소	특히 많은 때는 5, 9월. 건조할 때 많이 발생함	밀가루를 뿌린 듯한 흰 곰팡이가 생긴다.	발견 즉시 잎을 따서 포자가 날아가 확산되는 것을 막는다. 건조하지 않도록 물을 준다.
바이러스병	대부분의 채소	4~9월	녹색 잎에 모자이크와 같은 얼룩반점이 생기며 노랗게 변색, 잎이 좁아져서 생장이 중단되거나 약한 상태로 생장한다.	병원체를 전파하는 진딧물을 방제한다. 병에 걸린 채소는 빨리 제거하여 소각한다.
역병	과채류	5~7월	잎이나 줄기, 과실에 물집 모양 병반이 생겨 검게 썩으며 흰 곰팡이가 생겨 말라죽는다.	연작을 피하고 윤작을 한다. 통풍과 일조를 좋게 한다. 토양을 잘 소독한다.
균핵병	오이과, 콩과, 양배추, 양상추, 배추	5~6월 9~10월	잎이나 줄기, 꽃 등에 갈색 반점이 생기고, 이어서 하얀 곰팡이가 생기며 쥐똥과 같은 덩어리가 된다.	3년 이상 윤작을 한다. 양분이 결핍되지 않도록 한다. 감염된 부분을 뽑아내고 수확이 끝난 줄기 등은 소각한다. 토양을 소독한다.
탄저병	오이과, 콩과	6월, 9월의 저온 다습기	잎에 둥글고 노란 반점이 생긴 후 담갈색의 점액이 나와 구멍이 뚫린다.	배수, 통풍을 잘 하고 2년 이상 윤작을 한다. 병에 걸린 작물은 소각한다.
노균병	오이과, 유채류	저온 다습기	잎에 다각형의 병반이 생기고, 잎 뒷면에는 검은 곰팡이가 생긴다.	통풍, 일조, 물빠짐이 좋게 하고, 오이과 작물은 짚을 깔아준다.
잿빛 곰팡이병	토마토, 양상추, 오이, 가지, 딸기 등	5월, 6월의 저온 다습기	잎, 꽃, 과실 등에 쥐색 곰팡이가 생겨 건드리면 포자가 날리며 다른 열매에 전염된다. 줄기까지 전염되면 그 위가 시들어버린다. 딸기는 과일에 주로 발생한다.	배수를 잘 하고 볏짚이나 풀을 깔아주어 흙탕이 튀지 않도록 하고 마른 잎은 제거해준다.
연부병	유채류	고온 다습기	지면 가까이에 있는 잎이 물에 적신 것 같은 상태가 되어 전체적으로 번져서 끈적끈적하게 썩으며 악취가 난다.	무의 심을 먹는 벌레 등을 방제하고 연작을 피한다.
배꼽썩음병	토마토	7~8월	열매의 밑부분이 썩어오고 이어서 검게 되어 오므라든다.	고토석회를 산포한다. 질소분을 줄이고 칼슘을 흡수하기 쉽게 한다. 다습하지 않도록 물빠짐이 좋게 한다.

[이식재배를 한다]

대두, 강낭콩, 옥수수 등의 씨가 새들에게 먹히는 등의 피해를 막기 위해서는 직파를 하지 않고 모종을 키워서 이식재배를 하는 방법이 좋습니다.

[먹이로 유인한다]

괄태충은 맥주를 좋아하므로 맥주를 접시에 따라놓으면 유인되어 익사합니다. 또한 귀뚜라미는 마른 잎이나 짚을 깔아주면 그 속에 숨기 때문에 나중에 모아서 불에 태워버립니다.

[선충 방제]

흙 속에 사는 선충은 메리골드의 뿌리에서 나는 분비물을 싫어하기 때문에 1년초인 메리골드를 3년에 한 번 정도 밭 전면에 심어놓으면 효과적입니다. 또 민트 등의 박하류나 쪽파 등을 혼작하는 것도 좋을 것입니다.

[천적관계를 이용한다]

사마귀는 메뚜기, 털벌레, 나비 등을 포식하고 무당벌레는 진딧물 등을 포식합니다. 이러한 천적을 밭에 풀어놓는 것도 하나의 방법입니다.

■ 최근 주목받고 있는 목초액이란?

병해충 방제는 유기채소 재배에서 무엇보다 중요한 문제입니다. 자연 그대로 환경에 적응한 건강한 채소라면 해충이나 병에 지지 않겠지만 100% 그러리라고 안심하긴 어렵습니다. 병해충 때문에 수확이 떨어지는 일도 있겠지요. 무농약 채소 가꾸기에 도전하고 있는 농가의 실례를 보면 병해충 대책의 하나로 목초액을 이용하고 있습니다.

목초액은 목탄을 만들 때 나오는 연기를 냉각시킨 것으로 그 성분은 200가지 이상에 이른다고 합니다. 옛날부터 소취·살균효과가 있다고 하며, 최근에는 아토피 치료 분야에서도 각광받고 있습니다. 또한 박테리아의 활성을 촉진하는 효과가 있기 때문에 유기재배에는 최적의 살균, 방충제라고 할 수 있습니다. 다소 가격이 비싸기는 하지만 병해충 방제의 한 방법으로 생각해도 좋을 듯합니다.

채소에 많은 주요 해충과 제거방법

해충 이름	발생하는 채소	발생시기	주요 피해증상	제거방법
청벌레	유채과 채소	4~10월	밀가루를 뿌린 듯한 흰 곰팡이가 생긴다. 봄 · 가을에 많이 발생. 잎 뒤에서 먹고 잎맥만 남기므로 잎이 그물 모양이 된다.	초기에 손으로 잡아서 제거한다.
진딧물류	대부분의 채소	4~10월	어린 잎이나 줄기, 뿌리 등에 기생하여 즙을 빨아먹는다. 또한 바이러스병을 전달한다.	한랭포(차광망)로 덮어준다. 햇빛을 반사하는 실버 필름으로 멀칭. 민트, 마늘 등 혼식.
오이잎벌레	오이과 채소	5~7월	성충은 7~8m의 황색 갑충, 유충은 뿌리를 먹고 과실 속으로 들어간다.	직파를 할 때는 보온덮개를 씌운다.
야도충	과채류, 엽채류, 근채류	4~6월 8~10월	성장하면 4cm 정도의 회갈색 벌레가 된다. 밤에 활동하며 잎을 갉아먹는다.	유충이 작을 때 손으로 잡아 제거한다.
배추좀벌레	유채과 채소	4~11월	9mm 정도의 녹색 유충. 잎 뒤쪽의 잎맥에 생식하고 잎면을 먹는다.	발견하는 즉시 잡아서 제거한다.
씨고자리	콩과, 오이과, 유채과, 당근, 파, 시금치	4~5월 10~11월	황백색의 구더기. 씨앗이나 모종이 땅에 닿은 부분을 먹는다.	물빠짐이 좋아야 한다. 미숙퇴비를 주면 잘 발생한다. 직파하지 않고 모종 재배.
근절충(根切蟲)	유채과, 상추, 파	4~10월	밤에 그루 밑에서 올라와 줄기를 먹는다.	뿌리 부분을 약간 파내어 발견되면 제거한다.
잎응애류	오이과, 가지과, 콩과의 채소	5~8월 (고온 건조기)	잎 뒤에 붙는다. 잎은 노랗게 변하여 떨어진다. 열매는 표면이 갈색을 띤다.	물을 세차게 뿌려 떨어낸다. 특히 잎 뒤쪽에 잘 뿌려준다. 물주기로 건조를 예방.
이십팔점무당벌레	토마토, 가지, 감자 등	4~9월	유충과 성충이 잎을 먹는다.	발견하는대로 제거, 잎 뒤에 황색의 알이 붙으면 제거
선충류	피망, 옥수수 이외 대부분의 채소	3~10월	뿌리에 크고 작은 혹이 많이 생기는 뿌리혹선충, 뿌리가 썩는 뿌리썩음선충	토양에 썩은 것을 넣지 않는다. 연작하지 않는다. 메리골드나 땅콩, 옥수수, 피망을 같이 심는다.

4 채소가 건강한 밭에는 잡초도 무성하다

♣ 잡초가 무성해지는 것은 흙이 비옥하다는 증거

흙이 있는 곳에서는 특별한 관리를 하지 않으면 반드시 잡초가 무성해집니다.

특별히 경작하지 않는 곳에서도 잡초가 매년 자라나는 것은 잡초 스스로 흙을 부수고 뿌리를 내리기 때문입니다. 잡초가 마르면 그 뿌리도 미생물에 의해 분해되어 양분으로 축적됩니다.

자연계에서는 이렇게 자연적으로 토양이 만들어져서 많은 식물들이 생장하고 있습니다. 잡초가 생장한다는 것은 그만큼 자연조건에서도 흙이 제 기능을 유지하고 있다는 증거입니다. 밭도 퇴비를 주고 잡초를 뽑아내지 않으면 사람이 밟고 들어가지 않는 한 갈아

■ 자연농법이란?

자연계에 존재하는 흙, 식물, 곤충, 동물, 미생물 등 모든 것들이 연관되어 서로 조화를 이루며 생태계를 구성하고 있습니다.
이러한 자연의 순환을 살려서 농약이나 화학비료를 배제하고 인공적인 작업도 최소한으로 줄여, 잡초와 곤충들과 공생하며 가능한 한 자연상태에서 작물을 재배하는 것을 '자연농법'이라고 합니다. 이 농법에 특별한 규정은 없지만, 자연의 힘을 최대한으로 활용하는 농법입니다. 따라서 유기농법과는 기본적으로 생각하는 방식이 다릅니다.
자연농법은 윤작이나 녹비(풀 등을 파란 상태에서 흙에 넣어 비료로 사용함), 퇴비 등을 이용하여 지력을 유지, 증진하도록 하지만 퇴비 등의 유기질 비료의 양도 점점 줄이고 잡초는 뽑지 않으며, 토양의 본래 힘을 이용하여 비료도 주지 않고 땅을 갈지도 않으며 채소를 수확할 수 있도록 합니다.

엎을 필요가 없을 정도로 흙이 부드럽습니다. 잡초를 뽑고 제대로 갈아엎어놓은 밭은 흙이 사막화되기 때문에 딱딱해집니다.

또한 잡초를 자라게 하면 곤충들도 많이 찾아들지만, 이러한 곤충들은 해충의 천적이 되는 경우가 많기 때문에 해충의 발생을 억제하는 효과가 있습니다. 땅을 갈지 않으면 흙 속에 사는 지렁이 등도 살아남아서 토양환경을 파괴하지 않고 자연상태에서 작물에 영양을 공급할 수 있다는 장점이 있습니다.

그러나 잡초는 흙 속의 양분, 수분을 빼앗아 일조와 통풍을 나쁘게 하는 단점도 있습니다. 과채류에서는 열매맺음을 나쁘게 하고, 엽채류와 근채류의 생육을 억제하여 때로는 수확할 수 없게 되는 경우도 있습니다.

잡초관리는 토양에 끼치는 영향을 생각하여 제초제는 사용하지 않으며 자주 제거해주고, 잡초의 씨앗을 밭에 떨어뜨리지 않는 것이 중요합니다. 베어낸 풀은 퇴비를 만들 때 이용할 수 있습니다. 볏짚으로 멀칭을 하면 잡초가 나는 것을 억제할 수 있습니다.

2장

무농약·유기야채 가꾸기 기본 작업

1 채소가꾸기는 장소찾기부터 시작

♣ 밭이 없어도 채소가꾸기는 가능하다

채소재배는 반드시 큰 밭이 아니더라도 가능합니다. 텃밭가꾸기의 최대 즐거움은 온 가족이 흙에 친밀감을 느끼고 신선한 채소를 맛볼 수 있다는 점입니다. 정원이나 울타리 등 한정된 장소라 하더라도 재배조건에 적합한 채소를 선택하여 재배법을 공부하면 수확을 즐길 수 있습니다.

텃밭가꾸기는 가족들만으로 충분히 재배할 수 있는 면적이 좋습니다. 관리하기 좋은 가까운 곳에 있다면 더욱 이상적입니다. 한 가족이 4명이라면 20~30㎡(6~9평) 정도의 넓이로 여러 가지 채소를 가꿀 수 있습니다.

또한 정원이나 밭이 없더라도 큰 화분을 이용하면 베란다에서도 채소가꾸기를 즐길 수 있습니다.

♣ 이런 곳이라면 채소도 좋아한다

채소가꾸기에 적합한 곳은 일조량, 물빠짐, 통풍이 좋은 곳입니다. 그러나 이 3대 조건이 충족되지 않은 곳이라도 가능한 한 개선을 하고, 그 조건에 잘 맞는 채소 종류를 선택하여 재배법을 공부하면 충분히 보완이 가능합니다.

[일조]

식물은 태양의 빛을 이용하여 광합성 작용을 하기 때문에 일조가 좋지 않으면 작물의 생장상태도 나빠집니다. 그러나 하루종일 햇빛이 비치지 않아도 반나절 정도 햇빛이 드는 장소라면 사용할 수 있습니다. 광합성은 아침부터 낮까지 기온의 상승과 함께 왕성해지고 오후부터는 떨어지기 시작하므로, 가능하다면 오전에 일조량이 많은 곳을 선택하는 것이 좋습니다. 채소에 따라서는 그늘에서 잘 자라는 종류나 약한 빛에서도 잘 자라는 것들도 있습니다. 이러한 특성에 맞는 채소를 선택하면 일조량이 부족해도 재배가 가능합니다.

[통풍]

채소의 줄기나 잎은 부드럽기 때문에 강한 바람은 생장에 장해요인이 되므로 약한 바람이 잘 통하는 장소를 택하는 것이 좋습니다.

반대로 통풍이 잘 되지 않으면 채소가 약하게 자라서 병해충의 피해를 입기 쉽습니다. 어쩔 수 없이 통풍이 안 되는 경우에는 이랑이나 심는 간격을 넓게 하여 밀식을 피해 재배하면 어느 정도 보완할 수 있습니다.

[물빠짐]

물빠짐이 좋지 않은 장소에서는 뿌리가 썩거나 병이 발생하기 쉬우므로 물빠짐을 좋게 하기 위해서는 이랑을 높게 합니다. 미나리 등 물을 좋아하는 작물을 재배하는 것도 좋은 방법입니다.

반대로 극단적으로 건조한 땅은 채소의 생장을 방해하므로 자주 물을 주고 이랑을 평평하게 하여 볏짚이나 베어낸 풀 등을 깔아주면 어느 정도 건조를 막을 수 있습니다.

텃밭에서 시작할 경우

집에서 그리 멀지 않은 곳이 이상적이다. 텃밭이 멀 경우에는 손이 덜 가는 강한 채소를 선택하여 재배한다.

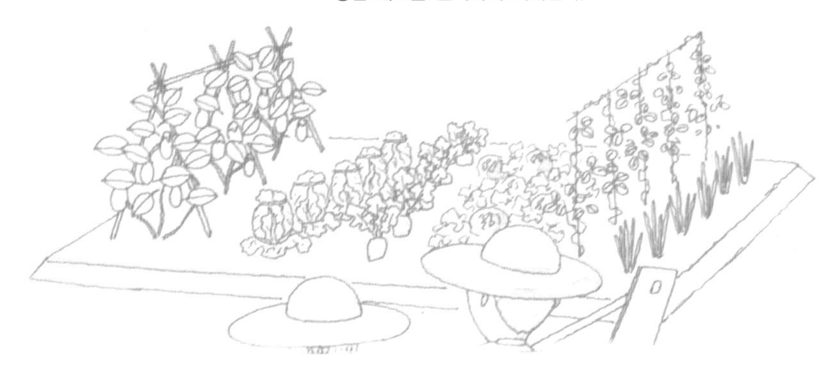

텃밭 이외의 장소 선택

정원이나 울타리 주위 등 좁은 공간을 이용할 수 있다. 환경조건에 맞는 채소의 종류를 선택해 재배하는 것이 성공 비결이다.

각종 화분을 텃밭 대신 활용

크기와 소재에 따라 다양한 종류의 화분이 있으므로 재배하고자 하는 채소나 놓아둘 장소 등에 맞는 화분을 선택한다.

2 재미있는 재배계획 세우기

♣ 많은 종류를 키우고 싶다

토지를 유효적절하게 사용하여 효율성이 좋은 채소를 가꾸기 위해서는 사전에 재배계획을 세우는 것이 중요합니다. 재배해보고 싶은 채소의 성질이나 재배조건을 잘 알아보고 자신의 텃밭에 심어도 좋을지 판단합니다.

초보인 경우에는 병해충에 강하고 재배가 쉬운 채소를 선택하는 것이 좋습니다. 어떤 종류이더라도 수확은 큰 기쁨을 안겨주므로, 초보자는 되도록 짧은 시일에 수확할 수 있는 종류부터 도전하여 기쁨을 만끽하시기 바랍니다.

화분 등을 이용하는 베란다 재배일 경우에는 뿌리를 뻗을 수 있는 흙이 부족하므로 되도록 크기가 작은 작물을 심는 것이 좋습니다. 일반적으로 작은 엽채류는 재배가 간단하고 한정된 장소에서도 잘 자랍니다. 꽃을 피워서 결실을 맺는 과채류는 재배가 좀 어려운 작물입니다.

♣ 품종을 선택하여 시기를 조절한다

한 종류의 채소에도 많은 품종이 있으므로 품종선택도 매우 중요합니다. 재배시기에 맞는 성질의 품종을 선택하는 것이 가장 중요합니다. 재배시기가 어긋나면 재배하기도 어렵고, 엽채류나 근채류는 수확을 할 수 없는 경우도 있습니다. 무, 파, 가지 등 각 지방의 독특한 재래품종은 그 지방의 기후나 풍토에 잘 적응하므로 비교적 재배하기가 쉽습니다.

텃밭이 그다지 넓지 않을 경우 강낭콩이나 단호박 등 키가 작은 품종이나 넝쿨이 나지 않는 품종을 선택하면 밭을 효율적으로 활용할 수 있고 재배품종도 더 늘릴 수 있습니다.

♣ 재배계획의 힌트

면적이 넓고 여유가 있는 밭은 재배계획을 세우기도 쉽고 윤작도 가능해서 채소의 선택범위가 넓습니다.

면적이 넓지 않은 장소에서는 단기간에 수확할 수 있는 품종이나 줄기 등이 너무 옆으로 번지지 않는 품종이 좋을 것입니다. 또 파를 심은 이랑 사이에 시금치를 심는 등 한 이랑에 2종류의 채소를 심는 것도 좋은 방법입니다. 다만 키가 큰 채소 아래에 키가 작은 채소를 심으면 낮은 곳의 채소는 일조량이 부족해서 수량이 떨어질 수 있으므로 생장기의 구성을 잘 생각하여 품종을 선택해야 합니다.

♣ 연작 피해가 일어나는 이유

매년 같은 종류나 같은 과의 채소를 같은 장소에 재배하면 점점 생장이 나빠져서 급기야는 전혀 수확을 할 수 없게 되는 연작 피해가 일어납니다. 이것은 유해 토양 미생물(뿌리혹선충 등)에 의한 피해와 토양 전염성 병해 등이 주된 요인입니다.

또한 특정 양분만 흡수되기 때문에 미량요소가 부족하여 흙 속에 있는 양분의 균형이 깨지거나 토양의 성질이 나빠지는 등의 원인으로 뿌리가 약해져서 병에 걸리기 쉽고 피해가 심해지는 것입니다.

가지과나 유채과 등의 특정한 채소에 피해가 많았지만, 최근에는 여유 있는 윤작 체계를 이루기가 어려워서 고구마, 파, 양상추 등에서도 연작 피해가 심해지고 있습니다.

따라서 2년째 이후의 재배계획은 좁은 텃밭일수록 잘 세워야 합니다.

♣ 연작 피해를 예방하기 위해서는 윤작이 효과적

연작 피해를 막기 위해서는 같은 종류의 채소나 같은 과의 채소를 한 번 재배했다면 3~4년간은 완전히 다른 종류나 다른 과의 채소를 재배하는 것이 좋습니다. 이것을 윤작(돌려짓기)이라고 합니다.

텃밭에서는 연작 피해와 윤작을 항상 기억하고, 세밀한 재배계획을 세우는 것이 중요합니다.

연작 피해에 강한 채소와 주요 채소의 윤작 기한

연작 피해에 강한 채소	호박, 고구마, 무, 양파, 절임 채소류, 당근, 파
1년간 쉬는 것이 좋은 채소	단무, 시금치
2년간 쉬는 것이 좋은 채소	강낭콩, 오이, 양배추, 김장배추, 감자, 생강, 양상추
3~4년간 쉬는 것이 좋은 채소	고추, 토마토, 가지, 피망, 멜론
4~5년간 쉬는 것이 좋은 채소	완두콩, 우엉, 토란, 수박

윤작의 예

나쁜 예

1년째
봄 양배추→가을 무→단무→
2년째
감자→토마토, 가지→피망

좋은 예

1년째
봄 단무→가지, 토마토→가을 무→
2년째
봄 시금치→쑥갓→소송채→옥수수
→오이→가을 시금치

윤작방법

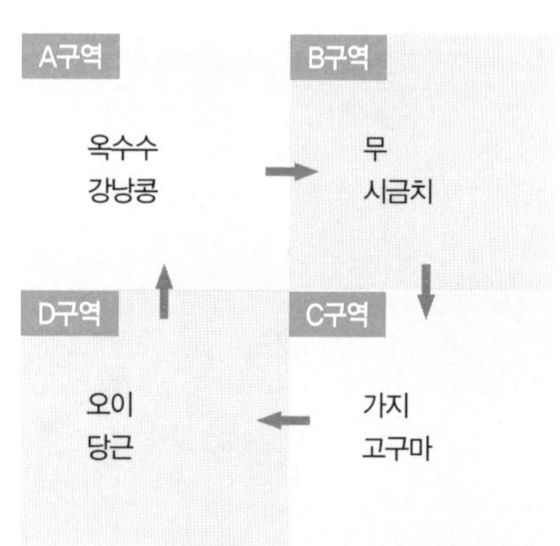

초보자에게 권장하는 재배계획

봄

무순, 단무, 샐러드채, 생강, 들깨, 부추, 실파, 파슬리, 콩과, 싹을 먹는 종류, 래디시

여름

소송채

가을

완두콩, 단무, 소송채, 샐러드채, 쑥갓, 무, 파, 시금치, 래디시

중 · 상급자를 위한 재배계획

봄 | 여름 | 가을

	봄	여름	가을
중급	양배추, 오이, 고구마, 감자, 무, 옥수수, 가지, 당근, 파, 피망, 시금치, 양상추	양배추, 쑥갓, 당근	양배추, 양파, 김장배추, 양상추

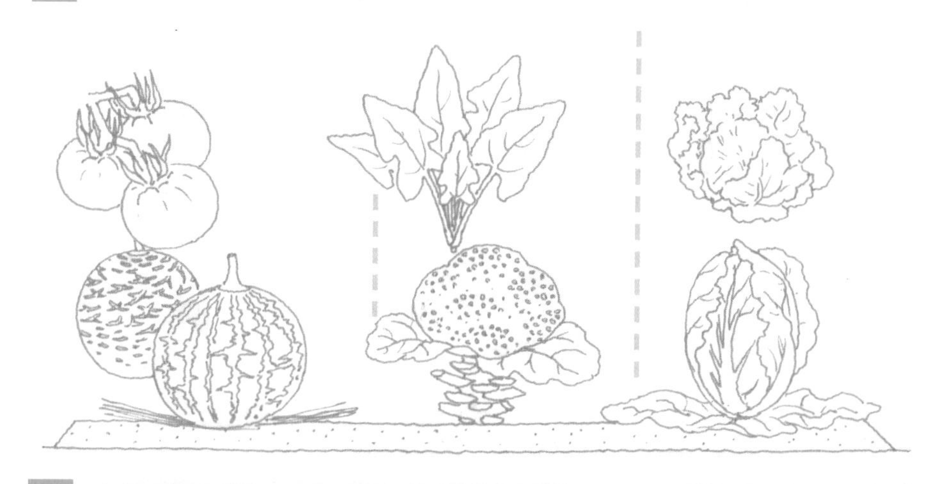

	봄	여름	가을
상급	수박, 토마토, 멜론	컬리플라워, 브로콜리, 시금치	배추, 상추

3 흙만들기에 따라 결과가 달라진다

♣ 먼저 흙만들기에 정성을 들인다

건강한 채소를 가꾸기 위해서는 흙만들기가 최대의 포인트입니다.

텃밭으로 할 장소가 정해지면 흙을 갈아엎습니다. 잡초나 돌, 쓰레기 등을 깨끗하게 치우고 밭 전체를 20~30cm 깊이로 갈아엎어줍니다. 깊이 갈수록 뿌리를 잘 뻗어서 수분과 양분을 잘 흡수할 수 있고, 흙 속에도 수분과 비료분을 유지시켜 산소를 풍부하게 보전할 수 있습니다.

밭은 늦가을에서 겨울에 갈아엎어야 합니다. 겨울 동안 한풍과 비바람을 넘기면서 건조에 약한 미생물들은 사멸하게 됩니다. 살아남은 미생물은 봄이 되면 왕성하게 번식하며 활동하므로 다량의 질소분이 형성되어 잡초 발생과 토양 병해를 억제합니다.

다음으로 퇴비와 석회를 뿌리고, 부분적으로 치우치지 않도록 삽으로 30cm 정도 파엎어줍니다. 퍼낸 흙을 뒤집으면서 흙 덩어리를 부수어 비료와 흙이 균일하게 섞이도록 합니다. 흙을 갈아엎은 다음 쇠스랑 등으로 흙 표면을 평평하게 다듬어줍니다. 표토의 덩어리가 큰 경우에는 깨부수면서 평평하게 해줍니다. 텃밭 준비는 씨뿌리기나 모종을 옮겨 심기 7~10일 전에 끝내는 것이 좋습니다.

♣ 채소와 흙에 맞는 이랑을 만들자

땅 고르는 일이 끝나면 씨앗이나 모종을 심을 이랑을 만듭니다. 이랑은 흙의 상태나 채소의 종류, 재배기간, 풍향 등에 의해 간격, 넓이, 방향, 높이 등을 결정합니다.

이랑에는 고랑을 파서 만드는 보통 이랑과 폭을 넓게 하는 넓은 이랑이 있습니다.

면적이 좁은 텃밭에서는 베드 이랑으로 해서 이랑 수를 적게 하는 것이 토지를 유효

적절하게 사용할 수 있습니다. 일반적으로 양배추, 배추 등은 보통 이랑으로 하고 단무, 시금치 등은 여러 줄로 심는 것이 적합하므로 베드 이랑이 좋습니다. 또한 토마토, 오이 등의 지주재배 작물도 뿌리를 충분히 뻗을 수 있도록 베드 이랑이 적합합니다.

이랑은 높이 5~10cm 정도의 평이랑으로 합니다. 평이랑은 물빠짐이 좋고 토심이 깊은 땅에 적합하므로 토지를 유효적절하게 활용할 수 있습니다.

한편 물빠짐이 좋지 않은 곳은 뿌리가 썩기 쉬우므로 높이 20~30cm 정도의 높은 이랑을 만듭니다. 이랑을 높게 하면 지온이 상승하기 쉽고 공기도 들어가기 쉬워지므로, 이러한 조건을 좋아하는 오이, 수박, 가지, 고구마 등의 재배에 적합합니다.

이랑의 방향은 봄부터 여름까지의 재배에는 남북으로 길게 만들고, 월동 재배인 경우에는 동서로 만들어주면 빠지는 곳 없이 햇빛이 듭니다.

♣ 채소는 산성 토양을 싫어한다

비가 많은 곳에서는 흙 속의 칼슘분이 쓸려가 흙이 거의 산성화되어버립니다. 고구마나 감자, 수박 등 산성 토양에 강한 품종을 제외한 다른 많은 채소들이 약산성에서 중성의 토양을 좋아하므로, 재배하기 전에 흙의 산도를 조정해놓을 필요가 있습니다.

시금치나 강낭콩 등이 자라지 않는 밭이나 쇠뜨기풀, 쑥 등이 자라고 있는 곳은 일반적으로 산성 토양일 가능성이 있으므로 토양을 개량하지 않으면 채소를 재배하기가 어렵습니다.

♣ 산도를 조사해서 흙을 건강하게

채소의 작황이 좋지 않은 경우에는 산도검사를 해보는 것이 좋습니다. 산도는 ph로 표시하고, ph 7.0이 중성, 그 미만은 산성, 그 이상은 알칼리성입니다. 리트머스 시험지로 대략의 산도를 알아볼 수 있습니다.

밭의 여러 곳에서 흙을 채취하여 잘 섞은 후 5~10g을 200cc의 증류수 또는 끓인 물에 넣어서 잘 혼합합니다. 물이 가라앉으면 시험지를 적셔서 파란색 리트머스지가 붉은색이 되면 산성, 붉은색 리트머스지가 파랗게 되면 알칼리성입니다.

여러 가지 이랑 만드는 방법

[보통 이랑]

이랑 폭 60cm(채소의 종류와 품종에 따라 조절)

① 이랑의 방향이 결정되면 이랑 폭을 줄자로 재고, 이랑 방향으로 줄(단단하고 가는)을 친다.

② 쳐놓은 줄에 따라 괭이를 사용해 일정한 깊이로 평행하게 흙을 파올린다.

③ 파낸 고랑에 밑거름을 넣는다.

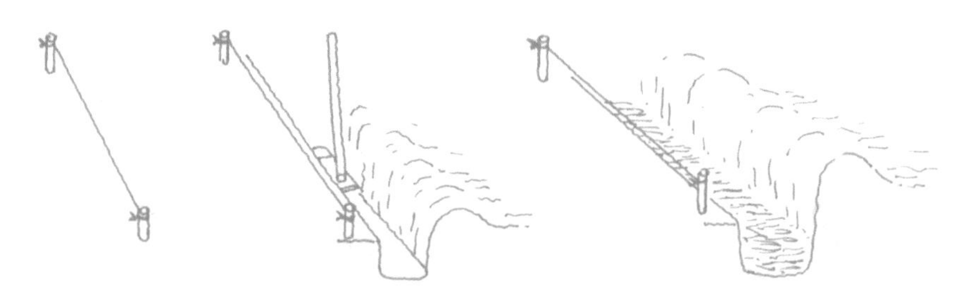

[넓은 이랑]

이랑 폭 : 엽채류는 1m 전후, 과채류는 조금 더 넓게

① 이랑 폭을 줄자로 잰다. 폭이 결정되면 줄을 치고, 줄에 따라 괭이를 사용해 통로용 고랑을 판다. 파낸 흙은 쳐놓은 줄의 안쪽으로 퍼올린다. 반대편도 동일하게 한다.

② 평이랑의 중앙이 높게 되도록 흙을 평평하게 고른다. 반드시 밑거름을 높이 5~10cm에 뿌린다.

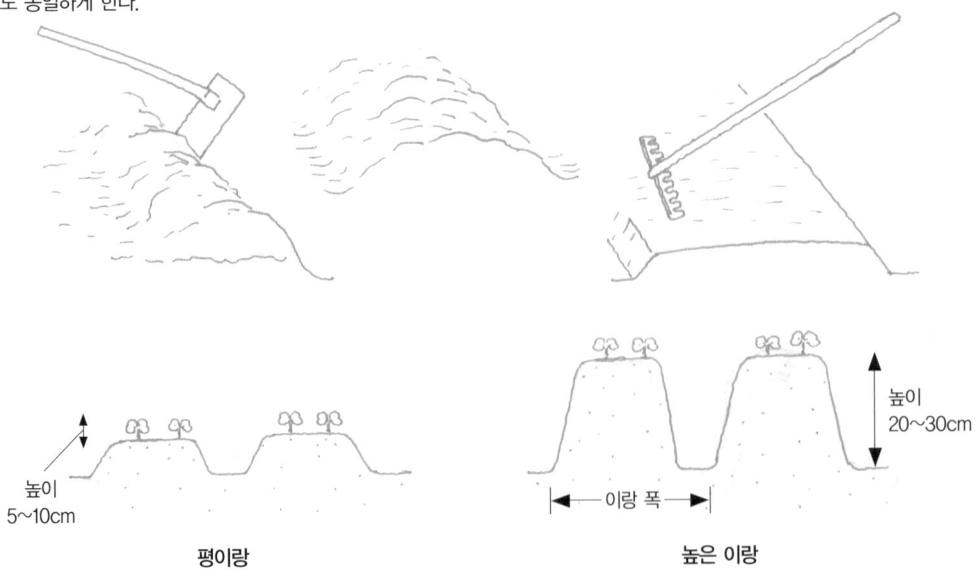

산성 토양은 고토석회를 뿌려서 중화시킵니다. 산성을 좋아하는 잡초가 자라고 있는 곳에서는 1㎡당 3~5줌, 지금까지 채소재배를 해온 밭에는 1~2줌을 뿌려주면 거의 모든 채소를 재배할 수 있습니다. 이때 흙의 성질을 좋게 하기 위해 퇴비나 부엽토 등의 유기물을 충분히 뿌려줍니다.

칼슘은 빗물에 씻겨가거나 채소에 흡수되기 때문에 석회를 주는 횟수는 밭의 성질에 따라 다르지만 연 2회를 기준으로 하면 좋을 것입니다. 그러나 지나치게 주면 미량요소의 결핍을 일으키므로 과용하지 않도록 주의해야 합니다.

♣ 사이갈기(중경)를 하여 공기가 많은 흙으로 만든다

갈아엎어서 부드러워진 흙도 씨를 뿌리거나 모종을 심은 후 시일이 지나면 이랑과 줄기를 감싼 흙이 비에 씻겨나가거나, 이랑 사이가 밟혀 딱딱해져서 물빠짐이 나빠지고 산소가 부족하여 뿌리의 활동이 나빠집니다. 따라서 뿌리가 상하지 않도록 이랑 사이와 줄기 사이를 가볍게 긁어주고 흙을 부드럽게 합니다.

이것을 '사이갈기' 또는 '중경'이라고 합니다. 사이갈기를 하면 통기성과 침수성이 좋아져서 뿌리의 발육이 촉진될 뿐만 아니라, 작은 잡초가 뽑혀서 발육하지 못하는 효과도 있습니다. 사이갈기는 월 1회 정도 실시합니다. 채소가 작을 때는 깊이 갈고, 커진 후에

채소의 종류와 적응 산도

구분	채소
산성에 강한 채소 (ph 5.0~5.5)	고구마, 토란, 감자, 수박
산성에 약간 강한 채소 (ph 5.5~6.0)	호박, 단무, 오이, 무, 옥수수, 토마토, 가지, 당근
산성에 약간 약한 채소 (ph 6.0~6.5)	양배추, 배추, 부추, 양상추
산성에 약한 채소 (ph 6.5~7.0)	강낭콩, 양파, 파, 시금치

는 얕게 갈아줍니다. 겨울에는 뿌리의 활동이 활발하지 않으므로 굳이 갈아줄 필요는 없습니다. 이때 추비를 주고 사이갈기로 부순 부드러운 흙을 줄기 쪽으로 모아줍니다. 비바람으로 인해 넘어지지 않도록 흙덮기를 하는 것입니다.

흙덮기는 밭의 상태와 채소의 생장상태에 따라서 2~3회로 나누어서 실시합니다. 너무 자주 하면 지면의 온도가 올라가지 못하므로 반대로 뿌리의 활동을 약하게 하는 경우도 있습니다. 흙덮기의 목적은 채소의 종류에 따라서 여러 가지입니다. 당근이나 감자 등의 근채류는 뿌리가 노출되어 품질이 나빠지는 것을 막기 위해서, 파 등은 줄기 부분을 희고 부드럽게 하기 위해서 흙덮기를 합니다.

겨울에는 이랑 북쪽으로 높이 흙덮기를 하면 북풍을 부드럽게 할 수도 있습니다. 퇴비의 효력을 발휘하기 위해서라도 흙덮기는 빠뜨릴 수 없는 작업입니다.

사이갈기와 흙모으기(북주기)

① 뿌리가 상하지 않도록 가볍게 이랑 사이, 그루 사이를 긁어준다(사이갈기).

② 갈아엎은 흙을 그루 밑으로 모아준다(흙모으기).

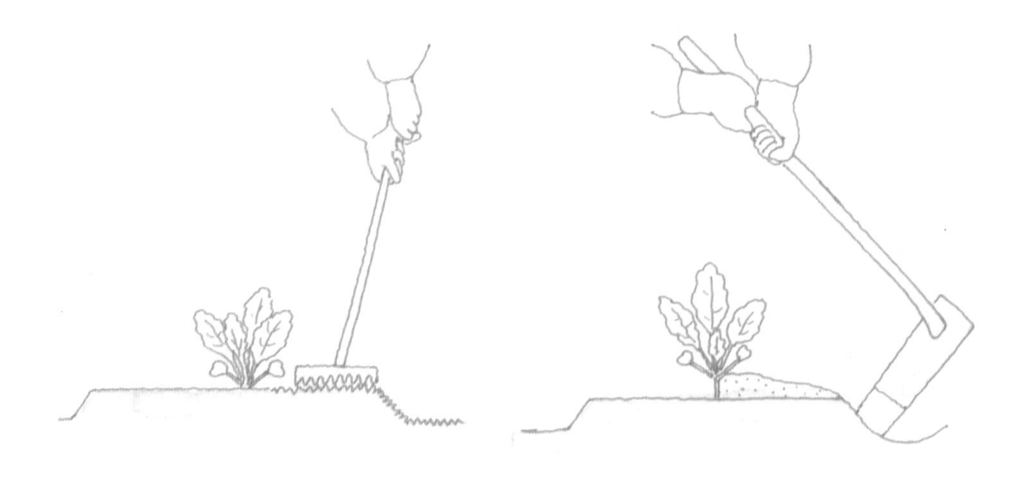

4 가능하면 씨앗 상태에서 재배한다

♣ 작은 씨앗으로 큰 수확을!

흙만들기가 끝나면 드디어 씨뿌리기를 합니다. 씨앗부터 키워온 채소의 모종은 환경에 잘 적응하고 건강하게 자라는 이점이 있습니다. 발아 후의 어린 모종일 때는 그후의 성장을 좌우하는 중요한 시기이므로, 이 시기에 자연 상태에서 잘 자랄 수 있다면 적응력이 생겨서 성장 후에도 건강하게 자랄 수 있습니다.

♣ 씨뿌리기 준비

씨뿌리기의 포인트는 각종 채소의 특성을 잘 알아서 발아하기 좋은 환경을 제공해주는 것입니다. 씨앗의 발아 적정온도는 품종에 따라 다르지만, 대부분의 채소는 18~25도 정도입니다. 저온에서는 발아하는 데 오래 걸리며 성장도 불균형해지므로, 발아를 빨리 시키고 성장을 균일하게 하기 위해 씨뿌리기 전에 미리 준비를 해야 합니다.

완두콩이나 옥수수 등은 하룻밤 물에 담가두었다가 파종합니다. 발아온도가 낮은 양상추 등을 고온일 때 파종할 경우에는 하룻밤 물에 담근 후에 냉장고에서 발아시켜 파종합니다. 껍질이 단단한 씨앗은 보통 파종하는 방법으로는 발아하기가 어려우므로 콘크리트 위 등에 비벼서 상처를 낸 다음 하룻밤 물에 적셔 수분을 충분히 흡수시킨 후 파종하면 발아가 잘 됩니다.

♣ 조건을 잘 갖추어서 발아율을 높인다

[적정 온도에서 파종]

씨앗에는 발아되는 최저 온도와 발아 적정온도, 발아 한계온도가 있습니다. 가을 파종

여러 가지 씨뿌리기 방법

줄뿌리기

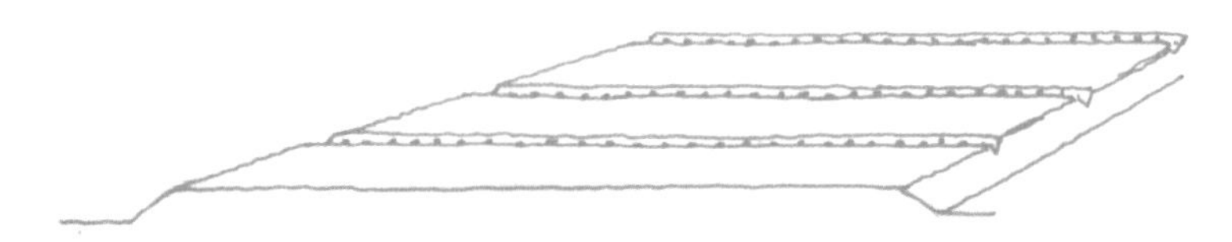

5~10cm 간격으로 골을 만들고 씨앗을 겹치지 않도록 뿌리는 방법.
좁은 골을 파고 한 줄로 씨를 뿌리는 방법과, 이랑 방향의 직각으로 뿌리는 방법이 있다. 부추, 시금치 등

흩어뿌리기

평평하게 한 다음 이랑 전면에 뿌리는 방법. 씨앗이 골고루 떨어지도록 높은 위치에서 뿌리는 것이 좋다.
쑥갓, 단무, 당근, 래디시 등

점뿌리기

일정한 간격을 두고 한 곳에 2~6개씩 씨앗이 겹치지 않도록 뿌린다. 큰 씨앗은 2~3개, 작은 씨앗은 5~6개 정도를 뿌린다. 옥수수, 콩, 무, 배추 등

건조방지

씨앗을 뿌린 후 짚이나 젖은 신문지를 덮어준다.

씨앗과 흙이 밀착되도록 괭이나 손으로 가볍게 눌러준다.

의 엽채류나 근채류는 발아온도가 낮기 때문에 비교적 용이하게 발아시킬 수 있습니다.

[적당한 수분]

수분이 부족하면 발아가 늦어지거나 도중에 말라버리는 경우도 있습니다. 반대로 수분이 너무 많으면 산소공급을 방해받아 씨앗의 호흡이 저하되어 발아율이 나빠집니다. 균일하고 빠르게 발아시키기 위해서는 밭의 용수량이 60%일 때가 적합합니다.

[산소]

씨앗은 호흡하고 있으므로 산소가 부족하면 정상적으로 발아되지 않습니다.

[빛]

씨앗에는 발아하는 데 빛이 필요한 호광성(好光性) 종자, 어두운 환경을 좋아하는 혐광성 종자 등이 있어서 종류에 따라 덮어주는 흙의 두께를 조절해야 합니다.

■ 좋은 씨앗이 좋은 수확을 가져온다

씨앗에는 수명이 있는데 그 연수는 종류에 따라 다릅니다. 신선하고 좋은 씨앗을 고르는 것도 채소재배의 중요한 포인트입니다. 좋은 씨앗이란 충분한 양분을 보유하고 발아력이 좋을 뿐 아니라, 병해충의 피해를 입지 않은 씨앗입니다. 새 씨앗이라도 직사일광이 쪼이는 곳이나 습기가 많은 곳 등 관리가 좋지 않은 곳에 보관한 씨앗은 발아율이 떨어집니다. 그러므로 믿을 수 있는 전문 종묘점에서 잘 확인하고 구입해야 합니다.

또한 파종시기를 놓치지 않도록 파종 전에 구입해놓아야 합니다. 같은 종류라도 품종에 따라 시기와 재배조건이 다르므로 전문점에서 잘 상담한 후에 그 지역에 적합한 품종을 선택하는 것이 좋습니다. 씨앗은 100% 발아한다고는 볼 수 없으므로 필요한 양보다 20~30% 정도 많이 준비하는 것이 좋습니다.

5 건강한 모종이 좋은 채소를 만든다

♣ 씨뿌리기 후에는 흙덮기와 물주기가 중요하다

씨뿌리기 후에는 가볍게 흙을 덮어줍니다(복토). 일반적으로는 씨앗 직경의 2~3배 정도 두께로 흙덮기를 하고 건조하지 않도록 가볍게 눌러줍니다. 일정한 두께로 흙을 덮어주지 않으면 씨앗의 발아가 불균형해지므로 조심해야 합니다.

양상추, 셀러리 등의 호광성 종자는 씨앗이 보이지 않을 정도로만 가볍게 흙덮기를 하고, 혐광성인 무, 파, 쓴오이 등은 어느 정도 두껍게 흙덮기를 합니다. 얕게 흙덮기를 할 경우에는 체를 사용하면 균일하게 할 수 있습니다.

흙이 건조해 있을 때는 물을 뿌려주는데, 이때 물 때문에 씨앗이 떠내려가지 않도록 주의해야 합니다. 물을 준 다음에는 건조를 막고 균일하게 발아시키기 위해 볏짚을 깔거나 젖은 신문지 등을 덮어줍니다.

♣ 일단 작은 화분에 이식

직파로 기르기 힘든 종류나 어린 모종 시기에 생장이 늦은 종류는 다른 장소에 파종하여 육묘합니다. 발아 후 본잎이 2장 되었을 때 이랑이나 포트 등에 이식을 합니다. 이식을 함으로써 싹의 발달이 좋아지고 텃밭에 옮겨심기를 했을 때 상하지 않고 줄기가 건강할 수 있습니다.

이식용으로 1㎡당 퇴비를 20kg, 석회 1~2줌 정도를 흙에 섞어서 넣어줍니다. 이랑일 경우에는 1m 폭으로 만들어 이식하기 1~2시간 전에 종묘와 말라 있는 이랑에 물을 주고 흙이 정돈된 상태에서 이식을 합니다.

모종은 뿌리를 자르지 않도록 흙이 붙어 있는 상태로 조심스레 파내어 뿌리가 말리지

이식방법

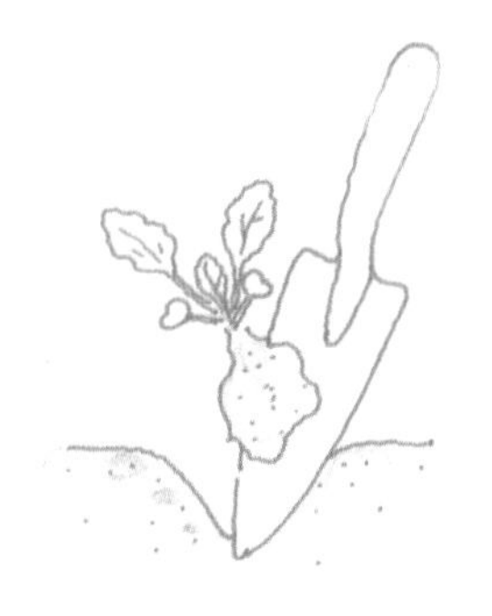

① 모종의 뿌리가 잘리지 않도록 흙이 붙어 있는 상태로 파낸다.

② 뿌리를 바르게 늘어뜨린 상태로 심는다.

[이식 후의 관리]

③ 차광망(50~70% 차광용)을 덮는다.

④ 햇빛이 강하면 시들기 쉽고 심을 때 상처가 심하므로 차광망을 덮어서 보호한다. 뿌리를 내리면 차광망은 벗긴다. 햇빛을 충분히 쪼이게 한다.

않도록 넓혀서 심습니다. 이때 너무 깊이 심지 않도록 주의하며, 줄기 밑부분을 가볍게 누르고 물을 줍니다.

포트일 경우에는 먼저 흙을 절반 정도 넣어두고 이식할 때와 같이 조심스레 모종을 파내어 뿌리를 넓혀서 넣고, 윗부분에 흙을 넣어 손가락으로 가볍게 누른 후 물을 줍니다.

♣ 시판용 모종을 이용하면 더욱 쉽다

씨앗부터 자가 육묘할 때는 모종이 클 때까지 철저하게 관리해야 합니다. 브로콜리, 양배추, 파, 양상추 등은 육묘에 특별한 설치를 하지 않으므로 비교적 재배하기가 쉽습니다. 그러나 토마토, 가지, 오이 등 육묘에 온상이 필요한 작물은 시판하는 건강한 육묘를 사는 것이 좋은 방법입니다. 특히 채소가꾸기 초보자는 모종을 구입하여 시작하는 것이 좋습니다.

토마토, 가지, 피망 등 여름 채소의 모종은 이른 시기부터 종묘점에서 팝니다. 너무 빨리 심으면 실패할 염려가 있으므로 적절한 시기에 구입하여 심는 것이 좋습니다. 늦서리가 없어지고 나서 구입해도 시기적으로 늦지는 않습니다.

♣ 구입 후 바로 심을 수 없는 모종

옮겨심기 적기에 구입한 모종은 준비를 끝낸 텃밭에 바로 심어도 문제는 없습니다. 그러나 적기 전에 모종을 구입한 경우에는 먼저 텃밭 한쪽의 햇빛이 좋은 곳에 가지런히 놓고 며칠간 관찰합니다. 이 시기에는 물주기를 자제하고 환경에 적응하도록 건조, 온도변화, 햇빛 등에 대한 저항력을 키우고, 옮겨심기할 때 상처가 나지 않는 건강한 모종이 되도록 관리합니다. 그러한 자연환경에서 잎이 시들거나 약해지지 않으면 옮겨심기를 해도 문제가 없습니다.

■ 좋은 모종은 생장도 순조롭다

특히 과채류는 모종 상태에 따라 그 결과가 크게 좌우되므로 좋은 모종을 선택해야 합니다. 엽채류는 본잎 5~6장인 모종을 심는 것이 일반적인 방법이지만, 너무 크면 뿌리내림이 좋지 않습니다. 또한 파나 고구마는 여러 가지 품종이 있으므로 재배목적에 적합한 품종을 선택해야 합니다.

최근에는 원예점이나 종묘점뿐만 아니라 대형 마트에서도 모종을 판매하고 있으므로 옆의 그림을 참고로 좋은 모종을 구입합시다.

[모종 선택의 포인트]

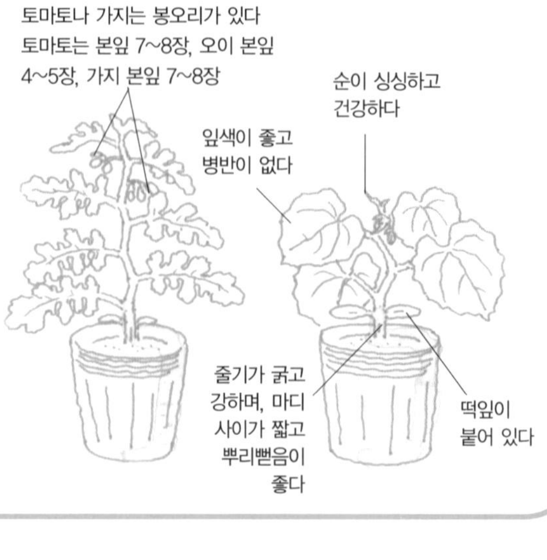

토마토나 가지는 봉오리가 있다
토마토는 본잎 7~8장, 오이 본잎 4~5장, 가지 본잎 7~8장
순이 싱싱하고 건강하다
잎색이 좋고 병반이 없다
줄기가 굵고 강하며, 마디 사이가 짧고 뿌리뻗음이 좋다
떡잎이 붙어 있다

6 준비 끝, 드디어 옮겨심기

♣ 모종의 옮겨심기 적기를 놓치지 말자

적당한 크기가 된 모종은 적기를 놓치지 않고 옮겨심기를 합니다. 크기는 종류에 따라 다르지만 단호박, 오이 등은 본잎이 4~5장, 토마토, 가지, 피망 등은 본잎 7~8장, 양배추, 브로콜리 등은 5~6장 정도로 자란 모종을 옮겨심기합니다.

모종을 옮겨심기하는 밭은 늦어도 일주일 전에는 이랑을 만들어 준비를 끝냅니다. 옮겨심기는 되도록 따뜻하고 바람이 없는 날을 택하여 오전에 실시합니다. 여름에는 흐린 날이나 햇빛이 약한 저녁에 합니다.

♣ 모종이 잘 성장하기 위한 옮겨심기 방법

① 이랑에 모종삽 등으로 채소의 종류나 품종에 적합한 간격으로 옮겨심기할 구멍을 팝니다. 크기는 뿌리 전체가 충분히 들어가고 줄기원이 지표보다 약간 올라올 정도로 합니다.

② 밭흙이 건조할 경우에는 옮겨심기할 구멍에 물을 주고 물이 흡수된 상태에서 옮겨심기를 합니다. 모종 이랑에도 전날 충분히 물을 주고 모종의 뿌리가 상하지 않도록 모종삽으로 조심스레 들어냅니다. 포트일 경우에는 포트를 거꾸로 해서 가볍게 빼냅니다.

③ 줄기원이 지표보다 조금 올라오도록 옮겨심기할 구멍의 깊이를 조절하여 모종을 넣고 흙을 덮은 후 줄기 밑부분을 가볍게 누르면서 고정시킵니다.

④ 옮겨심기 후 모종에 붙어 있는 흙과 밭의 흙이 익숙해지도록 수압을 약하게 하여 줄기 밑부분에 물주기를 합니다. 필요 이상의 물을 주면 흙 표면이 굳어져서 뿌리뻗기

이랑에 옮겨심기

① 줄기 간격을 재면서 구멍을 판다.

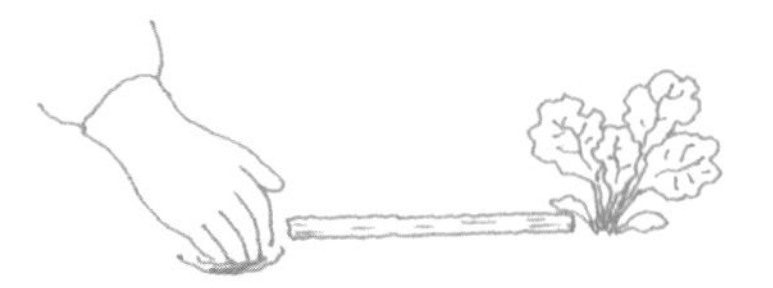

② 둘째와 셋째 손가락으로 줄기 밑부분을 가볍게 누른다.

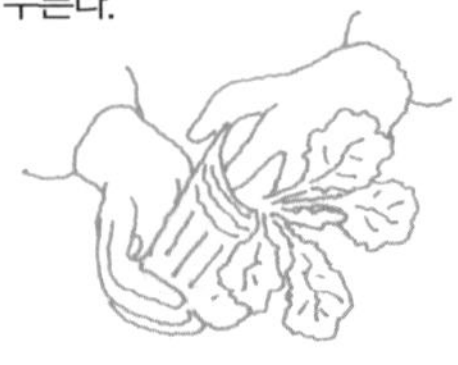

③ 모종 포트를 거꾸로 해서 반대편 손으로 가볍게 뽑아낸다.

④ 가능한 한 뿌리 덩어리가 부서지지 않도록 가볍게 옮겨심기할 구멍에 놓는다.

⑤ 흙을 덮는다.

모종을 심는 방법

옮겨심기 후 오전에 물을 준다.

줄기 밑부분은 흙을 조금 덮어준 정도로, 약간 높게 한다.

[나쁜 예]

너무 얕은 옮겨심기는 모종이 마르기 쉽다. 다만 화분에 심을 경우에는 조금 얕게 심는 것이 좋다.

너무 깊은 옮겨심기는 지온이 오르지 않기 때문에 좋지 않다.

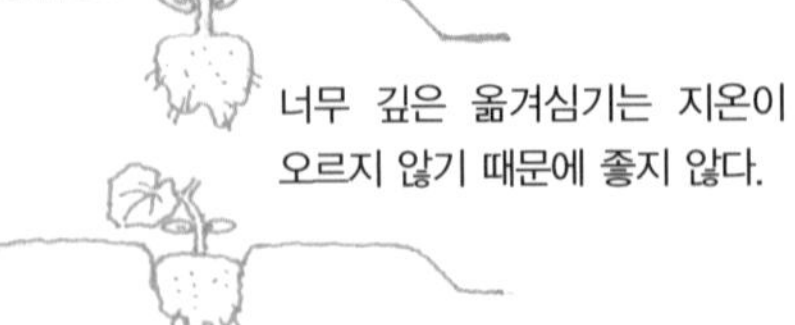

흙을 충분히 덮어주지 않으면 물이 고이기 쉽다.

길이가 긴 화분에 심기

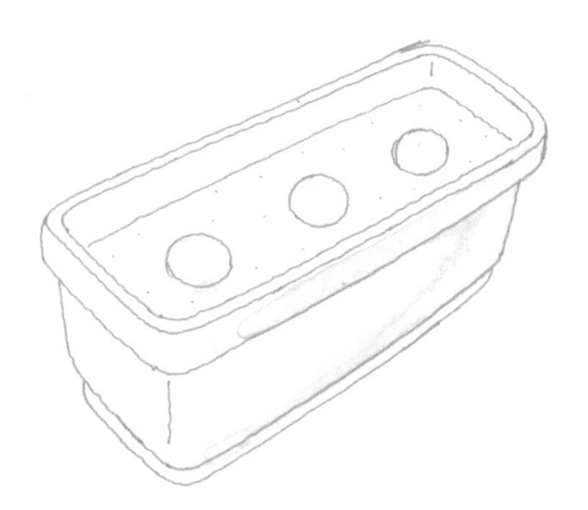

① 채소의 종류에 따라 줄기 사이를 정해 옮겨심기할 구멍을 판다.

② 이랑에 심는 것과 같은 방법으로 뿌리가 부서지지 않도록 가볍게 포트에서 빼낸다.

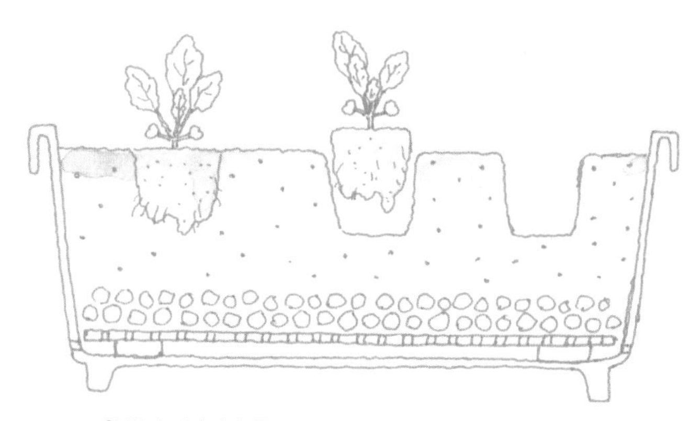

③ 뿌리 덩어리의 윗부분이 보일 정도로 얕게 심는다.
(얕게 심는 쪽이 지온이 높기 때문에 뿌리가 빨리 발달한다)

가 나빠집니다. 2~3일이 지나 표면이 말라서 시들어 있으면 다시 물을 줍니다. 뿌리가 뻗을 때까지 잎이 시들지 않을 정도의 물을 줍니다.

7 맛있는 채소로 재배하는 여러 가지 작업

♣ 물주기는 쉬워 보이지만 어려운 일

수분은 산소와 양분 등을 줄기와 잎, 뿌리 등에 운반할 뿐만 아니라 식물의 온도를 조절하는 역할도 합니다. 물을 너무 많이 주어도, 부족하게 주어도 채소의 생장에 영향을 미치므로 간단해 보이지만 중요한 작업입니다.

♣ 물을 주는 때를 잘 알아야 한다

씨뿌리기, 이식, 옮겨심기를 할 때 물주기는 빠뜨릴 수 없지만, 옮겨심기 후 뿌리가 발달하여 모종이 자력으로 흙 속의 수분을 흡수할 수 있게 되면 건조가 계속되는 시기 외에는 물주기가 그다지 필요하지 않습니다. 흙의 성질에 따라 차이는 있지만 빗물이나 지하수 등이 침투하여 식물은 적당히 수분을 보급하고 있습니다. 물을 너무 많이 주면 지상부분은 자라도 뿌리가 발달하지 못해 힘이 약한 채소가 됩니다.

물주기가 필요한지 필요하지 않은지의 판단은 줄기원의 흙의 상태를 확인합니다. 흙이 말라 있으면 물이 부족한 증거이므로 물주기를 합니다. 화분 등에서 재배할 경우에는 흙의 양이 적고 지하수가 없는 상태이므로 물을 조금씩 자주 주는 것이 좋습니다.

♣ 물주기 방법

물주기는 횟수를 줄이고 한 번에 충분히 주는 것이 포인트입니다. 흙의 5~10cm 깊이까지 수분이 스며들도록 물주기를 합니다. 시간대는 날씨가 추운 시기에는 기온이 온화한 오전에, 더운 시기에는 아침이나 저녁에 실시합니다.

뿌리의 발달이 충분치 않은 상태에서 다량의 물을 주면 흙이 굳어져서 통기성과 배수

물주는 방법

성이 나빠져 뿌리의 활동에 나쁜 영향을 줍니다. 특히 퇴비가 적은 흙일수록 날씨가 더울 때는 흙이 굳어지기 쉽고, 물주기를 해도 침투하지 않고 흘러내려가기 쉽습니다. 이러한 경우에는 모종삽 등으로 표토를 가볍게 긁어서 부드럽게 하고 수압을 약하게 하여 물을 줍니다.

♣ 솎아주기는 귀찮아도 꼭 필요한 일

씨앗은 필요한 포기 수보다 많이 뿌립니다. 뿌린 씨앗이 모두 싹이 나지 않으며, 여분으로 뿌려두면 발아 후 바로 작은 싹이 밀생하여 비바람 등의 자연변화에 상처를 적게 입고 잘 자라기 때문입니다. 그러나 모종이 커감에 따라 잎이 서로 겹치면 일조량이나 통풍이 나빠지므로 빈약해지거나 병해충 피해에도 약해져서 성장에 지장이 생깁니다.

그러므로 적당한 시기에 솎아주기를 해야 합니다. 시기와 횟수는 종류에 따라 다르지만 어린 잎일 때, 본잎이 2~3장일 때, 본잎이 3~4장일 때, 본잎이 5~6장일 때를 기준

솎아주는 방법

[첫 번째 솎아주기]

잎이 겹치지 않도록 밀생한 부분을 뽑아준다.

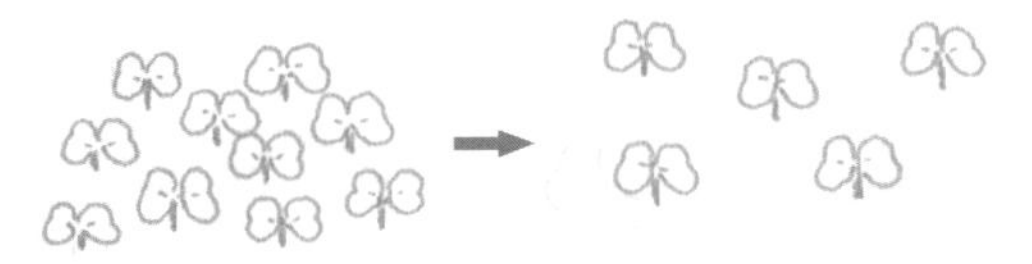

[2~4번째 솎아주기]

겹쳐 있는 모종이나 A~E와 같은 모종을 뽑아내고, 생장이 좋은 포기를
남긴 후 적절한 포기 간격을 유지한다.

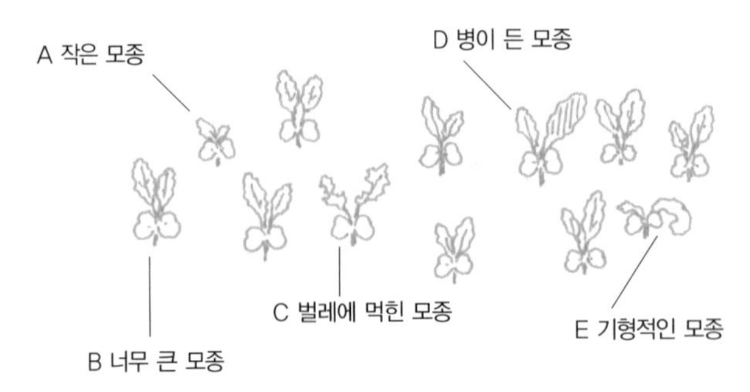

지주 세우는 방법

② 합장식 지주

지주 2개를 서로 경사지게 세워 교차되게
한다(넝쿨성 작물).

① 직립식 지주

바람에 약하므로 양 끝에 보강용 지주를
세운다(가지, 피망, 토마토 등).

③ 가(假) 지주

지주로 유인되지 않은 작은 모종이 넘어지거나 부러지는
것을 막는다. 줄기를 비닐 테이프로 가볍게 묶어준다.

으로 잎이 겹치지 않도록 2~4회로 나누어서 솎아주기를 합니다.

♣ 성장을 도와주는 지주세우기

넝쿨성 채소나 열매를 맺어 넘어지기 쉬운 작물은 지탱할 수 있는 지주를 세워주어야 합니다. 넝쿨성 작물이나 토마토, 오이 등은 2m 전후, 가지, 피망 등 줄기가 퍼져가는 작물은 60~70cm 정도의 튼튼한 지주를 세워줍니다. 지주는 땅에 20~30cm 정도 박아주고, 각 지주의 교차부분은 단단히 끈으로 묶어 고정시킵니다. 지주를 세우는 방법은 채소의 종류나 밭의 조건에 따라 선택합니다.

♣ 멀칭은 잡초 방지에도 유효하다

채소의 생장을 촉진하기 위해 이랑이나 줄기원에 짚이나 풀, 폴리에스테르 필름 등으로 덮어주는 것을 멀칭이라고 합니다. 소재에 따라 여러 가지 효과가 있으므로 시기나 작물의 종류에 따라 선택합니다.

♣ 터널은 병충 방제도 겸한다

비닐이나 폴리에스테르 필름, 한랭포 등으로 터널을 만들어 저온, 한풍, 서리, 고온, 강한 햇빛 등 불리한 환경에서도 재배할 수 있도록 조절합니다.

여러 가지 멀칭

- 짚깔기 : 지온의 상승을 억제하고 흙의 건조를 막아준다. 잡초를 자라지 못하게 한다. 흙을 안정시켜 병의 발생을 억제한다.
- 폴리에스테르 멀칭 : 폴리에스테르 필름으로 투명, 검은색, 은색 등이 있다. 흙의 건조나 병해충, 잡초 발생을 억제하고 지온을 상승시킨다. 파종이나 옮겨심기를 할 때는 필름에 구멍을 뚫어 사용한다. 구멍이 뚫려 있는 제품도 시중에서 판매되고 있다.

[폴리에스테르 멀칭]

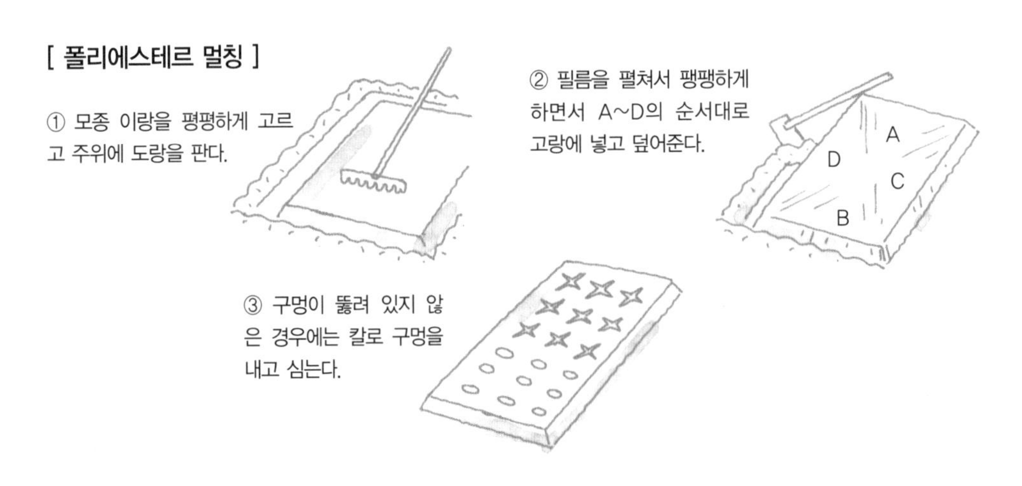

여러 가지 터널

- 서리 피하기 : 추위에 약한 채소는 비닐이나 구멍 나 있는 필름을 씌운다.
- 보온 : 염화비닐, 폴리에스테르 필름 등이 보온성이 좋다. 밀폐된 터널 안은 온도가 너무 상승할 우려도 있다. 환기가 가능한 구멍난 필름이 편리하다.
- 차광효과 : 더위에 약한 채소는 차광망 터널로 한낮에만 차광을 한다. 차광망 끝을 흙에 묻지 않고 돌로 눌러두는 정도로 한다.

[터널]

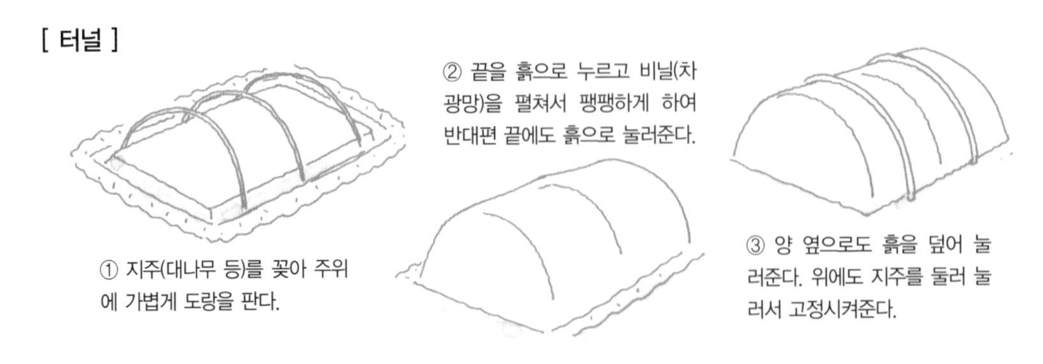

3장

무농약·유기야채 77종 재배방법

채소 77종의 재배일지-1

구분	채소명	1월	2월	3월	4월	5월	6월	7월	8월	9월	10월	11월	12월
열매채소 12종	토마토			옮겨심기									
	방울토마토				옮겨심기								
	가지				옮겨심기								
	오이			옮겨심는 그루				씨뿌리기			파종하는 그루		
	옥수수												
	피망				옮겨심기								
	호박												
	국수호박												
	오크라												
	고추												
	쓴오이(레이시)												
	늙은오이												
과채류 3종	딸기									옮겨심기			
	수박			옮겨심기									
	멜론				옮겨심기								
콩과 종류 5종	강낭콩					넝쿨 없는 품종						넝쿨 있는 품종	
	대두												
	완두콩												
	누에콩												
	땅콩												

씨뿌리기 수확

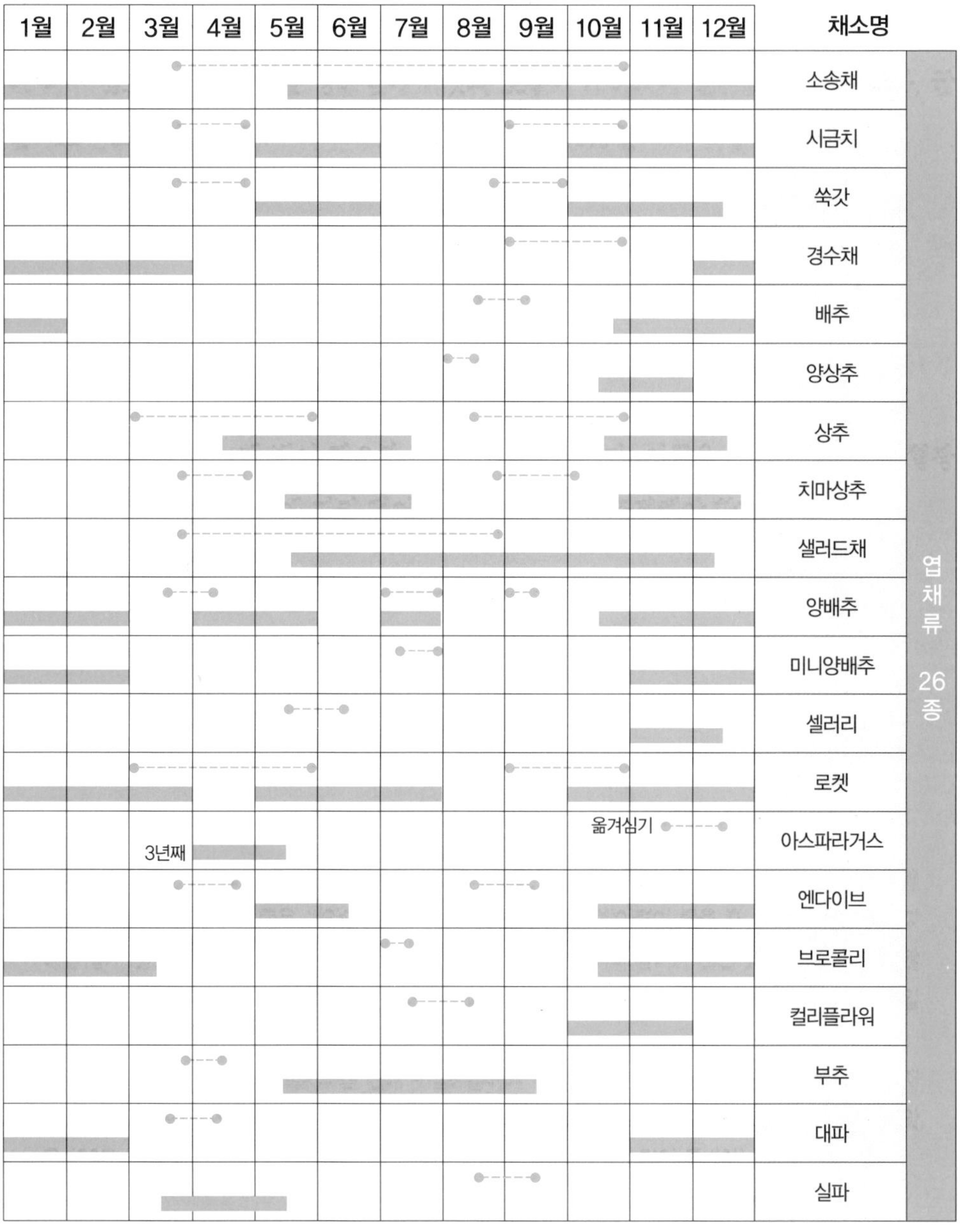

1월	2월	3월	4월	5월	6월	7월	8월	9월	10월	11월	12월	채소명	
												소송채	엽채류 26종
												시금치	
												쑥갓	
												경수채	
												배추	
												양상추	
												상추	
												치마상추	
												샐러드채	
												양배추	
												미니양배추	
												셀러리	
												로켓	
		3년째							옮겨심기			아스파라거스	
												엔다이브	
												브로콜리	
												컬리플라워	
												부추	
												대파	
												실파	

채소 77종의 재배일지-2

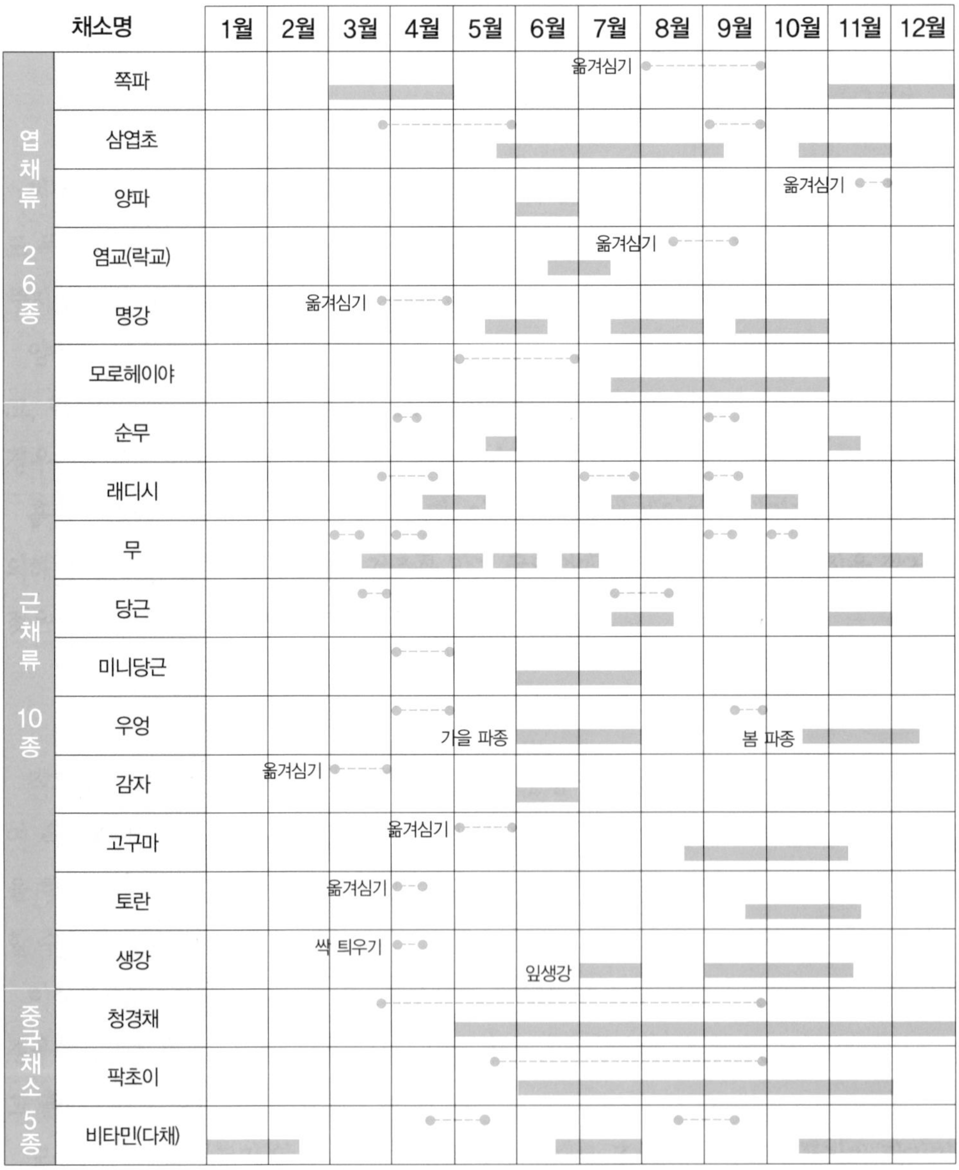

분류	채소명	1월	2월	3월	4월	5월	6월	7월	8월	9월	10월	11월	12월
엽채류 26종	쪽파							옮겨심기					
	삼엽초												
	양파										옮겨심기		
	염교(락교)							옮겨심기					
	명강			옮겨심기									
	모로헤이야												
근채류 10종	순무												
	래디시												
	무												
	당근												
	미니당근												
	우엉					가을 파종					봄 파종		
	감자		옮겨심기										
	고구마				옮겨심기								
	토란			옮겨심기									
	생강			싹 틔우기			잎생강						
중국채소 5종	청경채												
	팍초이												
	비타민(다채)												

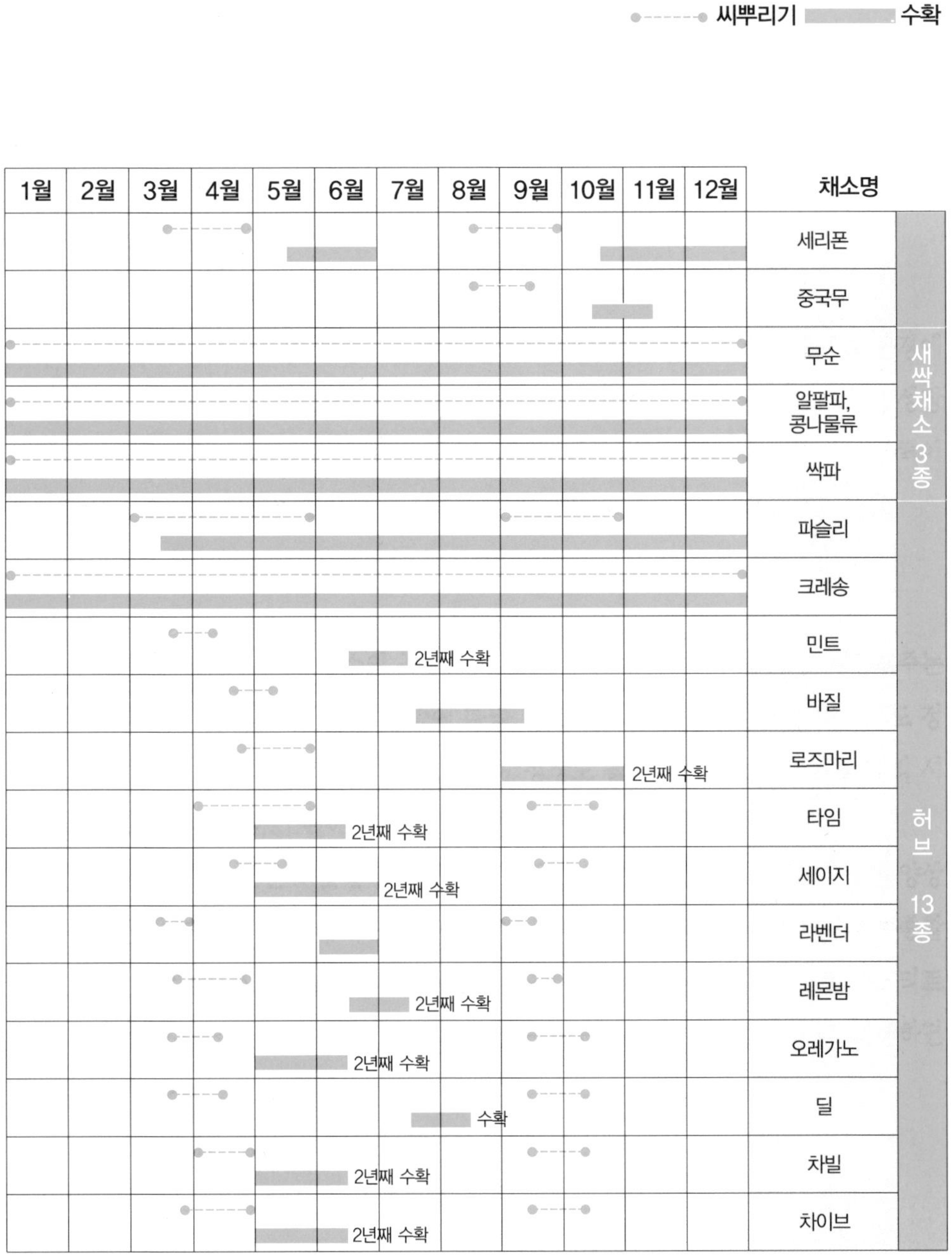

씨뿌리기 수확

1월	2월	3월	4월	5월	6월	7월	8월	9월	10월	11월	12월	채소명	
												세리폰	
												중국무	
												무순	새싹채소 3종
												알팔파, 콩나물류	
												싹파	
												파슬리	허브 13종
												크레송	
						2년째 수확						민트	
												바질	
										2년째 수확		로즈마리	
					2년째 수확							타임	
						2년째 수확						세이지	
												라벤더	
						2년째 수확						레몬밤	
					2년째 수확							오레가노	
							수확					딜	
					2년째 수확							차빌	
					2년째 수확							차이브	

토마토

작업일지	1월	2월	3월	4월	5월	6월	7월	8월	9월	10월	11월	12월
옮겨심기				▬								
작업												
수확							▬	▬				

♣ **어떤 채소?**
가지과. 관상용이었으나 1920년대 이후 식용으로 사용되었다.

♣ **재배방법 포인트**
병에 강하다. 착과가 좋은 품종을 선택하여, 일조가 좋은 장소에 심는다. 기름진 토양을 좋아한다.

재 배 방 법

흙만들기 물빠짐이 좋은 비옥한 밭에서 일조량이 좋은 곳을 선정합니다. 가지과의 작물을 심고 나서 4~5년은 비워둡니다. 옮겨심기 10일 전에 고토석회를 뿌리고 갈아엎은 다음 1m 폭의 이랑 중앙에 30cm 깊이의 고랑을 파고 밑거름을 줍니다.

옮겨심기(정식) 1이랑에 2줄 심기를 합니다. 늦서리가 없어진 4월 중순 이후 갠 날의 오전에 실시합니다. 옮겨심기 1시간 전에 모종에 물을 주고 옮겨심기를 할 구멍에 물을 주면 뿌리를 상하지 않고 옮겨심기를 할 수 있습니다. 미리 지주(기둥)를 세워두고 가장 위의 화방(꽃받침, 송이)이 이랑 밖으로 향하도록 얕게 심습니다. 물주기를 한 후 줄기를 들어올리듯이 지주(기둥)로 유도하고 비닐 테이프로 가볍게 묶어서 고정시킵니다.

순지르기(적심) 주가지의 본잎 3장마다 화방이 달립니다. 곁줄기가 나오면 바로 순지르기를 합니다. 다만 장마가 갠 후에는 잎을 1장 남기고 그늘을 만들게 합니다. 4~5마디째의 화방이 열렸을 때 그 위에 2장의 잎을 그늘용으로 남기고 순지르기, 남겨둔 4~5장의 화방을 충실하게 합니다.

솎아내기 열려 있는 모든 열매를 남겨두면 작아지므로 극단적으로 큰 열매나 작은 열매, 기형의 열매는 따주어야 합니다. 1개의 화방에 4~5개 정도의 열매를 맺도록 하는 것이 적합합니다.

거름주기 첫 번째 화방의 첫 번째 열매가 탁구공 정도의 크기가 되면 이랑에 유박비료를 주고 흙모으기를 합니다. 줄기와 열매를 관찰하고 거름을 너무 많이 주지 않도록 주의합니다.

수 확

50일 정도에 수확합니다. 최초의 수확이 끝나면 그 화방보다 아래에 있는 잎을 따고 원줄기의 통풍을 좋게 합니다.

병 해 충 대 책

장마 후 짚 등을 약간 두껍게 깔아주어 빗물이 튀는 것이나 여름의 건조, 지온상승 등을 예방합니다. 줄기 밑부분은 조금 열어두어 질척질척하지 않도록 주의합니다.

1. 모종 고르기

본잎 7~8장에서 마디 사이가 건강하고 굵은 줄기, 첫 번째 화방이 개화할 듯한 모종을 고른다. 다만 옮겨심기를 할 때 상처를 입지 않도록 좀더 어린 상태의 모종을 선택한다.

2. 이랑만들기

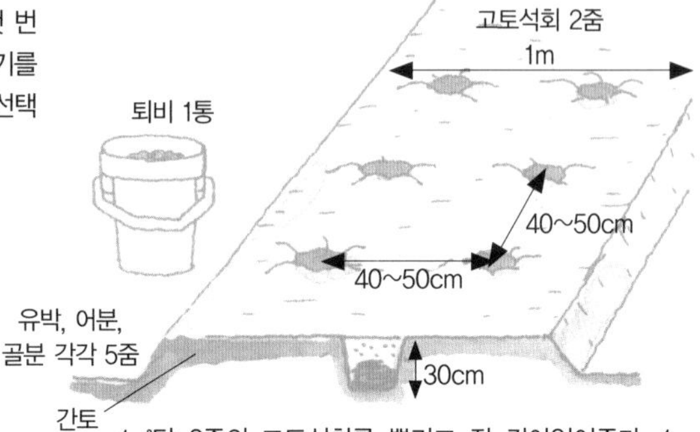

1㎡당 2줌의 고토석회를 뿌리고 잘 갈아엎어준다. 1m 폭의 평이랑을 만든다. 이랑 중앙에 30cm 깊이의 골을 파고 1그루당 퇴비 1통, 유박 5줌, 어분 5줌, 골분 5줌을 넣는다. 주위의 흙과 잘 섞어서 그 위에 간토를 덮어준다. 옮겨심기 구멍은 40~50cm 간격으로 한다.

구멍 뚫린 멀칭

3. 멀칭

멀칭을 해두면 생육을 좋게 하고 저온을 방지할 수 있다.

40~50cm

4. 지주세우기

40~50cm 간격으로 지주를 2줄로 세워 옮겨심기를 할 구멍에 물을 주고 낮게 심는다. 흙을 그루 밑으로 모아준다. 방향은 첫 번째 화방이 이랑의 바깥쪽을 향하도록 한다.

5. 유인

물주기용으로 얕게 골을 파고, 충분히 물을 준다. 줄기를 들어올리듯이 지주에 묶는다. 가지가 굵어지므로 끈을 헐렁하게 묶어준다.

6. 순지르기와 잎자르기

주가지의 뿌리 가까이에 나는 곁가지는 바로바로 따주고, 장마 후에는 열매를 위해 잎을 1장 남기고 솎아낸다. 동시에 짚을 3~5cm 정도 두껍게 깔아준다.

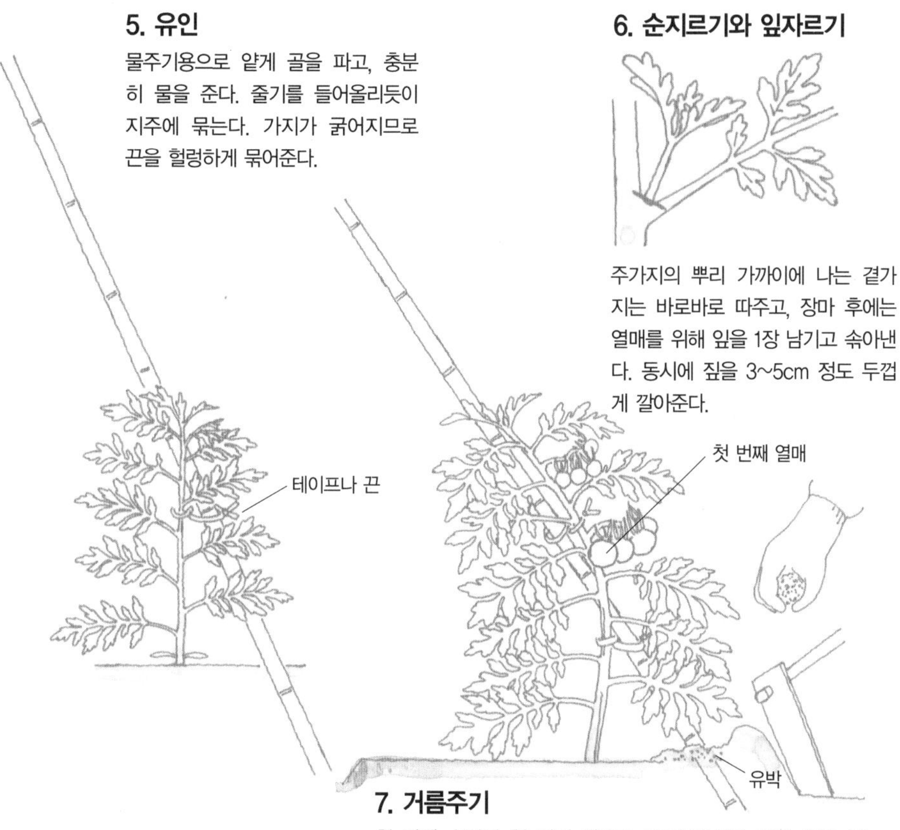

7. 거름주기

첫 번째 송이의 첫 번째 열매가 탁구공만하면 추비, 유박 한 줌을 이랑에 주고 흙을 모아준다. 2주 간격으로 4번 정도 실시한다. 기수화방이 같은 상태가 되었을 때를 목표로 실시한다.

Q&A

꽃이 떨어져버렸어요

밑거름을 너무 많이 주면 꽃이 떨어질 뿐 아니라 꽃이 열리지 않는 경우도 있습니다. 퇴비라면 완효성이므로 큰 문제는 없습니다. 저온, 고온, 비료부족 등도 꽃이 떨어지는 원인이 됩니다. 생육 초기에는 멀칭으로 저온을 막고, 여름에는 짚을 깔아 지온상승을 억제할 필요가 있습니다. 특히 멀칭은 초기에 발생하기 쉬운 진딧물의 피해를 막는 데 효과적입니다. 유기비료만으로는 부족하지 않을까 걱정하는 분이 있을지 모르지만 잘 흡수되기만 하면 문제는 없습니다. 오히려 비료를 너무 많이 주면 병해를 입기 쉽습니다. 아침에 잎이 안쪽으로 말려 있으면 비료를 지나치게 많이 준 것입니다. 완숙된 퇴비를 사용하여 재배하면 화학비료를 사용한 경우보다 벌레와 병의 발생빈도가 훨씬 줄어들 것입니다.

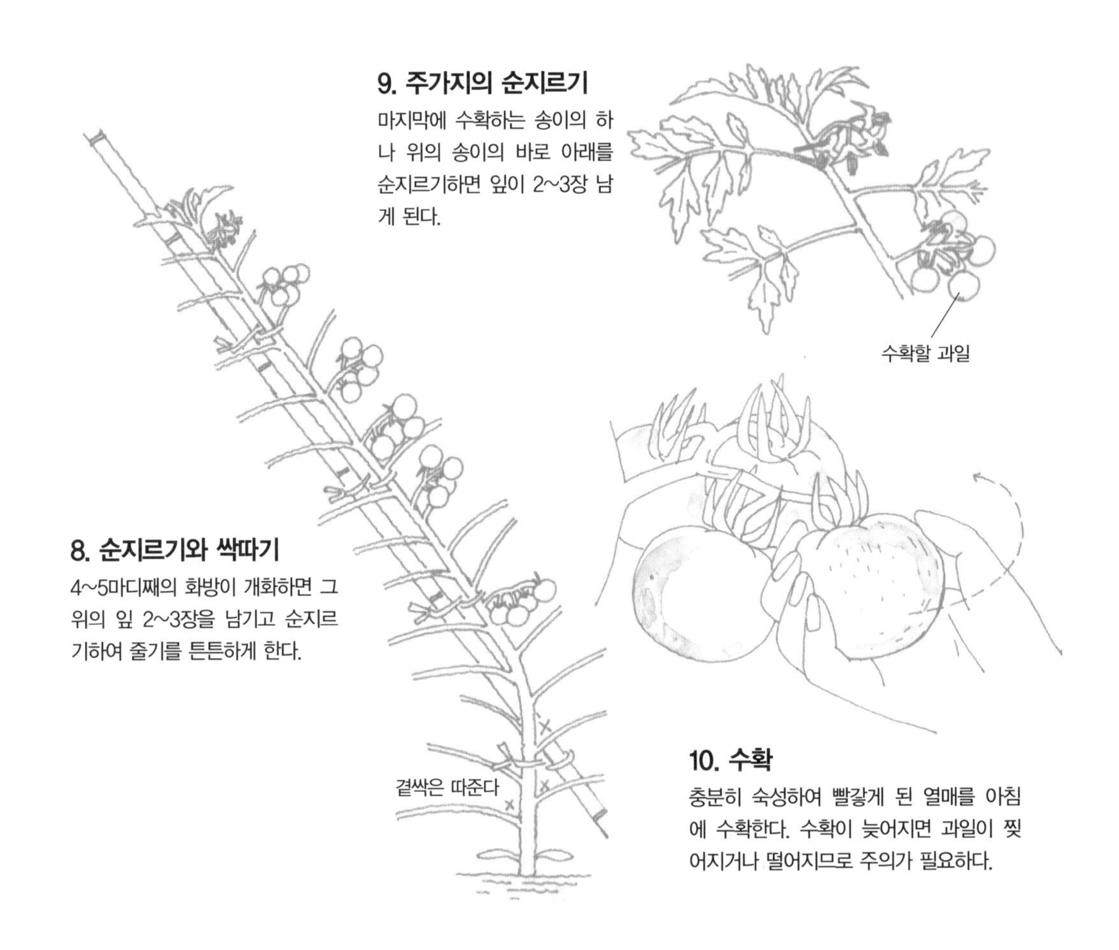

9. 주가지의 순지르기

마지막에 수확하는 송이의 하나 위의 송이의 바로 아래를 순지르기하면 잎이 2~3장 남게 된다.

8. 순지르기와 싹따기

4~5마디째의 화방이 개화하면 그 위의 잎 2~3장을 남기고 순지르기하여 줄기를 튼튼하게 한다.

10. 수확

충분히 숙성하여 빨갛게 된 열매를 아침에 수확한다. 수확이 늦어지면 과일이 찢어지거나 떨어지므로 주의가 필요하다.

Q&A

열매가 갈라져버렸어요

위쪽에 열리는 열매가 갈라지는 경우가 있습니다. 건조, 과습으로 뿌리가 상해 그루가 약해져 있을 경우 열매가 충실하고 충분히 큰 상태에서 갑자기 수분을 빨아들여 껍질이 견디지 못하고 갈라지는 경우가 생깁니다. 건조하다고 해서 갑자기 물을 주거나 비에 적시거나 하면 껍질에 균열이 생기는 경우가 많습니다. 짚을 깔아주어 극단적인 건조를 막고, 그루를 충실하게 하여 뿌리를 깊이 뻗게 하며, 환경의 급격한 변화에 적응할 수 있도록 잎으로 그늘을 만들어 열매 껍질이 갈라지는 것을 방지합니다. 또 과일의 밑부분이 썩는 것은 비료가 많거나 석회부족이 원인입니다.

방울토마토

작업일지	1월	2월	3월	4월	5월	6월	7월	8월	9월	10월	11월	12월
옮겨심기					■							
작업						■ 지주세우기						
수확								■	■			

♣ **어떤 채소?**

가지과. 색깔도 형태도 변화가 다양하다.

♣ **재배방법 포인트**

모종을 심기만 하면 간단하고, 화분 등에 심는 것이 편하다. 수확량도 많다.

재배방법

흙만들기 보통 토마토와 기본적으로 재배방법이 같습니다. 여기서는 작은 것을 살려서 화분에 심는 방법을 생각해보기로 합시다. 적옥토(赤玉土), 버미큘라이트(vermiculite, 질석), 부엽토 등을 섞어, 배수성과 보수성이 좋은 흙을 만듭니다.

옮겨심기 5월 초순 모종은 보통 토마토보다 조금 작은 편이지만 눈으로는 구별하기 어려우므로 반드시 방울토마토인 것을 확인합니다. 흙을 절반 정도 넣었으면 뿌리를 조금 부수어가면서 모종을 놓고 남은 흙을 마저 넣습니다. 흙이 조금 올라오도록 하여 잘 눌러주어 모종을 안정시킵니다. 옮겨심기 후 전체적으로 1cm 두께로 부엽토나 퇴비를 깔아줍니다. 충분히 물을 준 다음 철사로 틀을 만들어 한랭포를 덮어줍니다. 이는 진딧물을

1. 흙만들기

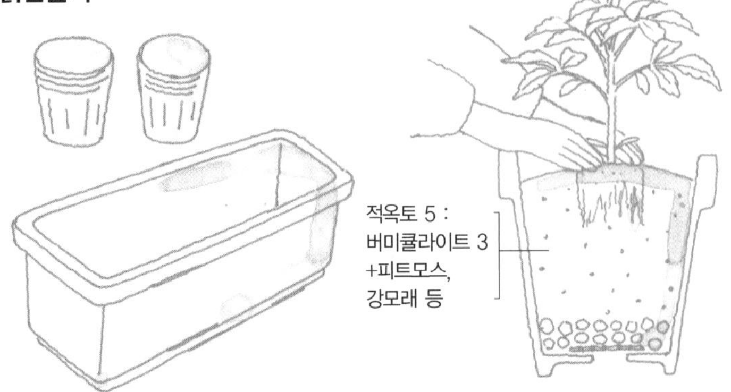

길이 70cm 이상의 깊이가 있는 화분을 준비한다. 비옥한 흙을 만든다. 적옥토 5, 버미큘라이트 3의 비율에 강모래 등을 섞어 보수성과 배수성이 좋은 흙을 만든다. 밭흙은 물을 주면 굳어지므로 적합하지 않다.

2. 옮겨심기

절반 정도 흙을 넣고 뿌리 부분을 조금 부수어 얕게 심는다. 남은 흙을 넣고 가볍게 눌러준다.

3. 물주기

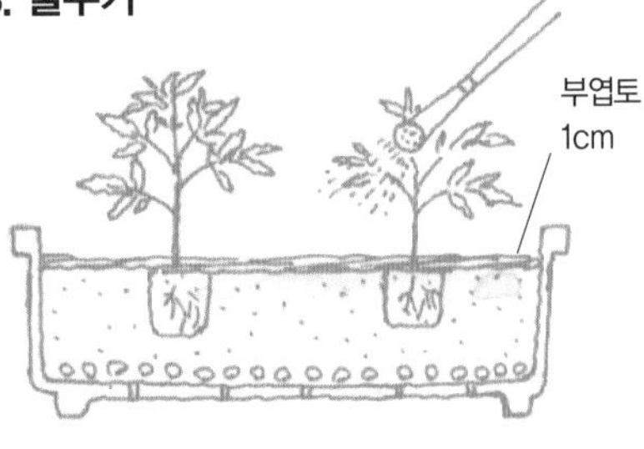

전체적으로 부엽토나 퇴비를 1cm 두께로 깔아주고 물을 충분히 준다.

4. 망씌우기

높이 60cm 이상 되도록 철사로 틀을 만들어 한랭포로 완전히 덮는다. 화분의 틀에 고무줄을 둘러 해충으로부터 보호한다.

5. 물주기

물주기는 한랭포 위에 해도 좋다. 여름에는 아침과 저녁, 각각 1회씩 실시한다.

6. 옆순따기

20일 정도 되면 지주가 필요할 정도로 성장하므로 한랭포를 벗기고 고생종일 경우에는 주가지와 곁가지 하나씩만 남기고 모두 순지르기한다.

7. 지주세우기

1m 이상의 지주를 세우고 가볍게 묶는다.

8. 수확

수확기에 혼잡해진 아랫잎이나 마른 잎을 정리하여 통풍이 잘 되도록 하고, 그루 안쪽까지 볕이 잘 들도록 하여 병해충을 방제한다.

예방하기 위한 것입니다.

옆순따기 50~60cm 정도 되면 한랭포를 걷고 가지와 잎 사이에 나 있는 옆순을 따줍니다. 지주를 세워 유인합니다.

거름주기 열매를 맺으면 유박이나 유박 액비를 거름으로 줍니다.

수 확

송이의 3단까지 열매를 맺으면 순지르기하여 열매를 튼튼하게 합니다. 아래쪽부터 빨갛게 익어오므로 완숙한 열매부터 가볍게 잡아당겨 수확합니다.

병 해 충 대 책

진딧물은 물주기를 할 때 잘 관찰하여 바로 제거합니다. 잎 뒤쪽에도 물주기를 하여 잎응애 발생을 억제합니다.

새로운 품종을 재배하고 싶어요

모종이 없는 것은 씨앗부터 키웁니다. 포트에 3알 정도씩 파종하여 본잎이 3~4장 정도 되면 종묘로 쓸 수 있습니다.

가지

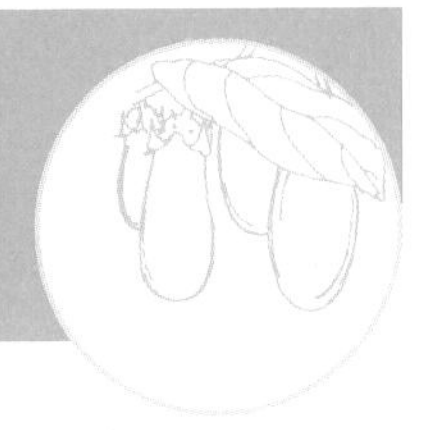

작업일지	1월	2월	3월	4월	5월	6월	7월	8월	9월	10월	11월	12월
옮겨심기					▬							
작업							▬	강전정				
수확						▬	▬	▬	▬			

♣ 어떤 채소?

가지과. 지방색이 강하다. 남쪽 품종은 길고, 북쪽 품종은 둥근 편이다.

♣ 재배방법 포인트

더위에 강하다. 종묘를 구입하면 재배가 간단하다. 퇴비를 충분히 주면 많이 수확할 수 있다.

재 배 방 법

흙만들기 유기질이 풍부하고 물빠짐이 좋은 밭이 이상적입니다. 그러나 어떤 땅에서도 잘 자라는 편입니다. 산성에는 약하므로 옮겨심기를 하기 10일 전에는 고토석회로 중화합니다. 1m 폭으로 30cm 이상 파내고 퇴비와 유박, 어분, 계분 등의 거름을 주고 주위의 흙을 잘 섞어줍니다. 이랑을 높게 하여 물빠짐이 좋게 합니다.

옮겨심기 늦서리를 맞지 않도록 5월에 맑고 바람이 없는 날 오전에 옮겨심기를 합니다. 종묘와 옮겨심기할 구멍에 충분히 물을 준 다음 얕게 옮겨심기를 합니다. 임시 지주를 세워 물주기용 골을 파고 물을 줍니다.

순지르기 뿌리를 내린 후 첫 번째 꽃이 달려 있는 주가지와 그 아래에 있는 2개의 곁순을 길러 3가지가 나오도록 합니다. 그 이외의 곁순은 모두 순지르기합니다. 마른 잎을 따주고 혼잡한 부분의 잎도 조금씩 따주어 빛이 줄기 안쪽까지 비칠 수 있도록 합니다.

지주세우기 30cm 정도로 성장하면 지주로 다시 유인합니다. 줄기가 밑으로 처지지 않고 45도로 자랄 수 있도록 유인합니다.

건조대책 건조하면 열매가 딱딱해져서 응애가 발생하므로 장마 후에 짚을 깔아줍니다. 이랑 사이에 충분히 물을 줍니다. 그루가 더위와 건조함으로 시들었을 경우에는 7월 말경에 가지를 짧게 자르고(전정) 이랑에 퇴비를 주면 가을에 다시 수확할 수 있습니다.

거름주기 종묘가 뿌리를 내린 이후 뿌리 앞쪽 부근에 유박을 주고 가볍게 흙을 모아줍니다. 20일 정도의 간격으로 추비(웃거름)를 반복합니다.

수 확

너무 자라지 않은 열매가 맛이 좋으므로 적당한 시기에 수확을 합니다.

병 해 충 대 책

건조하면 응애가 발생합니다. 진딧물은 보이는 즉시 제거하고 반신마름병(半身萎凋病)은 전염병이므로 저온다습을 피하고 비료를 지나치게 많이 주지 않도록 합니다.

1. 흙만들기

옮겨심기 10일 전까지 1㎡당 2줌 정도의 고토석회를 뿌리고 갈아엎는다. 30cm 깊이로 구멍을 파고 밑거름으로 1그루당 퇴비 1통, 계분 1삽, 어분과 유박을 각각 5줌 넣는다. 다시 덮어주고 1m 간격에 20cm 높이의 이랑을 만든다.

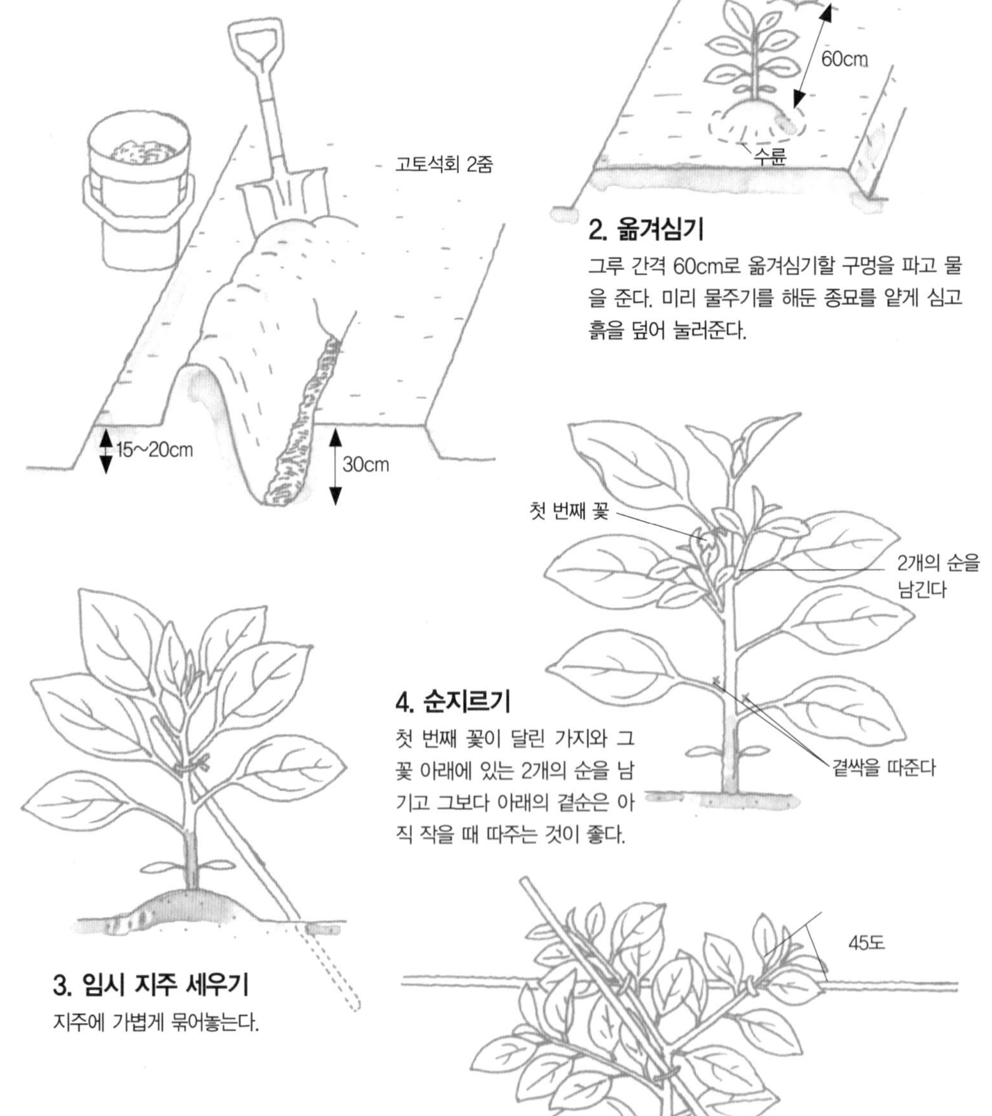

2. 옮겨심기

그루 간격 60cm로 옮겨심기할 구멍을 파고 물을 준다. 미리 물주기를 해둔 종묘를 얕게 심고 흙을 덮어 눌러준다.

3. 임시 지주 세우기

지주에 가볍게 묶어놓는다.

4. 순지르기

첫 번째 꽃이 달린 가지와 그 꽃 아래에 있는 2개의 순을 남기고 그보다 아래의 곁순은 아직 작을 때 따주는 것이 좋다.

5. 유인

옆 지주를 세워서 가지가 45도로 자랄 수 있도록 유인한다.

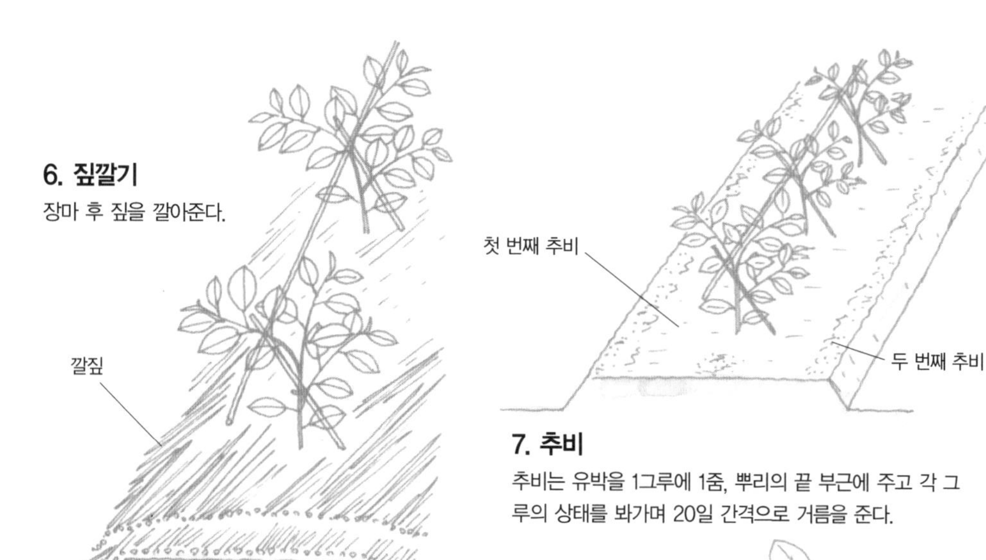

6. 짚깔기

장마 후 짚을 깔아준다.

7. 추비

추비는 유박을 1그루에 1줌, 뿌리의 끝 부근에 주고 각 그루의 상태를 봐가며 20일 간격으로 거름을 준다.

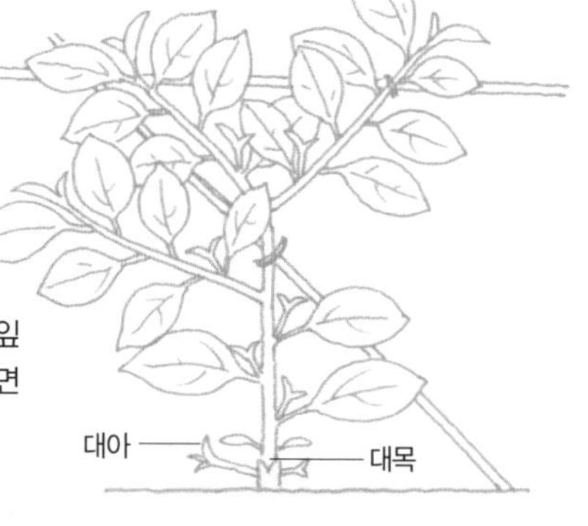

8. 건조대책

여름의 더위와 건조에 약하므로 마른 잎이나 혼잡한 잎을 따준다. 빛이 부족하면 열매의 색깔이 좋지 않다.

Q&A

꽃이 피어도 열매를 맺지 않아요

가지는 낙화가 많으므로 꽃이 피어도 반 정도는 열매가 되지 못하고 떨어져버립니다. 원인은 저온, 고온, 일조부족, 수확과다로 인한 영양부족, 병해충의 피해 등으로 발육이 부진하여 수술보다 짧은 암술이 수분(受粉)이 되지 못하는 것입니다. 개화 후 20일 정도(여름은 14일)에 수확하면 좋습니다. 그 이상 시일이 지나도 수확할 정도로 크지 않는다면 그루가 많이 약해져 있는 상태입니다. 그루의 생장을 방해하는 원인을 찾아서 대책을 세워 결실이 좋아지도록 해야 합니다.

또한 첫 번째 열매는 크게 되기 전에 따버리는 것이 그후의 착과가 좋아집니다. 너무 커지도록 놔두면 그루가 약해지므로 수확을 일찍 하는 것도 중요합니다. 그래도 약해져 있는 그루는 강전정과 추비로 재생해봅니다.

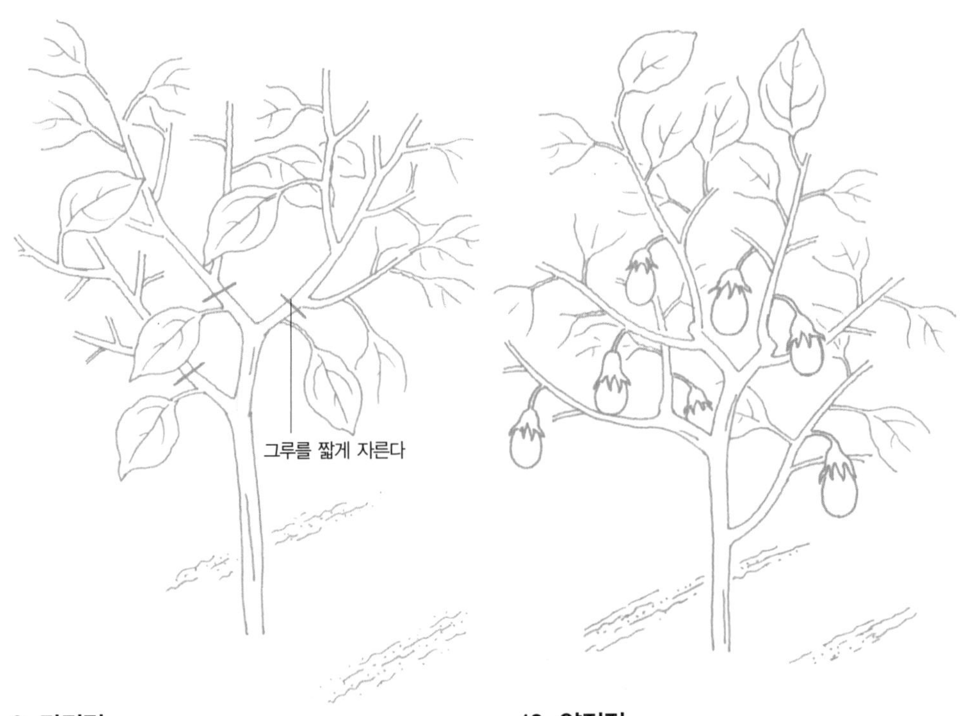

9. 강전정

7월 하순에 가지를 짧게 강전정하고, 이랑에 퇴비를 주면 9월에 다시 수확할 수 있다.

10. 약전정

그다지 약해지지 않은 그루는 1/3 정도를 잘라 약하게 전정하고 수확하면서 그루의 회복을 유도한다.

가지가 갈색이 되어버렸어요

응애류(갈색먼지응애)의 피해입니다. 가지의 꼭지 부분이 갈색으로 되어 결국은 가지의 표면까지 갈색으로 변해갑니다. 녹이 슨 것 같은 가지가 되어 갈라지는 경우도 있습니다.

대책은 발생시기인 장마가 갠 후의 건조를 피하는 것입니다. 그외에 잎응애, 붉은응애 등도 발생하기 쉽지만 짚을 깔아주거나 이랑 사이에 물을 주는 등의 고온 건조대책을 세우면 발생률이 많이 낮아집니다. 그루나 잎에 이변이 생기면 빠른 시간 내에 대책을 마련하고, 경우에 따라서는 전정을 하여 재생시킵니다. 또 병해로는 갑자기 일부 잎줄기가 시들어, 마지막에는 그루 전체가 말라버리는 병이 있습니다. 뿌리에 잠복하기 때문에 물빠짐을 좋게 하고 뿌리를 상하지 않도록 하는 것이 중요합니다. 이런 병은 토마토에도 나타나므로 가지과 작물의 연작은 최소 3~4년은 피해야 합니다. 그다지 약해져 있지 않은 그루는 1/3 정도 자르는 약전정을 하면 수확하면서 그루가 회복될 수 있습니다.

오이

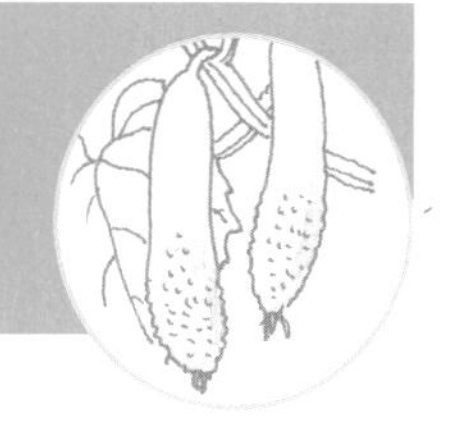

작업일지	1월	2월	3월	4월	5월	6월	7월	8월	9월	10월	11월	12월
씨뿌리기				옮겨심기	■							
				씨뿌리기	■	■						
작업												
수확				옮겨심는 그루	■	■	■					
					씨뿌리는 그루	■	■	■	■			

♣ **어떤 채소?**

오이과. 수정을 하지 않고도 결실을 맺는다.

♣ **재배방법 포인트**

지면에 재배하는 방법과 지주를 세워서 재배하는 방법이 있다.

재 배 방 법

흙만들기 연작 피해를 막기 위해 4~5년마다 한 번씩 윤작을 합니다. 다만 접을 붙인 종묘라면 연작도 가능합니다. 옮겨심기 2주 전에 1㎡당 2줌 정도의 고토석회를 뿌려주고 일주일 전에는 밑거름을 주어 평이랑을 만듭니다. 뿌리는 지표면에서 옆으로 뻗어나가므로 배수성과 보수성이 좋은 토양을 택합니다.

봄심기 5월 초순에서 중순의 흐리고 바람이 없는 날을 택하여 오전 중에 옮겨심기를 합니다. 길이 가 긴 화분이라면 모종을 2개 심고 부엽토를 1cm 정도의 두께로 깔아줍니다.

씨뿌리기 5~6월에 50cm 간격으로 직경 10cm 파종할 구멍을 뚫어 물을 준 후 5~6알씩 점파를 합니다. 발아 후 솎아주기를 하고 본잎이 7~10장 정도 자란 후에는 1그루만 자라도록 합니다.

지주세우기 여름 파종에서도 본잎 6장 정도로 지주를 세웁니다. 유인하면서 지주의 높이까지 뻗어가면 끝을 순지르기합니다. 어미넝쿨과 2개의 새끼넝쿨이 뻗은 3줄기로 하고 손자넝쿨은 방치해둡니다.

거름주기 수술이 개화한 후 1그루당 1줌씩 유박을 뿌려주고 흙모으기를 합니다. 그 후 2~3주 간격으로 반복합니다. 처음에는 그루 사이에, 두 번째부터는 점점 뿌리의 생장에 맞추어 그루에서 멀리 뿌려줍니다.

짚깔기 지면에서의 재배는 물론 지주재배에서도 비로 인해 흙이 튀는 것과 장마 후의 고온건조를 대비하여 6월로 접어들면 이랑에 짚을 깔아줍니다.

수 확

옮겨심기 후 30~40일에 수확할 수 있지만, 처음의 3~4개는 그루 전체의 성장을 돕기 위해 자라기 전에 빨리 따줍니다. 그후에는 100g 전후에서 수확을 합니다. 너무 크게 자라게 하면 그루가 약해집니다.

병 해 충 대 책

탄저병, 노균병, 흰가루병 등에 걸리기 쉬우므로 물빠짐이 좋게 하고 마른 잎을 잘 따서 제거합니다. 멀칭도 효과가 있습니다. 바이러스병에도 걸리기 쉬우므로 매개체인 진딧물 발생에 주의합니다.

1. 이랑만들기

2줌의 고토석회를 주고 가볍게 갈아엎는다. 일주일 후에 평이랑을 만든다.

2. 흙만들기

1m 폭의 평이랑에 1㎡당 퇴비 2통, 유박과 어분 각각 4줌, 골분 2줌을 전면에 뿌리고 잘 섞는다.

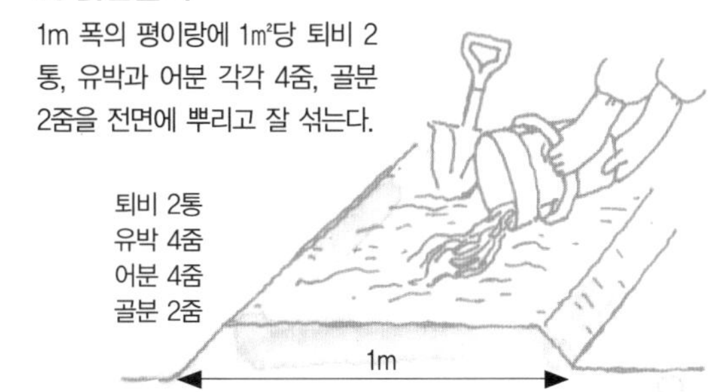

3. 옮겨심기

50cm 간격으로 얕게 옮겨심기할 구멍을 파고 높이 1.8m의 지주를 세워 그 옆에 종묘를 얕게 심는다. 멀칭을 하면 생장이 빨라진다.

4. 물주기

모종에서 15cm 떨어진 부분에 물주기용 고랑을 둥글게 파고 충분히 물을 준다.

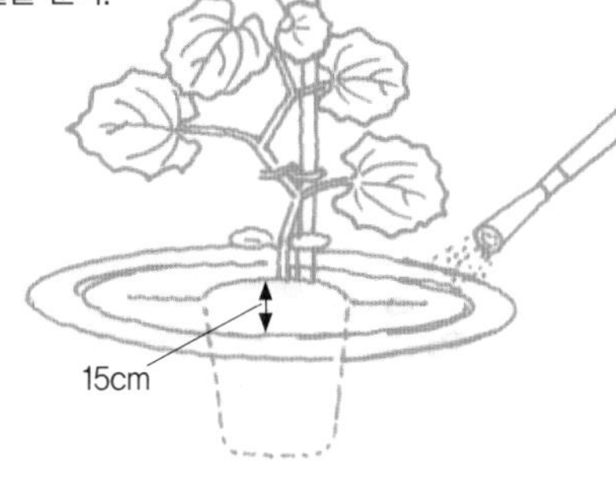

5. 씨뿌릴 경우

1.5~1.8m 폭의 평이랑 1㎡당 퇴비 0.5통, 계분 1줌을 이랑 중앙에 30~40cm 깊이의 고랑을 만들어 뿌려준다.

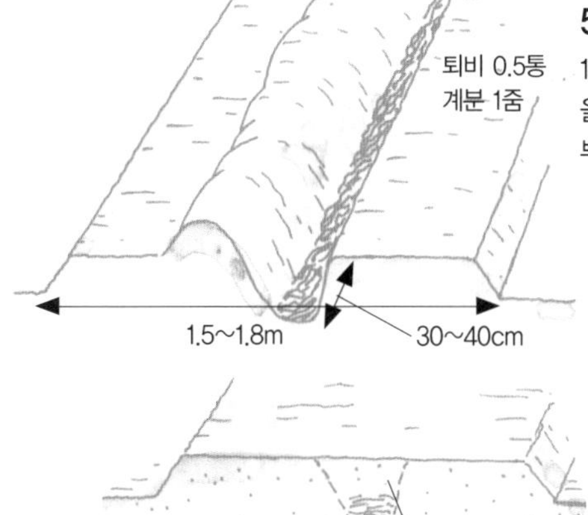

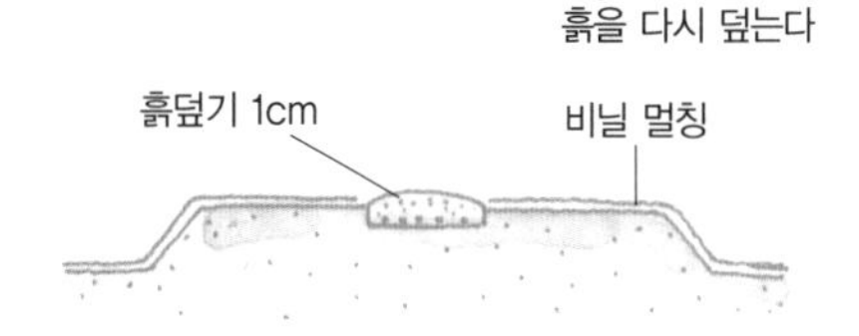

6. 씨뿌리기

50cm 간격으로 5~6개씩 점파하고 1cm 정도 흙덮기를 하여 눌러주고 나서 충분히 물을 준다. 멀칭을 하면 병해대책 효과가 있다.

7. 지주세우기

지주나 오이그물에 넝쿨을 묶는다. 지주는 깊이 꽂아준다.

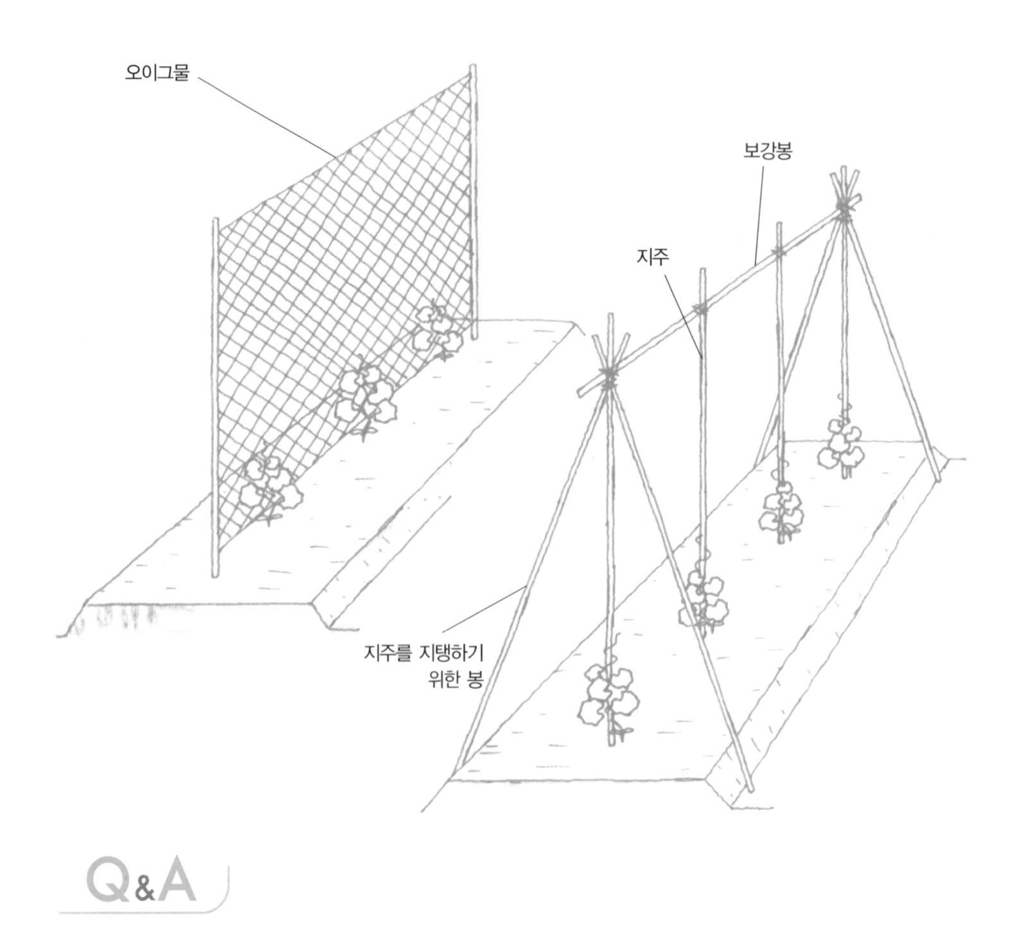

Q&A

잎이 노랗게 변해요

노균병에 걸리면 잎맥 사이가 노랗게 되고 차례로 다른 잎으로도 옮겨갑니다. 빗물이 땅에 튀어올라와서 생기는 경우가 많으므로 멀칭이나 짚을 깔아줄 필요가 있습니다. 오이의 바이러스병의 병원균인 오이 모자이크 바이러스는 수액으로 감염되는 토마토와는 달리 진딧물을 매개로 발생하므로 바로바로 구제하지 않으면 안 됩니다. 수확시기가 가까워졌을 때 애를 먹이는 것이 '흰가루병' 입니다. 그루 밑에 깔아준 짚을 두껍게 하여 건조를 억제하면 이 병을 예방할 수 있습니다. 잎이 노랗게 되거나 반점이 생기는 병은 곰팡이가 원인이 되는 경우가 많으므로 병에 걸린 잎은 신속하게 제거하여, 다른 그루에 전염되지 않도록 해야 합니다. 또 잎응애 등에 먹힌 경우에는 잎 뒷면을 관찰하여 구제합니다.

8. 너무 자란 줄기의 순지르기

어른줄기는 1.8m 정도가 되면 줄기 끝을 순지르기한다.

9. 노면재배 품종의 순지르기

노면재배 품종은 주가지를 6~7마디에서 순지르기하고, 4개의 새끼줄기를 사방으로 자라게 한다. 8마디에서 순지르기, 손자줄기는 자라게 하여 5~6마디에서 순지르기한다.

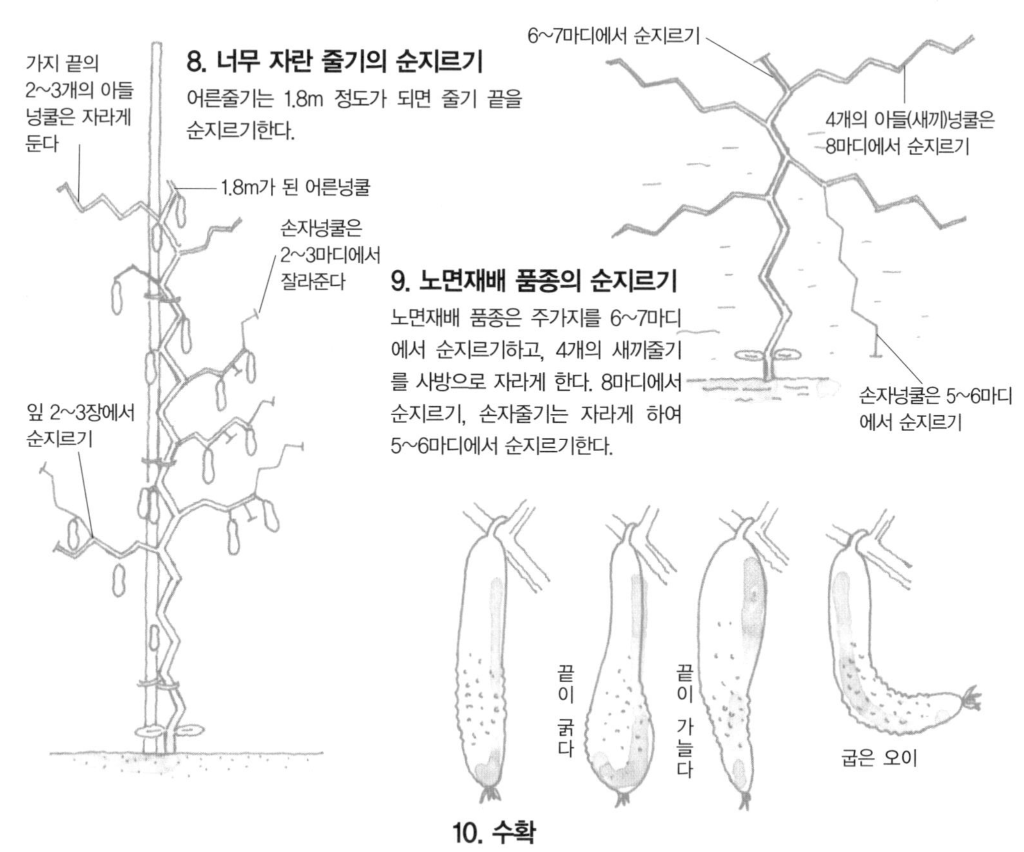

10. 수확

수확은 가위로 자른다. 빛이 부족하면 굽은 오이가 되고, 영양이 부족하면 굽은 오이가 되거나 끝부분이 좁거나 두꺼워진다. 그러므로 추비를 주어야 한다.

넝쿨이 너무 잘 자라서 곤란해요

넝쿨이 많으면 통풍이 나빠져서 병이 발생하거나 영양분이 부족하여 오이가 빈약해집니다. 지주재배의 경우에는 5마디까지 새끼넝쿨은 모두 빨리 제거합니다. 그 위의 새끼넝쿨은 2~3장의 잎을 남기고 순지르기합니다. 어미넝쿨의 앞쪽 2~3개의 새끼넝쿨은 뿌리가 약해지지 않도록 계속 남겨둡니다. 통풍을 좋게 하기 위해 복잡해진 부분의 잎을 제거할 경우에는 마른 잎은 물론이고 빛을 가리는 잎부터 제거합니다. 가능한 한 빛이 전체에 닿을 수 있도록 합니다. 다만 한 번에 4장이나 잎을 따면 그루가 약해지므로 피해야 합니다.

옥수수

작업일지	1월	2월	3월	4월	5월	6월	7월	8월	9월	10월	11월	12월
씨뿌리기					▬							
작업												
수확								▬				

♣ **어떤 채소?**
벼과. 원산지는 중남미이며, 감미가 강한 품종이 많다.

♣ **재배방법 포인트**
1줄로 심으면 수분하기 어렵다. 밑거름을 충분히 주고, 한 그루에 1개씩 열리게 하면 충실한 열매가 된다.

재 배 방 법

흙만들기 일조가 좋은 장소를 골라서 고토석회로 중화시킨 밭에 씨뿌리기 일주일 전에 밑거름을 줍니다. 1m 폭의 평이랑을 만듭니다. 연작이 가능하므로 첫해에 완숙한 밑거름을 충분히 뿌려줍니다. 수확 후의 남은 것들도 거름이 됩니다.

씨뿌리기 늦서리 걱정이 없어진 뒤에 씨를 뿌립니다. 다른 품종을 뿌리거나 섞어서 심으면 맛과 품질을 잃을 수 있으므로 같은 밭에는 하나의 품종을 택하는 것이 좋습니다. 한 이랑에 2줄 심기를 합니다. 멀칭을 하면 지온이 높아져 발아가 빨라지고 새에 먹힐 염려도 없습니다. 발아 후 폴리에스테르 멀칭에 구멍을 냅니다. 멀칭은 수술이 보일 때까지 그 상태로 둡니다.

솎아주기 본잎 4~5장까지 1그루로 합니다. 곁잎이나 본잎이 새에 먹혀서 1그루도 없으면 다른 곳에서 솎아낸 것을 다시 심으면 됩니다. 본잎 2~3장까지라면 이식도 가능합니다. 이식할 경우에는 뿌리가 상하지 않도록 주의합니다.

거름주기 솎아주기 후부터 수확까지 2주에 한 번 그루 주위에 유박을 줍니다. 그리고 흙덮기를 하여 줄기 밑에서도 뿌리가 나오게 하고 그루를 안정시킵니다.

수 확

옥수수는 1그루에 1개씩만 남기고 나머지는 일찍 따내어 삶아서 샐러드 등으로 이용합니다. 옥수수의 수염이 나와 갈색으로 변할 때쯤, 아침에 껍질을 벗겨보고 알이 익었으면 수확합니다. 남은 그루는 밭에 깔아주면 좋습니다.

병 해 충 대 책

수꽃대가 나왔을 때 줄기를 넘어뜨리는 병이 발생하므로, 잎 뒤쪽을 관찰하여 황백색 알이 붙어 있는 줄기나 부러진 옥수수는 바로 제거합니다. 줄기나 옥수수에 들러붙으면 제거할 수 없습니다.

1. 이랑만들기

1㎡당 2줌 정도의 고토석회로 중화한 밭에 퇴비 1통, 유박 5줌, 어분과 골분 각각 2줌을 시용, 1m 폭의 평이랑을 만든다.

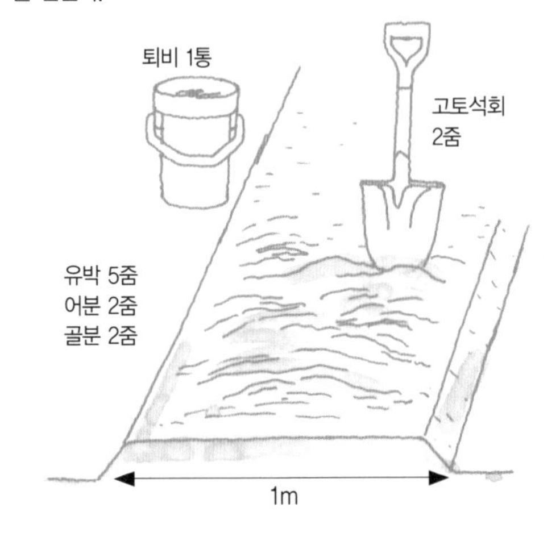

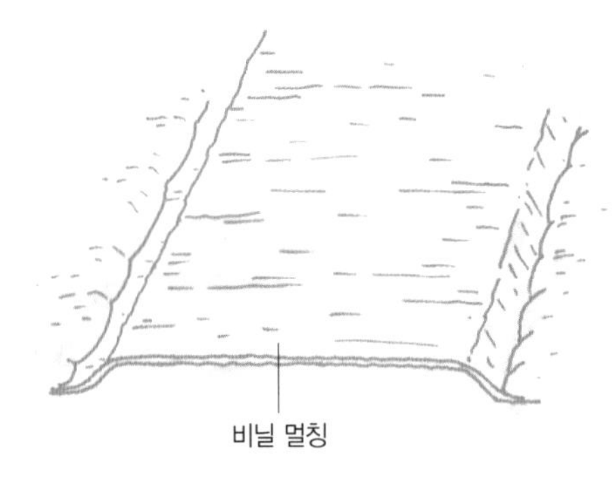

2. 씨뿌리기 준비

씨뿌리기는 기온이 높아지는 4월 말에서 5월 중순에 하고, 씨앗은 전날 밤에 물에 담가둔다.

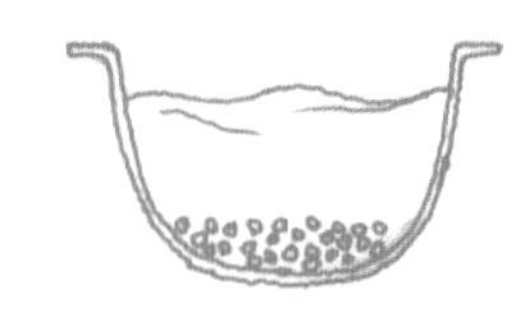

3. 씨뿌리기

30cm 간격으로 깊이 2cm의 구멍에 4~5알씩 점파한다.

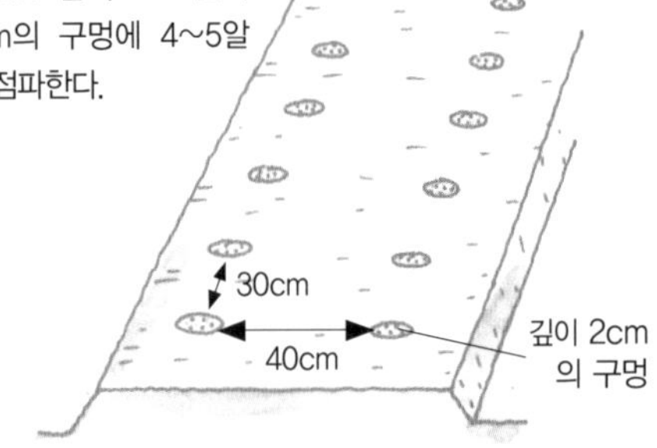

4. 멀칭

그루 간격 40cm로 2줄 심기를 한다. 흙덮기를 하고 비닐 멀칭을 씌운다.

5. 1줄 이랑

75cm 폭의 1줄 이랑을 몇 개 만들면 수분율이 좋다.

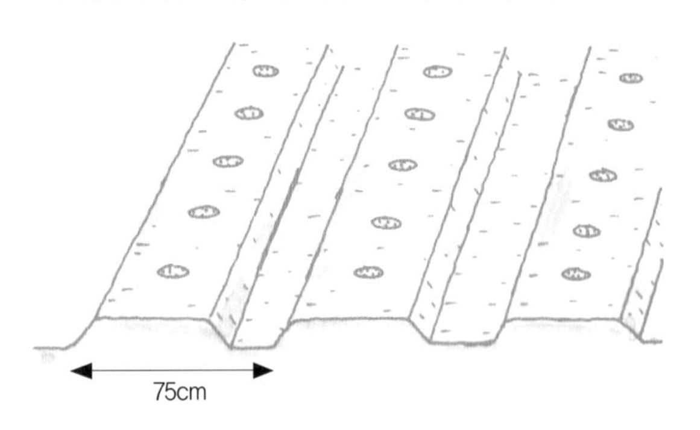

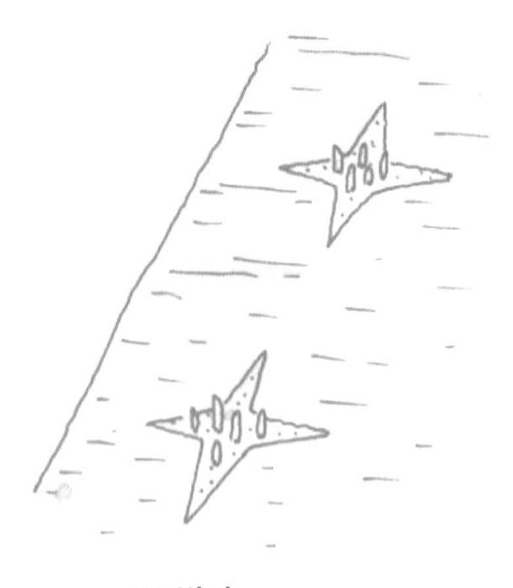

6. 발아

발아하면 멀칭에 구멍을 낸다.

7. 솎아주기, 추비

본잎 2장 정도에서 솎아주기를 시작하여 4~5장 정도에서 1그루만 남긴다. 뿌리가 부러지면 새 뿌리가 나기 힘들므로 주의한다. 솎아주기를 한 후에는 유박을 추비하고, 그후 2주에 한 번 추비한다.

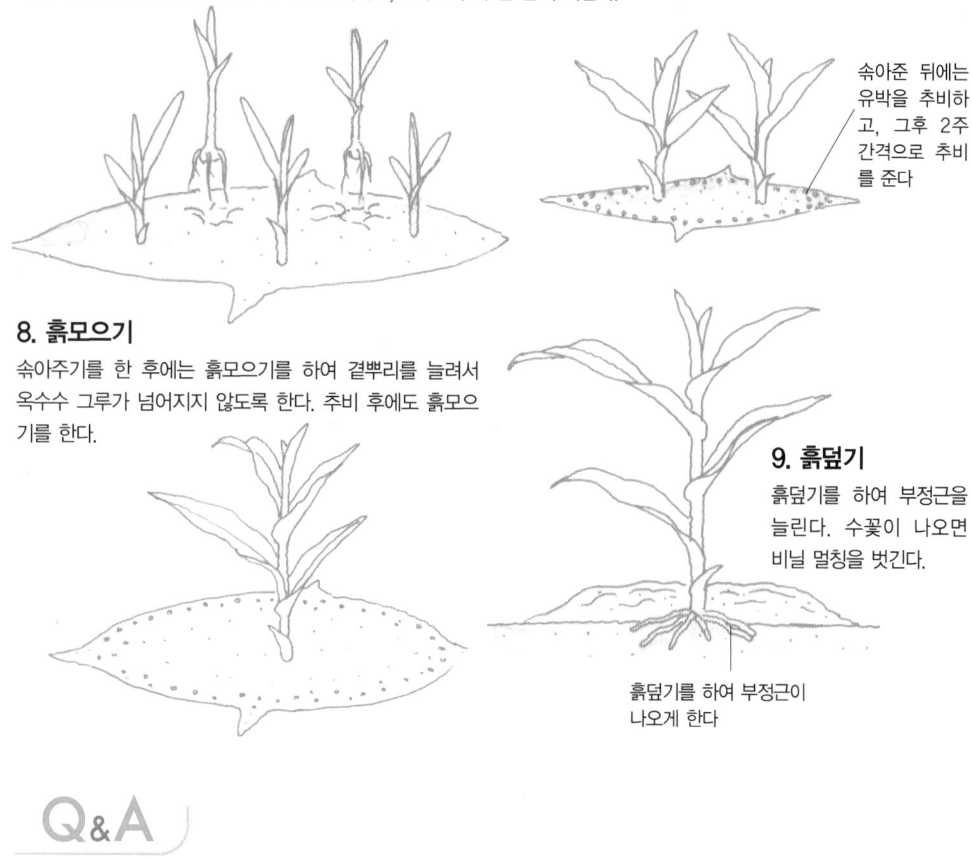

8. 흙모으기

솎아주기를 한 후에는 흙모으기를 하여 곁뿌리를 늘려서 옥수수 그루가 넘어지지 않도록 한다. 추비 후에도 흙모으기를 한다.

9. 흙덮기

흙덮기를 하여 부정근을 늘린다. 수꽃이 나오면 비닐 멀칭을 벗긴다.

Q&A

옥수수 알이 잘 여물지 않았어요

그루의 꼭지에 달린 옥수수 수술의 화분이 옥수수 수염에 수분하면 수분한 옥수수 수염 하나하나가 알이 됩니다. 그러므로 수분이 정확하게 되지 않으면 옥수수 알이 잘 여물지 않습니다. 2줄 이상 가능하다면 7cm 폭의 1줄 이랑을 여러 줄 만들어 수분이 잘 되도록 합니다. 그리고 일조가 충분하고 양분이 많은 환경에서 자라도록 합니다.

좀더 확실하게 수분시키기 위해서 인공수정을 하는 방법도 있습니다. 수술을 잘라 암술 수염에 화분을 붙여주면 됩니다. 수염의 어느 부분에도 수분이 가능합니다. 수염이 나오기 시작하면 1가지에 1암술(옥수수)만 남기고 나머지는 솎아주면 양분이 남아 있는 옥수수에 전달되므로 질 좋은 수확을 기대할 수 있습니다.

10. 옥수수 솎아주기

가장 큰 옥수수만 남기고 이른 시기에 나머지를 딴다.

11. 수확

아침에 수염이 갈색이 된 옥수수를 관찰하여 알이 익은 것을 수확한다.

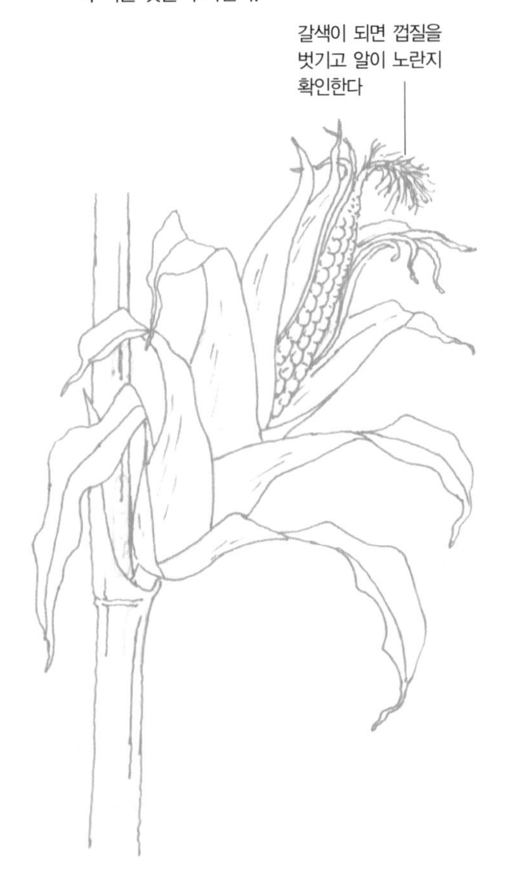

Q&A

그루 밑부분에서 줄기가 나왔어요

옥수수가 순조롭게 자라면 그루 밑에서 몇 개의 곁싹이 나옵니다. 곁싹은 양분을 흡수해버리므로 빠른 시기에 따주는 것이 좋습니다. 다만 조생종일 경우에는 방치해두는 것이 좋습니다. 한 줄기만으로는 잎면적이 적어 충분한 양분을 만들지 못하므로 곁싹이 만드는 양분을 같이 흡수하기 때문입니다. 이렇게 하면 가지 끝에까지 알이 배어 꽉 찬 옥수수가 됩니다.

피망

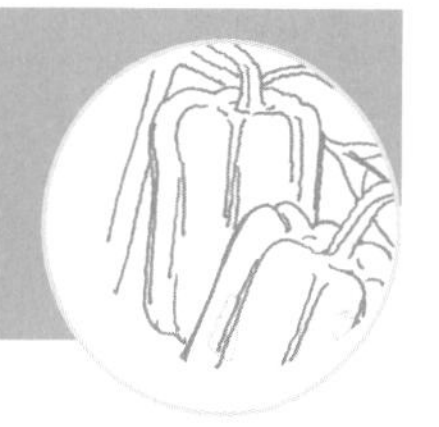

작업일지	1월	2월	3월	4월	5월	6월	7월	8월	9월	10월	11월	12월
옮겨심기					■							
작업												
수확						■	■	■	■			

♣ **어떤 채소?**
가지과. 고추와 닮았으나 매운맛은 없고 크기가 크다. 수확량이 많은 편이다.

♣ **재배방법 포인트**
일조량과 배수가 잘 되는 장소를 택하여 비옥한 땅에서 자라게 하면 질 좋은 피망을 다량 수확할 수 있다.

재 배 방 법

흙만들기　보습성이 있고 배수 또한 좋은 비옥한 밭이 적합합니다. 고토석회를 1㎡당 2줌을 주고 잘 갈아준 다음 10일 전에 60cm 정도의 평이랑을 만들어 중앙에 고랑을 파고 밑거름을 뿌려놓습니다.

옮겨심기　옮겨심기 전날까지 비닐 멀칭을 하고 비닐 터널을 만듭니다. 이렇게 하여 저온과 건조피해를 막아줍니다. 지온이 올라간 맑은 날 오전에 50cm 간격으로 구멍을 파고 옮겨심기를 합니다. 약간 낮게 심어서 임시 지주를 세워줍니다.

순지르기　본잎 8~10장 정도에서 나온 싹을 남기고 나머지는 순지르기를 하여 3줄기가

1. 흙만들기

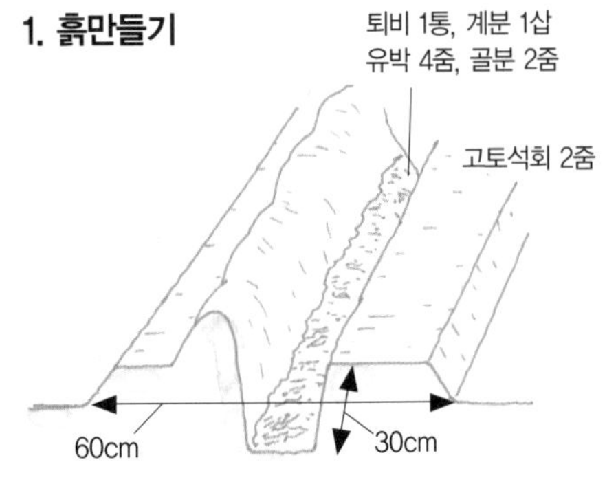

1㎡당 2줌의 고토석회를 뿌려주고 갈아엎은 밭에 옮겨심기 10일 전까지 60cm 폭의 이랑을 만든다. 깊이 30cm 정도의 고랑을 중앙에 파고 1㎡당 퇴비 1통, 계분 1삽, 유박 4줌, 골분 2줌의 밑거름을 주고 흙을 덮어준다.

2. 멀칭

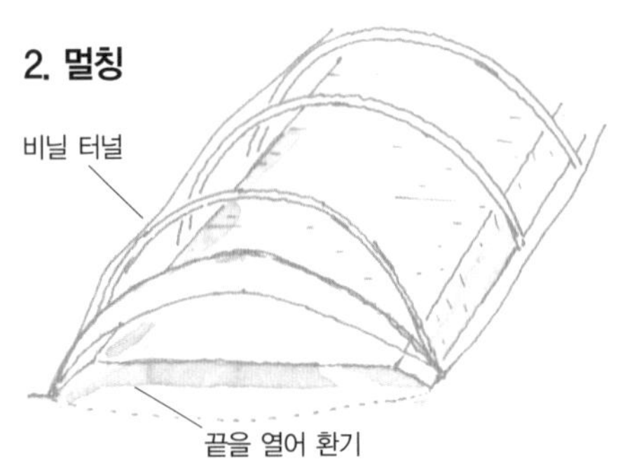

비닐 멀칭을 하고 비닐 터널을 만든다. 비닐 터널은 5월 중순부터 조금씩 환기를 시작한다.

3. 지주세우기

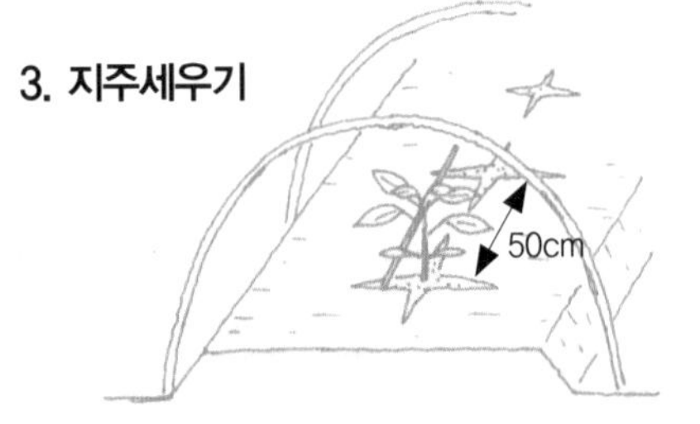

1번 화방이 개화하기 직전 상태의 큰 모종을 택하여 비닐 멀칭 50cm 간격으로 구멍을 내어 옮겨심기를 한다. 짧은 지주를 세워서 묶어준다.

4. 짚깔기

생장하면 비닐 터널을 걷어주고, 장마 후에는 멀칭을 벗겨 짚을 깔아준다. 건조가 심할 때는 물주기도 필요하다.

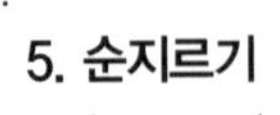

5. 순지르기

본잎 8~10장 정도에서 나오는 건강한 2개의 가지를 남기고 나머지 싹은 순지르기한다.

6. 추비

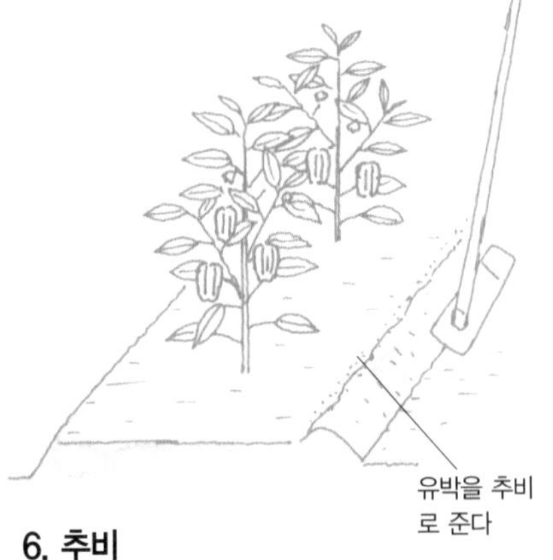

추비는 15~20일을 목표로 유박을 1그루당 1줌 정도 이랑 끝에 뿌려준다.

7. 전정

가지와 같은 방법으로 7월 하순에 가지를 반 정도 잘라주어 퇴비를 흡수하도록 해두면 가을에 다시 한 번 수확이 가능하다.

되도록 합니다. 6월에 비닐 터널을 벗깁니다. 장마가 갠 후에는 멀칭을 벗기고 짚을 깔아 주어 건조를 막아줍니다.

거름주기 수확이 시작되면 15~20일에 한 번 유박을 줍니다.

수 확

개화 후 20일 전후로 열매가 색이 들거나 딱딱해지기 전에 미숙한 열매를 수확합니다. 미숙기에 수확하면 그루가 지치지 않고 계속해서 수확할 수 있습니다.

병 해 충 대 책

담배나방의 유충은 열매의 안에 있으므로 발견하기 어렵지만 작은 구멍이 뚫려 있으면 피해를 입은 것이므로 바로 제거합니다. 잎 뒷부분에 벌레가 있는 경우가 많으므로 잘 살펴서 제거합니다. 수확이 끝난 후의 그루는 소각 처리합니다.

꽃이 피어도 열매가 열리지 않아요

열매가 열리는 주기는 가지와 같습니다. 저온이나 일조부족, 수분부족, 열매과다로 인한 영양부족으로 그루가 약해지면 수분하지 않는 경우가 생깁니다. 완숙한 유기질 비료를 주어 거름의 효과가 오래 충분히 지속될 수 있도록 하고, 뿌리를 깊이 내리게 하여 환경변화에 강한 그루가 되게 합니다.

호박

작업일지	1월	2월	3월	4월	5월	6월	7월	8월	9월	10월	11월	12월
씨뿌리기				■								
작업			옮겨심기	■	■							
수확						■	■	■	■			

♣ **어떤 채소?**
오이과. 식물섬유를 많이 함유하고 있다. 중남미 원산. 최근에는 장식용으로도 인기가 있다.

♣ **재배방법 포인트**
넝쿨이 있는 것과 없는 것이 있다. 직파가 가능하다. 넝쿨이 있는 종류는 입체적인 재배방법이 적합하다.

재 배 방 법

흙만들기 2주일 전에 고토석회를 뿌리고 잘 갈아엎어줍니다. 일주일 전에는 평이랑에 구멍을 뚫고 밑거름을 섞어 뿌린 후에 다시 흙을 덮어 완만한 흙무덤을 만들어줍니다. 척박한 땅에서도 수확이 가능하지만, 넝쿨이 뻗으므로 어느 정도의 면적은 확보해야 합니다.

씨뿌리기 4월 초순에서 중순경에 한 구멍당 4알 정도의 씨를 뿌리고 흙덮기를 한 후 충분히 물을 주고 비닐을 씌워주면 일주일 정도 후에 발아합니다.

옮겨심기 4월 하순, 따뜻한 날씨가 계속되면 씨뿌리기와 같은 요령으로 옮겨심기를 하고 비닐을 씌워줍니다. 씨앗을 파종하지 않고 시판하는 모종을 구입해서 옮겨심는 것도 가능합니다.

솎아주기 싹이 남에 따라 비닐을 찢어주고 3번 정도 솎아주어 본잎 3장 정도에서 1그루만 남깁니다.

거름주기 비옥한 밭이라면 밑거름도 필요없을 정도입니다. 비료를 너무 많이 주면 넝쿨만 자라고 결실은 좋지 않습니다.

수 확

단호박은 새끼넝쿨의 5~6마디째와 어미넝쿨의 10~17마디째에 암꽃이 핍니다. 그날 핀 수꽃으로 이른 아침에 수분시킵니다. 장마가 오기 전에 짚을 깔아줍니다. 열매를 맺으면 위로 향하도록 바로 놓아줍니다. 수확할 때는 꼭지를 조금 붙여서 잘라냅니다. 개화 후 30~40일 정도에 수확할 수 있습니다.

병 해 충 대 책

씨고사리는 씨앗에 침입하여 씨앗 안에 있는 잎과 줄기가 될 부분을 먹어버립니다. 성충은 퇴비나 유박, 어분 등의 냄새를 맡고 찾아옵니다. 점성이 있는 흙도 좋아합니다. 미숙한 퇴비를 혼입하는 경우도 있으므로 주의가 필요합니다. 물빠짐이 좋지 않으면 흰가루병 등이 발생합니다.

1. 흙만들기

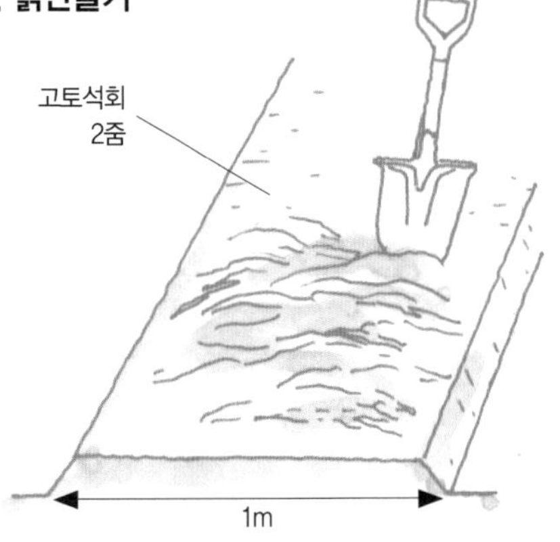

고토석회 2줌을 뿌려주고 잘 갈아엎은 다음, 1m 정도의 평이랑을 만든다.

2. 거름주기

1.5m 간격으로 직경 30~40cm, 깊이 30cm의 구멍을 파고 퇴비 1.5통, 유박과 어분, 골분 각각 3줌 정도를 밑거름으로 주고 흙을 덮는다.

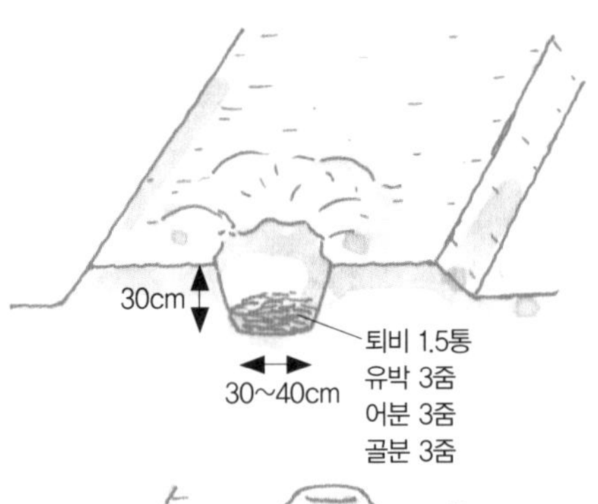

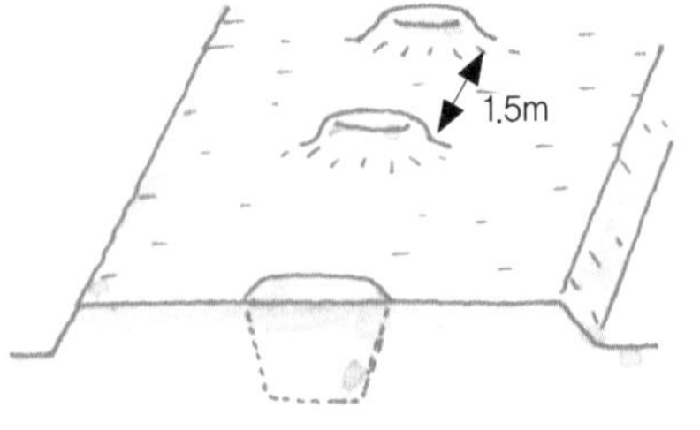

3. 씨뿌리기

3~5알을 뿌리고 흙을 덮는다.

4. 보온막

철사 등으로 골격을 만들어 비닐을 씌워 흙으로 눌러준다.

5. 옮겨심기

같은 요령으로 옮겨심기를 한다.

6. 솎아주기

본잎이 1장 늘어날 때마다 솎아주기를 한다.

7. 세 번째 솎아주기

세 번째 솎아주기는 가위로 자른다.

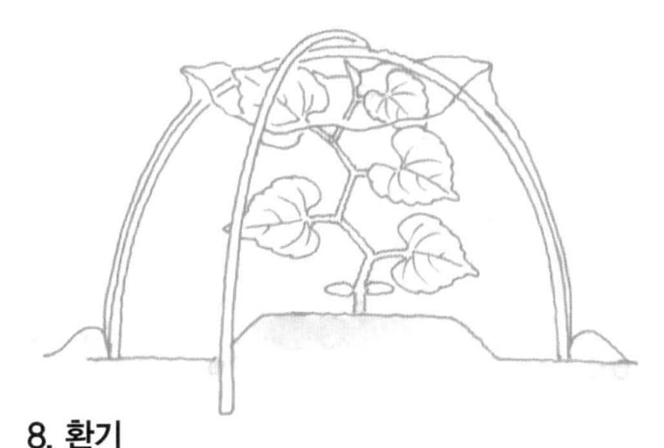

8. 환기

모종이 커지면 조금씩 비닐을 터주어 환기가 잘 되도록 한다.

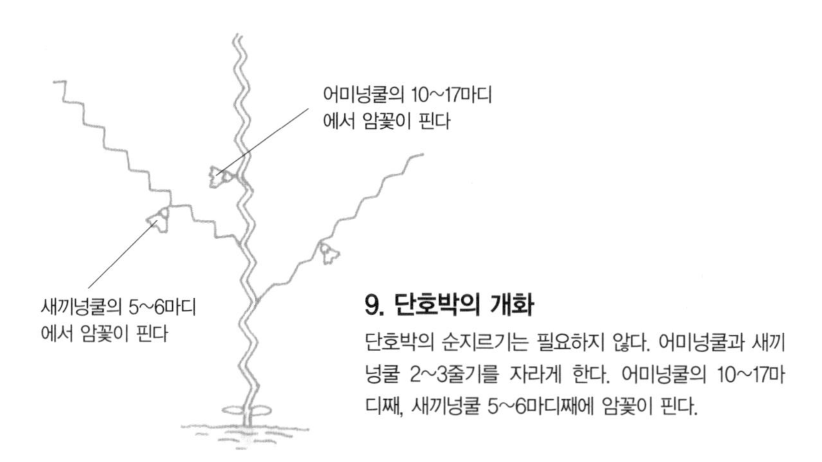

9. 단호박의 개화

단호박의 순지르기는 필요하지 않다. 어미넝쿨과 새끼넝쿨 2~3줄기를 자라게 한다. 어미넝쿨의 10~17마디째, 새끼넝쿨 5~6마디째에 암꽃이 핀다.

넝쿨이 너무 자라서 곤란해요

자라게 한 줄기의 앞쪽에 열매를 맺는 단호박은 귀찮다고 해서 넝쿨을 잘라서는 안 됩니다. 남겨둘 넝쿨 이외의 것은 빠른 시기에 제거하고 자라게 할 넝쿨은 이랑에 직각이 되도록 유도합니다. 또한 열매가 몇 개 정도 달린 넝쿨은 열매의 앞쪽에 잎을 2장 정도 남겨두어 넝쿨이 자라는 것을 억제합니다. 좁은 면적에서 재배할 경우에는 지주를 세워서 넝쿨을 세로로 뻗게 하는 방법도 있습니다. 철망 등을 타고 올라갈 수 있도록 묶어서 고정시켜주면 관상용으로도 좋습니다. 종류에 따라서는 넝쿨이 길게 자라지 않는 품종도 있으므로 장소에 적합한 품종을 선택하여 심으면 좋을 것입니다.

10. 수분

수술만 남긴 수꽃
암꽃
수꽃
수술
꽃잎을 제거한다
암술머리

암꽃은 꽃잎의 아래가 둥근 형태로 되어 있다. 수꽃의 꽃잎을 취하여 수술의 화분을 암술 끝에 묻혀준다.

11. 짚을 깔아준 다음의 손질

짚을 깔아준 다음에는 호박을 바르게 놓아준다.

12. 단호박의 수확

단호박은 꼭지가 코르크처럼 되어 전면에 균열이 생기면 수확한다.

여러 가지 품종을 재배하고 싶어요

일반적으로 보급되고 있는 품종은 단호박으로, 밤호박이라고도 하는 품종입니다. 그외에 주키니호박 등 아직 열매가 익기 전에 수확하는 것이 있고, 최근에는 관상용 호박도 인기를 끌고 있습니다. 껍질이 오렌지색을 띠는 호박, 조롱박 형태의 호박 등 손바닥만한 크기에서부터 100kg이 넘는 것까지 판매될 정도로 종류가 다양합니다.

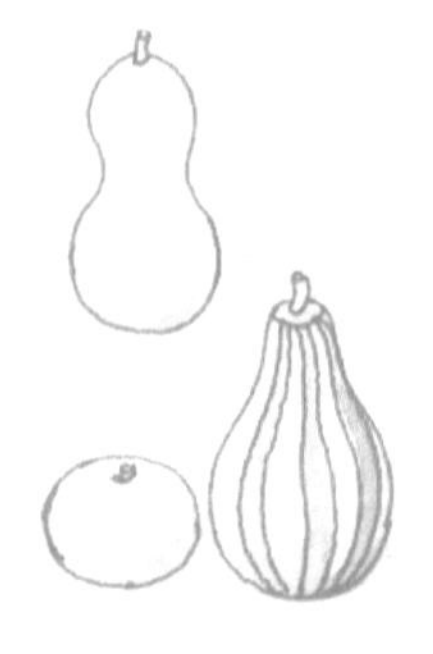

국수호박

작업일지	1월	2월	3월	4월	5월	6월	7월	8월	9월	10월	11월	12월
씨뿌리기			▬	▬								
작업				옮겨심기	▬							
수확								▬				

♣ **어떤 채소?**
오이과. 별명은 실오이, 금실오이. 삶으면 과육이 국수처럼 된다.

♣ **재배방법 포인트**
재배하기가 아주 쉽고 실패율이 낮은 채소이다. 발아온도는 높다. 밑거름만으로 충분하다.

재 배 방 법

흙만들기 먼저 고토석회를 뿌린 밭에 1m 폭의 이랑을 만듭니다. 일주일 후에는 씨를 뿌리고 옮겨심기를 할 수 있습니다. 밑거름은 구멍을 파고 밑부분에 넣어준 다음 다시 흙을 덮어줍니다.

씨뿌리기 밑거름을 묻은 위에 4월 초순경에 씨앗을 뿌리고 1cm의 흙덮기를 한 후, 충분한 양의 물을 주고 비닐을 씌워준 다음 관리를 합니다. 육묘는 3월 초순에서 중순, 포트에 3~4알을 뿌리고 흙덮기한 후 비닐을 씌워줍니다.

솎아주기 본잎이 3장 이상 나오기 전에 1그루만 남겨두고 솎아냅니다.

1. 흙만들기

일주일 전까지 1㎡당 2줌의 고토석회로 중화시켜놓는다.

2. 밑거름

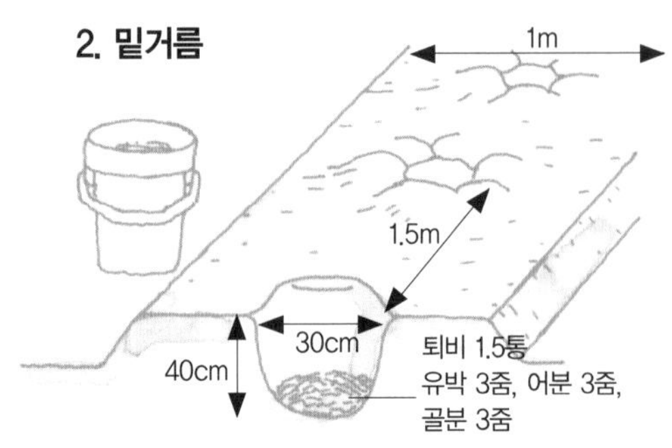

폭 1m의 이랑에 1.5m 간격으로 직경 30cm, 깊이 40cm의 구덩이를 파고 퇴비를 1.5통, 유박과 어분, 골분을 각각 3줌씩 넣고 두툼할 정도로 덮어준다.

3. 씨뿌리기

4~5알씩 파종하고 강모래를 1cm 정도 덮는다. 물을 뿌려주고 비닐을 덮어준다. 잎이 나오면 점점 비닐을 거둔다.

4. 육묘

포트에 비옥한 밭흙을 넣어 3~4알을 흩어뿌리고 씨앗이 가려질 정도로 흙으로 덮은 후 물을 주고 나서 비닐을 씌워 빛이 잘 드는 곳에 둔다.

5. 발아 후의 육묘

발아하면 비닐을 벗기고 비닐 터널 안에서 관리한다. 본잎 2~3장으로 1그루가 되도록 솎아준다.

6. 옮겨심기

밑거름을 주고 두툼하게 덮어준 후에 본잎 5~6장의 모종을 심는다.

7. 순지르기

본잎이 6장 이상 되면 순지르기하여 새끼넝쿨이 3~4개 되도록 한다.

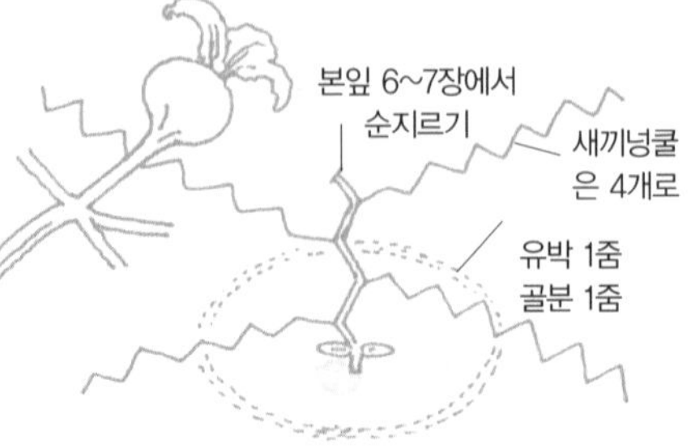

8. 거름주기

첫 번째 열매를 맺을 때 뿌리 부분에 1그루당 유박 1줌, 골분 1줌을 준다.

옮겨심기 5월 초순, 본잎이 5~6장 되면 밑거름을 준 옮겨심기할 구멍에 1모종씩 심습니다. 물빠짐이 좋지 않은 곳에서는 약간 얕게 심는 것이 좋습니다.

순지르기 본잎이 6장 이상 되면 순지르기를 하고 새끼넝쿨을 3~4줄기 자라게 하여 결실을 맺게 합니다. 손자넝쿨은 그대로 두어도 좋습니다.

거름주기 첫 번째 열매가 달린 상태에서 뿌리 끝부분에 유박, 골분을 뿌려줍니다. 10일 후에도 다시 한 번 거름을 줍니다.

수 확

열매 껍질이 노랗게 완숙된 상태일 때 수확합니다.

병 해 충 대 책

흰가루병을 막는 대책으로 물빠짐이 나쁜 곳에서는 약간 얕게 심고, 씨파리는 씨를 뿌린 후에 비닐을 씌워주면 막을 수 있습니다.

Q&A

좀처럼 발아하지 않아요

기온이 낮으면 발아하지 않으므로 실패하지 않도록 4월 이후 기온이 안정된 다음 씨뿌리기를 합니다. 발아온도가 25~28도라면 5~7일 정도에 발아합니다.

3월에는 직파가 어려우므로 넓은 화분에 파종해서 비닐을 씌워 빛이 잘 드는 곳에 놓고 관리합니다. 이렇게 하여 온도가 보존되면 3~4일 후에 발아합니다. 발아 후에는 열에 의한 피해를 입지 않도록 낮에는 비닐의 끝을 올려서 환기시킵니다.

오크라

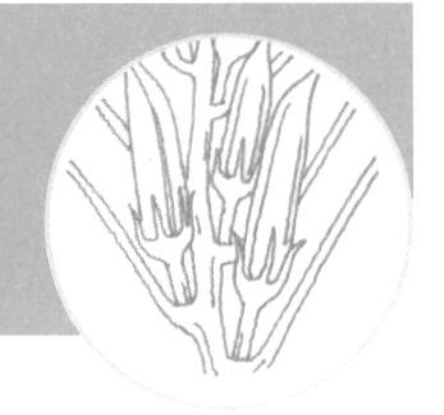

작업일지	1월	2월	3월	4월	5월	6월	7월	8월	9월	10월	11월	12월
씨뿌리기				■								
작업				옮겨심기	■							
수확						■	■	■	■			

♣ 어떤 채소?

아욱과. 아프리카 북동부 원산으로, 고온에서 잘 자란다. 과육을 자르면 끈적임이 있고 샐러드 등에 넣어서도 먹는다. 양식요리에 쓰인다.

♣ 재배방법 포인트

밑거름을 충분히 준다. 일조량을 확보한다. 일찍 수확하여 부드러운 맛을 유지하도록 한다.

재 배 방 법

씨뿌리기 발아온도가 높고, 초기의 생장이 늦으므로 포트에 모종을 키워서 밭에 옮겨심기를 합니다. 기온이 25~30도라면 3일 정도 후에 발아합니다. 발아한 후에는 비닐터널에서 관리합니다.

흙만들기 1㎡당 2줌의 고토석회를 뿌리고 옮겨심기 일주일 전에 양동이 절반의 퇴비를 다른 밑거름과 뿌려주고 1m 폭의 이랑을 만듭니다.

옮겨심기 뿌리뻗음이 좋지 않으므로 뿌리를 싸고 있는 흙덩어리가 부서지지 않게 주의하여 옮겨심기를 합니다. 장마 후에는 수분이 부족하지 않도록 주의하고 건조가 계속되

1. 씨뿌리기

4월 중순에서 하순, 하룻밤 물에 담가놓은 씨앗을 포트의 씨뿌리기용 흙에 2~3알 정도씩 뿌린다. 가볍게 흙덮기하고 물을 충분히 뿌려준다. 따뜻하고 햇살이 좋은 곳에 놓는다.

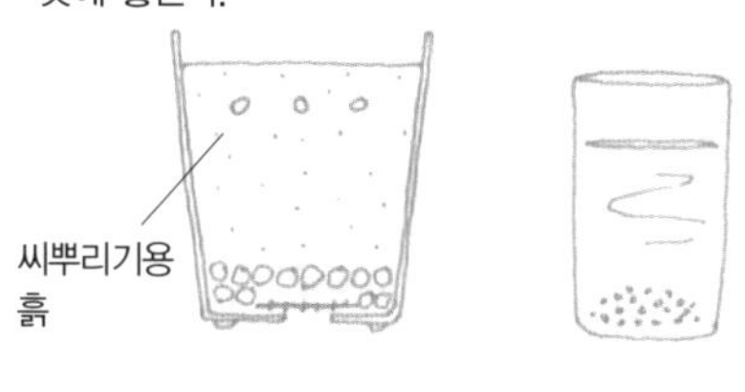

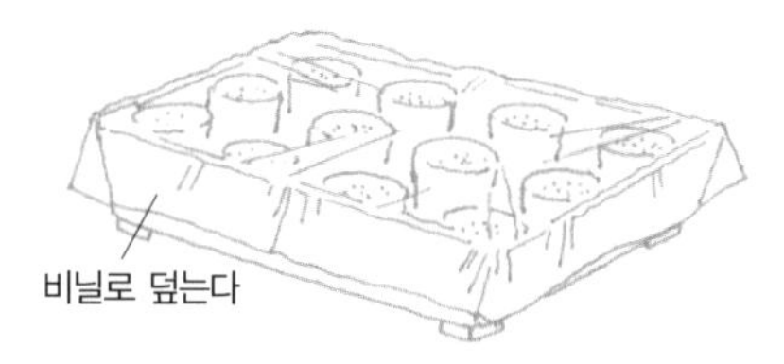

2. 비닐 터널

25도 이상이라면 3일 정도에 발아하지만, 온도가 충분히 올라가지 않으면 발아하기 어렵고 그후의 성장도 좋지 않다.

3. 흙만들기

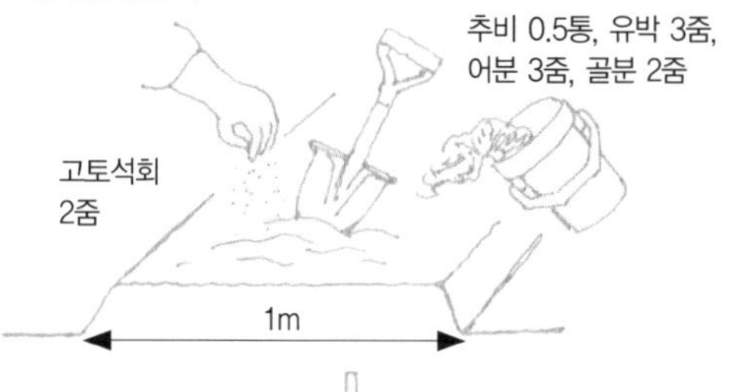

4. 옮겨심기

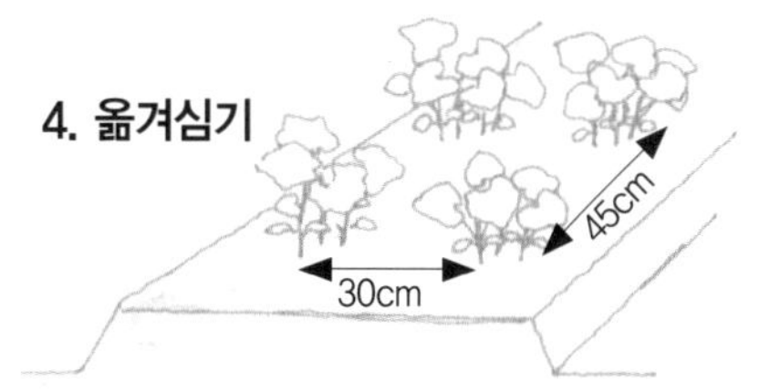

본잎이 3~4장 되었을 때 앞뒤 그루 간격을 45cm, 옆 그루 간격 30cm로 2줄 심기를 한다.

5. 지주세우기

잘 자라면 처음에는 1m 정도까지도 자라므로 20cm 정도 자랐을 때 지주를 세운다.

6. 거름주기

비료가 끊어지면 수확이 줄어든다. 퇴비와 유박을 1줌씩 2~3회 뿌려준다.

퇴비 또는 유박

2회 1회 3회

7. 수확

가위로 잘라서 수확한다.

면 물을 줍니다.

거름주기 흡비력이 강하므로 퇴비 등의 완효성 비료의 효과가 큽니다. 총거름 양의 3분의 2를 밑거름으로 주고 남은 양을 추비로 줍니다.

수 확

6월이 끝날 무렵 히비스커스와 같은 노란 꽃이 이른 아침에서 낮까지 핍니다. 4일 정도 지나면 씨방(오크라)이 생기므로 길이 4~5cm 크기의 아직 부드러울 때 가위로 잘라서 수확합니다. 오크라는 끝에서부터 점점 딱딱해질 뿐만 아니라 다음에 생기는 오크라의 생육에 장해가 되므로 너무 늦게 따지 않도록 합니다.

병 해 충 대 책

반신마름병, 진딧물 등을 조심해야 합니다. 도중에 말라버려도 6월 중순까지라면 다시 씨를 뿌려서 심습니다.

발아를 잘 시키려면

아프리카 원산의 열대성 식물이므로 20도 이하에서는 발아하지 않습니다. 그러나 적정온도인 25도가 되기를 기다리다가는 성장하기가 어렵습니다.
그래서 발아하기까지는 포트를 상자 안에 모아서 비닐을 씌워 보온합니다. 또 옮겨심기를 할 때도 이랑에 비닐 멀칭을 하여 땅의 온도를 높여주도록 합니다.

고추

작업일지	1월	2월	3월	4월	5월	6월	7월	8월	9월	10월	11월	12월
옮겨심기												
작업												
수확												

♣ **어떤 채소?**
가지과. 매운맛이 강한 것과 약한 것이 있다.

♣ **재배방법 포인트**
일조가 좋은 곳이어야 한다. 병해충은 적은 편이지만 비료를 과용하면 병해충이 늘어난다.

재 배 방 법

흙만들기 가뭄에는 매우 약하므로 보습성과 물빠짐이 좋은 장소를 선택하여 재배합니다. 옮겨심기 10일 전까지 1㎡당 고토석회를 2줌 정도 뿌려서 잘 갈아엎어줍니다. 일주일 전에는 밑거름을 뿌려주고 60cm 폭의 이랑을 만들어놓습니다.

옮겨심기 저온에 약하므로 5월 중순 이후 지온이 15도 이상으로 안정되었을 때 모종을 구입하여 옮겨심기를 하면 실패하지 않습니다. 또 비닐 터널을 만들어주면 다소 빠른 시기에도 옮겨심기가 가능합니다. 추울 때는 꽃이 펴도 결실을 맺기 전에 떨어져버립니다. 일조시간이 긴 장소를 택하여 날씨가 좋고 바람이 없는 날에 얕게 옮겨심기를 합니다.

1. 흙만들기

10일 전까지 1㎡당 2줌의 고토석회를 뿌려주고 잘 갈아엎어준다.

2. 밑거름

옮겨심기 일주일 전에 1㎡당 퇴비 2통, 골분 2줌의 밑거름을 주고 잘 갈아준다. 60cm 폭의 평이랑을 만든다.

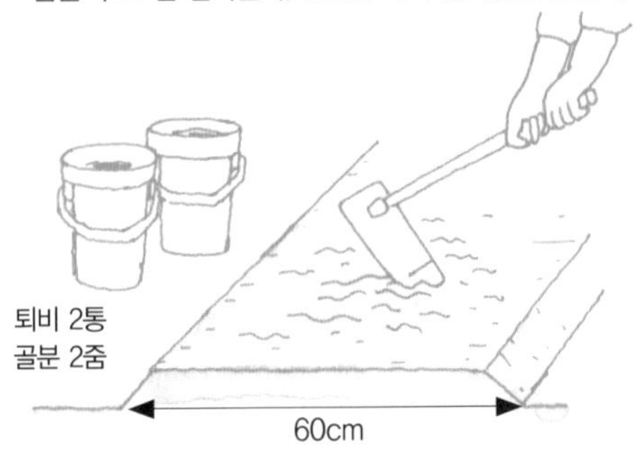

3. 옮겨심기

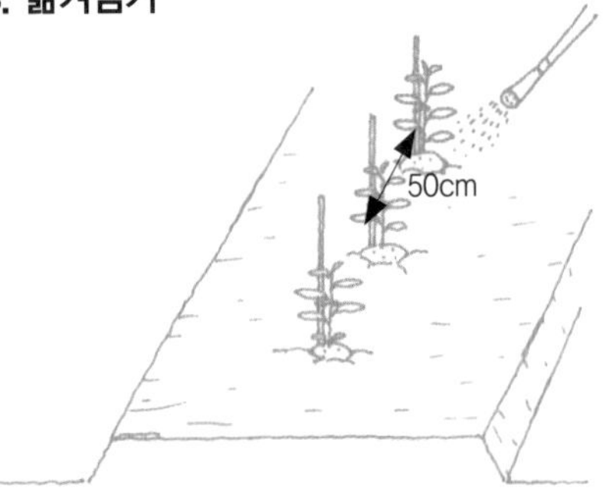

뿌리에 달려 있는 흙덩어리가 부서지지 않도록 옮겨심기 일주일 전에 물을 뿌려주고, 50cm 간격으로 심을 구멍을 파서 물을 주고 얕게 심기를 한다. 짧은 지주를 세워서 묶어둔다.

4. 멀칭

해충해 예방, 건조 예방, 지온을 높이기 위해 짚을 깔아주는 등의 멀칭을 한다.

5. 수확과 건조

개화 후 60~65일이 수확의 적기. 결실을 맺은 열매 중에 80% 정도가 붉게 익으면 나무를 뽑아 건조시킨다. 완전히 마른 후에 보존한다.

6. 꽈리고추

시시토오가라시(고추의 일종)는 녹색이 진하고, 열매가 적당히 커지면 익지 않아도 수시로 수확한다.

순지르기 본잎 8~10장 정도에서 자라는 건강한 싹을 남기고 나머지는 순지르기를 합니다. 주가지를 포함하여 3개 정도의 가지만 자라게 합니다.

거름주기 원칙적으로 생장 초기에 비료를 주고 후기, 특히 9월 이후에는 비료를 주지 않습니다. 건조할 때는 물주기가 필요합니다.

수 확

달려 있는 고추의 80% 정도가 붉게 완숙한 시기에 나무 전체를 뽑아냅니다. 아직 익지 않은 고추를 남겨두어도 이 시기의 고추는 붉게 익지 않습니다. 바람이 잘 통하는 그늘에 거꾸로 매달아서 건조시켜 이용합니다.

병 해 충 대 책

바이러스병이나 청갈병은 물빠짐을 좋게 해야 하고, 가지과는 연작을 피해야 합니다. 진딧물, 담배모기 등의 해충은 짚을 깔아주는 등의 멀칭으로 대비하고, 미숙한 퇴비도 해충을 증가시키는 원인이 되므로 주의합니다. 잘 발효된 밑거름을 사용합니다.

모종이 쓰러졌어요

지온이 높은 표토에 얕게 심기 때문에 옮겨심을 때는 흙을 잘 눌러주어 지주를 세워주면 좋습니다. 모종과 옮겨심기 장소에 충분한 물을 주고 옮겨심기를 하고, 물이 마르지 않도록 합니다.

쓴오이(레이시)

작업일지	1월	2월	3월	4월	5월	6월	7월	8월	9월	10월	11월	12월
씨뿌리기				▬	▬							
작업				옮겨심기	▬							
수확							▬	▬	▬			

♣ **어떤 채소?**
박과. 오키나와 요리에서 빠질 수 없는 열대산 과채. 크고 작은 2종류가 있다.

♣ **재배방법 포인트**
여름의 고온과 건조에 강하다. 2m 정도의 넝쿨을 뻗으며 병해충에 강하다. 재배하기 쉽다.

재배방법

흙만들기 일조량이 많고 바람이 잘 통하는 곳을 택해 고토석회로 중화시켜놓습니다. 씨뿌리기, 옮겨심기를 하기 일주일 전까지 60cm~1m 간격으로 깊이 30cm의 구멍을 파고 밑거름을 줍니다. 주위의 흙을 부수는 듯이 섞어 파냈던 흙을 다시 두툼하게 덮어줍니다.

씨뿌리기 기온이 안정되는 4월 중순에서 5월 초순 정도에 3알씩 점파를 하고 가볍게 흙덮기를 합니다. 포트에 씨를 뿌려 모종을 키운 다음 옮겨심기를 하는 방법도 있습니다.

옮겨심기 솎아주기를 하면서 본잎이 4~5장 정도 되었을 때 씨뿌리기와 같은 방법으로 만든 밭에 뿌리 덩어리가 부서지지 않도록 옮겨심기를 합니다.

1. 옮겨심기할 구멍 만들기

1㎡에 고토석회 1줌을 뿌린 후 갈아엎고, 씨뿌리기와 옮겨심기를 하기 일주일 전까지 깊이 30cm의 구멍을 1m 간격으로 판다.

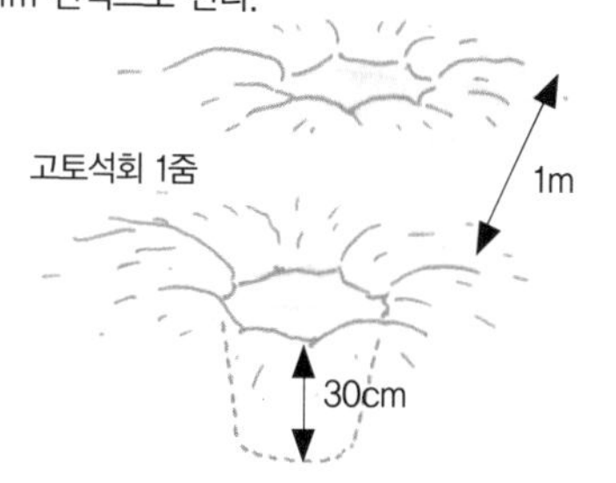

2. 밑거름

한 구멍에 퇴비 1통, 유박과 골분 1줌씩 넣고, 구멍의 흙과 잘 섞어준 다음 파냈던 흙을 두툼하게 덮어준다.

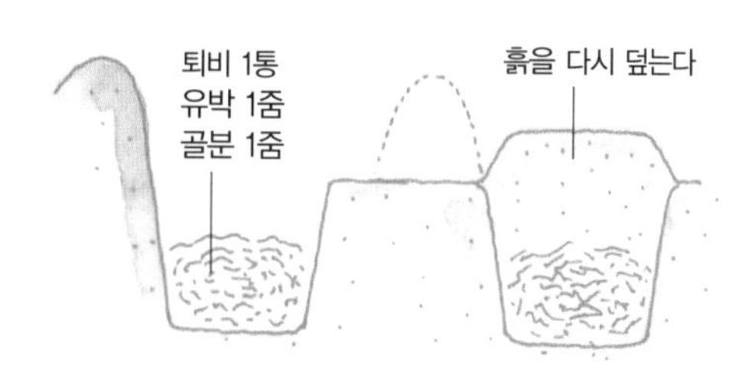

3. 씨뿌리기

흙덮기는 1cm

하룻밤 물에 담가둔 씨앗을 3알씩 뿌려, 1cm 정도 흙덮기를 한다. 포트에 파종할 경우 비옥한 흙에 3알씩 뿌려 따뜻한 곳에서 관리한다. 발아 적정온도인 28도 정도에 서라면 4일 정도 후에 발아한다.

4. 포트 파종의 옮겨심기

본잎이 1그루에 5장 정도 될 때까지 솎아준다. 씨뿌리기와 같이 두툼하게 만들어놓은 곳에 뿌리 덩어리가 부서지지 않도록 주의하여 옮겨심기를 한다.

5. 순지르기

본잎 5장(옮겨심기 후에 새 잎이 나오면) 끝을 순지르기 하여 넝쿨이 더 이상 자라는 것을 억제한다

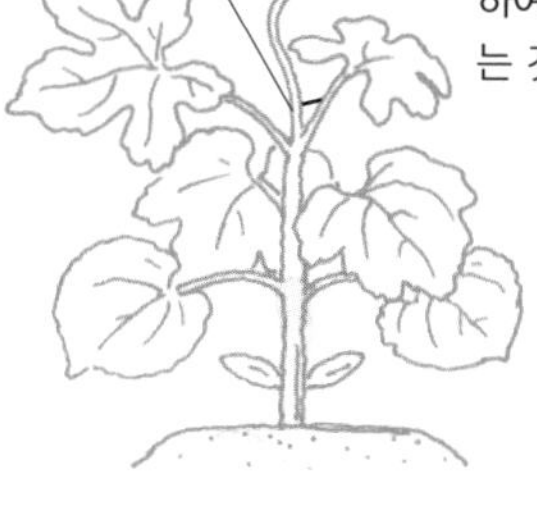

6. 유인

새끼넝쿨과 손자넝쿨이 자라는 방향을 보면서 그물로 유인한다. 잘 붙지 않으므로 끈으로 묶어준다.

7. 거름주기

넝쿨이 1.5m 정도까지 자랐을 때를 목표로 줄기 밑에서 50cm 정도 주위에 유박을 뿌려준다.

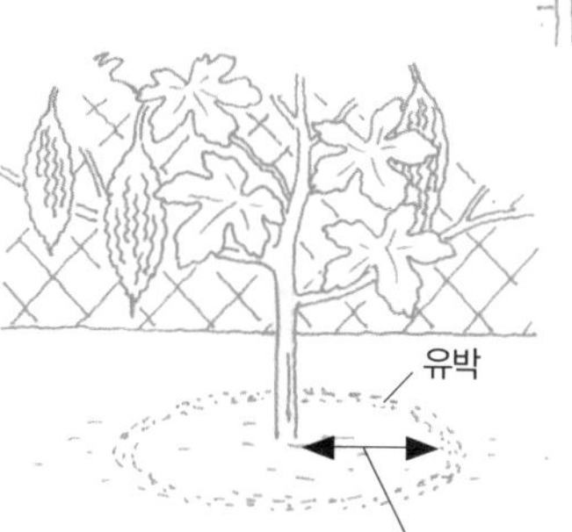

솎아주기 씨뿌리기를 한 것은 본잎 5장 정도까지 1그루만 남겨놓도록 솎아줍니다.

순지르기 본잎 5장 정도에서 어미넝쿨을 순지르기하여 더 이상 자라지 않도록 합니다. 그러면 아래부터 나오는 새끼넝쿨, 새끼넝쿨에서 나오는 손자넝쿨에 쓴오이가 열립니다.

유인 지주를 세우고 그물을 쳐서 겹치지 않도록 넝쿨을 유인하여 가볍게 고정시킵니다.

거름주기 수확기간이 길므로 넝쿨이 1.5m 정도 되면 뿌리 앞 부근에 유박을 뿌려서 흙을 모아줍니다.

수 확

개화 후 15~20일을 기준으로 쓴맛을 좋아하는 사람은 빨리 수확하고, 당도가 필요한 사람은 황백색을 띠면 수확합니다.

병 해 충 대 책

병해충에는 강한 종류입니다. 진딧물은 발견하는 즉시 제거하도록 합니다.

잘 발아하지 않고 성장하지 않아요

열대 아시아의 고온에서 성장하기 때문에 저온에서는 잘 발아하지 않습니다. 28도 정도에서 발아하므로 기온이 적절하지 않을 때는 포트에 육묘하여 옮겨심는 방법을 택합니다. 다만 쓴오이는 발아조건만 갖추어지면 잘못 떨어진 씨앗이라도 잘 발아하는 강한 품종입니다. 자연 발아한 모종은 환경에 적응하며 성장합니다.

늙은오이

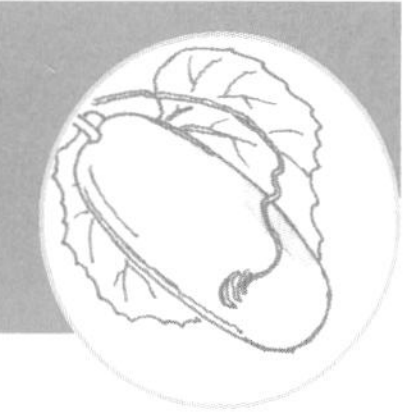

작업일지	1월	2월	3월	4월	5월	6월	7월	8월	9월	10월	11월	12월
씨뿌리기												
작업				옮겨심기								
수확												

♣ **어떤 채소?**
박과. 굵은 오이. 저림용으로 쓰이는 경우가 많다.

♣ **재배방법 포인트**
발아온도는 높은 편. 옮겨심기 후에도 보온하는 것이 좋다. 건조에 강하고 여름의 가뭄에도 강하다.

재 배 방 법

흙만들기 고토석회를 뿌린 밭에 씨뿌리기 일주일 전까지 1m 폭의 이랑을 만듭니다. 1.5m 간격으로 구멍을 파고 밑거름을 뿌려 흙을 모아줍니다.

씨뿌리기 한 곳에 4알 정도 뿌리고 흙덮기한 후 비닐을 씌워줍니다. 3월까지는 넓은 화분에 무균 흙을 사용하여 파종하고 흙덮기하여 비닐을 씌워줍니다.

솎아주기 직파한 모종은 1그루에 본잎 3장만 남겨놓고 솎아줍니다. 화분에 뿌린 것은 본잎이 나오면 바로 포트에 옮겨심어 비닐 터널을 만들어 관리합니다.

1. 본밭 준비

1.5m 간격으로 지름 30cm, 깊이 40cm 정도의 구멍을 파고, 퇴비 1.5통, 유박과 어분을 각각 3줌, 골분 2줌을 넣어 흙을 덮어 두툼하게 쌓는다.

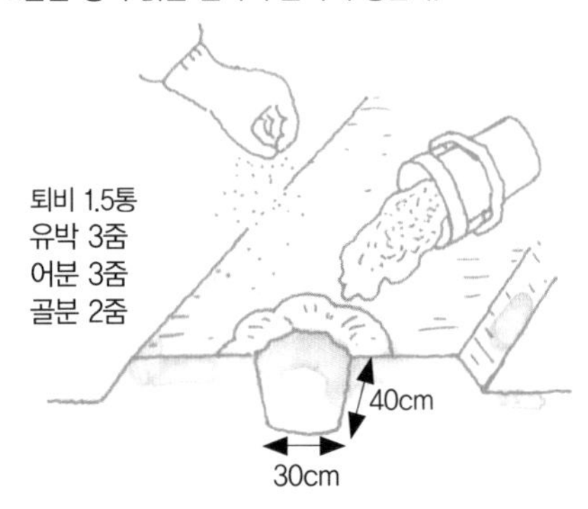

얕게 흙덮기

2. 씨뿌리기

한 곳에 4알 정도의 씨를 뿌려 가볍게 흙덮기를 한 후 비닐을 씌워 준다.

3. 3월의 씨뿌리기

넓은 화분에 소독한 흙을 넣고 씨앗을 뿌려 흙덮기를 한다. 비닐을 씌워 햇살이 좋은 곳에 놓는다. 발아가 시작되면 낮에는 비닐을 벗겨준다.

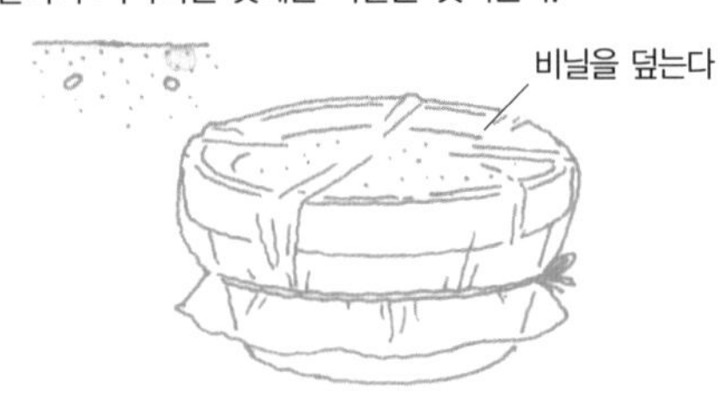

4. 이식

본잎이 나오기 시작하면 포트에 1모종씩 옮겨심는다. 비닐 터널을 씌워 관리한다.

3호 포트

비닐 터널

5. 옮겨심기

씨뿌리기 때와 같은 작업을 거친 밭에 본잎 2~3장 정도 자란 모종을 심는다. 물빠짐이 좋지 않은 곳에서는 얕게 심기를 한다.

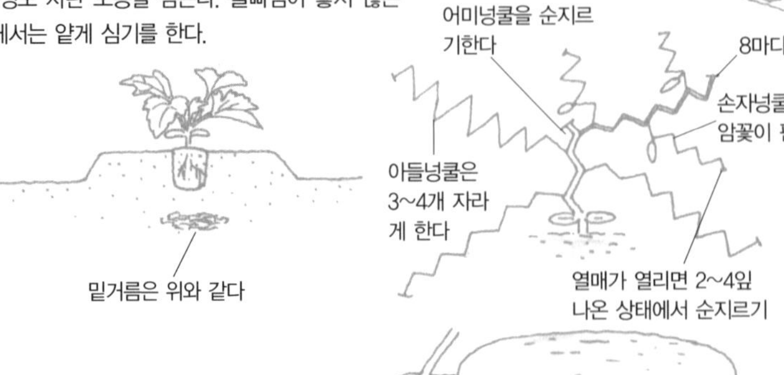

6. 순지르기

새끼넝쿨은 3~4마디를 자라게 하고, 8~10마디에서 순지르기하여 자라게 한 손자넝쿨의 1~2마디에 암꽃이 달린다. 열매가 열리면 끝의 2~4잎에서 순지르기한다.

옮겨심기 5월 초순에서 중순, 기온이 15도 정도 되기를 기다려 직파 요령으로 만든 밭에 본잎 3장 정도로 자란 모종을 옮겨심기합니다.

순지르기 본잎 4~5장에서 순지르기를 합니다. 새끼넝쿨은 8~10마디에서 순지르기를 합니다. 결실을 맺는 것은 손자넝쿨입니다.

거름주기 본잎 3~4장일 때 뿌리 주위에 유박을 뿌려줍니다. 모종을 옮겨심기한 경우에는 옮겨심기 후 일주일 정도 지나서 실시합니다. 2주째와 한 달 후에도 유박을 뿌려줍니다.

수 확

햇빛을 잘 받도록 하여 녹색이 진하고 길이 20cm 정도 되면 수확합니다.

병 해 충 대 책

흰가루병이나 씨고사리의 해가 있습니다. 흙을 두툼하게 쌓아올려 심고 주위에 짚을 깔아주면 열매가 상처를 받지 않고 병충해도 예방할 수 있습니다.

좀처럼 발아하지 않아요

기온이 낮으면 발아하지 않으므로 4월 이후 기온이 안정될 때 씨를 뿌립니다. 발아온도는 27도 정도이고 7월까지 파종이 가능합니다. 3월에는 직파는 삼가고 포트에 육묘하여 비닐 터널에서 관리하고 햇살이 좋은 곳에 두어 온도를 높여줍니다. 3일 정도 후 발아하면 열에 의한 해를 입지 않도록 낮에는 비닐 아래를 열어주고 밤에는 다시 덮어줍니다. 옮겨심기한 후에도 아직 기온이 낮을 경우에는 보온이 필요합니다.

딸기

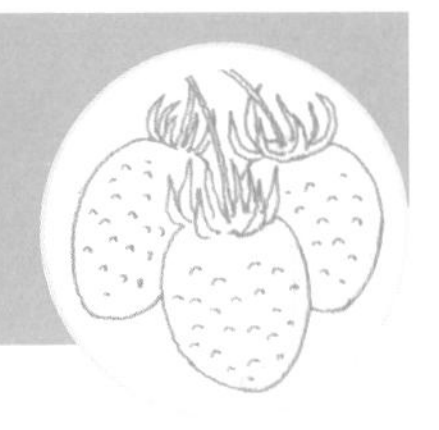

작업일지	1월	2월	3월	4월	5월	6월	7월	8월	9월	10월	11월	12월
옮겨심기												
작업		어미그루 구입	어미그루 육성									
수확												

♣ **어떤 채소?**
장미과. 봄에는 어미그루, 가을엔 어린 모종이 시중에 나온다.

♣ **재배방법 포인트**
한번 심으면 점점 넓게 번식한다. 완숙한 퇴비를 주면 병에도 강한 편이다.

재 배 방 법

흙만들기 건조와 과습에 약하기 때문에 습기가 있는 땅에 평이랑을 만듭니다. 2주일 전에 퇴비를 줍니다.

옮겨심기 9월경에 시중에 나오는 어린 모종을 옮겨심습니다. 10월 하순까지 본잎 6장 정도의 모종을 1그루 간격 30cm로 2줄 심기를 합니다. 중심의 싹에 흙이 떨어지지 않도록 주의합니다.

멀칭 노지(露地)에 심는 경우에는 2월 중순경에 비닐 멀칭을 깔면 습기를 유지하여 열매를 오랫동안 수확할 수 있습니다. 멀칭은 짚을 깔아주어야 좋습니다.

1. 이랑만들기

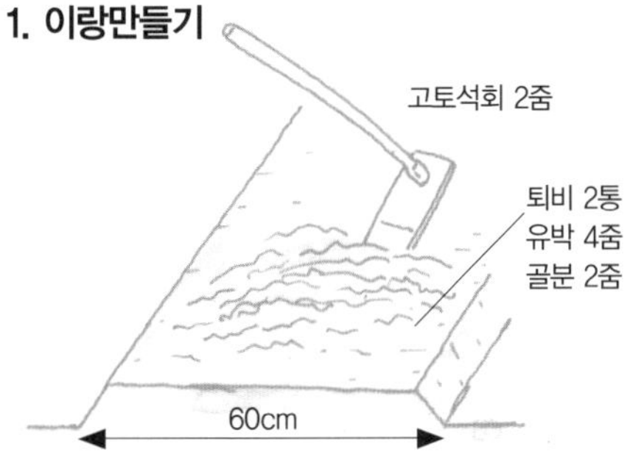

1㎡당 고토석회를 2줌 뿌리고 잘 갈아엎어둔다. 옮겨심기를 하기 2주 전에 1㎡당 퇴비 2통, 유박 4줌, 골분 2줌을 주고, 60cm 폭의 이랑을 만들어 둔다.

2. 옮겨심기

러너의 자른 부분이 이랑 안쪽으로 향하도록 하여 싹에는 흙이 덮이지 않을 정도의 높이로 옮겨심기를 한다.

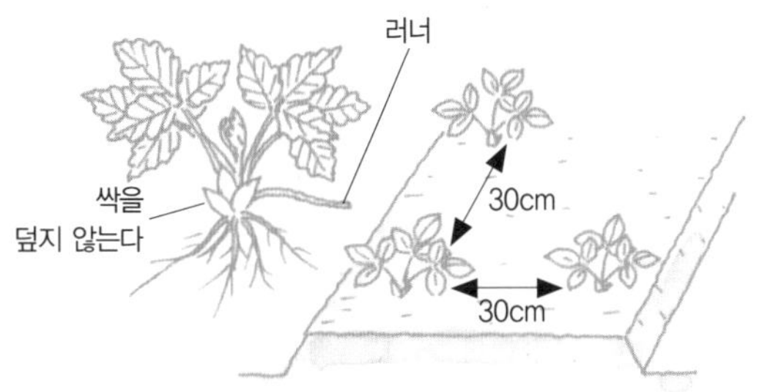

3. 멀칭

옮겨심기 후에는 수분이 부족하지 않도록 하고, 건조가 심할 경우 멀칭을 하여 건조를 막아준다.

4. 거름주기

11월 중순경 줄기 주위에 유박 1줌을 주고 흙을 모아준다. 2월 중순에도 이랑의 모퉁이에 유박을 주고 흙을 모아준다. 딸기는 비료에 약하므로 뿌리와 줄기에 직접 비료가 닿지 않도록 한다.

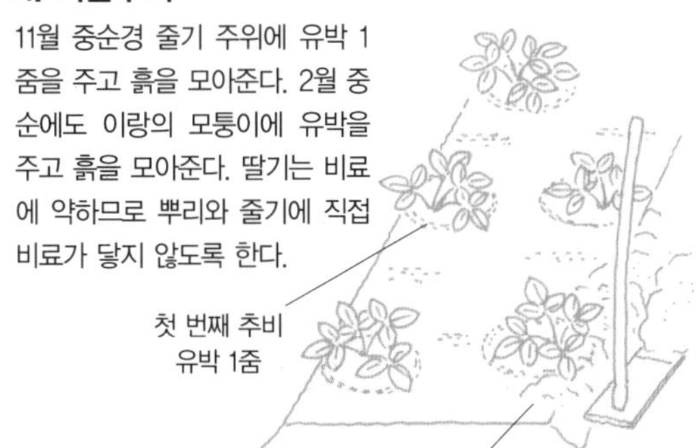

5. 어미그루 만들기

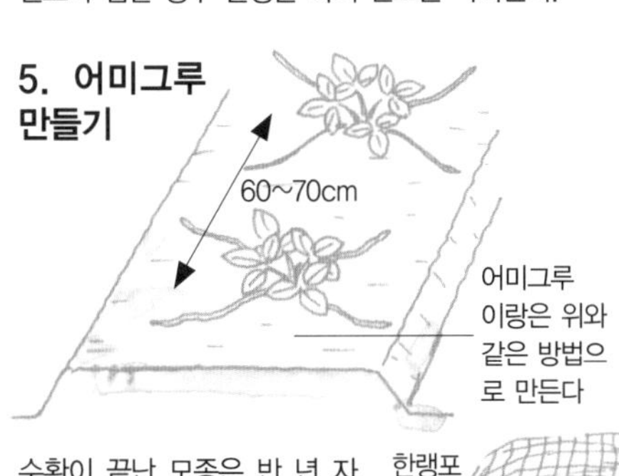

수확이 끝난 모종은 반 년 자란 후 어린 모종을 내기 위해 어미그루로 관리한다.

6. 어린 모종과 러너

1그루에서 30개 이상의 어린 모종이 나오므로 이식하여 자라게 한다. 여름이 끝날 무렵 본잎 3장 정도의 어린 모종은 러너를 2cm 정도 달리게 하여 잘라준다. 두 번째 이후의 너무 작지 않은 어린 모종을 선택한다. 어린 모종에서 자라는 러너는 잘라준다.

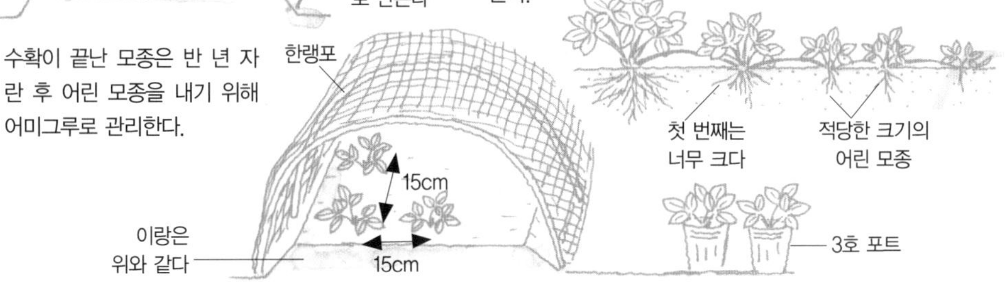

7. 어린 모종을 키운다

이랑만들기와 같이 밑거름을 준 흙에 15cm 간격으로 얕게 심고, 옮겨심기할 때까지 키운다. 뿌리를 내릴 때까지 한랭포(차광망)로 빛을 막아준다.

어미그루 옮겨심기 수확이 끝나면 아래 잎을 제거하고 어미그루 이랑에 각 그루 간격을 60cm 정도 두고 옮겨심기를 합니다. 러너(runner, 뻗어가는 줄기)를 사방으로 늘려줍니다.

겨울대책 겨울에는 중심의 잎을 몇 장 남겨두고 지상 부분이 말라 휴면기에 들어갑니다. 눈이 내리는 지역에서는 비닐 터널을 씌웁니다.

거름주기 11월 모종이 뿌리를 뻗으면 추비를 줍니다. 2월 중순에도 추비를 주고 생장후기까지 거름의 효과가 떨어지지 않도록 합니다.

수 확

꼭지 가까이까지 빨갛게 익은 것부터 수확합니다. 개화 후 30~40일이 지나면 수확이 가능합니다. 수확 중의 러너는 잘라줍니다.

병 해 충 대 책

새나 해충에 딸기가 먹히지 않도록 통풍이 잘 되는 그물을 씌우면 좋습니다.

어린 모종의 크기가 일정하지 않아요

어린 모종은 가만두어도 수십 그루가 생기지만, 크기가 일정하지 않아서 한 곳에 너무 많이 생겨 붐비기도 합니다. 그러므로 한 개의 러너에 어린 모종이 3개 정도 생기면 옮겨심기를 하여 자라게 합니다. 어른 그루에 가까운 어린 모종은 이식하기에는 너무 크기 때문에 두 번째 이후의 빈약하지 않은 어린 모종을 선택해 흙이 마르면 물을 듬뿍 주어 한 개의 어린 모종을 충실히 자라게 합니다.

수박

작업일지	1월	2월	3월	4월	5월	6월	7월	8월	9월	10월	11월	12월
옮겨심기												
작업						교배						
수확												

♣ **어떤 채소?**
박과. 칼슘이 많은 알칼리성 식품으로 이뇨효과가 높다.

♣ **재배방법 포인트**
넓은 면적이 필요하지만 병해충에는 강한 편이므로 저온만 조심하면 재배는 간단하다.

재 배 방 법

흙만들기 건조를 좋아합니다. 물빠짐이 좋으면 다소 산성 토양이어도 토질과 상관없이 잘 자랍니다. 밑거름을 주고 조금 높은 이랑을 만들어 비닐 멀칭으로 지온을 높여줍니다.

옮겨심기 호박에 접을 붙인 모종이 줄기갈림병에 강하고 재배하기 쉽습니다. 옮겨심기 한 후 추위를 만나면 성장속도가 극단적으로 늦어지므로 지온이 안정된 4월 하순에서 5월 초순에 옮겨심기를 합니다. 맑고 바람이 없는 아침나절에 옮겨심는 것이 좋습니다.

보온 비닐 멀칭에 비닐 터널을 씌워 관리하면 생장이 좋아집니다. 몇 그루 되지 않으면 비닐 캡을 만들어 씌워주는 것이 경제적입니다.

1. 이랑만들기

1㎡당 1줌의 고토석회를 뿌려준 밭에, 옮겨심기 일주일 전에 1㎡당 퇴비 1통, 유박 5줌, 골분 2줌을 뿌리고 폭 2m, 높이 10cm의 이랑을 만든다. 비료를 많이 주는 것은 좋지 않으므로 전작의 비료를 감안하여 양을 조절한다. 중앙에 1m 폭으로 멀칭을 한다.

10cm

1m

2m

2. 접목 모종

접목 모종은 본잎 4~5장으로 마디 사이가 촘촘한 굵은 모종을 선택한다. 깊이 심지 않고 대목이 나오도록 얕게 심는다.

3. 옮겨심기

옮겨심기 전에는 구멍을 얕게 파고 물을 뿌려놓는다. 모종에도 옮겨심기 전날 물을 준다. 각 그루간 1.5m 간격을 두고 바람이 지나는 방향으로 놓고 조금 기울여서 심는다.

바람 방향→

4. 비닐 터널

1m 폭에 비닐 터널을 씌웠을 경우에는 뿌리를 내리고 나서 아래를 걷어주어 환기시킨다. 비를 막아주는 데도 좋다.

5. 비닐 캡

보온 덮개

비닐 캡은 바람이 지나가는 방향 쪽의 아래를 걷어 환기시키면서 생장함에 따라서 윗부분에 구멍을 뚫는다.

6. 싹따주기

5~6마디에서 순지르기하여 3~4개의 어린 줄기의 싹을 따주며 길게 자라게 한다. 비닐 멀칭의 양쪽에 짚깔기를 하여 줄기를 유인한다.

아들넝쿨은 3~4개 자라게 한다

싹 따주기

7. 적과

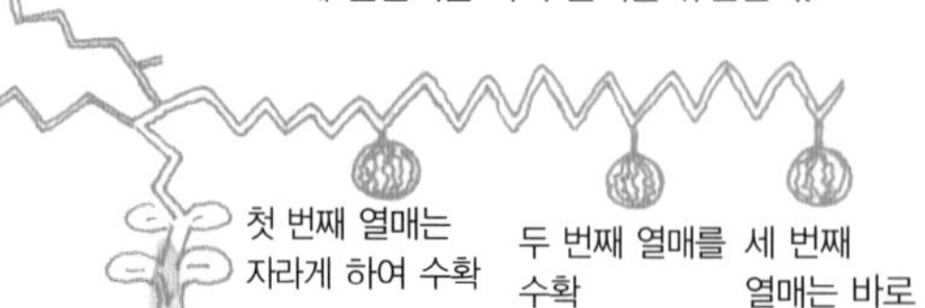

어린 줄기의 7~8마디째의 첫 번째 열매는 조금 크게 하여 줄기가 안정되게 자라도록 한 후 딴다. 그런 다음 6~8마디째의 두 번째 열매를 키운다. 세 번째 열매는 바로 솎아낸다.

8. 바로놓기

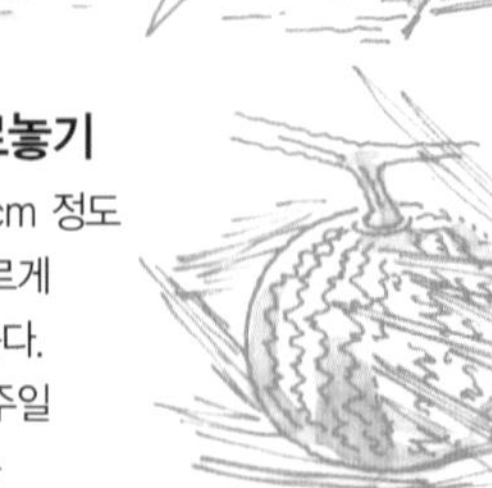

지름 15cm 정도 되면 바르게 고쳐놓는다. 수확 일주일 전까지는 햇빛가림으로 짚을 덮어주거나 흰 부분이 햇빛에 노출되도록 한다.

가지정리 어른그루의 5~6마디에서 자람을 멈추고 어린 줄기가 3~4개 뻗게 됩니다. 다른 어린 줄기를 잘라주고 손자줄기도 열매를 빨리 맺게 하기 위해 싹을 솎아줍니다. 다만 한 줄기에 3~4개의 딸기가 열리면 그대로 놓아둡니다.

결실 어린 줄기의 첫 번째 열매는 조금 크게 하여 따주고, 두 번째 열매를 키웁니다. 세 번째 열매는 변형 과일이므로 제거합니다.

거름주기 과일이 열린 것이 보이면 줄기의 앞쪽 부근에 1줌 정도의 유박을 줍니다.

수 확

교배 후 40일 전후에 수확합니다.

병 해 충 대 책

물빠짐이 좋게 하고 줄기쪼갬병이나 탄저병을 미리 예방합니다. 병에 걸린 나무는 뽑아서 석회를 뿌립니다. 건조가 심하면 흰가루병이 발생하므로 반드시 짚을 깔아줍니다.

꽃은 피는데도 열매가 열리지 않아요

맑은 날 아침 일찍 수꽃의 꽃잎을 제거하고 수술을 다른 그루의 암술머리에 가볍게 두드려줍니다. 암꽃은 생장점에서 30cm 정도 아래에 있는 것이 정상입니다. 그 이하이면 비료부족이고, 그 이상은 비료과다입니다.

멜론

작업일지	1월	2월	3월	4월	5월	6월	7월	8월	9월	10월	11월	12월
옮겨심기				■	■							
작업												
수확						■	■					

♣ **어떤 채소?**
박과 식물. 온실 멜론이 주류를 이루지만, 노지 재배가 가능한 종류도 많다.

♣ **재배방법 포인트**
고온건조한 기후를 좋아한다. 장마철에는 비닐 터널로 비를 막는다. 처음에는 깊이 갈아주는 것이 좋은 방법이다.

재 배 방 법

흙만들기 뿌리에 충분한 양의 산소가 공급될 수 있는 흙을 선택합니다. 물빠짐이 좋아야 하는 것도 필수이기 때문에 사질토(砂質土)가 좋습니다. 밭에서는 고토석회를 뿌려주고 폭 60cm, 깊이 30cm의 골을 파고 퇴비를 준 후 다시 덮어줍니다. 1m 폭의 평이랑을 만듭니다. 옮겨심기를 할 때까지 멀칭으로 지온을 높여놓습니다.

옮겨심기 4월 하순에서 5월 초순에 접목 모종을 옮겨심기합니다. 깊이 심으면 자근(自根)이 나와 접목 모종의 좋은 점을 잃어버리게 됩니다. 옮겨심기를 한 후에는 이랑 전체에 비닐 터널을 덮어줍니다.

1. 이랑만들기

1㎡당 1줌의 고토석회를 뿌리고 잘 갈아엎는다. 일주일 전에 60cm 폭에 30cm 깊이의 고랑을 파고 1㎡당 퇴비 2통, 유박 5줌, 골분 2줌을 넣고 주위의 흙과 섞어서 흙을 덮어 높이 10cm의 평이랑을 만든다. 비닐 멀칭을 한다.

2. 모종의 옮겨심기 준비

본잎 3~4장의 접목 모종에는 옮겨심기 전날 물을 준다.

3. 옮겨심기

70cm 간격으로 뿌리 덩어리가 부서지지 않도록 주의하여 심는다. 깊이 심지 않고 접목을 한 대목이 보일 정도의 깊이로 심는다. 비닐 터널을 씌운다.

4. 순지르기

어미넝쿨을 5~6마디에서 잘라주고, 아들넝쿨이 나오도록 한다. 건강한 2~3개를 남겨서 6~10마디째에 나오는 손자넝쿨에서 열매를 맺도록 한다. 다른 암꽃은 빨리 솎아내고 손자넝쿨도 2~3마디에서 순지르기한다. 아들넝쿨의 줄기 끝의 손자넝쿨은 그대로 둔다.

5. 짚깔기

넝쿨이 뻗는 방향으로 짚을 깔아준다. 열매가 달걀 크기 정도 되면 1그루당 1줌 정도의 유박을 뿌려준다.

6. 수분

수박과 같은 요령으로 수꽃의 수술을 다른 그루의 암꽃머리에 묻혀준다.

7. 수확

잎의 녹색이 말라서 노랗게 되기 시작하면 수확한다.

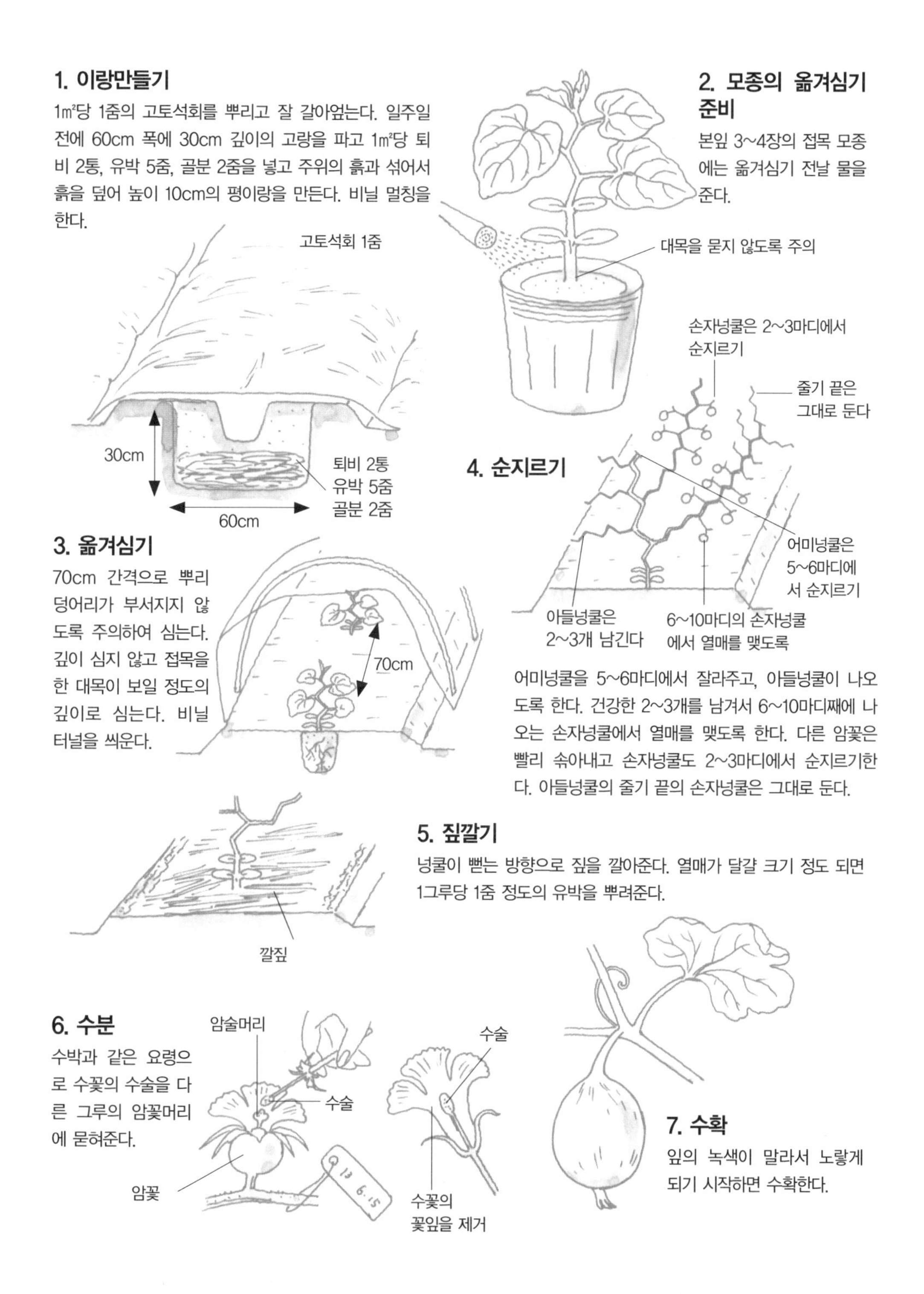

순지르기 본잎 5~6장에서 앞쪽을 잘라 아들넝쿨을 2~3개 자라게 합니다. 이것도 20~30마디에서 순지르기하여 6~10마디의 손자넝쿨에 열매를 맺도록 합니다.
인공수분은 수박과 같은 방법으로 합니다. 한 개의 아들넝쿨에 3~4개의 멜론이 열리면 나머지 싹은 순지르기하여 모양이 좋은 2~3개만 남겨놓습니다.

거름주기 열매를 맺고 10일 정도 지나면 1그루당 1줌 정도의 유박을 이랑 모퉁이에 뿌려주고 잘 스며들도록 합니다.

수 확

개화 후 35~40일 정도에 잎이 녹색을 잃고 노랗게 마르기 시작할 때 수확합니다.

병 해 충 대 책

넝쿨쪼갬병에 강한 접목 모종을 구하고, 진딧물 대책으로는 비닐 멀칭이나 짚깔기를 합니다. 비를 막는 것도 중요합니다.

과실이 작고 당도가 낮아요

순지르기와 가지정리는 빠른 시기에 넝쿨이 짧을 때 해주어 나무의 부담을 줄여줍니다. 한 넝쿨에 2~3개 정도 열매를 맺도록 빠른 시기에 솎아내어 열매에 영양이 충분히 공급되도록 합니다. 당도가 낮은 것은 수확 직전에 날씨가 좋지 않거나 배수가 좋지 않은 것이 이유가 될 수 있습니다.

강낭콩

작업일지	1월	2월	3월	4월	5월	6월	7월	8월	9월	10월	11월	12월
씨뿌리기												
작업												
수확					넝쿨 없는 품종 넝쿨 있는 품종							

♣ **어떤 채소?**

콩과. 미숙한 상태로 삶아서 먹을 수 있다.

♣ **재배방법 포인트**

콩과 작물은 2~3년 간격을 두고 재배한다. 비료는 듬뿍 주고, 넝쿨이 없는 품종은 조기 재배에 적합하다.

재 배 방 법

흙만들기 씨뿌리기 10일 전까지 고토석회를 뿌려서 토양을 중화시킵니다. 일주일 전에는 넝쿨이 없는 품종이라면 1m, 넝쿨이 있는 품종이라면 1.5m 폭의 평이랑을 만들어줍니다. 중앙에 낮게 고랑을 파고 밑거름을 준 다음 다시 덮어줍니다.

씨뿌리기 늦서리의 걱정이 없어질 4월 하순에서 7월 말까지 씨뿌리기가 가능합니다. 3~4알씩 점파를 하고 2cm 정도 흙덮기를 합니다. 2줄 심기를 합니다.

솎아주기 본잎 2~3장이 나오기 전에 2그루만 남겨두고 4~5장에서 1그루만 남깁니다. 지주를 세우고 퇴비로 거름을 준 후 짚을 깔아줍니다.

1. 이랑만들기

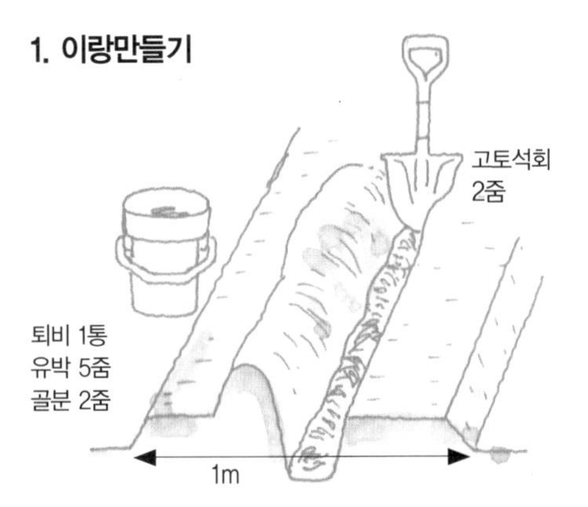

씨뿌리기 10일 전까지 1㎡당 2줌의 고토석회를 뿌려 갈아엎는다. 일주일 전에는 이랑을 만들고 중앙에 고랑을 파서 1㎡당 퇴비 1통, 유박 5줌, 골분 2줌을 뿌려준다.

2. 넝쿨 없는 품종과 넝쿨 있는 품종

넝쿨 없는 품종은 1m 폭의 이랑에 가로 간격 20cm 세로 간격 25cm로 점파하고, 넝쿨 있는 품종은 1.5m 폭의 이랑에 가로 간격 70cm, 세로 간격 30cm로 점파한다. 양쪽 다 2줄 심기를 한다.

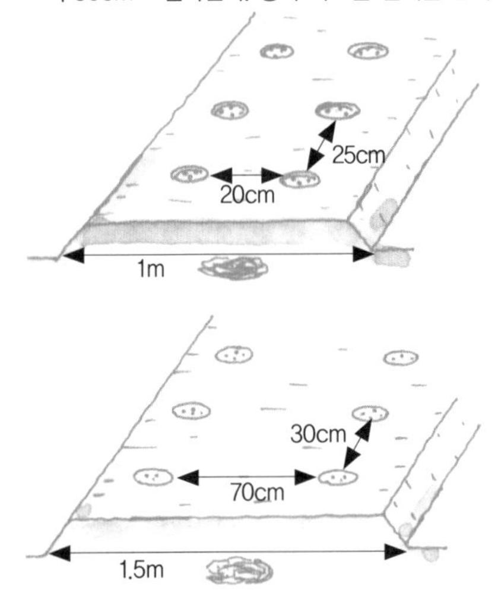

3. 흙덮기, 솎아준 모종의 이식

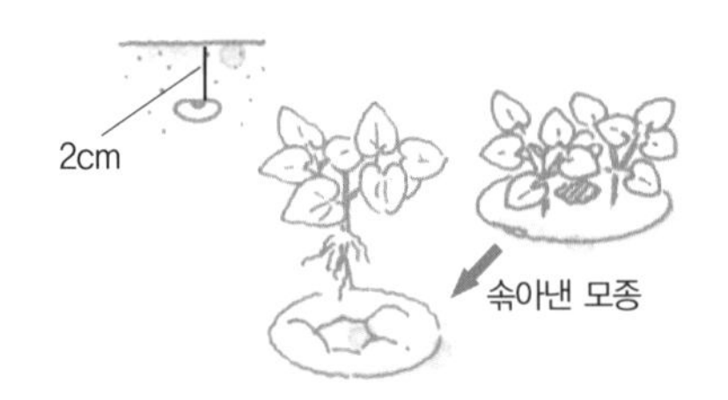

2cm 정도 흙덮기를 한다. 씨앗을 조류가 와서 먹어버렸을 경우에는 다른 곳에서 솎아낸 모종을 빨리 이식해준다.

4. 거름주기

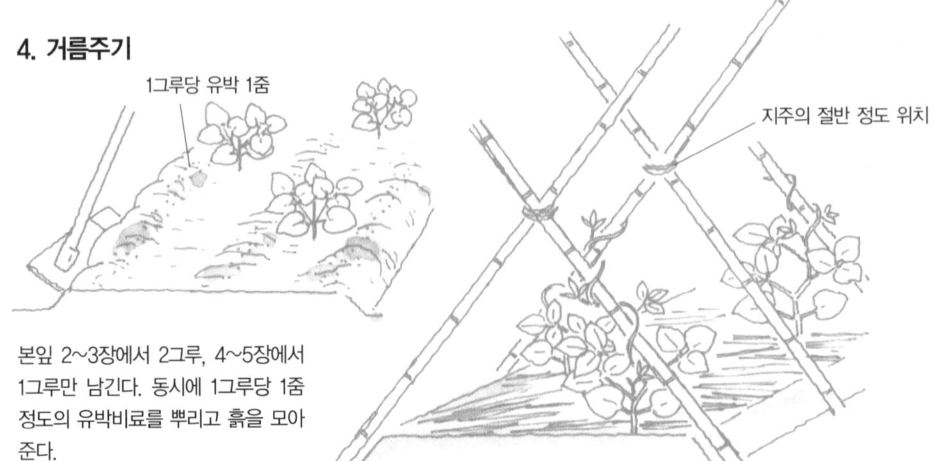

본잎 2~3장에서 2그루, 4~5장에서 1그루만 남긴다. 동시에 1그루당 1줌 정도의 유박비료를 뿌리고 흙을 모아준다.

5. 지주세우기

짚깔기를 하고 넝쿨 있는 품종은 지주를 세운다. 경사지게 하여 지주의 절반 정도 위치에서 교차시킨다.

지주세우기 넝쿨이 있는 품종은 2그루가 되었을 때 2m의 지주를 세웁니다. 이랑 좌우의 지주를 낮은 위치에서 교차시키면 지주 앞쪽의 콩을 수확하기도 편해집니다.

거름주기 본잎이 4~5장일 때 유박을 1줌 주고 잘 스며들도록 흙모으기를 합니다.

수 확

개화 후 1~2주일 정도의 어린 깍지를 수확하여 나무에 무리가 가지 않도록 하면 넝쿨 없는 품종은 3주, 넝쿨 있는 품종은 1개월 정도 후에 수확이 가능해집니다.

병 해 충 대 책

물빠짐을 좋게 하면 병충해는 그다지 없습니다. 진딧물은 보이는 즉시 제거합니다.

수확을 빨리하고 싶어요

씨뿌리기에서 수확까지 넝쿨 없는 품종은 50일, 넝쿨 있는 품종은 70일 정도 걸리므로 역산하여 파종하면 됩니다. 하지만 저온에는 약하므로 일찍 파종하여 저온을 만나면 전멸할 위험도 있습니다. 그러므로 포트에서 파종하여 비닐을 덮어, 따뜻한 곳에서 발아시켜 자라게 합니다. 본잎이 2~3장 되면 멀칭을 한 이랑에 옮겨심기를 하고 비닐 터널을 씌워줍니다.

대두(메주콩, 줄기콩)

작업일지	1월	2월	3월	4월	5월	6월	7월	8월	9월	10월	11월	12월
씨뿌리기				■	■							
작업												
수확							■	■				

♣ 어떤 채소?
콩과. 아직 미숙한 대두를 깍지째 삶아서 먹을 수 있다. 영양이 풍부하다.

♣ 재배방법 포인트
콩과 중에서도 가장 재배하기가 쉬운 종류이다. 척박한 땅에서도 재배가 가능하며 토양이 좋아진다.

재 배 방 법

흙만들기 씨뿌리기 10일 전에 고토석회를 뿌려 중화시켜주고, 일주일 전에는 밑거름을 뿌리고 70cm~1m의 이랑을 만들어둡니다. 대두의 뿌리에는 뿌리혹 균이 있어 공기 중의 질소를 뿌리에 공급해줍니다. 그러므로 질소분을 많이 주면 줄기와 잎이 웃자라서 결실이 나빠집니다. 재배지의 토양 비옥도를 감안하여 비료의 양을 조절해야 합니다.

씨뿌리기 지온이 15도 이상으로 안정되었을 때 씨뿌리는 것이 중요합니다. 4월 하순 이후라면 씨뿌리기가 가능해집니다. 시기가 늦어질수록 그루가 무성하게 자라므로 그루 간격을 넓혀줍니다.

1. 이랑만들기

씨뿌리기 10일 전까지 1㎡당 2줌의 고토석회를 뿌리고 갈아엎는다. 일주일 전에는 1㎡당 퇴비 1통, 골분 2줌을 잘 섞어서 70cm~1m의 이랑을 만든다.

2. 씨뿌리기

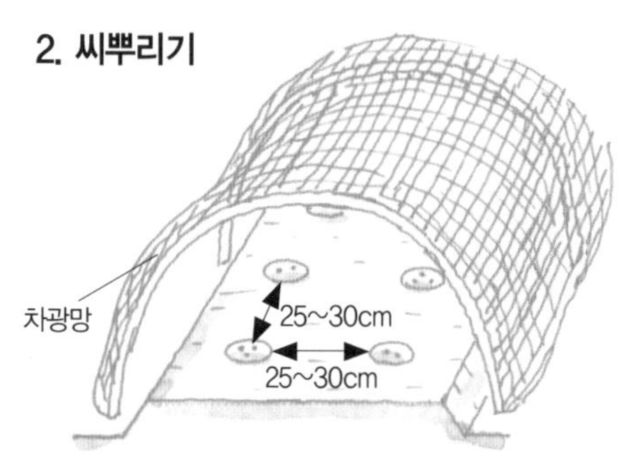

각 그루 간격을 25~30cm로 하여 3~4알씩 점파한다. 3cm 정도 흙덮기하여 눌러준다. 파종이 늦을수록 크게 성장하므로 그루 간격도 넓게 한다. 2줄 심기를 한다.

3. 포트에 파종하기

포트에 파종할 때는 2~3알씩 뿌려주고 1cm 흙덮기를 하여 상자에 모아서 비닐 터널 안에 넣는다. 따뜻한 장소라면 일주일 전후에 발아한다.

4. 옮겨심기

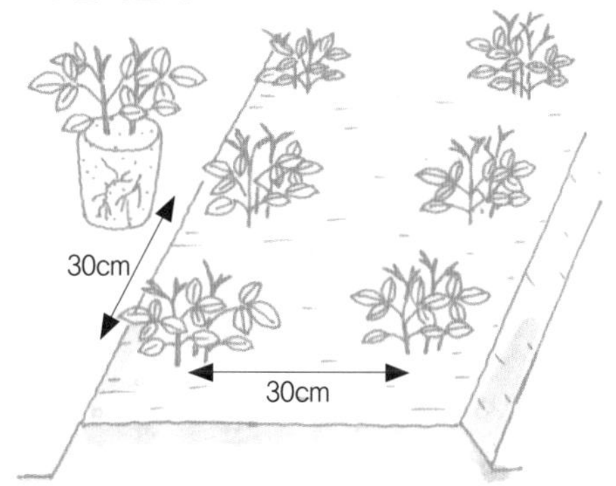

본잎이 나오기 시작하고 기온이 안정되면 2줄 심기를 한다. 옮겨심기 후에는 물을 듬뿍 준다.

5. 흙모으기

2그루씩 남도록 솎아주고 흙을 모아준다. 그후 2~3회 흙모으기를 하고 그루를 안정시킨다. 그루 상태가 약할 때는 유박비료를 준다.

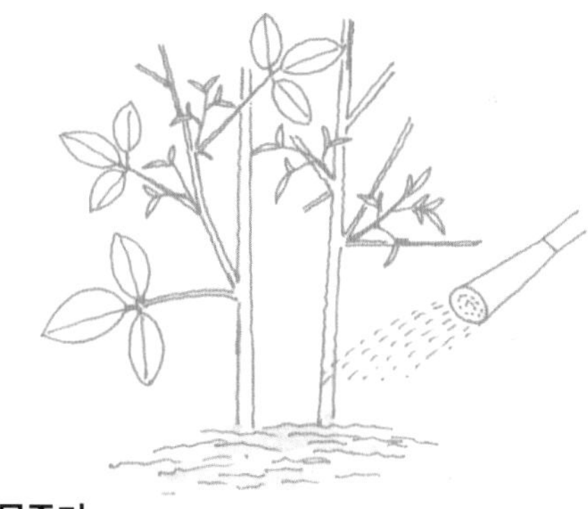

6. 물주기

건조하면 결실이 나빠지므로 개화 후 10일 정도는 충분히 물을 주는 것이 좋다.

옮겨심기 빠른 파종을 원할 때는 포트에 1cm 깊이로 2~3알씩 파종하여 비닐 터널 안에서 관리합니다. 4월 하순경이 되면 본잎이 나오므로 2개 모종을 씨뿌리기와 같은 요령으로 옮겨심기합니다.

솎아주기 본잎이 2~3장에서 2그루만 남기고 솎아줍니다.

흙모으기 본잎이 4~5장일 때 그루의 모양을 잘 확인하여 추비를 주고 흙모으기를 합니다. 그루가 넘어지지 않도록 단단히 흙을 눌러줍니다. 흙모으기는 5월 중에 2~3회 실시합니다.

거름주기 추비를 할 경우에는 가볍게 합니다.

수 확

깍지가 부풀어오면 빨리 따주거나 줄기째 베어 수확합니다.

병해충대책

뿌린 씨앗이 새에게 먹히지 않도록 그물을 씌워줍니다.

발아하지 않아요

지온이 15도 이상 되었을 때 씨뿌리는 것이 중요합니다. 저온일 때는 포트에 파종하여 뿌리를 잘 내릴 때까지 모종을 잘 관리한 후 옮겨심기하는 것도 좋은 방법입니다. 발아를 앞당기기 위해 하룻밤 물에 담그거나 씨뿌리기 후 매일 물을 주면 씨앗이 썩어버립니다. 물주기는 씨뿌리기 후에만 적정하게 합니다. 그 다음에는 새의 피해를 입지 않도록 그물을 씌워주는 것을 잊지 않도록 합니다.

완두콩

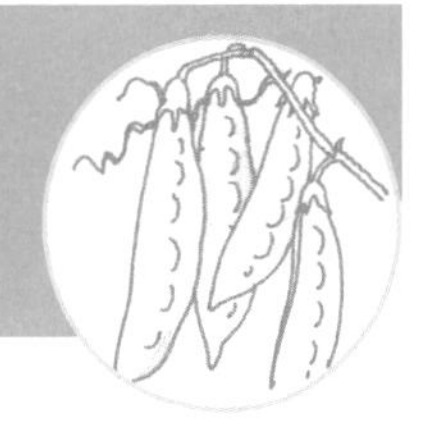

작업일지	1월	2월	3월	4월	5월	6월	7월	8월	9월	10월	11월	12월
씨뿌리기										■	■	
작업		솎아주기	■									
수확					■	■						

♣ **어떤 채소?**
콩과. 풋콩을 따서 깍지째 삶아서 먹는 것과 알만 먹는 것, 2종류가 있다.

♣ **재배방법 포인트**
추위와 건조에 강하다. 겨울나는 방법은 모종을 적게 할 것. 연작, 산성토, 추위를 피할 것.

재 배 방 법

흙만들기　2년 계속 재배하면 연작 피해가 생기므로 2~3년은 간격을 두고 재배해야 합니다. 물빠짐이 좋은 흙에 비옥한 토양이라면 밑거름은 필요하지 않습니다.

씨뿌리기　10월 중순에서 11월 초순, 서리가 걷히기 1개월 전을 목표로 파종하면 너무 크지 않고 한해(寒害)에도 견딜 수 있으며 순조롭게 성장합니다. 겨울을 나기 어려운 지역이라면 이른 봄에 시중에 나오는 모종을 구입하여 심어도 좋습니다. 화분에 심는다면 2그루를 심을 만한 적당한 크기의 화분을 고릅니다.

겨울나기　작은 모종일수록 겨울나기는 쉽습니다. 12월 중순에 필요하다면 퇴비를 주고

1. 이랑만들기

10일 전까지 1㎡당 2줌의 고토석회를 뿌리고 갈아준다. 일주일 전에 밑거름을 뿌리고 1㎡당 퇴비 1통, 골분 2줌을 뿌려 1m 폭의 이랑을 만든다.

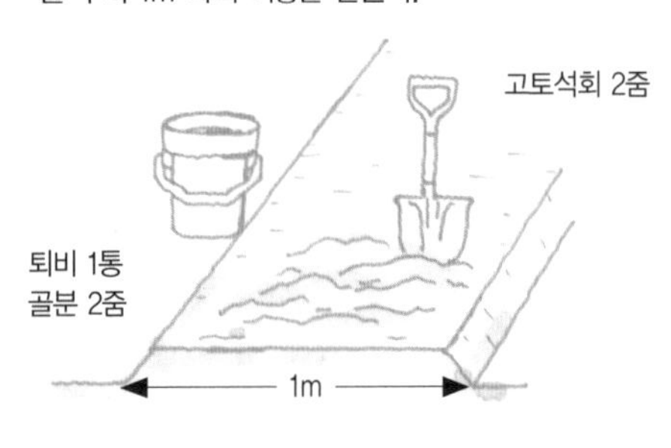

2. 씨뿌리기

그루 간격 30cm로 3~4알씩 2cm 깊이로 점파하고 흙덮기를 한다.

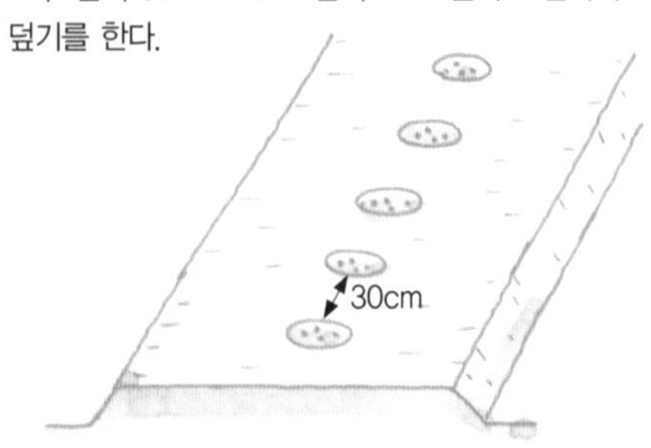

3. 씨뿌리기 준비

씨를 물에 하룻밤 담가두면 발아가 좋아진다.

4. 겨울나기

12월 중순, 그루 밑에 짚을 깔아주거나 낙엽이나 등겨를 뿌리는 방법으로 방한한다. 건조가 심할 때는 따뜻한 날 오전에 물을 듬뿍 뿌려준다.

깔짚이나 왕겨 등

5. 솎아주기

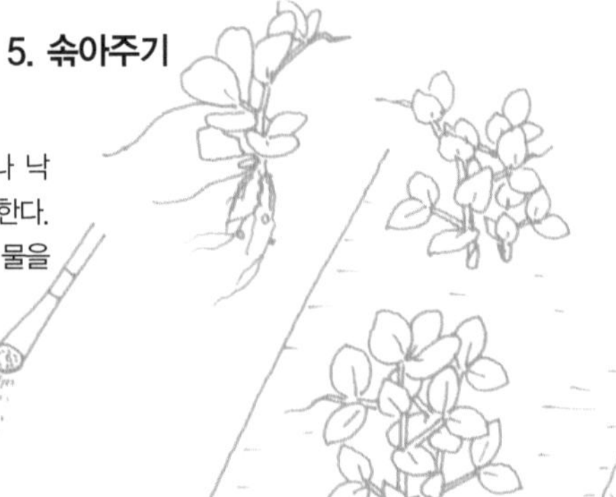

3월 중순경 생장상태를 확인하고 2그루가 되도록 솎아준다.

6. 지주세우기

3월 하순이 되면 넝쿨이 자라기 시작하므로 지주를 세우고 넝쿨이 타고 오를 수 있는 그물이나 끈을 엮어준다.

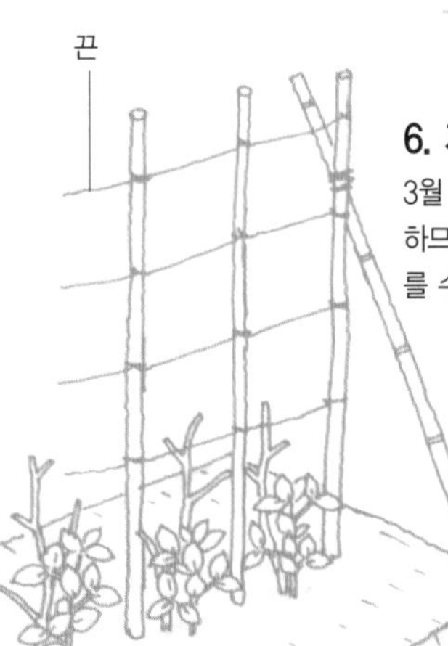

7. 수확

깍지완두(깍지째 식용)는 알의 형태를 알 수 없을 정도의 시기, 완숙하기 전에 수확한다.

스나프완두는 완두가 둥글어진 것이 눈으로 확인될 정도의 시기에 수확한다.

열매완두는 알이 잘 부풀어, 깍지에 줄무늬가 생겨서 까칠까칠할 때까지 기다렸다가 수확한다.

짚을 깔아줍니다.

솎아주기와 지주세우기 그루의 밑이 좁고 잎이 크므로 11월에서 1월은 월 1회 정도 그루에 흙모으기를 합니다. 3월 중순경 한 곳에 2그루가 자라도록 솎아줍니다. 줄기가 자라면 지주를 세워줍니다.

거름주기 콩과 식물이므로 질소계 비료는 필요하지 않습니다. 척박한 흙일 경우에만 밑거름을 줍니다.

수 확

깍지완두는 알이 부풀지 않고 깍지가 딱딱해지기 전에 수확하고, 열매완두는 깍지에 줄무늬가 생길 때까지 기다렸다 수확합니다. 깍지완두는 금방 딱딱해지므로 매일 아침 잘 관찰해야 합니다. 스나프완두는 깍지가 녹색이고, 알이 둥글게 부풀어오를 때가 수확시기입니다.

병 해 충 대 책

수확시기가 가까워올 때 생기는 흰가루병이나 갈반병(褐斑病)은 물빠짐을 좋게 하고, 땅이 질지 않도록 하여 방제합니다.

봄이 되어도 넝쿨이 자라지 않아요

3월이 끝날 무렵 노랗게 마르거나 오그라드는 것은 연작으로 인한 장해입니다. 발아율이 떨어지고 생장이 나빠져서 뿌리도 썩어버립니다. 입고병이 생기기도 합니다. 연작이 아니라면 뿌리혹 균의 활동을 촉진시켜봅니다. 물빠짐이 좋고 퇴비가 많은 부드러운 흙이라면 그 활동이 촉진됩니다.

누에콩(작두)

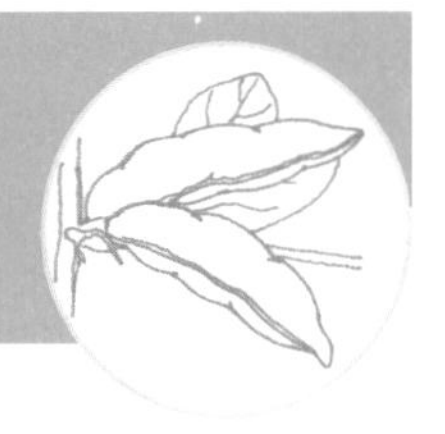

작업일지	1월	2월	3월	4월	5월	6월	7월	8월	9월	10월	11월	12월
씨뿌리기										■		
작업	■		■	흙모으기							흙모으기 ■	
수확					■							

♣ 어떤 채소?
콩과. 완숙하기 전에 수확한다.

♣ 재배방법 포인트
추위에 강하고 보습성이 좋은 알칼리성 토양을 좋아한다. 씨뿌리기에서 수확까지의 기간이 길다.

재배방법

흙만들기 점토질과 같은 보습성과 배수성이 좋은 토양에서 잘 자랍니다. 콩과 작물이므로 4~5년 윤작을 합니다. 1㎡당 2줌 정도의 고토석회로 중화한 땅에 옮겨심기 일주일 전에 밑거름을 주어 이랑을 만들어둡니다.

씨뿌리기 10월 중순에서 하순, 서리가 내리기 10일 정도 전에 파종합니다. 발아율이 그다지 좋지 않으므로 포트나 상자에 파종하여 육묘합니다. 강(江)모래에 뿌려서 건조하지 않도록 합니다.

옮겨심기 본잎 2~3장 정도에서 그루 간격 40cm로 옮겨심기를 합니다.

1. 상자에 씨뿌리기

강모래를 넣은 포트에 1개 또는 넓은 상자에 씨를 뿌리고 물을 준 후 신문지를 덮어서 온도를 유지한다.

2. 포트에 씨뿌리기

씨앗은 검은 부분을 밑으로 향하게 하여 약간 보일 정도로 흙을 덮어준다.

강모래

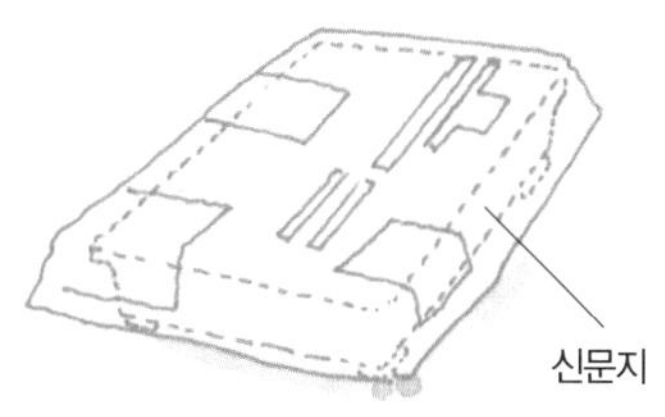

3. 발아할 때까지

일주일 정도 후에 발아하면 신문지를 벗긴다.

4. 이랑만들기

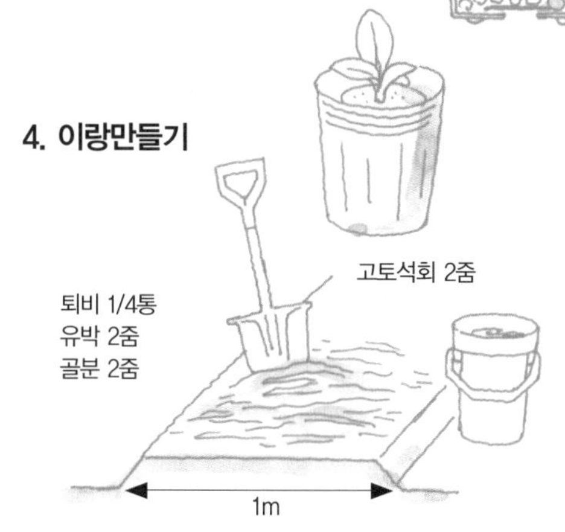

5. 옮겨심기

40cm 간격으로 모종을 옮겨심은 후 물을 준다.

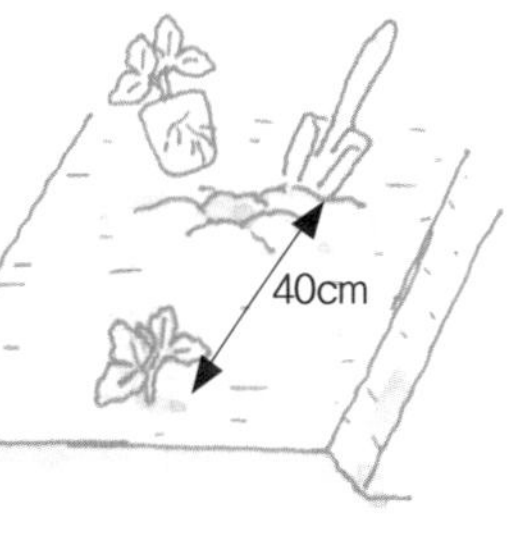

6. 겨울나기

11월 하순에 흙모으기를 하고 12월 들어 짚을 깔아주거나 그루 밑에 낙엽을 덮어준다.

깔짚이나 마른 풀

7. 흙모으기

1월에도 흙모으기를 한다. 3월에 흙모으기를 할 때는 그루 사이에도 흙을 넣어 그루를 넓혀준다. 6~7그루 정도를 남기고 나머지는 솎아준다.

8. 바람막이 대책

개화는 4~5월. 키가 큰 나무는 강풍에 쓰러지기 쉬우므로 바람막이 대책을 세운다.

바람막이로 댓잎 등을 세운다

9. 수확

윤기가 있는 녹색의 깍지가 아래를 향하기 시작하고 줄기 뒷면이 검게 변하며 알이 부풀어오르면 수확할 시기이다.

줄기 뒷면이 검다

흙모으기와 겨울나기 11월 하순, 1월, 3월에 3회 흙모으기를 합니다. 12월이 되면 짚깔기 등으로 방한대책을 세웁니다.

가지정리 3월에 흙모으기를 할 때 그루가 너무 많으면 건강한 6~7개만 남기고 나머지는 뿌리째 뽑아냅니다. 그루 안에도 흙을 모아 가지를 넓히면 그루 안으로 광선과 바람이 들어가 생장이 좋아집니다.

거름주기 흙모으기를 할 때 생장이 좋지 않을 경우에는 퇴비를 조금 줍니다. 개화가 절정일 때는 반드시 추비를 줍니다.

수 확

알이 부풀어오르고 깍지에 윤기가 나며 등줄기가 검으면 수확 적기입니다. 하늘을 향했던 깍지도 아래를 향하기 시작합니다.

병 해 충 대 책

바이러스병을 매개로 하는 진딧물을 잘 제거해줍니다. 특히 개화기에는 주의를 기울여서 방제합니다.

전혀 발아하지 않아요

발아하기 어려운 품종이므로 질이 좋은 씨앗을 구하는 것이 중요합니다. 미리 씨앗을 하룻밤 물에 담가 놓고 씨뿌리기 후에도 충분히 물을 줍니다. 산성토를 싫어하므로 강모래에 뿌립니다. 강모래는 물빠짐이 좋으므로 마르지 않도록 주의해야 합니다. 신문지를 덮어서 마르는 것을 방지합니다.

땅콩

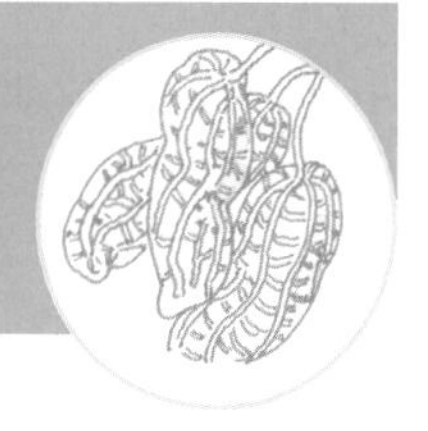

작업일지	1월	2월	3월	4월	5월	6월	7월	8월	9월	10월	11월	12월
씨뿌리기												
작업				옮겨심기								
수확												

♣ **어떤 채소?**
콩과. 개화 후 씨방자루가 땅 속으로 들어가 깍지가 생기므로 '낙화생(落花生)'이라고도 함.

♣ **재배방법 포인트**
개화할 때의 흙모으기가 그후의 결실을 결정짓는다. 칼슘을 보충하여 열매를 충실하게 한다.

재 배 방 법

흙만들기 화산토나 사질토(砂質土)를 좋아합니다. 밑거름보다는 고토석회만으로도 좋습니다. 질소분을 많이 주면 반대로 결실이 나빠지므로 비옥한 땅이라면 밑거름은 필요하지 않습니다. 고토석회는 1㎡당 5줌 정도를 뿌려줍니다. 흙모으기를 하기 때문에 골을 파고 심습니다.

씨뿌리기 충분히 따뜻해지고 나서 포트나 상자에 파종하여 모종을 기르도록 합니다. 씨앗은 껍질에서 꺼내 좁은 것을 택하여 하룻밤 물에 담가둡니다. 검게 된 씨앗은 파종하지 않습니다.

1. 준비

깍지에서 꺼낸 씨앗을 하룻밤 물에 담가두어 검게 변색한 씨앗을 제거한다.

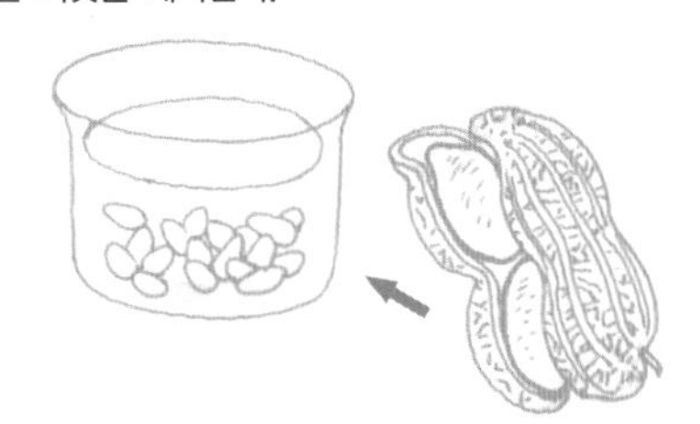

2. 씨뿌리기

포트에 2줄씩 뿌리거나 넓은 상자에 가로 10cm, 세로 5cm 간격으로 씨앗을 심고 1cm 깊이로 흙덮기를 한다. 물을 주고 따뜻한 곳에서 관리한다.

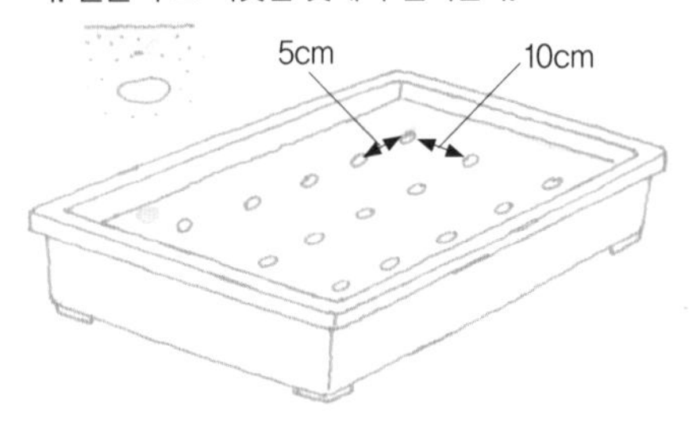

3. 이랑만들기

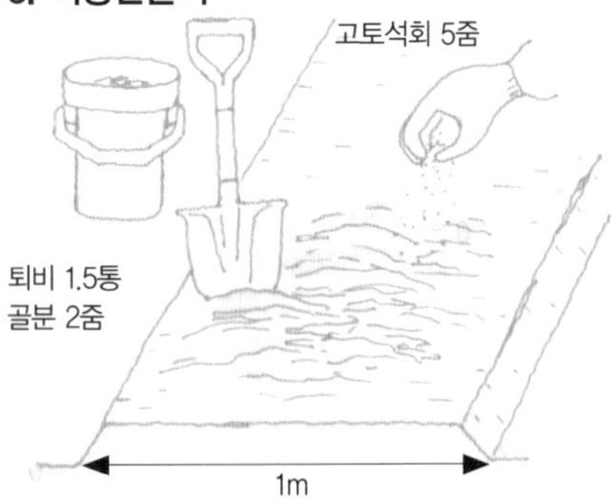

1㎡당 5줌의 고토석회를 뿌려서 잘 갈아엎는다. 옮겨심기 일주일 전에 척박한 토양이라면 밑거름으로 1㎡당 퇴비 1.5통, 골분 2줌을 주고 1m 폭의 이랑을 만든다.

4. 옮겨심기

폭 10cm, 깊이 7~8cm의 골을 파고 한 곳에 2그루씩 20cm 간격으로 2줄 심기를 한다.

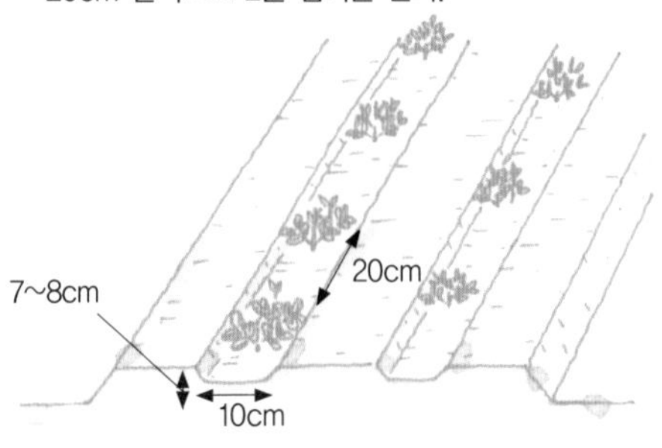

5. 흙모으기

개화 직전에 줄기나 잎이 덮이지 않도록 주의하며 흙모으기를 한다. 개화가 절반 정도 끝났을 때 한 번 더 흙모으기를 한다.

6. 수확

10월 중순에 아랫잎이 마르기 시작하고 전체적으로 노랗게 되면, 1그루만 뽑아서 충실한 깍지에 그물 모양이 나타나는지 확인하고 수확한다. 너무 빨리 수확하면 땅콩알의 충실도가 떨어진다. 너무 늦게 수확하면 깍지가 떨어져버린다.

7. 뽑아내기와 건조

뿌리째 뽑아내어 일주일 정도 건조한다. 그루를 흔들어봐서 땅콩알이 구르는 소리가 나면 깍지를 따서 세척하여 햇빛에 건조한다.

옮겨심기 20일 정도 자란 본잎 2~3장 정도의 모종을 옮겨심기합니다.

흙모으기 6월 하순이 되면 개화가 시작됩니다. 씨방자루가 땅 속으로 들어가기 쉽도록 꽃이 피기 직전과 절반 정도 꽃이 피었을 때 그루 밑에 흙모으기를 합니다. 물론 줄기나 잎에는 덮이지 않도록 합니다.

거름주기 비옥한 밭이라면 밑거름은 필요없습니다.

수확

10월 하순경 60% 정도 잎이 떨어졌을 때 한 그루를 뽑아내어 깍지에 그물 모양이 나 있는지 확인합니다. 그물 모양이 나 있으면 수확합니다. 뽑아낸 땅콩을 일주일 정도 밭에서 건조시킵니다. 깍지 안에서 알이 구르는 소리가 날 정도로 건조되었으면 따서 물에 씻어 햇빛에 말립니다.

병해충대책

대립종의 흑삽병(黑澁病), 소립종의 갈반병(褐斑病)은 발견하는 즉시 발병한 잎을 제거하고, 잎이 떨어질 것 같으면 그루 전체를 제거합니다. 풍뎅이는 미숙한 퇴비를 사용하면 발생하기 쉬우므로 반드시 완숙한 퇴비를 사용합니다.

빈 깍지가 많고 알이 적어요

깍지 안에 알이 적은 이유는 여러 가지가 있지만, 칼슘부족이 가장 큰 원인이므로 석회를 충분히 뿌려줍니다. 또 척박한 땅의 양분부족도 원인이 됩니다. 고온과 햇살을 좋아하므로 이른 서리가 걱정될 때는 비닐 멀칭이 필요합니다.

소송채(小松菜)

작업일지	1월	2월	3월	4월	5월	6월	7월	8월	9월	10월	11월	12월
씨뿌리기			■	■	■	■	■	■	■	■		
작업												
수확	■	■			■	■	■	■	■	■	■	■

♣ 어떤 채소?

유채과. 도쿄의 고마쓰천(小松川)에서 재배한 것이 유래되어 '고마쓰나'라고도 한다. 영양이 풍부하다.

♣ 재배방법 포인트

재배가 간단하며, 단기간에 수확이 가능하다. 솎아주기를 하며 연중 수확이 가능하고 연작도 가능하다.

재 배 방 법

흙만들기 물빠짐이 나쁜 곳이라면 이랑을 높게 만들고, 소랑을 파종할 경우에는 보통 이랑으로 합니다.

씨뿌리기 흩어뿌리기를 합니다. 건조한 흙은 발아율이 떨어지므로 씨앗을 파종한 후에는 물을 듬뿍 균일하게 뿌려줍니다. 3일 정도 후에 발아합니다. 생장하기에 적정한 온도는 18~20도이므로 봄이나 가을, 특히 벌레의 피해가 적은 가을에 뿌리면 재배하기가 쉽습니다. 설날쯤에 쓰기 위해 재배할 경우에는 10월 중순에서 하순에 파종하면 됩니다. 시기를 조금씩 어긋나게 씨뿌리기를 하면 중단하지 않고 계속 수확할 수 있습니다.

1. 흙만들기

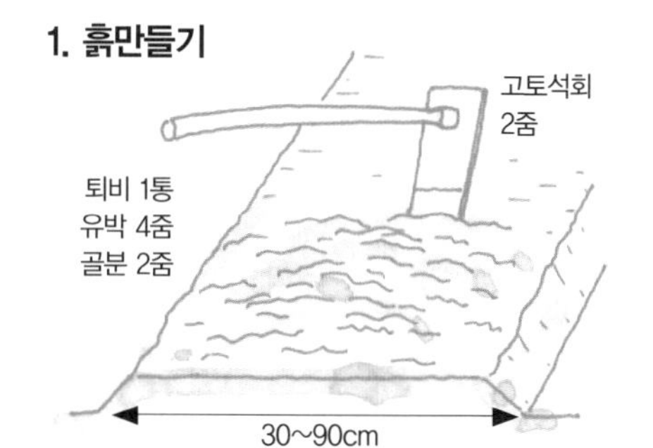

씨뿌리기 2주 전에 1㎡당 2줌의 고토석회를 뿌리고 갈아엎는다. 일주일 전에 1㎡당 퇴비 1통, 유박 4줌, 골분 2줌을 뿌려서 30~90cm 폭의 이랑을 만든다.

2. 씨뿌리기와 흙덮기

씨앗이 작으므로 1.5cm 간격으로 균일하게 흩어뿌리고 씨앗이 가려질 정도로 흙덮기를 한다. 가볍게 눌러서 건조를 억제한다.

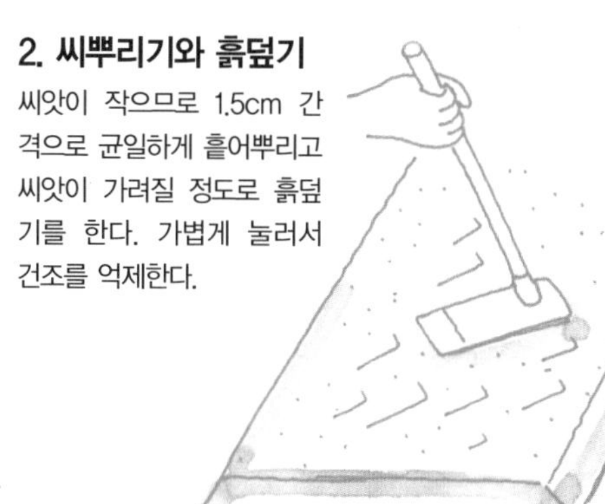

3. 솎아주기

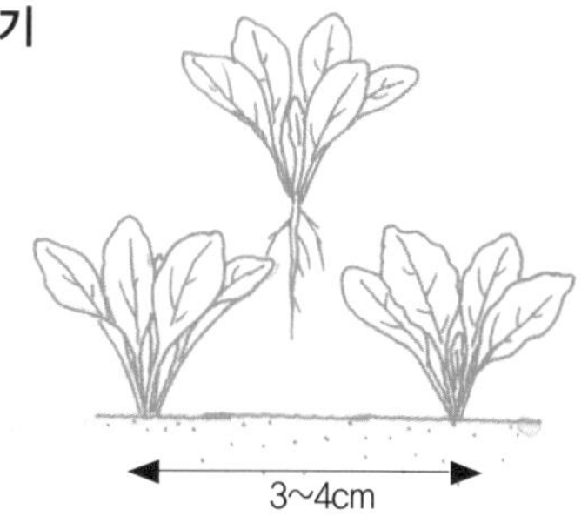

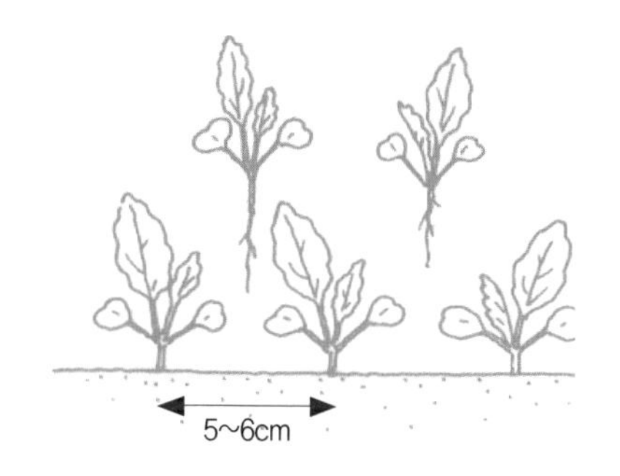

본잎 2장에서 그루 간격이 3~4cm, 잎의 길이 7~8cm에서 그루 간격 5~6cm가 되도록 솎아준다.

4. 겨울나기

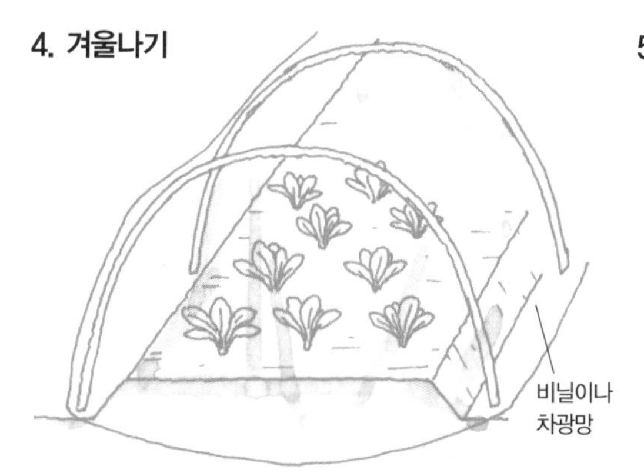

건조가 계속될 때는 물주기를 하고, 서리가 내린 후에는 서리 방지와 보온을 위해 비닐 등으로 터널을 만들어준다.

5. 수확

봄 파종이라면 1~2개월, 가을 파종은 2~3개월 정도에 수확이 가능하다. 남길 밑동에 상처를 입힐 수 있으므로 뽑아내지 않고 밑부분을 자르는 방법으로 수확한다.

솎아주기 넘어지기 쉬우므로 솎아주기를 하여 남겨놓은 모종이 건강하게 자라도록 합니다.

겨울나기 이른 시기에 방한을 하면 그루가 빈약해지므로 서리가 2~3회 정도 내린 시기에 방한작업을 실시합니다.

거름주기 비료는 밑거름만으로도 충분합니다. 성장은 다소 느려지지만 비료는 주지 않아도 됩니다.

수 확

길이 20cm 정도를 기준으로 하여 수확하면 부드럽고 맛있는 잎을 먹을 수 있습니다. 수확하지 않으면 봄에는 꽃대가 나오는데, 이것도 식용이 가능합니다.

병 해 충 대 책

청벌레와 진딧물이 붙기 쉬우므로 발견하는 즉시 제거합니다. 비가 많은 계절에는 물빠짐이 좋은 높은 이랑을 만들어 무름병을 예방합니다.

Q&A

발아가 잘 되게 하려면 어떻게 해야 하나요

원래 발아가 잘 되는 품종이지만, 발아 전에 강한 비에 맞거나 건조한 땅에 뿌리면 발아가 불균형하게 됩니다. 재배기간이 짧으므로 배수성과 보습성이 좋은 땅을 만드는 것이 중요합니다. 씨앗이 쓸려 내려가지 않도록 주의가 필요합니다. 여름에 파종한다면 본잎이 나오기까지 차광망 등을 씌우면 발아가 균일해집니다.

시금치

작업일지	1월	2월	3월	4월	5월	6월	7월	8월	9월	10월	11월	12월
씨뿌리기				■					■	■		
작업												
수확	■	■			■	■				■	■	■

♣ **어떤 채소?**
영양이 풍부한 채소이다. 봄 · 여름, 또는 가을에 파종한다. 파종시기에 따라 품종을 선택한다.

♣ **재배방법 포인트**
병의 발생률이 적은 가을 파종이 재배하기에 쉽다. 저온에 강하고 산성 토양에 약하다.

재 배 방 법

흙만들기 산성 토양에서는 잎이 노랗게 되어버립니다. 반드시 산도를 조절하여 깊이 갈아 뿌리가 깊게 내리게 하면 질 좋은 시금치를 수확할 수 있습니다. 밑거름을 준 다음 잘 갈아엎고, 물빠짐이 좋게 하고 싶을 경우에는 평이랑을 만듭니다.

씨뿌리기 껍질이 두껍기 때문에 씨앗을 하루 낮밤 동안 물에 담가놓은 후 흐르는 물에 잘 씻어서 파종을 합니다. 적셔둔 땅에 파종한 후 가볍게 흙덮기를 하고 잘 눌러줍니다. 파종 후에는 건조하지 않도록 관리하고 발아를 균일하게 합니다. 단기간에 수확할 수 있기 때문에 발아가 불균형하면 성장에 차이가 생깁니다. 파종하는 시기에 적합한 종자를 선택하는 것도 중요합니다.

솎아주기 본잎이 나오면 솎아주기를 시작합니다. 본잎이 3~4장, 5~6cm 간격이 되도록 합니다. 마지막 솎아주기를 할 때는 추비, 사이갈기, 흙모으기를 합니다. 솎아준 모종도 이용이 가능합니다.

겨울나기 추위에는 강하지만 서리가 내릴 쯤에는 비닐 터널과 차광망을 씌워주면 안심입니다. 북쪽에 바람막이를 만드는 것도 좋은 방법입니다.

거름주기 추비는 이랑 사이에 유박을 줍니다.

수 확

봄이나 가을에는 50~60일, 여름에는 30일 정도에 수확이 가능합니다. 크게 자란 부분부터 솎아주듯이 수확해나가면 됩니다.

수 확

노균병, 바이러스병, 입고병 등은 장마나 가을에 자주 내리는 비로 인해 그루가 약해져 있을 때 발생합니다. 노랗거나 흰 반점이 눈에 띄면 주의가 필요합니다. 발병한 그루는 발견하는 즉시 제거합니다. 햇볕을 잘 받고 물빠짐이 좋게 하며 튼튼한 그루로 키우는 것이 중요합니다. 진딧물을 막아주는 것도 중요합니다.

1. 흙만들기

씨뿌리기 10일 전까지 1㎡당 3줌의 고토석회를 뿌리고 갈아엎는다. 다만 석회분이 많으면 미네랄이 소실되기 쉬우므로 유기재배를 하는 밭에는 사용을 줄여야 한다.

2. 이랑만들기

1㎡당 퇴비 1통, 유박 4줌, 골분 2줌을 뿌리고 60cm 폭의 이랑을 만든다. 물빠짐이 나쁜 곳에서는 이랑을 높게 한다.

3. 씨앗의 흡수

씨앗을 가제에 싸서 하루 낮밤 동안 물에 담가두었다가 흐르는 물에 씻는다.

4. 여름 파종 씨앗

여름 파종은 싹을 더 내기 위해 냉장고에 넣거나 시원한 곳에 물에 적신 신문을 놓고 그 위에 씨앗을 넓게 뿌려서 싹을 틔운다.

5. 씨뿌리기

15cm의 골을 파고 흩어뿌리기를 한다.

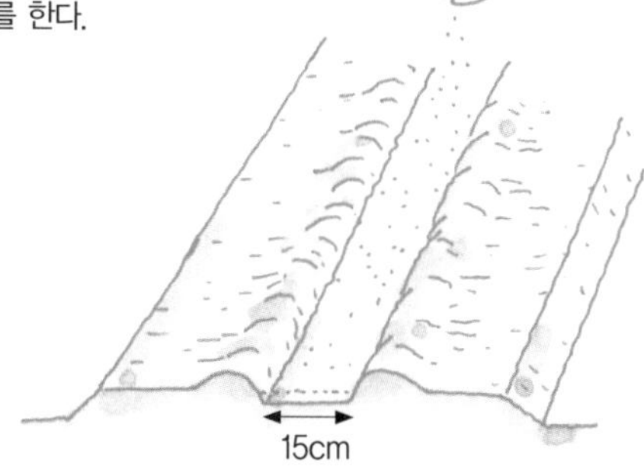

6. 흙덮기

5mm~1cm 정도 흙덮기를 하고, 괭이로 눌러준 후 물을 준다. 싹을 틔운 씨앗은 물을 뿌리고 지온을 내린 다음 뿌린다.

7. 발아할 때까지

차광망

여름에는 터널을 씌우고 차광망을 덮어주어, 발아할 때까지 건조하지 않도록 한다.

8. 솎아주기

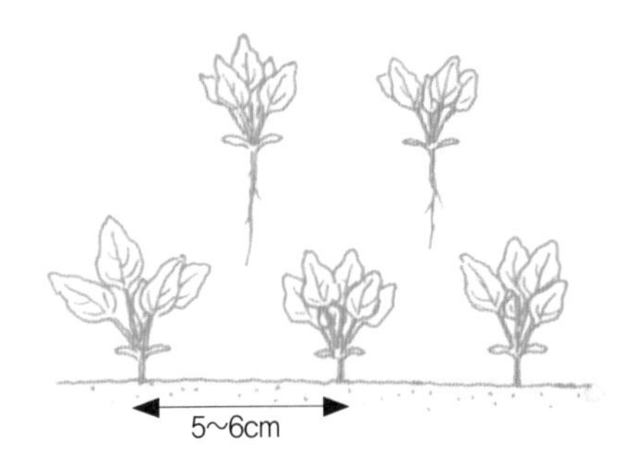

본잎 1~2장에서 4cm, 3~4장에서 5~6cm 간격이 되도록 솎아준다.

9. 흙모으기

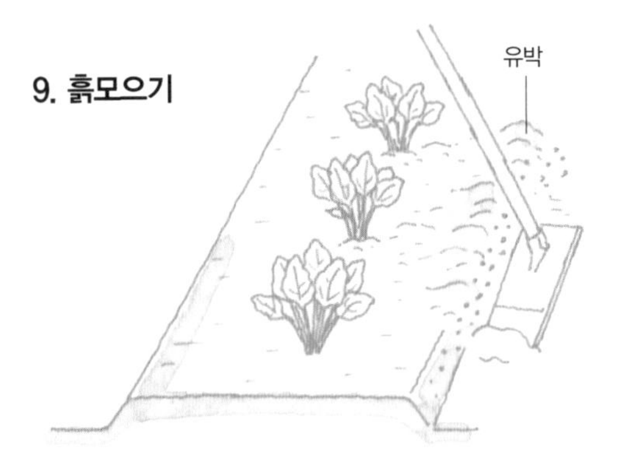

솎아주기가 끝나면 이랑 사이에 가볍게 유박을 뿌리고, 잡초를 제거하듯이 흙을 모아준다.

10. 겨울나기

추위에는 강한 편이지만 엄동설한에는 비닐 터널에 한랭포를 씌워 추위를 예방한다.

Q&A

꽃이 피기 시작했어요

꽃대가 나오면 그루가 소모되어 맛도 떨어집니다. 꽃대가 나오는 것은 봄, 여름에 파종한 경우입니다. 낮이 긴 날(12시간 이상)에 성장하므로 꽃눈이 분화하게 됩니다. 특히 성장 초기에 저온을 만나면 분화가 촉진됩니다. 그러므로 봄, 여름에 파종할 경우에는 꽃대가 잘 나오지 않는 품종을 선택하는 것이 중요합니다.

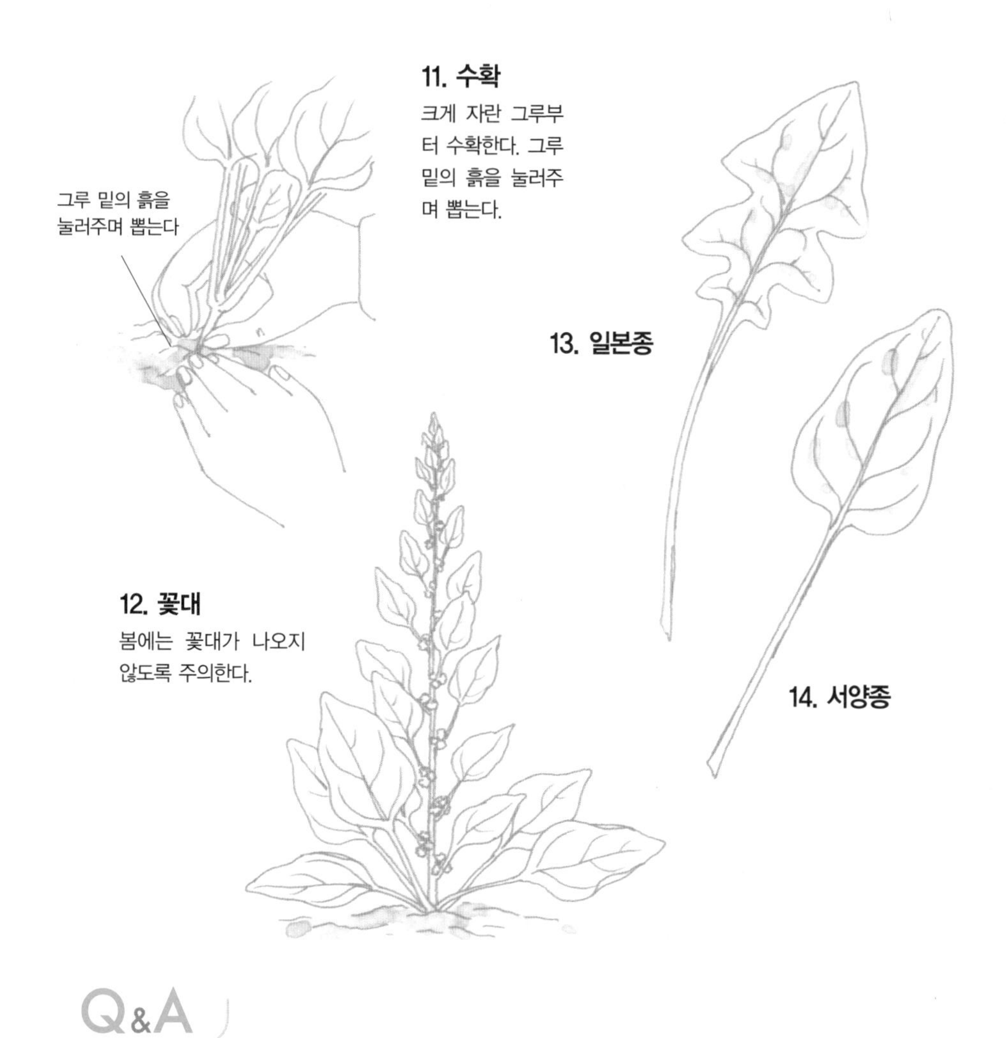

Q&A

발아가 적고 균일하지 않아요

재배하는 시기에 맞는 품종을 선택하여 파종하는 것이 가장 중요합니다. 교잡종이 많이 시판되고 있기는 하지만 적절한 시기에 파종하는 것이 중요합니다. 발아에 적당한 온도는 15~20도이므로 여름에는 발아가 균일하게 되기 어렵고 시일도 오래 걸립니다. 그래서 싹틔우기를 하여 파종하는 방법을 이용합니다. 씨앗을 하루 낮밤 동안 물에 담가두었다가, 바로 파종하지 않고 건조하지 않도록 천으로 싸서 냉장고 안에 넣는 방법입니다. 물에 오래 담가놓을수록 발아율이 오히려 떨어지므로 하루 낮밤 이상은 넘지 않도록 합니다. 수온이 높은 것도 좋지 않으므로 흐르는 물에 담가놓습니다. 3일 정도 지나 하얀 싹이 5mm 정도 나오면 파종할 장소에 물을 뿌려 지온을 낮춘 후에 씨앗을 뿌립니다.

쑥갓

작업일지	1월	2월	3월	4월	5월	6월	7월	8월	9월	10월	11월	12월
씨뿌리기				■					■			
작업												
수확					■	■				■	■	■

♣ **어떤 채소?**
국화과. 가을 파종이라면 잎을 따주면서 겨울 동안 찌개에 이용할 수 있다.

♣ **재배방법 포인트**
15~20도가 생장하기에 적정한 온도지만, 강하고 성장이 빠르므로 한여름을 제외하고 언제든지 수확이 가능하다.

재 배 방 법

흙만들기　산성 토양에서는 초기 성장이 나빠지므로 고토석회로 중화해놓습니다. 토질은 그다지 까다롭지 않습니다. 밑거름을 주고 조금 높은 이랑을 만들어 물빠짐이 좋게 합니다.

씨뿌리기　이랑은 횡으로 골을 파고 1~2cm 간격으로 1줄 파종을 합니다. 반드시 새로운 씨앗을 구해 하룻동안 물에 담갔다가 파종합니다. 가볍게 흙덮기를 하고 눌러줍니다. 물을 듬뿍 준 후 고온 건조할 경우에는 짚을 깔아줍니다.

솎아주기　본잎 1~2장이 나왔을 때 2cm 간격으로 솎아줍니다. 조금씩 복잡한 곳을 솎

1. 흙만들기

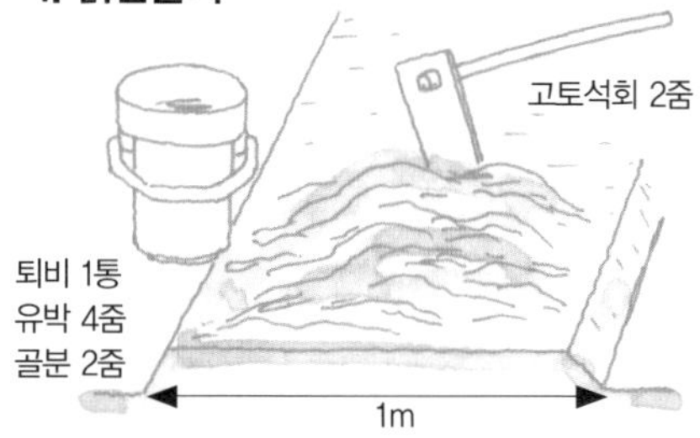

씨뿌리기 10일 전에 1㎡당 2줌의 고토석회를 뿌려서 갈아엎는다. 일주일 전에는 1㎡당 퇴비 1통, 유박 4줌, 골분 2줌을 뿌리고 잘 섞어준다. 1m 폭의 평이랑을 만든다.

2. 씨앗의 흡수

신선한 씨앗을 하루종일 물에 담가 놓고 15cm 간격으로 만든 골에 줄뿌리기를 한다. 씨앗은 1~2cm 간격으로 뿌린다.

3. 짚깔기

흙덮기는 가볍게 하고 잘 눌러 수분증발을 억제한다. 충분히 물을 준 다음 짚을 깔아준다. 서리가 내릴 때는 비닐 터널을 씌워준다.

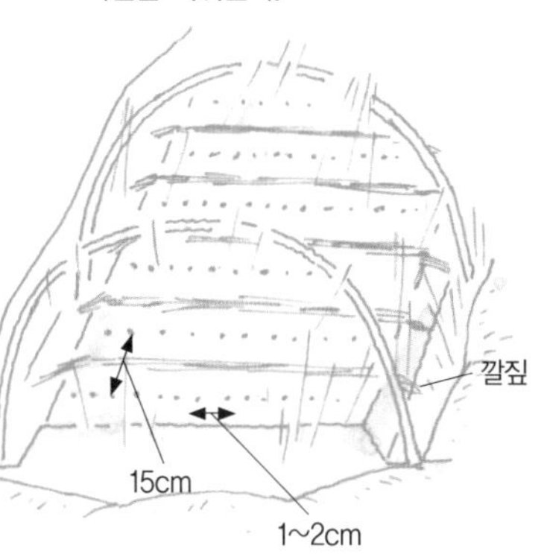

4. 솎아주기

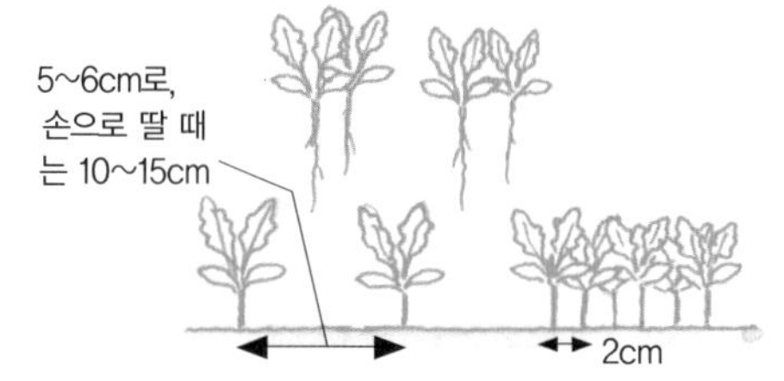

4~5일에 발아, 본잎이 나오면 솎아준다. 2cm 간격에서 5~6cm 간격까지 넓힌다. 손으로 따서 수확을 할 경우에는 10~15cm 간격이 좋다.

5. 흙모으기

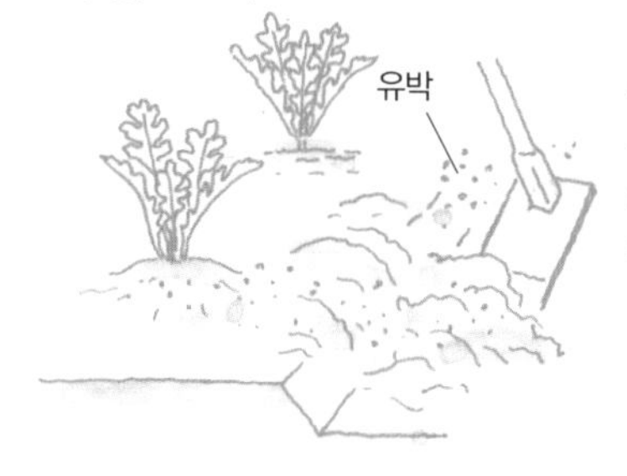

솎아주기를 한 다음은 상태를 봐서 유박을 뿌리고 흙과 잘 섞어서 흙모으기를 한다.

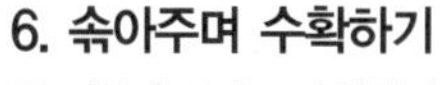

6. 솎아주며 수확하기

큰 것부터 차례로 수확한다.

7. 손으로 따서 수확하기

그루 길이가 15cm 정도에서 순지르는 요령으로 본잎 4~5장을 남기고 수확한다.

본잎을 4~5장 남긴다

8. 곁싹 따주기

나오기 시작한 곁싹은 2~3장을 남기고 따준다. 이것을 반복하여 계속 수확할 수 있도록 한다.

아주고 마지막으로 10~15cm 정도 되게 합니다. 다만 그대로 솎아주기를 하여 수확을 계속할 경우에는 5~6cm 간격으로 합니다.

겨울나기 서리가 내릴 시기에 맞춰 비닐 터널을 씌웁니다. 덮는 시기가 너무 빠르면 그루가 약해집니다.

거름주기 솎아주기를 한 후 상태를 보고 유박 1줌을 뿌려주고 흙모으기를 합니다.

수 확

잎의 길이가 15~20cm 되면 본잎 4~5장을 남기고 따내어 수확합니다. 아래 잎에서 나오는 곁싹을 자라게 하여 2~3장을 남기고 따줍니다. 그루 간격을 좁혀서 촘촘하게 심은 경우에는 크게 성장한 경우에도 솎아주기를 하며 수확합니다.

병 해 충 대 책

병해충에는 매우 강한 채소입니다. 다만 봄 파종일 경우 진딧물이나 야도충에 주의해야 합니다.

손으로 따서 수확하기가 어려워요

손으로 따기에 적합한 품종은 중엽종입니다. 그루 아래부터 가지가 나눠져서 크게 퍼지는 품종으로 그루 전체를 베어서 수확합니다. 손으로 따서 수확하는 품종은 마디 사이가 길게 자라고 곁가지가 많이 발생하는 품종을 선택합니다.

경수채(교나)

작업일지	1월	2월	3월	4월	5월	6월	7월	8월	9월	10월	11월	12월
씨뿌리기									■	■		
작업												
수확	■	■	■									■

♣ **어떤 채소?**
일본에서 근래에 도입된 채소로 주로 쌈채류로 쓰인다.

♣ **재배방법 포인트**
병충해의 피해가 적고 추위에 강하다. 물가에서 재배되어왔기 때문에 보습성이 좋은 흙에서 재배하는 것이 좋다.

재 배 방 법

흙만들기 비옥하고 물빠짐과 보습성이 좋은 토양이 좋습니다. 건조를 싫어하므로 퇴비를 준 다음 물빠짐이 나쁘면 뿌리가 썩거나 병이 발생하는 원인이 될 수 있기 때문에 이랑을 조금 높게 만듭니다. 60cm 폭의 이랑에 골을 파고 밑거름을 뿌린 다음 흙을 다시 채워줍니다.

씨뿌리기 9~10월에 뿌려서 다음 해 봄에 수확하는 방법이 재배하기가 쉽습니다. 파종할 골에 1~2cm 간격이 되도록 흩어뿌리기를 하고 5mm 정도 흙덮기를 한 후 가볍게 눌러줍니다. 재배량이 적을 경우에는 포트에 5알씩 파종하는 방법도 좋습니다.

1. 흙만들기

씨뿌리기 2주 전에 고토석회 2줌을 뿌리고 잘 갈아엎는다. 60cm 폭의 이랑 중앙에 폭 15cm, 깊이 15cm의 골을 판다. 1m^2당 퇴비 1통, 유박 5~6줌, 골분 2줌을 뿌리고 파낸 흙을 섞지 않고 그대로 덮어준다.

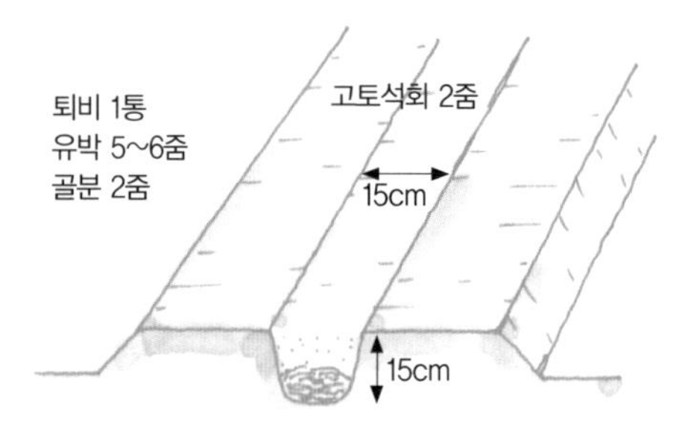

2. 씨뿌리기

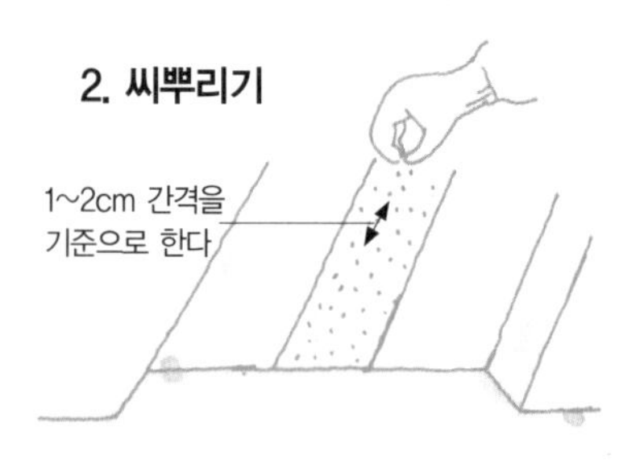

9~10월에 1~2cm 간격을 기준으로 골에 흩어뿌리기를 한다. 5mm 정도로 흙을 덮고 손으로 눌러준다.

3. 솎아주기

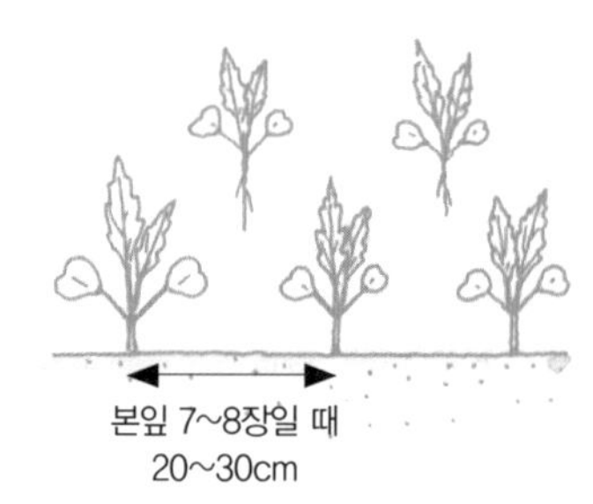

발아는 3~4일. 본잎이 나온 다음 솎아주기를 조금씩 시작해 본잎이 7~8장일 때 그루 간격 25~30cm가 되도록 한다. 조생종은 좁게, 만생종은 넓게 한다. 한 번에 뽑지 말고 서서히 솎아준다. 솎아준 그루를 버리지 않고 이용하면 좋다.

4. 포트에 씨뿌리기

포트에 5알씩 뿌리고 본잎 4~5장에서 1그루가 되게 한다.

5. 흙모으기

생장이 좋지 않을 때는 유박을 준다

잎 길이가 10cm, 20cm일 때 상태를 보면서 유박을 주고 흙모으기를 한다.

6. 겨울나기

겨울은 건조가 심하므로 11월이 되면 짚을 깔아주거나 서리를 예방하기 위해 비닐 터널을 씌워준다. 물은 따뜻한 날 오전에 준다.

비닐 터널

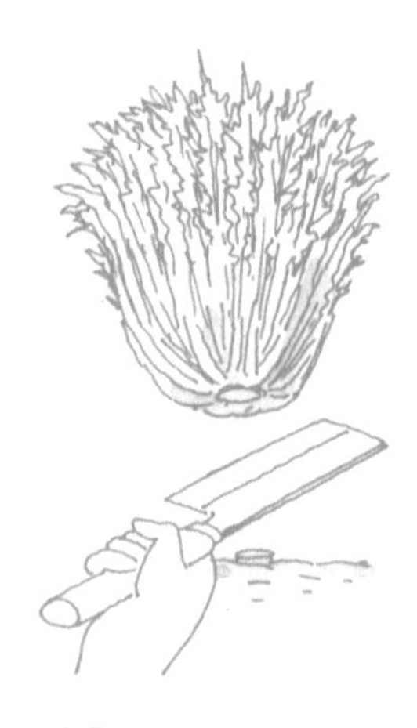

7. 수확

잎이 크게 자란 곳부터 수확한다.

솎아주기 본잎이 나오면 붐비는 부분부터 솎아주기를 해나갑니다. 3회 정도로 본잎 7~8장일 때 그루 간격 25~30cm 정도가 되도록 합니다. 경수채는 옆그루와 다소 겹치더라도 잎을 뻗어나갑니다. 포트에 파종한 경우에는 본잎 4~5장에서 1그루가 되도록 솎아주고 30cm 간격으로 옮겨심기를 합니다.

겨울나기 11월경 결싹이 나면 따줍니다. 건조를 막기 위해서 짚을 깔아주고 맑은 날이 계속될 때는 오전에 물을 줍니다. 서리가 심할 때는 비닐 터널을 씌워줍니다.

거름주기 상태를 보고 유박을 추비로 줍니다.

수 확

100개 이상의 잎이 자라 직경 30cm 정도의 큰 그루로 자랍니다. 큰 그루부터 차례로 밑을 잘라서 수확합니다.

병 해 충 대 책

고나가, 벼룩입벌레에 먹히기 쉽고, 파종이 이르면 바이러스병도 발생하기 쉽습니다.

봄에 꽃이 피었어요

순조롭게 겨울을 난 그루라면 4월에 꽃대가 나오고 노란 꽃이 핍니다. 잎을 충분히 이용했다면 몇 그루를 남겨놓았다가 봄에 이 꽃을 이용합시다. 쓴맛이 있고 유채처럼 활용이 가능하여 계절감을 만끽할 수 있는 좋은 재료가 됩니다.

배추

작업일지	1월	2월	3월	4월	5월	6월	7월	8월	9월	10월	11월	12월
씨뿌리기								■	■			
작업								옮겨심기	■			
수확	■									■	■	■

♣ **어떤 채소?**

유채과 작물. 비타민 C가 보급되는 겨울 채소. 장기간 저장이 가능하다.

♣ **재배방법 포인트**

충실한 겉잎 만들기기 중요하다. 기온 15도 전후에서 결구하므로 가을에 파종하는 것이 재배하기가 쉽다.

재 배 방 법

흙만들기　가는 뿌리가 깊이 내리므로 비옥한 흙을 좋아합니다. 밑거름으로는 퇴비와 유박, 어분, 골분을 뿌려주고 잘 갈아엎어서 통기성을 높입니다. 산성 토양에서는 뿌리혹병 등이 많이 발생하므로 반드시 산도를 조정해주어야 합니다.

씨뿌리기　직파재배는 8월 하순에서 9월 초순에 뿌리면 병을 피할 수 있고, 또 결구 전에 충분히 생장합니다. 건조한 흙에는 물을 뿌려서 적셔주고, 점파를 하면 건조하지 않도록 흙을 뿌려서 가볍게 눌러줍니다. 4~5일에 발아하므로 3번 정도 솎아주고 한 곳에 2~3그루씩 모종이 자라게 합니다.

옮겨심기 포트에 재배한 모종을 옮겨심기하는 이식재배는 초기의 어린 잎을 해치는 진딧물 등의 해충이나 바이러스병 등의 피해를 입지 않도록 모종을 지키기가 쉽고 관리하기 쉬운 장점이 있습니다. 모종은 본잎 4~5장 정도 자랐을 때 2그루씩 남도록 솎아줍니다. 뿌리 덩어리를 부수지 않도록 주의하여 물을 뿌려놓은 땅에 낮게 심습니다.

흙모으기 직파재배나 이식재배, 어느 쪽이든 본잎 6~7장에서 1그루가 되게 하고 그루 밑에 추비를 뿌린 다음 흙모으기를 합니다. 2주 후에도 실시합니다.

겨울나기 서리가 내리기 시작하면 겉잎으로 결구를 싸서 끈으로 묶어줍니다. 겉잎이 말라도 그대로 수확기까지 자라게 합니다.

거름주기 추비는 3회 실시합니다. 1회당 유박을 가볍게 1줌 정도 뿌려줍니다. 마지막 추비는 결구를 시작할 시기에 줍니다.

수 확

가장 위의 끝부분을 눌러보아 결구했는지 확인합니다. 딱딱하게 결구했으면 그루 밑을 베어 수확합니다.

병 해 충 대 책

연작이나 무리한 조기 파종을 피하고 빗물이 튀어오르는 것을 멀칭으로 방지하면 바이러스병이나 연부병(軟腐病)을 예방할 수 있습니다. 장마와 비료가 부족하지 않도록 주의하고 물빠짐이 좋게 합니다. 진딧물 방제도 중요하므로 발견하는 즉시 제거합니다.

1. 흙만들기

씨뿌리기 10일 전까지 1㎡당 2줌의 고토석회를 뿌려서 갈아엎어둔다.

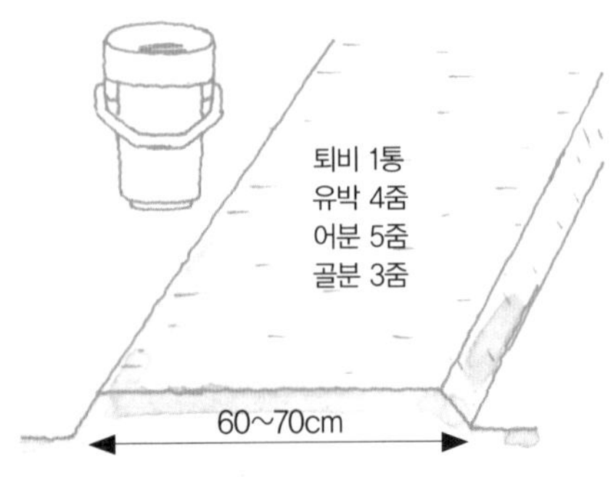

2. 이랑만들기

일주일 전에는 1㎡당 퇴비 1통, 유박 4줌, 어분 5줌, 골분 3줌을 주고 60~70cm의 이랑을 만든다.

3. 파종 구멍

이랑을 적셔두고 30~40cm 간격으로 병으로 눌러서 파종 구멍을 만든다. 만생종은 간격을 더 넓게 한다.

4. 씨뿌리기

한 구멍에 8~10알씩 점파종을 한다.

5. 흙덮기

구멍을 평평하게 하듯이 가볍게 흙덮기를 한 다음 가볍게 눌러서 밀착시킨다.

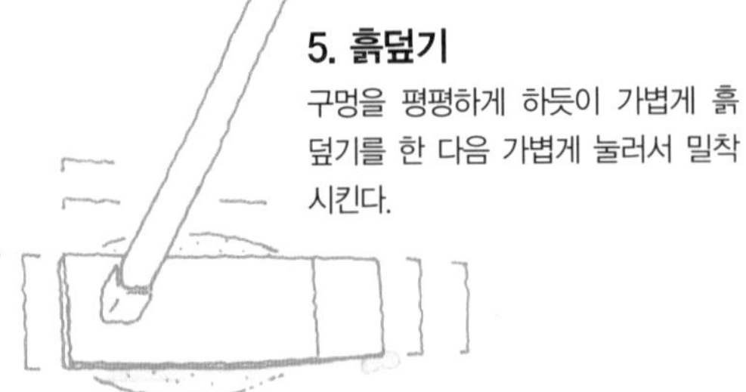

6. 멀칭

빗물이 튀는 것과 건조를 막기 위해 구멍 난 비닐 멀칭을 씌워도 좋다.

7. 솎아주기

4~5일에 발아하면 본잎 2장에서 4~5그루, 본잎 3~4장에서 2~3그루가 자라도록 솎아준다.

8. 이식재배

밭흙과 퇴비를 반씩 섞어서 포트에 넣고 4~5알씩 흩어뿌리기를 하여 모종을 키우는 것이 이식재배.

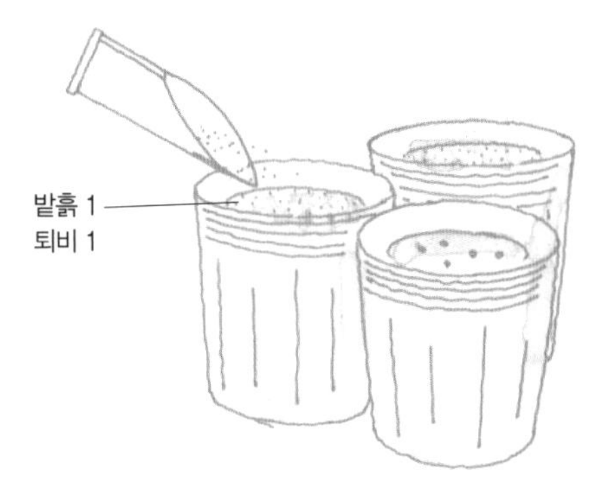

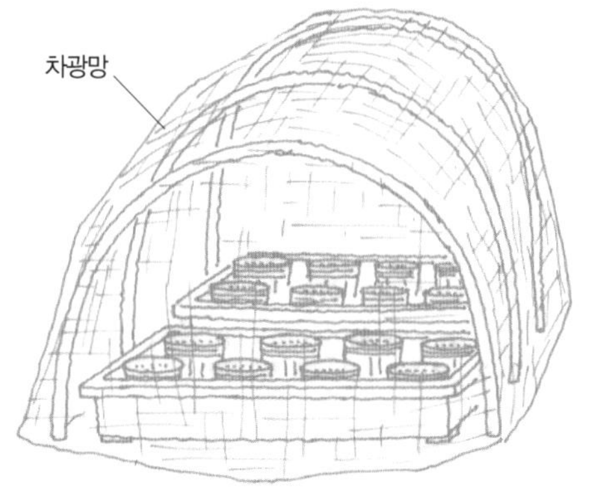

9. 모종의 관리

흙덮기와 물주기를 끝낸 다음 차광망을 씌워 관리한다.

10. 모종의 옮겨심기

씨뿌리기 후 20일 정도에 본잎 4~5장의 2그루 모종을 만들어 물을 주고, 물로 적셔놓은 이랑에 약간 얕게 심기를 한다. 다음은 직파재배와 방법이 같다.

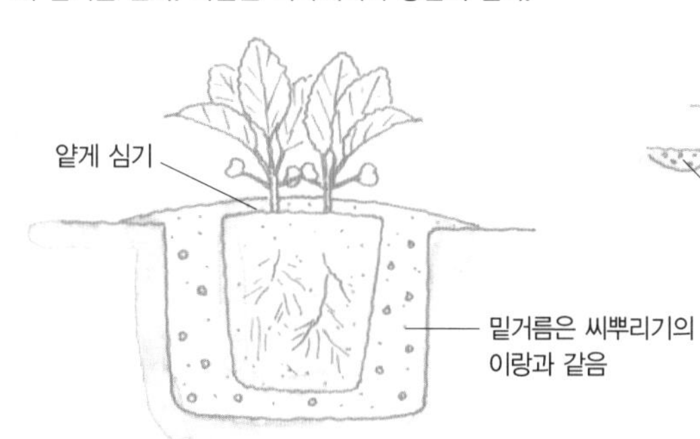

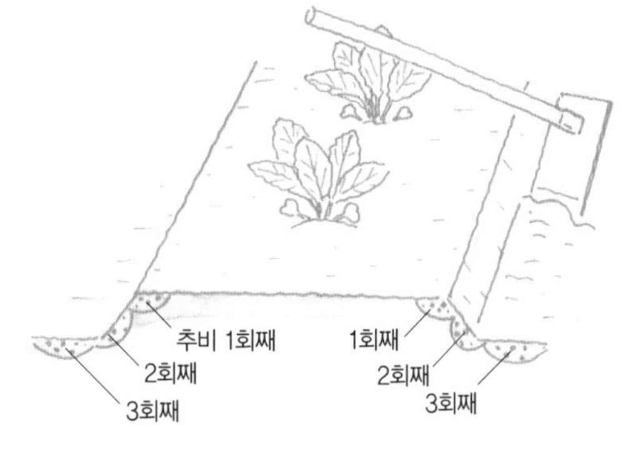

11. 추비와 흙모으기

본잎 6~7장에서 1그루가 되게 한 후 추비를 주고 흙모으기를 한다. 추비는 2주 간격으로 2회 실시한다.

결구가 작아요

결구의 크기는 겉잎의 크기에 비례하므로 겉잎을 크게 해야 합니다. 즉 생장 전반기에 충분한 양분을 흡수하도록 하는 것이 중요합니다. 이는 배추 이외의 작물에도 공통되는 일입니다. 겉잎은 씨뿌리기 후 30일 정도에 나므로 씨뿌리기 후 1개월간의 관리가 결과를 좌우합니다. 결구 후 해충의 발생도 빠른 시기에 방제하도록 합니다.

12. 겨울나기

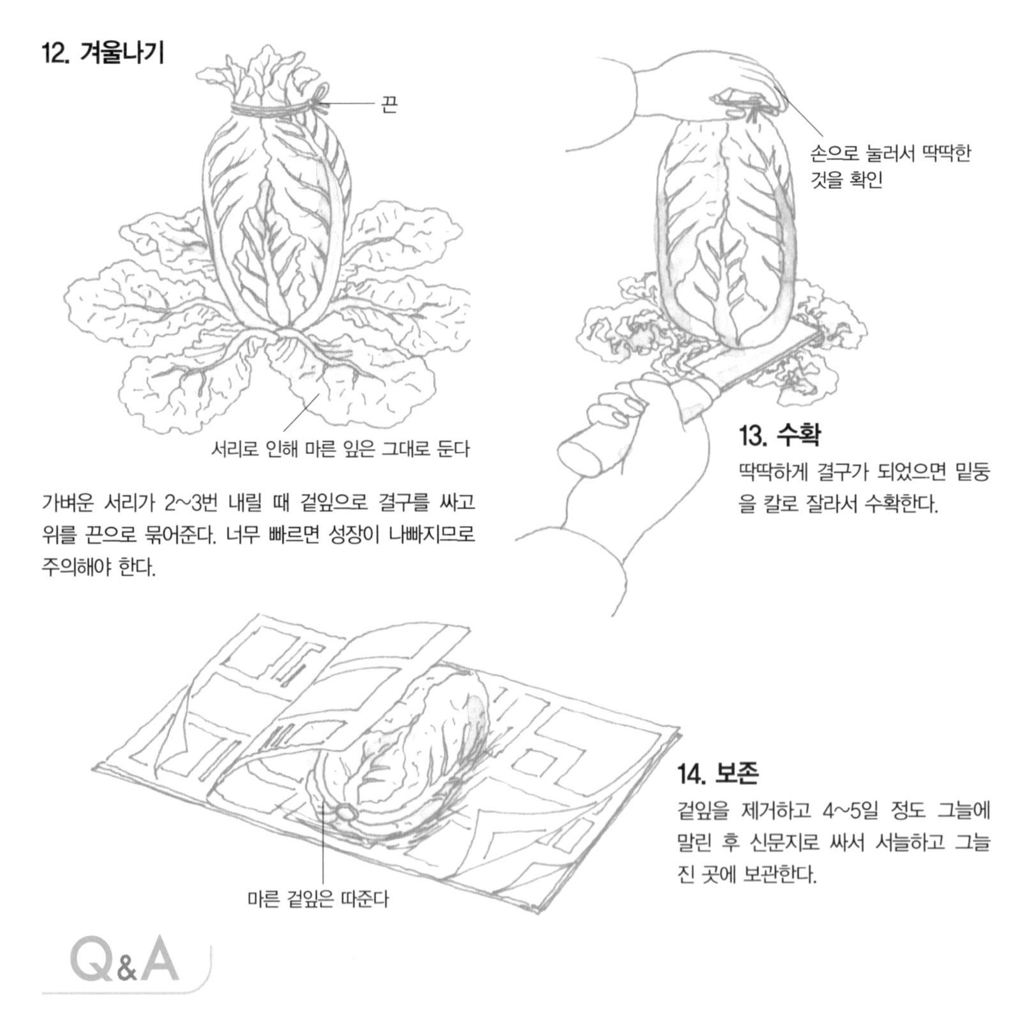

가벼운 서리가 2~3번 내릴 때 겉잎으로 결구를 싸고 위를 끈으로 묶어준다. 너무 빠르면 성장이 나빠지므로 주의해야 한다.

13. 수확

딱딱하게 결구가 되었으면 밑둥을 칼로 잘라서 수확한다.

14. 보존

겉잎을 제거하고 4~5일 정도 그늘에 말린 후 신문지로 싸서 서늘하고 그늘진 곳에 보관한다.

Q&A

잎이 녹아서 악취가 나요

배추의 전형적인 병으로 연부병(軟腐病)이 있습니다. 특히 지면에 가까운 부분에서 부드러워져서 녹아내리듯이 짓무르며 악취가 납니다. 배추뿐만 아니라 무 등의 같은 유채과 종류나 상추, 당근에도 연부병이 발생합니다. 토양에서 전염되므로 유채과의 연작은 금물입니다. 비가 내리거나 물빠짐이 나쁜 곳에서도 병이 번져갑니다.

물빠짐이 나쁜 곳에 심거나 비료가 너무 많으면 뿌리가 연약해져서 이런 병에 걸리기 쉬우므로 잘 갈아엎어서 이랑을 높게 하고, 배수가 잘 되도록 도랑을 만들며, 비료가 너무 많지 않도록 주의합니다. 씨뿌리기가 너무 빠른 경우에도 병에 걸리기 쉬우므로 꽃눈이 분화하지 않을 정도의 시기에 늦게 뿌리도록 합니다.

양상추

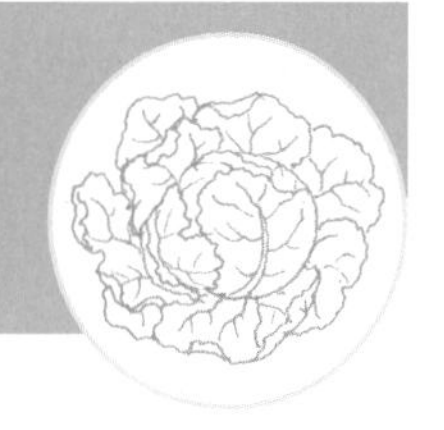

작업일지	1월	2월	3월	4월	5월	6월	7월	8월	9월	10월	11월	12월
씨뿌리기												
작업								옮겨심기				
수확												

♣ **어떤 채소?**
국화과. 선도가 떨어지기 쉬우므로 수확 후에는 저온 보관한다.

♣ **재배방법 포인트**
병해에 강한 품종도 시중에서 시판되고 있다. 비료를 충분히 주고 옮겨심기를 올바르게 한다.

재 배 방 법

흙만들기 산성 토양에 약하고 비료가 부족하면 잘 자라지 못하므로 고토석회로 중화시켜서 비료가 끊이지 않도록 합니다. 건조에 약하므로 보습력이 좋고 물빠짐이 좋은 흙을 만듭니다.

씨뿌리기 발아하기에 적절한 온도는 15~20도이므로 생장, 수확에 맞추어 8월에 씨를 뿌리기에는 아직 더운 시기입니다. 그러므로 씨앗을 천에 싸서 하루종일 물에 담가두었다가 건조하지 않도록 밀봉하여 3일 정도 냉장고에 넣어두었다가 파종합니다. 흙덮기를 두껍게 하면 발아하지 않으므로 주의합니다.

1. 씨앗에 물먹이기

30도 이상에서는 발아하기 어려우므로 싹틔우기를 한다. 하루(낮~밤) 동안 물에 담근 씨앗을 건조하지 않도록 밀봉하여 냉장고에 3일 정도 넣어둔다. 약간 흰 싹이 날 듯하면 좋다.

2. 씨뿌리기

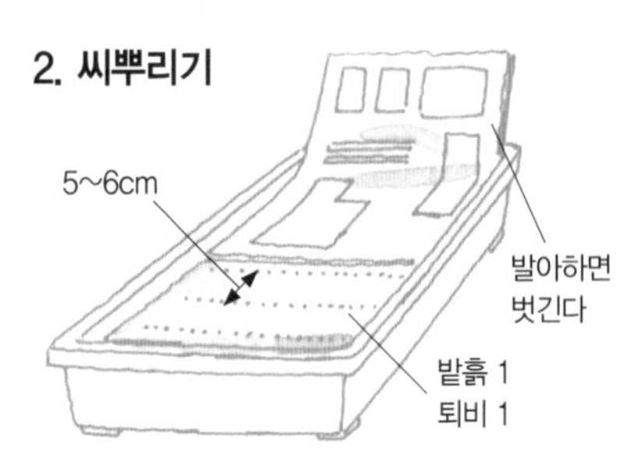

넓은 상자에 밭흙과 퇴비를 반씩 넣어 5~6cm 간격으로 줄뿌리기를 한다. 씨앗이 얕게 가려질 정도로 흙덮기를 하고 신문지를 덮은 위로 물을 듬뿍 준다.

3. 발아

씨뿌린 후 3~5일 정도에 발아할 때까지 신문지가 마르지 않도록 물을 준다. 본잎이 나온 후에 솎아주기를 하고 물을 주어 뿌리가 뜨지 않도록 한다.

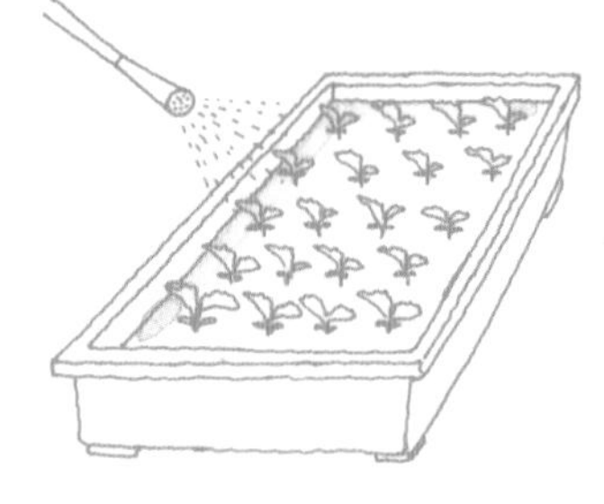

4. 포트에 이식하기

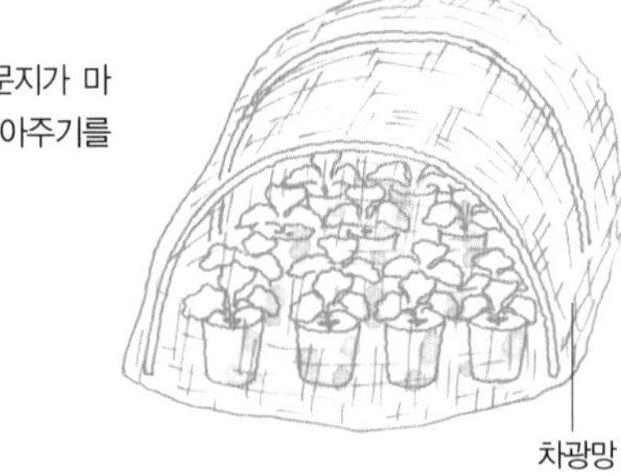

본잎이 1~2장일 때 포트에 1그루씩 심는다. 뿌리가 잘리거나 마르지 않도록 주의한다. 본잎이 4~5장 될 때까지 차광망을 설치해 시원하게 자라도록 한다.

5. 흙만들기

고토석회를 1㎡당 2줌씩 뿌리고 갈아엎는다. 1㎡당 퇴비 2통, 유박 4줌, 골분 2줌을 뿌리고 1.2m 폭의 평이랑을 만든다. 비닐 멀칭으로 지온을 높인다.

6. 옮겨심기

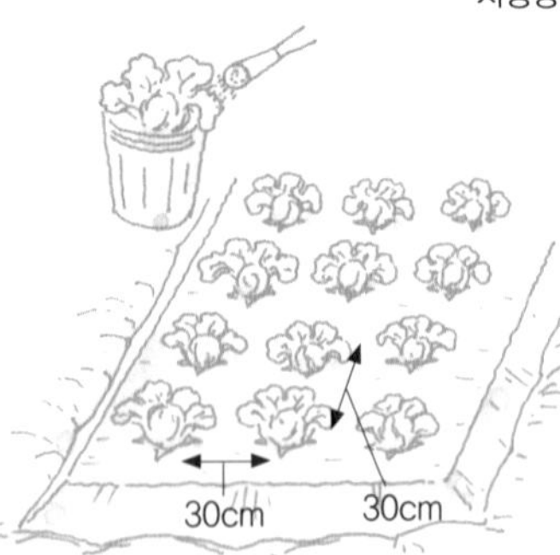

미리 그루에 물을 주고, 그루 간격 30cm에 3줄 심기를 한다. 그루 가운데에 있는 생장순에 흙이 들어가지 않도록 얕게 심는다. 결구의 위치나 형태가 나빠지지 않도록 수직으로 심는다. 옮겨심기 후에도 물을 준다.

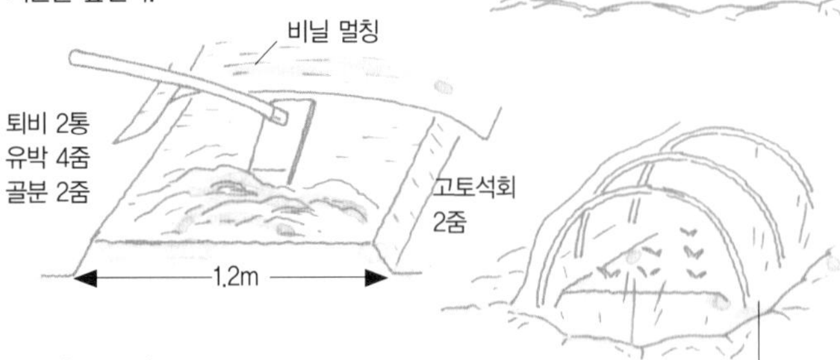

7. 거름주기

비닐 멀칭을 하지 않는 경우에는 밑거름을 줄이고 생장상태를 보며 유박을 뿌려준다. 가을 파종일 경우 겨울에 비닐 터널을 씌운다.

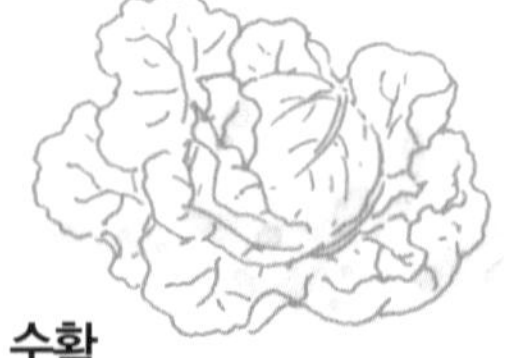

8. 수확

70~90일 정도 지나 결구하면 윗부분을 눌러보아 딱딱해진 것부터 밑둥을 칼로 잘라 수확한다.

옮겨심기 3~4일에 발아합니다. 발아하면 솎아주기를 하면서 키웁니다. 본잎이 4~5장일 때 그루 간격이 30cm로 수직이 되도록 얕게 심기를 합니다. 뿌리 덩어리가 보일 듯 말 듯할 정도로 심습니다. 뿌리가 충분히 발달할 때까지는 비닐 터널을 만들어 한랭포를 씌워줍니다.

거름주기 옮겨심은 지 2주 후부터 유박을 줍니다. 동시에 물을 충분히 주고, 비닐 멀칭을 한다면 밑거름을 듬뿍 줍니다.

수 확

10월 하순이 되면 결구가 커집니다. 결구한 양상추의 윗부분을 눌러보고 딱딱해진 것부터 수확합니다.

병 해 충 대 책

비닐 멀칭을 하면 건조와 잡초가 자라는 것을 막아주고, 저온다습한 곳에서 발생하기 쉬운 잿빛곰팡이병이나 균핵병(菌核病)을 예방할 수 있습니다.

전혀 결구하지 않아요

파종이 너무 이르거나 파종 후에 온도가 높으면 꽃눈이 분화하여 꽃대가 생겨서 결구하지 않는 원인이 됩니다. 지온을 낮추기 위해 짚을 깔아줍니다. 추비로 질소분이 너무 많으면 겉잎만 커지게 되므로 추비는 상태를 보아가며 줍니다. 바이러스병의 예방대책으로 진딧물 방제가 중요합니다.

상추

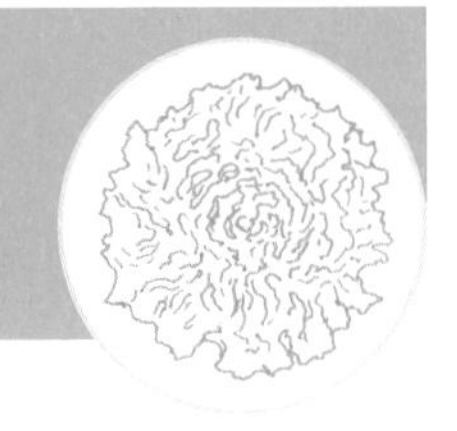

작업일지	1월	2월	3월	4월	5월	6월	7월	8월	9월	10월	11월	12월
씨뿌리기												
작업												
수확												

♣ **어떤 채소?**

국화과. 햇빛을 쪼이면 빨갛게 되는 종류가 많다.

♣ **재배방법 포인트**

재배기간이 짧고 양상추보다는 재배하기가 쉽다.
장기간 수확이 가능하다.

재 배 방 법

흙만들기 옮겨심기 2주 전까지 고토석회와 밑거름을 주고 잘 갈아엎어놓습니다. 물빠짐이 좋게 하고 평이랑을 만듭니다. 비닐 멀칭으로 지온이 내려가지 않게 합니다.

씨뿌리기 가을 파종과 봄 파종, 어느 쪽이든 가능합니다. 가을에 파종하여 솎아주기를 해가며 5월까지 수확하는 것도 가능합니다. 발아의 적정 온도는 15~20도. 더운 날이 계속되면 하룻동안 물에 담근 씨앗을 3일간 냉장고에 넣었다가 파종하는 방법도 있습니다. 1~2cm 간격이 되도록 솎아주고 포트에 이식합니다.

이식하기 포트에서 본잎이 4~5장 정도로 자랄 때까지 육묘합니다. 대량으로 재배할

1. 씨뿌리기

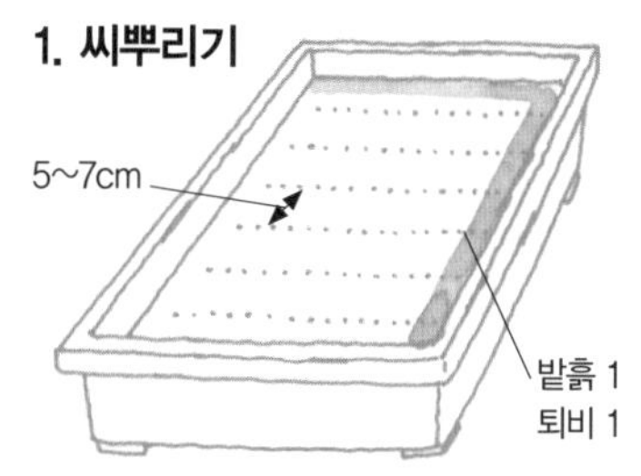

밭흙과 퇴비를 반반씩 넣어 잘 섞어둔다. 5~7cm 간격으로 줄뿌리기를 하고 씨앗이 가려질 정도로만 가볍게 흙을 덮고 시원한 곳에서 관리한다.

2. 솎아주기

발아하면 1~2cm 간격이 되도록 솎아준다.

1~2cm

3. 이식하기

본잎이 1~2장 되면 포트에 이식하고 본잎이 4~5장 될 때까지 육묘한다.

5. 옮겨심기

모종을 세로 20~25cm, 가로 40cm 간격으로 옮겨심기를 한다. 약간 얕게 심고 물을 듬뿍 준다.

4. 흙만들기

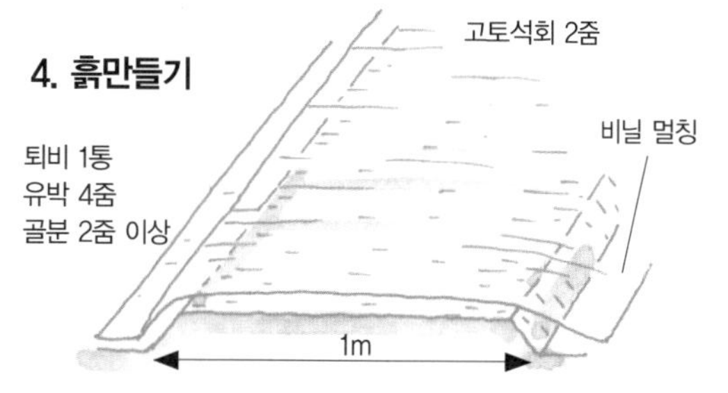

옮겨심기 2주 전까지 1㎡당 고토석회 2줌과 퇴비 1통, 유박 4줌, 골분 2줌 이상을 뿌리고 잘 갈아엎어 1m 폭의 이랑을 만든다. 비닐 멀칭을 씌울 때는 밑거름을 많이 준다.

6. 거름주기

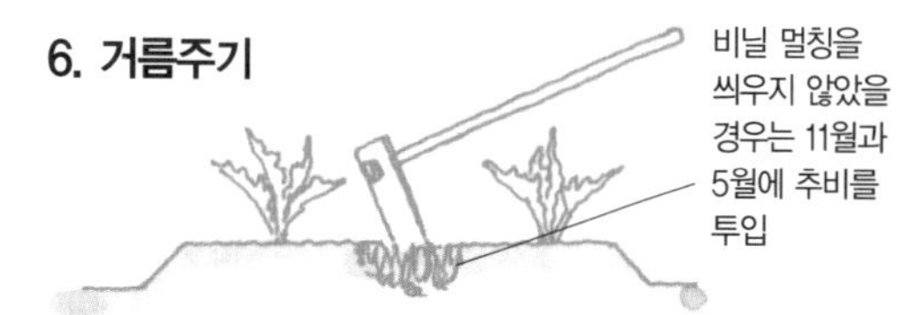

잎의 모양을 잘 봐가면서 유박을 준다. 멀칭을 하지 않았을 때는 11월과 4월에 그루 사이에 추비를 준다.

7. 겨울나기

겨울의 건조기에는 물주기를 한다. 겨울 동안에도 수확을 하려면 11월에 비닐 터널에서 보온을 하면 좋다.

8. 수확

본잎이 15장 정도 되면 가운데 싹이 약간 안쪽으로 감긴다. 햇빛을 듬뿍 받은 잎은 적갈색으로 잎이 두꺼워진다. 영양분도 높다.

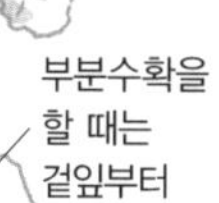

9. 잎을 따서 수확하기

잎을 따서 수확할 경우에는 본잎이 10장 정도 자랐을 때부터 가능하다. 가운데 잎부터 수확하고 항상 7장 정도는 남겨둘 것.

경우에는 본잎 2~3장 정도일 때 10cm 간격으로 이식하는 것도 좋습니다.

옮겨심기 본잎이 4~5장 되면 그루 간격 20~25cm로 옮겨심기를 합니다.

거름주기 솎아주기를 하면서 오랫동안 수확을 계속하기 위해서는 추비와 물주기를 빠뜨려서는 안 됩니다. 생장상태를 봐가면서 유박을 조금씩 뿌려줍니다. 11월과 4월에는 그루 사이에 추비를 주면 좋습니다.

수 확

씨뿌리기를 한 후 60~70일 정도 지나 잎이 15장 정도 되면 수확이 가능합니다. 또 잎이 10장 정도 되면 바깥 부분의 큰 잎부터 따서 이용할 수 있습니다. 하지만 한 번에 너무 많이 잎을 따면 그루가 약해지므로 항상 그루당 7장 정도는 남겨두도록 합니다.

병 해 충 대 책

잎 뒤에 붙는 진딧물에 주의합니다. 잘 관찰하여 발견하는 대로 제거합니다.

넓은 화분에 재배하고 싶어요

직파를 하여 솎아주면서 재배합니다. 흩어뿌리기를 한 다음 흙덮기를 하지 않고 손으로 눌러줍니다. 발아할 때까지는 신문지를 덮어 건조하지 않도록 관리합니다. 마지막으로 본잎 3~4장에서 그루 간격 10cm가 되도록 솎아줍니다. 흙의 표면이 마르면 물을 듬뿍 주어 관리합니다.

치마상추

작업일지	1월	2월	3월	4월	5월	6월	7월	8월	9월	10월	11월	12월
씨뿌리기												
작업												
수확												

♣ **어떤 채소?**

국화과. 쌈채로 많이 쓰인다.

♣ **재배방법 포인트**

봄 파종은 청엽종, 가을 파종은 적엽종이 적합하다. 수확기간이 길므로 비료가 부족하지 않도록 주의할 것.

재 배 방 법

흙만들기 기본적으로는 상추와 같은 방법으로 재배하면 됩니다. 잎을 따주면서 오래 수확하므로 먼저 밑거름을 듬뿍 뿌려줍니다.

씨뿌리기 봄 파종일 때는 청엽종을 선택하고 꽃대가 나오기 시작하는 여름의 고온기가 되기 전에 재배합니다. 더위에 강하므로 다른 상추가 수확되지 않는 시기에 수확이 가능합니다. 그러기 위해서는 4월에 파종을 합니다. 가을 파종에는 추위에 강한 적엽종을 선택하고, 8월 하순에서 10월 초순까지 파종이 가능합니다. 줄뿌리기를 한 다음에는 가볍게 흙덮기를 하고 건조하지 않도록 잘 관리합니다.

1. 씨뿌리기

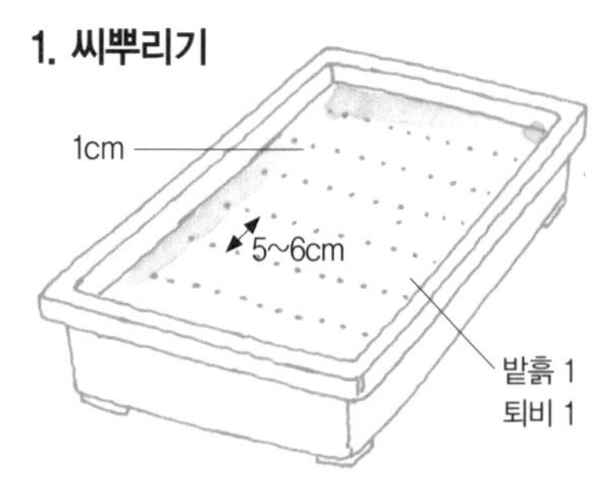

넓은 상자에 퇴비와 밭흙을 반씩 넣어서 5~6cm 간격으로 줄뿌리기를 한다. 씨앗 사이는 1cm 정도의 간격이 되도록 한다.

2. 흙덮기, 물주기

씨앗이 가려질 정도로 흙덮기를 하고 신문지를 덮어 물을 듬뿍 준다. 신문지가 마르면 물을 주어 발아를 촉진시킨다.

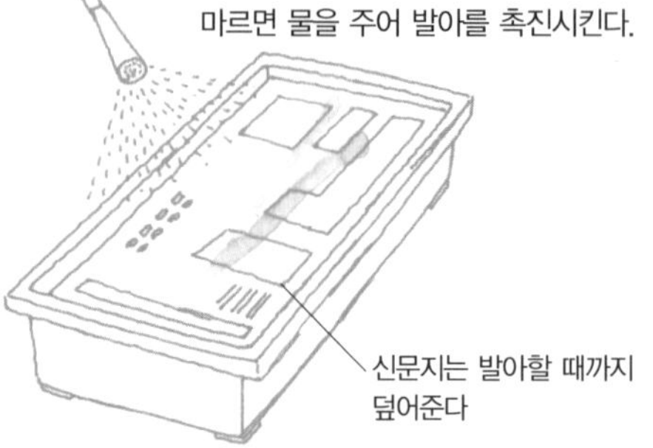

3. 솎아주기

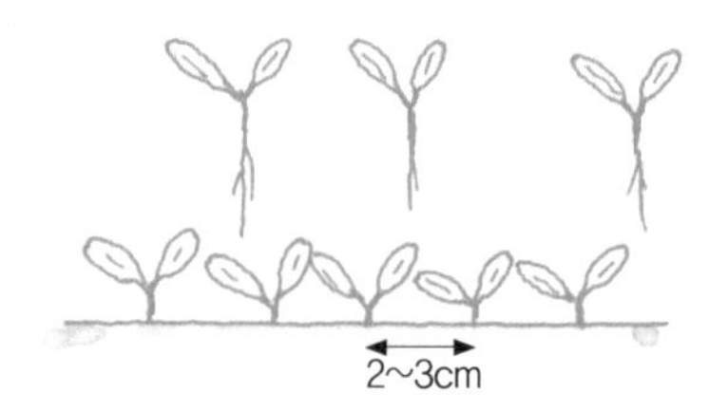

발아하면 신문지를 벗긴다. 본잎이 나오기 시작하면 그루 간격이 2~3cm가 되도록 솎아주고 물을 준다.

4. 이랑만들기

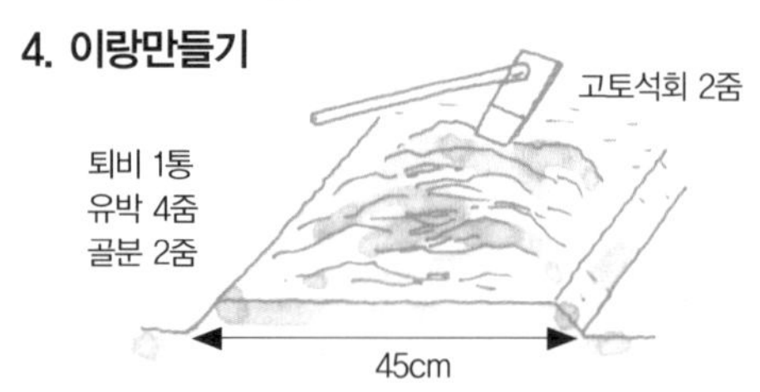

1㎡당 고토석회 2줌을 뿌려서 잘 갈아엎는다. 1㎡당 퇴비 1통, 유박 4줌, 골분 2줌을 뿌려서 45cm 폭의 이랑을 만든다.

5. 옮겨심기

본잎이 3~4장 되면 그루 간격 15cm로 옮겨심기하고 물을 준다.

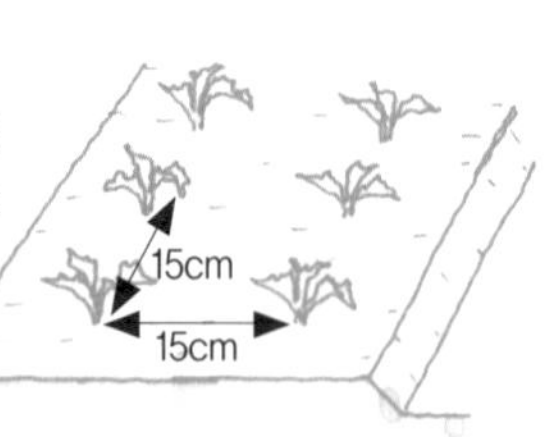

6. 넓은 화분에 심기

적당한 폭의 화분에 2줄 심기를 한다.

7. 거름주기, 흙모으기

옮겨심기를 한 후에 상태를 보고 월 1회 유박을 준다.

8. 수확

크게 자란 그루의 겉잎부터 순서대로 손으로 따서 수확한다. 딸 때는 잎이 달려 있는 끝부분을 바짝 따주어 한 줄기만 일자로 자라게 한다.

겉잎부터 따준다

옮겨심기 발아 후 본잎이 나오기 시작하면 그루 간격 2~3cm로 솎아주어 20일 정도 자라게 합니다. 본잎 4~5장일 때 그루 간격 15cm로 옮겨심기를 합니다. 옮겨심기를 한 후에 물을 듬뿍 주고 건조할 때는 물을 자주 줍니다. 잎따기 수확이 가능하므로 넓은 화분에 심는 것도 좋습니다. 그럴 때는 그루 간격이 15cm에 2열로 심습니다.

거름주기 옮겨심기를 한 후 1개월에 한 번을 기준으로 추비(유박)를 뿌려줍니다.

수 확

크게 자라면 아랫잎부터 순서대로 손으로 따서 수확합니다. 잎은 다 따지 않고 5~6장 정도는 남겨놓아야 오랫동안 수확합니다. 젊은 잎을 빨리 수확해야 부드러운 잎을 먹을 수 있습니다. 잎을 딸 때는 잎자루가 남지 않도록 따줍니다.

병해충대책

진딧물은 발견하는 대로 제거합니다.

겨울에도 수확을 계속하고 싶어요

추위에는 비교적 강한 편이므로 수확을 계속하면서 겨울을 나는 것도 가능합니다. 비닐 터널을 씌워 한풍을 피하는 것이 좋습니다. 추위로 인해 잎이 약간 쭈그러드는 경우가 있으나 이상은 없습니다.

샐러드채

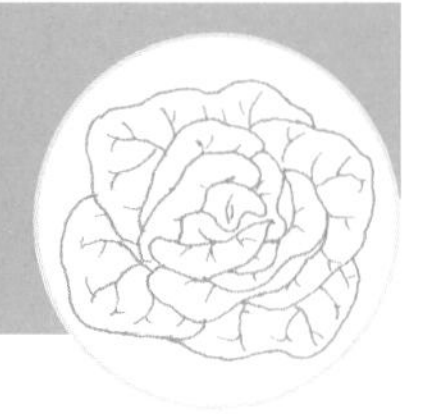

작업일지	1월	2월	3월	4월	5월	6월	7월	8월	9월	10월	11월	12월
씨뿌리기				■	■	■	■	■				
작업												
수확					■	■	■	■	■	■	■	■

♣ **어떤 채소?**

국화과. 완전히 결구하지는 않지만 상추의 일종으로 영양가가 높다.

♣ **재배방법 포인트**

시원한 기후를 좋아하므로 봄, 가을이 재배하기 쉽다. 여름에 건조하지 않도록 하고 비료가 떨어지지 않도록 주의해야 한다.

재 배 방 법

흙만들기 연작이나 산성 토양을 싫어하고 건조에도 약하므로, 고토석회로 중화시켜 밑거름을 섞어 보습성이 좋은 흙을 만듭니다. 1m 폭의 평상을 만들고 직파를 하든지 모종을 옮겨심기합니다.

씨뿌리기 상추 종류는 시원한 곳에서 잘 자랍니다. 발아하기에 적정한 온도는 15~20도이므로 봄, 가을은 줄뿌리기를 하여 가볍게 흙을 덮습니다. 발아는 3~5일 정도에 시작되므로 본잎이 나오기 시작하면 솎아주기를 하여 포트에 이식합니다. 여름에는 하룻동안 물에 담가두었다가 파종합니다. 직파를 한다면 그루 간격 20cm에 5~6알씩 점파를 하여 솎아줍니다.

1. 씨뿌리기

넓은 상자에 퇴비와 밭흙을 반씩 넣어 5~6cm 간격으로 줄뿌리기나 흩어뿌리기를 한다. 씨앗이 가려질 정도로만 흙덮기를 하고 눌러준다. 신문지를 덮어서 그 위에 물을 주고 신문지가 건조하면 다시 물주기를 한다. 발아하기 시작하면 신문지를 걷어준다.

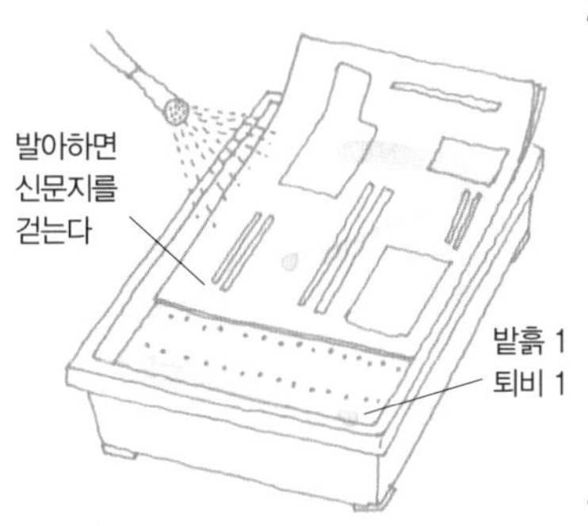

2. 솎아주기

일주일 정도 후에 본잎이 나오기 시작하면 복잡해진 부분을 솎아준다. 솎아주기를 한 다음에는 물을 주어 뿌리가 들뜨지 않도록 한다.

얕게 심는다

차광망

3. 더위대책(봄 파종)

본잎 1~2장일 때 포트에 1그루씩 뿌리가 마르거나 부러지지 않도록 심는다. 본잎이 4~5장 되도록 차광망을 씌워 해가림을 하여 관리한다.

퇴비 1.5통
유박 4줌
골분 2줌
고토석회 2줌

4. 흙만들기

1㎡당 고토석회를 2줌 정도 뿌리고 잘 갈아엎어놓는다.

1m

5. 옮겨심기

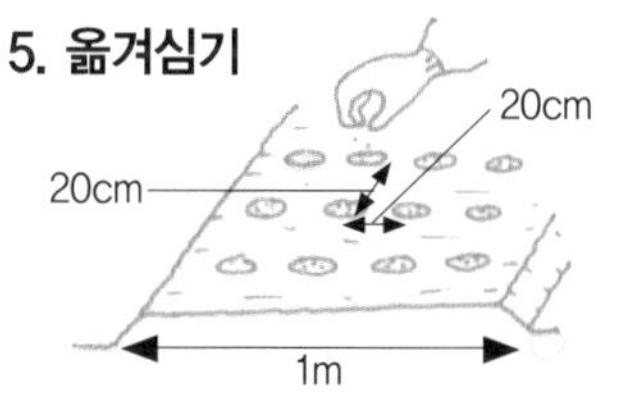

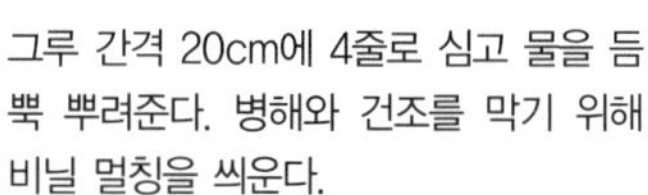

그루 간격 20cm에 4줄로 심고 물을 듬뿍 뿌려준다. 병해와 건조를 막기 위해 비닐 멀칭을 씌운다.

6. 직파(봄, 가을)

20cm
20cm
비닐 멀칭

봄과 가을은 직파하기에 적합한 시기이다. 옮겨심기와 같은 이랑에 그루 간격 20cm로 4~6알씩 점파종한다. 본잎 4~5일 때 1그루만 남긴다.

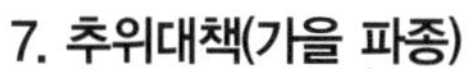

7. 추위대책(가을 파종)

서리가 내릴 시기에 차광망을 씌웠던 골격에 비닐을 씌워 터널을 만들어준다. 환기는 비닐 끝을 올려서 공기가 통하도록 하거나 구멍을 뚫어준다.

8. 수확

잎이 15장 정도 되면 크게 자란 잎부터 수확한다. 또는 본잎이 10장 이상으로 자랐을 때는 겉잎부터 필요한 양만큼 손으로 따서 수확해도 된다.

옮겨심기 본잎 4~5장일 때 4줄 심기를 합니다. 그루 간격은 20cm로 합니다. 비닐 멀칭을 하면 건조를 막고 무름병을 예방할 수 있습니다.

더위 · 추위대책 고온기에는 차광망을 씌워 해가림을 하고, 겨울에는 서리가 내릴 시기에 비닐 터널을 씌웁니다.

거름주기 멀칭을 하기 전에 밑거름을 듬뿍 주면 충분합니다.

수 확

잎이 15장 정도 되면 그루째 수확하든지 사용할 양만 겉잎부터 손으로 따서 수확합니다.

병 해 충 대 책

균핵병, 잿빛곰팡이병은 병에 걸린 잎을 발견하는 즉시 제거합니다. 진딧물 등의 해충도 빠른 시기에 구제하는 것이 중요합니다. 진딧물은 여러 가지 바이러스병을 전파하므로 주의해야 합니다.

싹이 나오지 않아요

호광성(好光性) 씨앗이지만 씨앗이 말라버리면 발아하기 어려우므로 얕게 흙덮기를 하고 가볍게 눌러준 후 신문지를 덮어 건조하지 않도록 합니다. 미리 하룻동안 물에 담가두는 것도 중요합니다. 고온기(30도 이상에서는 씨앗이 휴면)에는 특히 발아율이 낮으므로 직파하지 않고 싹을 틔워서 넓은 상자에 파종하여 시원하고 바람이 잘 통하는 곳에서 관리합니다.

양배추

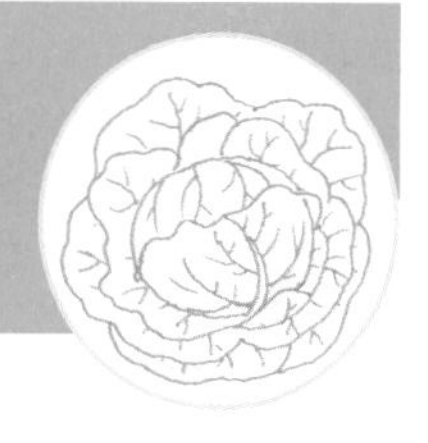

작업일지	1월	2월	3월	4월	5월	6월	7월	8월	9월	10월	11월	12월
씨뿌리기			■	■			■		■			
작업				옮겨심기	■			■		■		
수확	■	■		■	■		■			■	■	■

♣ 어떤 채소?

유채과. 사철 판매되고 있으며, 비타민 C를 많이 함유하고 있고 영양가가 높은 채소이다.

♣ 재배방법 포인트

재배하기 쉬운 것은 가을 파종이다. 품종이 다양하므로 재배하는 지역과 시기에 맞는 품종을 선택해야 한다.

재 배 방 법

흙만들기 산성 토양에는 비교적 강한 편이지만 옮겨심기 2주 전까지는 고토석회를 뿌리고 잘 갈아엎어서 중화시켜놓습니다. 비옥하고 보습성과 물빠짐이 좋은 토양을 좋아하므로 밑거름을 잘 흡수하도록 뿌려주고 평이랑을 만듭니다.

씨뿌리기 상자에 모종을 육묘합니다. 여름 파종은 더위와 건조로부터 보호하기 위해서라도 상자에 육묘하는 것이 안전합니다. 발아할 때까지 건조하지 않도록 주의합니다. 3~4일에 발아합니다. 발아한 후에는 물을 많이 주면 모종이 약해지므로 물을 적당한 양만 주도록 합니다. 본잎이 나오기 시작하면 솎아주기를 하고 잎이 2~3장 자라면 포트에 이식합니다.

1. 씨뿌리기

상자에 퇴비와 밭흙을 반반씩 섞어넣는다. 5~6cm 간격으로 줄뿌리기를 한다. 가볍게 흙을 덮어주고 물을 준 후 신문지를 덮어서 건조를 막는다.

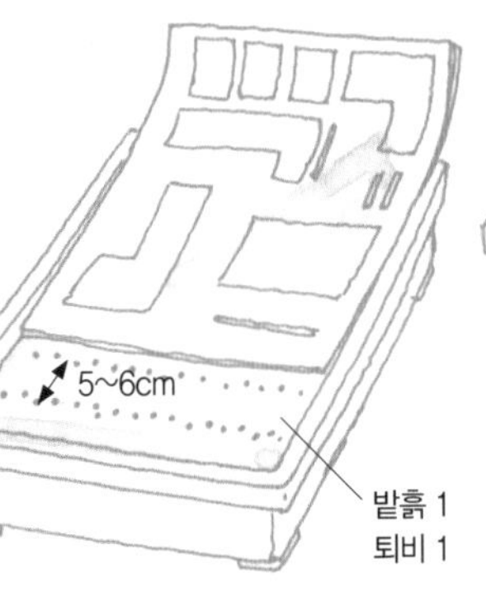

2. 발아

복잡한 부분을 솎아낸다

병에 걸린 모종을 뽑아낸다

너무 큰 모종은 뽑아낸다

발아하기 시작하면 신문지를 벗겨준다. 본잎이 나오면 복잡한 곳부터 솎아준다.

3. 이식하기

본잎 2~3장일 때 포트에 1그루씩 이식한다. 40일 정도에 본잎이 5~7장까지 자라도록 건조하지 않게 관리한다.

4. 흙만들기

고토석회 2줌

퇴비 1통
유박 4줌
어분 5줌
골분 3줌

45cm
15cm
조생종 60cm
중 · 만생종 70cm

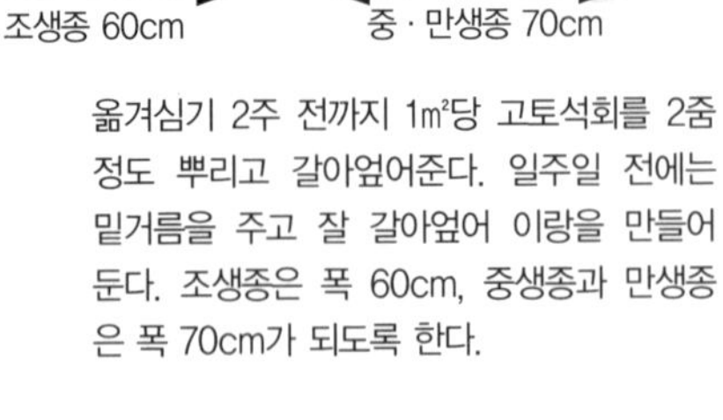

옮겨심기 2주 전까지 1㎡당 고토석회를 2줌 정도 뿌리고 갈아엎어준다. 일주일 전에는 밑거름을 주고 잘 갈아엎어 이랑을 만들어 둔다. 조생종은 폭 60cm, 중생종과 만생종은 폭 70cm가 되도록 한다.

5. 옮겨심기

그루 간격 45cm로, 깊이 15cm의 옮겨심기할 구멍을 파고 물을 뿌려놓는다. 모종에도 물을 뿌려 잎이 달리는 부분에 흙이 덮이지 않도록 얕게 심는다.
물을 듬뿍 준다.

8. 수확

결구가 딱딱해진 것부터 칼로 잘라서 수확한다.

6. 거름주기와 흙모으기(가을 파종)

가을 파종은 연내에는 사이갈기, 흙모으기만 한다. 3월이 되면 유박 1줌을 주고 흙모으기를 한다.

7. 거름주기와 흙모으기 (여름 파종)

여름 파종은 옮겨심은 지 20일 후부터 20일 간격으로 결구할 때까지 3회에 걸쳐 추비, 사이갈기, 흙모으기를 한다.

옮겨심기 본잎이 5~7장 될 때까지 포트에 육묘한 후 이랑에 옮겨심기를 합니다. 옮겨심기를 할 때는 모종이 상하지 않도록 옮겨심기할 구멍과 포트 모종에 물을 줍니다. 바람이 없는 날을 택하여 옮겨심기를 합니다. 겉잎의 생장이 결구의 좋고 나쁨을 결정하므로 추비, 사이갈기, 흙모으기 등을 하여 크게 생장할 수 있도록 합니다.

거름주기 가을 파종은 3월에 이랑 사이에 유박을 뿌려 흙모으기를 합니다. 여름 파종은 옮겨심기 20일 후부터 20일 간격으로 추비, 사이갈기, 흙모으기를 결구할 때까지 합니다.

수 확

결구를 하여 딱딱해진 것부터 빠른 시간 내에 수확합니다. 봄에는 수확이 늦어지면 결구한 양배추가 벌어져서 금이 가므로 적정한 시기에 수확하는 것이 중요합니다.

병 해 충 대 책

결구 전 청벌레, 진딧물 등을 잘 관찰하여 발견하는 즉시 제거합니다.

꽃대가 나와버려요

일정한 크기에서 일정한 기간 동안 저온상태로 지내면 꽃눈이 발달하여 따뜻해지면 대가 나와서 꽃이 핍니다. 가을 파종을 할 때 시기가 너무 이르거나, 추비로 인해 너무 웃자라거나, 겨울에 날씨가 너무 따뜻하거나 등이 원인입니다. 적합한 품종을 적절한 시기에 파종하는 것 외에 다른 방법은 없습니다.

미니양배추

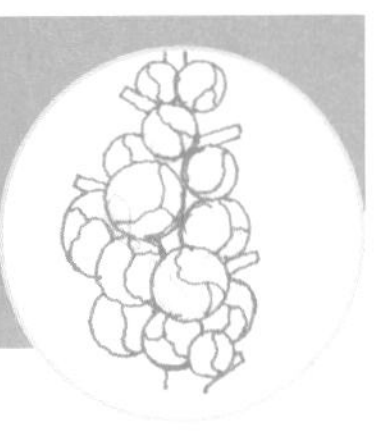

작업일지	1월	2월	3월	4월	5월	6월	7월	8월	9월	10월	11월	12월
씨뿌리기							▬					
작업						옮겨심기	▬	▬				
수확	▬	▬									▬	▬

♣ 어떤 채소?
유채과. 곁싹을 먹는 양배추의 일종이다.

♣ 재배방법 포인트
추위에 강하고, 추워지지 않으면 결구하지 않는다. 밑거름을 듬뿍 주어 오랫동안 수확한다.

재 배 방 법

흙만들기 기본적으로 양배추와 같지만 생장은 1개월 정도 늦습니다. 그루가 크므로 이랑 간격을 최소한 70cm는 유지해야 합니다.

씨뿌리기 여름에 파종하므로 상자에 씨를 뿌려 시원한 곳에서 관리하는 것이 실패율이 적고 안전합니다. 포트에 이식한 후에도 차광망으로 터널을 만들어 더위를 막아줍니다.

옮겨심기 본잎이 5~6장일 때 옮겨심기를 하고 물을 줍니다. 큰 그루로 성장하므로 그루 간격은 넓게 하는 것이 좋습니다. 건조기이므로 짚을 깔아주어 건조와 지온이 상승하는 것을 막아줍니다. 그후 추비, 사이갈기, 흙모으기는 양배추 재배와 같은 요령으로 실

1. 씨뿌리기

상자에 퇴비와 밭흙을 반씩 넣어 섞어준다. 5~6cm 간격으로 줄뿌리기를 한다. 가볍게 흙을 덮어준 다음 물을 주고 신문지를 덮어 건조하지 않게 한다.

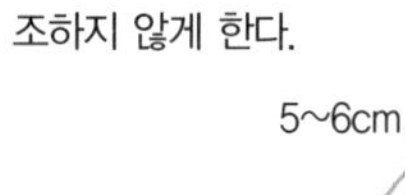

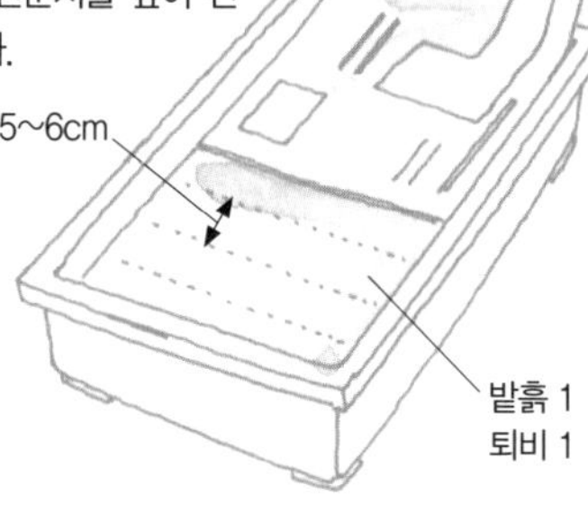

2. 솎아주기

발아하기 시작하면 신문지를 벗겨준다. 본잎이 나오기 시작하면 복잡한 부분을 솎아낸다.

3. 이식하기

본잎이 1~2장 되면 포트에 한 그루씩 이식한다. 낮에는 햇빛을 피하고 시원한 곳에서 관리하며 물을 준다.

4. 흙만들기

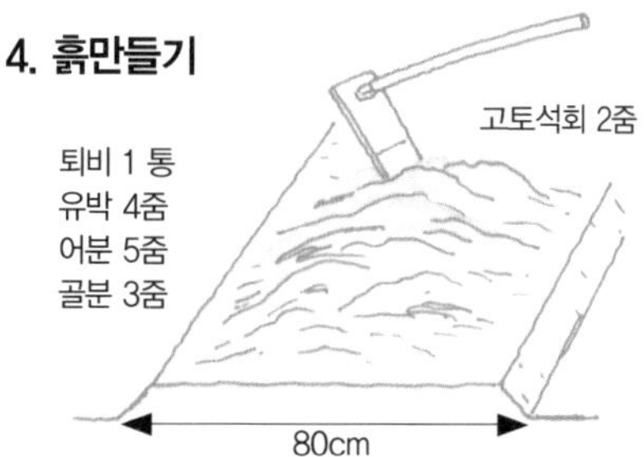

옮겨심기 2주 전에 고토석회를 1㎡당 2줌 정도 주고 갈아엎어놓는다. 일주일 전에 밑거름을 주고 잘 갈아엎어 80cm 간격으로 이랑을 만든다.

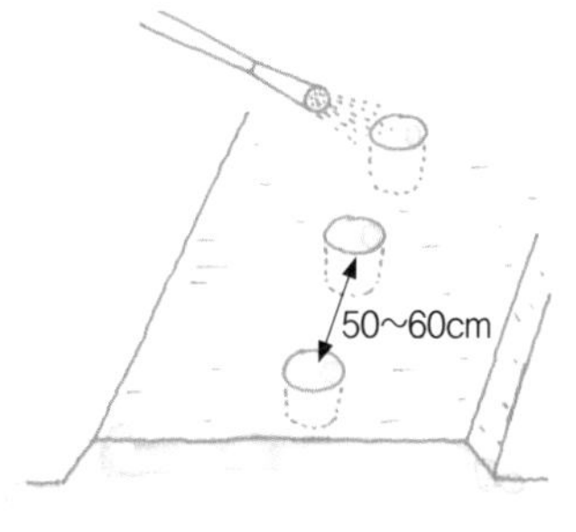

5. 옮겨심기 준비

그루 간격 50~60cm로 옮겨심기할 구멍을 파고 물을 뿌려놓는다. 모종에도 물을 주고 약간 얕게 심는다. 물을 듬뿍 준다.

6. 추비, 사이갈기, 흙모으기

옮겨심기 20일 후부터 10일 간격으로 결구할 때까지 추비, 사이갈기, 흙모으기를 한다.

7. 결구

아랫부분의 결구하지 않은 곁싹은 일찍 따준다. 잎도 따주어 줄기가 햇볕을 많이 받게 한다. 윗부분의 잎은 잘 남겨둔다.

8. 수확

결구가 딱딱해진 것부터 손으로 따서 수확한다.

시합니다. 태풍이 오기 전에 지주를 세워 그루가 넘어지지 않도록 합니다.

싹따기 11월이 되면 그루 아랫부분부터 큰 잎이 나오고 그 잎 옆에 싹이 나옵니다. 이것이 결구한 것이 미니양배추입니다. 따뜻하면 결구하지 않으므로 아랫부분은 빠른 시기에 따주어야 합니다. 싹 사이에도 햇빛을 잘 받도록 잎을 따줍니다.

거름주기 오랫동안 수확이 계속되므로 결구가 시작될 때까지 10일에 1회 정도 유박을 이랑에 뿌려주고 흙모으기를 합니다.

수 확

아랫부분부터 결구가 시작되므로 결구한 것부터 손으로 따서 수확합니다. 딱딱하게 결집된 싹(미니양배추)은 직경이 2.5cm 정도 되고 마지막까지 60~90개 정도 수확할 수 있습니다.

병해충대책

진딧물, 청벌레, 야도충 등을 조기 발견하여 제거합니다. 유채과 작물은 연작을 피해야 합니다.

결구하지 않아요

잎이 20장 이상 되고 기온이 20도 이하가 아니면 결구하지 않으므로 12도 이하에서 재배해야 질이 좋은 것을 수확할 수 있습니다. 따뜻한 시기에 생긴 결구하지 않은 곁싹은 빨리 제거해주어 결구한 싹에 영양이 잘 전달될 수 있도록 합니다.

셀러리

작업일지	1월	2월	3월	4월	5월	6월	7월	8월	9월	10월	11월	12월
씨뿌리기					▬							
작업							옮겨심기	▬				
수확											▬	▬

♣ **어떤 채소?**

미나리과. 녹색종과 황색종, 중간종이 시중에 나와 있고 영양은 녹색 잎에 많다.

♣ **재배방법 포인트**

발아하여 옮겨심을 때까지 관리하기가 어렵지만 고온 건조에 주의하면 텃밭에서도 재배 가능하다.

재 배 방 법

흙만들기 뿌리가 깊이 뻗지 않으면 크게 자라지 않으므로 고토석회와 밑거름을 뿌린 후에는 되도록 깊이 갈아줍니다. 보습성이 좋고 비옥한 땅을 좋아하며, 물빠짐이 나쁘거나 건조하기 쉬운 토양에서는 잘 자라지 않습니다.

씨뿌리기 넓은 상자나 넓은 화분에 밭흙과 완숙 퇴비를 반반씩 넣어 흩어뿌리기를 하고 건조하지 않도록 관리합니다. 발아는 15~20도에서 7~10일, 그보다 기온이 낮으면 더 많은 시일이 걸립니다. 25도 이상 되면 발아가 매우 힘들어집니다. 호광성(好光性)이므로 흙덮기는 가볍게 합니다.

1. 씨뿌리기

넓은 상자나 화분에 퇴비와 밭흙을 반씩 넣어 10cm 간격으로 줄뿌리기나 흩어뿌리기를 한다. 씨앗을 눌러주듯이 흙덮기를 하고 신문지로 덮어준 다음 물을 듬뿍 준다.

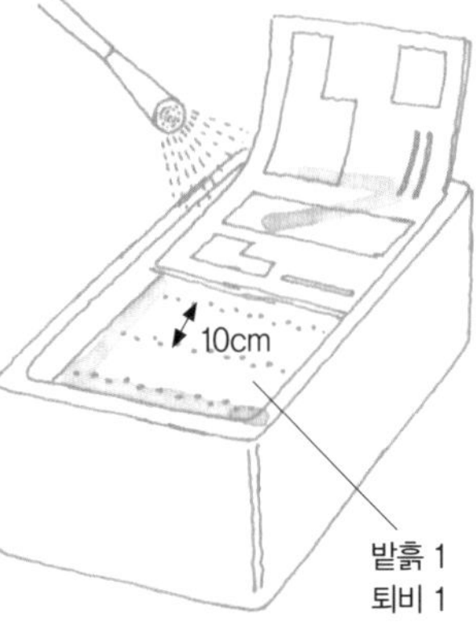

2. 솎아주기

건조하지 않도록 7~10일간 덮어준 신문지에 물을 준다. 발아하기 시작하면 바로 신문지를 걷는다. 복잡한 부분을 핀셋으로 솎아준다.

3. 이식

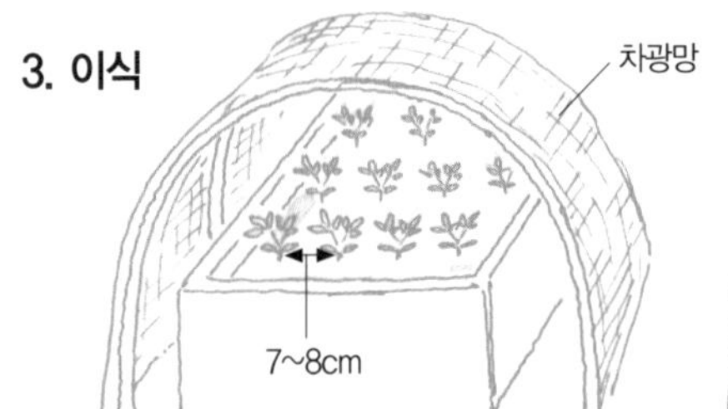

씨뿌리기를 하고 1개월 후에 본잎이 2~3장일 때 7~8cm 간격으로 이식한다. 터널 틀을 만들어 차광망을 씌운다. 완전히 뿌리를 내릴 때까지 물을 듬뿍 준다.

4. 포트에 이식

3과 같이 이식한 지 1개월 후 본잎이 5~6장 정도 자라면 포트에 1그루씩 이식한다. 뿌리를 내린 후에는 물을 준다.

5. 흙만들기

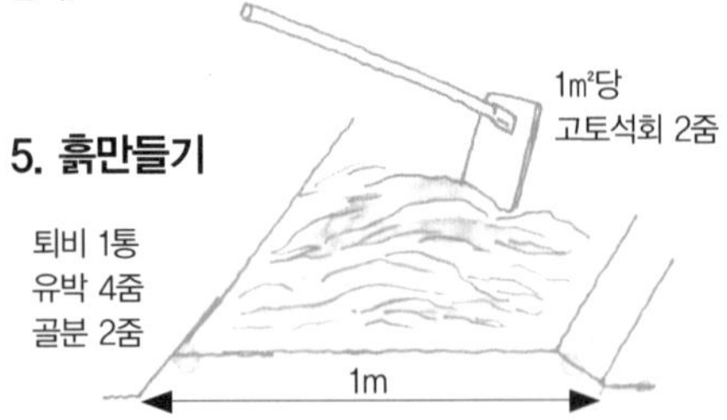

미리 고토석회를 뿌려 옮겨심기를 하기 일주일 전에 밑거름을 주어 평이랑을 만든다.

6. 옮겨심기

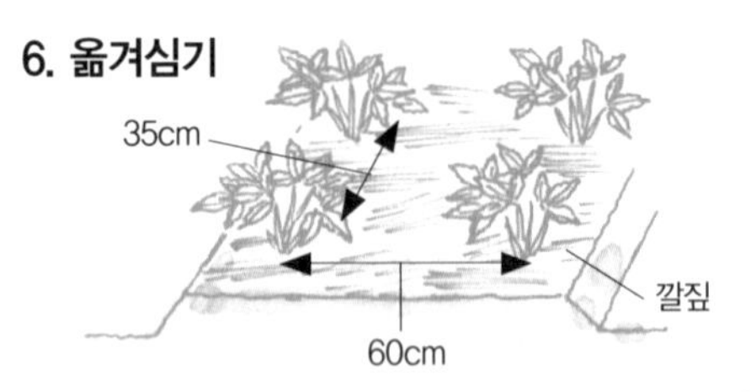

본잎이 7~8장 정도 자라면 옮겨심기를 한다. 물을 듬뿍 주고 짚을 깔아준다.

7. 추비, 사이갈기

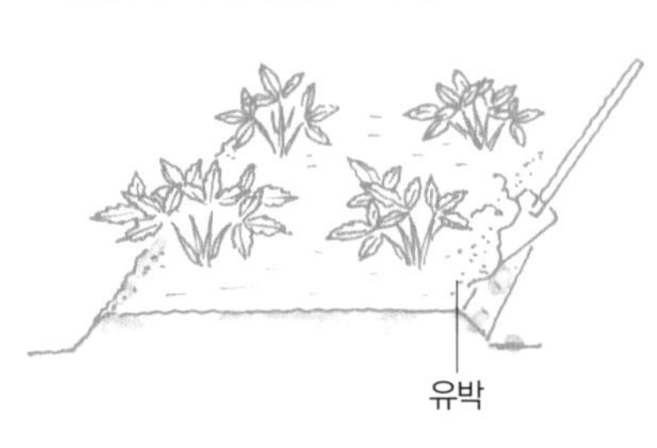

옮겨심기를 하고 20일 후 생육상태를 보고 1㎡당 유박을 2줌 정도 뿌려준다. 가볍게 갈아엎어서 흙모으기를 한다. 1개월 후에도 다시 한 번 이랑 모퉁이에 뿌려서 갈아엎는다.

8. 수확

옮겨심기를 하고 2개월 후 심엽(芯葉)이 일어서고, 잎의 생장이 왕성해질 때 겉잎부터 손으로 따서 수확한다.

이식하기 복잡한 부분을 솎아주어 파종 후 1개월에 그루 간격 7~8cm로 이식합니다. 그후 1개월 정도 지나 본잎이 5~6장 되면 포트에 1그루씩 이식을 합니다. 완전히 뿌리를 내릴 때까지 건조하지 않도록 물을 주고 뿌리를 내린 후에는 그루가 넘어지지 않도록 물주기를 줄입니다.

옮겨심기 발아 후 80일 이내에 밭에 얕게 심어 물을 듬뿍 주고 짚을 깔아주어 건조를 막아줍니다.

거름주기 옮겨심기를 하고 20일 후를 기준으로 유박을 뿌려서 섞어줍니다. 1개월 후에 다시 뿌려줍니다.

수 확

옮겨심기를 하고 2개월 정도 후에 수확할 수 있을 정도의 크기로 자랍니다. 겉잎부터 따주든지 그루 전체를 잘라서 수확합니다. 수확시기가 늦어지면 줄기에 구멍이 생기므로 늦어지지 않도록 합니다.

병 해 충 대 책

진딧물이나 야도충은 바로 제거합니다. 바이러스병은 진딧물이 전파합니다.

발아하지 않아요

씨앗에 휴면기가 있으므로 채취한 씨앗을 바로 파종할 수는 없습니다. 30도 이상에서는 발아하지 않습니다. 또 발아할 때 건조해서도 안 됩니다. 호광성이므로 흙덮기는 얕게 합니다. 5~6월 파종의 육묘에서 문제되는 것은 건조입니다. 발아하기까지 건조하지 않도록 잘 관리합니다.

로켓

작업일지	1월	2월	3월	4월	5월	6월	7월	8월	9월	10월	11월	12월
씨뿌리기			■	■	■				■	■		
작업												
수확	■	■	■		■	■	■			■	■	■

♣ **어떤 채소?**
유채과. 이탈리아의 식재. '루코라', '엘카'라는 이름으로도 알려져 있다.

♣ **재배방법 포인트**
더위와 추위에는 강하지만 한국의 여름에는 말라 죽을 우려가 있다. 햇볕이 강하면 쓴맛이 강해져서 풍미가 떨어진다.

재 배 방 법

흙만들기 유채과이므로 병을 예방하기 위해서는 연작을 하면 안 됩니다. 옮겨심기 2주 전까지는 고토석회를 뿌려서 중화시켜놓습니다.

씨뿌리기 3~5월, 9~10월에 파종합니다. 한 번에 많이 먹는 채소는 아니므로 2~3주 정도씩 간격을 두고 파종하면 언제나 신선하고 부드러운 잎을 수확할 수 있습니다. 넓은 화분에 뿌려서 재배하는 것도 좋은 방법입니다. 줄뿌리기를 하고 흙덮기는 얕게 합니다.

솎아주기 본잎이 나오기 시작하면 복잡해진 부분이나 생장이 나쁜 것을 솎아줍니다. 본잎이 4장 될 때까지 2회 정도 솎아주어 그루 간격이 15cm가 되도록 합니다. 봄 파종은

1. 파종 상 만들기

씨뿌리기 10일 전까지 1㎡당 1줌의 고토석회를 뿌려서 갈아엎어둔다. 1㎡당 퇴비 1통, 유박 4줌, 골분 2줌을 뿌리고 1m 폭의 파종 상을 만든다.

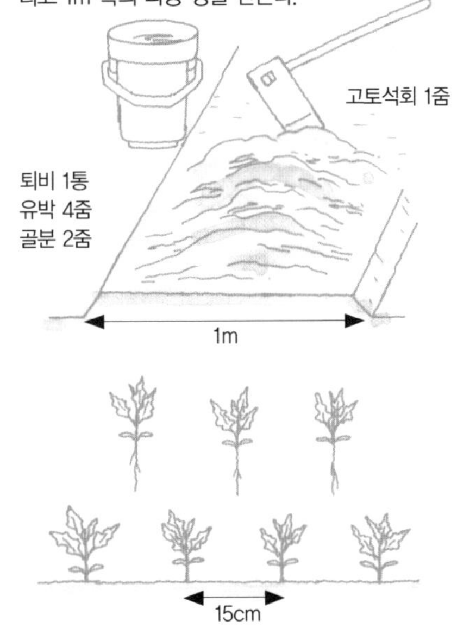

3. 솎아주기

발아하면 붐비는 부분부터 솎아준다. 본잎이 4장 정도에서 15cm 간격이 되도록 한다.

2. 파종 골 만들기

15~20cm 간격으로 판자 등으로 파종 골을 만들어 줄뿌리기를 한다. 흙덮기는 씨앗이 보이지 않을 정도로만 가볍게 하고 건조하지 않도록 눌러준다. 물주기를 해둔다.

15~20cm

4. 추비 · 사이갈기

생장상태를 보아 유박을 주어 생장을 촉진한다. 수확을 계속하는 동안에는 특히 추비에 주의를 기울인다.

5. 햇빛이 강할 때의 대책

봄 파종은 강한 일광을 피하기 위해 차광망으로 터널을 만들어 재배하는 것이 좋다. 또는 반그늘이 되는 장소를 택하여 재배하면 좋다.

6. 손으로 따서 수확하기

잎이 10장 이상 되면 겉잎부터 손으로 따서 수확한다. 꽃대가 나오는 줄기는 빠른 시기에 순지르기한다. 비타민 A, C가 풍부하다.

겉잎부터 따준다

7. 꽃

연노란색 꽃은 향기가 달콤하고 식용꽃으로도 이용한다.

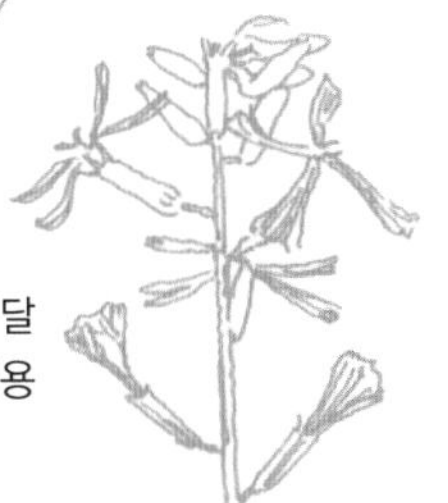

생장이 빠르므로 그루 간격은 10cm로 합니다. 넓은 화분에 재배할 경우에도 10cm로 솎아줍니다.

햇볕이 강할 경우 햇볕이 너무 강하면 잎이 굳어져서 쓴맛이 강해집니다. 참깨와 같은 향과 약간의 매운맛이 로켓의 원래 풍미이므로 쓴맛을 억제하기 위해서도 반그늘이 되도록 차광망으로 터널을 만들어줍니다. 또 표면의 흙이 건조해지면 물을 주어 습기를 유지합니다.

거름주기 생장이 나쁠 때는 상태를 보아 유박을 뿌려줍니다. 인산분이 많으면 풍미가 떨어지고 꽃대가 나오기 쉬우므로 인산분은 피합니다.

수 확

잎이 10장 이상 되면 겉잎부터 손으로 따서 수확합니다. 씨뿌린 지 2개월 이내의 젊은 잎을 수확하면 맛있게 먹을 수 있습니다. 가을 파종이라면 겨울 내내 수확하는 것도 가능합니다.

병 해 충 대 책

진딧물은 발견하는 즉시 제거합니다.

꽃대가 나와요

온도가 높고 맑은 날씨가 계속되는 여름에는 꽃대가 나오기 쉽습니다. 장기적으로 수확하기 위해서는 빠른 시기에 꽃대가 되는 줄기를 순지르기하여 그루가 피곤하지 않도록 합니다. 꽃은 식용이 가능합니다.

아스파라거스

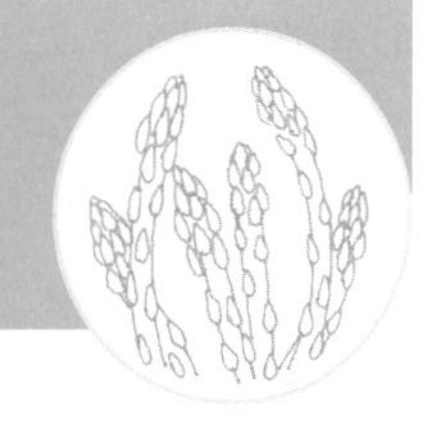

작업일지	1월	2월	3월	4월	5월	6월	7월	8월	9월	10월	11월	12월
옮겨심기												
작업									2년째 흙모으기			
수확			3년째									

♣ **어떤 채소?**

백합과. 유럽이 원산지. 굵은 줄기를 식용으로 함.

♣ **재배방법 포인트**

1~2년째에는 그루를 충실히 하여 3년째 봄부터 수확. 일조량이 좋고 비옥한 토양에서 잘 자란다.

재 배 방 법

흙만들기 여름에 줄기와 잎이 크게 자라므로 널찍한 공간이 필요합니다. 뿌리를 좋게 하기 위해 일조량과 보습력이 좋은 장소를 선택하여 이랑을 만듭니다. 이랑에 50cm 간격으로 옮겨심기할 구멍을 파고 밑거름을 주고 흙을 넣어둡니다.

씨뿌리기 봄에 기온이 안정되면 팽팽한 묘판에 줄뿌리기를 하여 발아시킵니다. 솎아주기를 거듭하며 그루 간격이 15cm가 되도록 합니다. 겨울이 되어 지상 부분이 말랐을 때 뿌리그루가 되도록 옮겨심기를 합니다. 육묘기간은 1년입니다.

옮겨심기 씨뿌리기부터 하면 시간이 너무 걸리므로 시중에 판매되고 있는 모종을 구입

1. 씨뿌리기

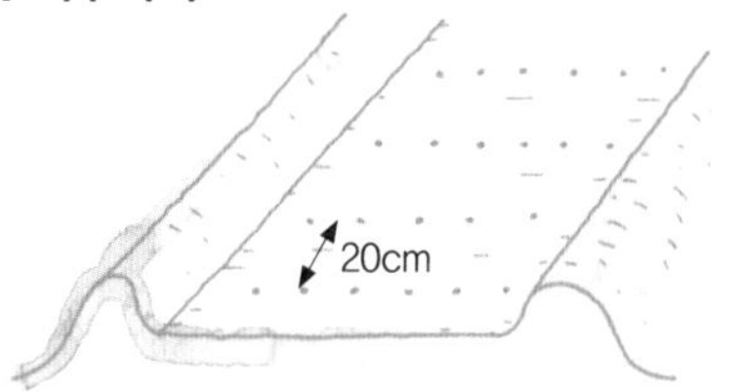

모종 상은 1㎡당 고토석회 2줌, 퇴비 2통, 골분 2줌을 뿌리고 잘 갈아엎는다. 20cm 간격으로 줄뿌리기를 한다.

2. 솎아주기

발아 후 솎아주면서 그루 간격이 15cm가 되도록 한다.

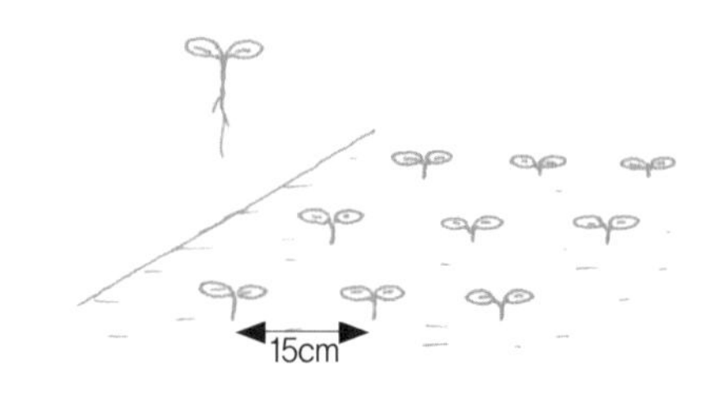

3. 흙만들기

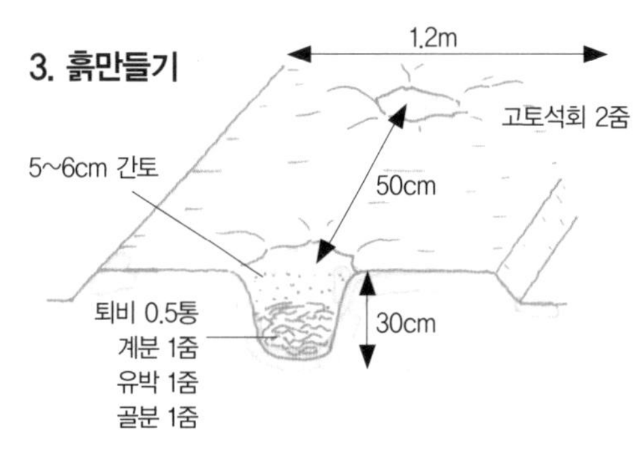

1㎡당 2줌의 고토석회를 뿌려서 갈아엎은 밭에 1.2m 폭의 이랑을 만든다. 50cm 간격으로 30cm 깊이의 옮겨심기할 구멍을 파고, 퇴비 0.5통, 계분, 유박, 골분을 각각 1줌씩 뿌려 주위의 흙과 잘 섞어 5~6cm 정도로 간토한다.

4. 뿌리그루의 옮겨심기

11월 하순 시판되고 있는 모종, 또는 5~6년 거름을 주고 가꾼 뿌리그루를 2~3싹이 남도록 그루나누기를 한 것이나 파종하여 만든 뿌리그루를 옮겨심기한다. 짚을 깔아 건조를 예방한다.

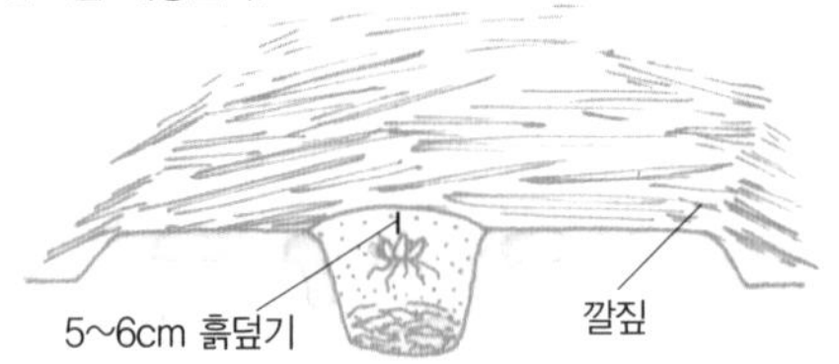

5. 추비

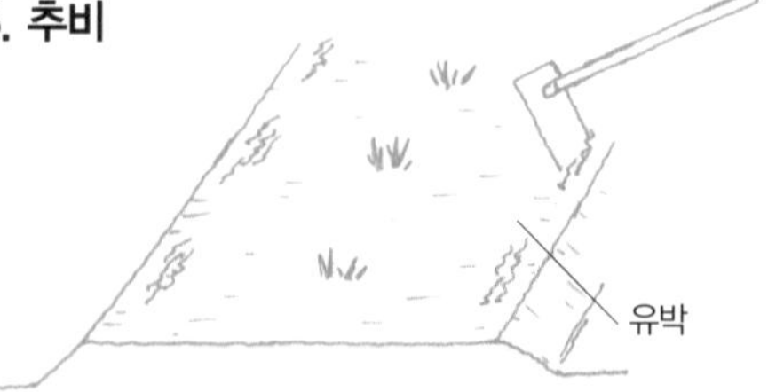

다음해 봄에 싹이 나오면 추비로 유박 1줌을 그루 사이에 주어 스며들도록 한다. 이 해에는 수확하지 않고 거름을 주며 가꾼다. 씨앗을 파종한 것도 2년 동안 수확하지 않고 거름을 주며 가꾼다.

6. 제초

잡초를 제거하고 그루 밑까지 햇빛이 잘 들도록 해준다. 여름에는 지주를 세워 넘어지지 않도록 한다.

7. 수확

옮겨심기한 후 3년째 봄에 나오는 싹을 수확한다. 추비를 주면서 15~20cm까지 자라면 낫이나 칼로 지면에 근접한 부분을 잘라서 수확한다. 수확 후에도 추비를 주어 스며들도록 한다.

해서 옮겨심기를 하거나 5~6년생 뿌리그루를 2~3개씩 싹이 남도록 그루나누기를 하여 옮겨심는 것이 편리합니다. 뿌리를 넓혀서 뿌리그루가 감추어지도록 심고 짚을 깔아줍니다. 씨앗을 파종하고 3년, 뿌리그루를 옮겨심기하고 1~2년은 수확하지 않고 키웁니다.

지주세우기와 겨울나기 여름이 되면 크게 성장하므로 지주를 세워서 넘어지지 않도록 합니다. 겨울에는 지상 부분이 마르지만 봄이 되면 다시 싹이 나옵니다.

거름주기 생장기에 유박이나 퇴비를 그루 사이에 뿌려주고 사이갈기를 합니다. 수확 전후에도 추비를 줍니다.

수 확

파종하고 3년, 뿌리그루를 옮겨심기하고 1~2년 동안 거름을 주고 가꾼 후, 봄이 지날 무렵 나오는 줄기를 수확합니다. 싹이 나오기 시작하면 추비를 주고 15~20cm 정도 앞쪽 싹이 펼쳐지기 전에 최대한 땅에 근접한 부분을 잘라서 수확합니다. 수확 후에도 추비를 주어 비료가 스며들도록 합니다.

병 해 충 대 책

진딧물 등은 발견하는 즉시 제거합니다. 특히 어린 모종일 때는 주의가 필요합니다.

줄기가 굵어지지 않아요

채광이 좋고 비료도 충분한데 줄기가 굵어지지 않는다면 암그루(雌株)이기 때문일 것입니다. 아스파라거스는 수그루와 암그루가 따로 있습니다. 줄기가 굵고 질이 좋은 것은 수그루이고, 가늘고 많이 나오는 것은 암그루입니다.

엔다이브

작업일지	1월	2월	3월	4월	5월	6월	7월	8월	9월	10월	11월	12월
씨뿌리기			■	■				■	■			
작업												
수확					■	■				■	■	■

♣ **어떤 채소?**
국화과. 겨자와 같은 쓴맛이 특징임.

♣ **재배방법 포인트**
더위와 추위에 강한 편이고 선선한 기후를 좋아 한다. 봄부터 가을까지 파종이 가능하다.

재 배 방 법

흙만들기 고토석회와 밑거름을 주고 잘 갈아엎습니다. 토질은 그다지 상관하지 않으며 비료가 없이도 잘 자라는 편입니다. 다만 햇빛이 잘 들도록 잡초는 베어둡니다. 물빠짐이 좋지 않은 곳에서는 이랑을 높게 만듭니다.

씨뿌리기 20cm 간격으로 줄파종을 합니다. 씨앗이 1cm 간격이 되도록 뿌리고 가볍게 흙덮기하여 눌러줍니다. 흙이 마른 상태일 경우에는 물을 뿌려서 습도를 유지합니다. 3~4일에 발아합니다.

솎아주기 잎이 10cm 정도 되면 복잡한 부분부터 솎아줍니다. 잎이 서로 닿을 정도로

1. 흙만들기

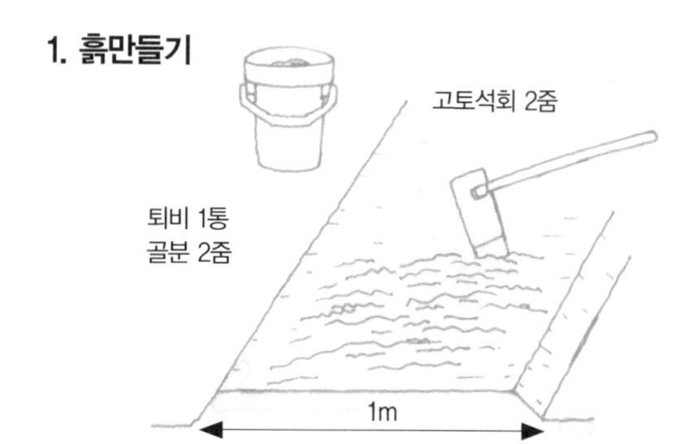

씨뿌리기 일주일 전에 1㎡당 고토석회 2줌, 퇴비 1통, 골분 2줌을 주고 잘 갈아엎는다. 1m 폭의 이랑을 만든다.

2. 씨뿌리기

씨뿌리기 전날 물을 듬뿍 주든지, 비온 다음날 씨를 뿌린다. 줄 간격 20cm, 씨앗은 1cm 간격으로 줄뿌리기를 한다. 가볍게 흙을 덮어 손으로 눌러준다.

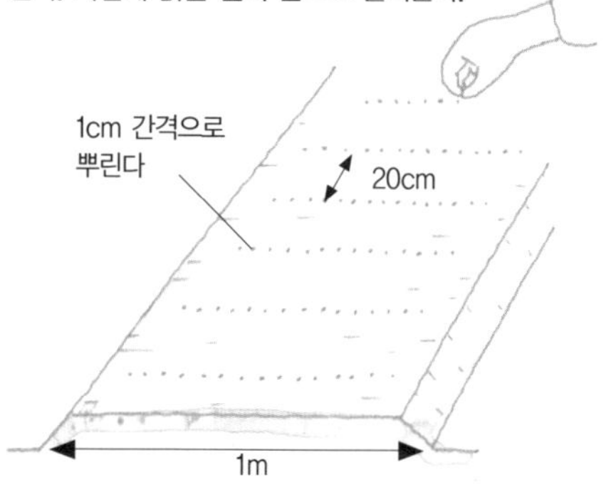

3. 솎아주기 1

발아 후 10일 정도 지나면 복잡해진 부분부터 솎아준다. 그후에도 잎이 닿을 정도로 솎아주면서 수확하고 그루 간격이 20~30cm가 되도록 한다.

4. 솎아주기 2

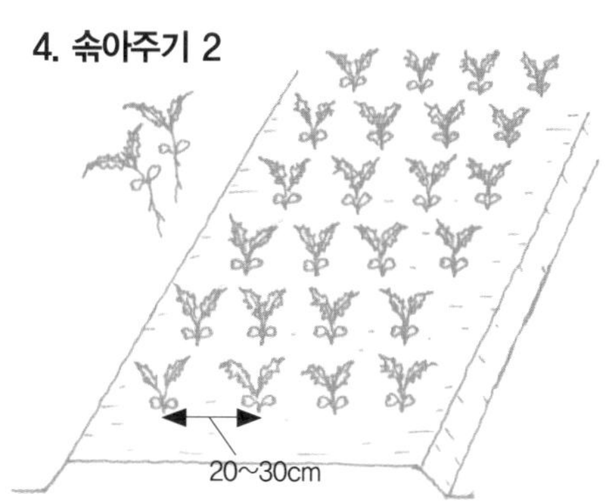

솎아주는 도중에 성장이 좋은 모종은 별도의 장소에 그루 간격 20cm로 심어놓으면 충해로 전멸되는 것을 막을 수 있다. 옮겨심기 후에는 물을 듬뿍 준다.

5. 바람막이 대책

바람막이로 다른 채소의 그루 사이에 심는 것도 좋은 방법이다. 다만 그늘이 지면 특유의 쓴맛이 약해진다.

하면 서로 의지하여 넘어지지 않습니다. 그루 간격이 넓으면 잎이 커져서 무거워진 잎이 넘어지기 쉽습니다. 솎아주기가 너무 늦어지면 잎이 비틀비틀 넘어지기도 하므로 주의해야 합니다. 솎아낸 잎은 샐러드나 양념용으로 이용하면 좋습니다.

거름주기 특별히 필요하지 않습니다.

수 확

발아한 후 30일 정도 되면 잎이 20cm 정도로 자랍니다. 필요할 때 크게 자란 잎부터 잘라서 이용합니다. 그대로 두면 이듬해 5월에 꽃대가 나와 6월에는 보라색 꽃이 핍니다.

병 해 충 대 책

진딧물 등 벌레의 피해를 입을 수도 있으므로 솎아준 모종을 다른 곳에 심어놓아도 좋을 것입니다.

쓴맛이 강해요

쓴맛을 부드럽게 하기 위해서는 그루가 크고 충실해졌을 때 그루 전체를 모아올려 결속해줍니다. 10일 전후로 중심의 잎이 노랗게 되면 그루째 잘라서 수확합니다.

브로콜리

작업일지	1월	2월	3월	4월	5월	6월	7월	8월	9월	10월	11월	12월
씨뿌리기							■					
작업							옮겨심기	■				
수확	■	■	■							■	■	■

♣ **어떤 채소?**
유채과. 녹색꽃 채소. 영양가가 높다.

♣ **재배방법 포인트**
곁싹에서 나오는 꽃봉오리도 수확할 수 있으므로 밑거름을 많이 주면 좋다.

재 배 방 법

흙만들기 여름에서 가을에 걸쳐 오래 재배하므로 벌레가 꼬이지 않는 완숙된 퇴비와 골분을 충분히 줍니다. 연작을 피하고 일조량과 물빠짐이 좋은 장소를 선택합니다. 깊이 잘 갈아주면 뿌리를 잘 뻗습니다.

씨뿌리기 흙을 채운 상자에 씨를 뿌리고 모종을 만든 후 옮겨심기를 합니다. 퇴비와 밭흙을 반반씩 섞어넣고 줄파종을 한 후 건조하지 않도록 관리합니다. 본잎이 1~2장일 때 포트에 이식하여 햇빛을 피하고 본잎이 6~7장 될 때까지 자라게 합니다. 포트 육묘를 하지 않고 육묘상자에서 키우는 방법도 있습니다. 한랭포 터널을 만들어 해충이 들지 않도록 합니다. 물주기를 자제하여 넘어지는 것을 방지하고 튼튼한 모종으로 키웁니다.

1. 씨뿌리기

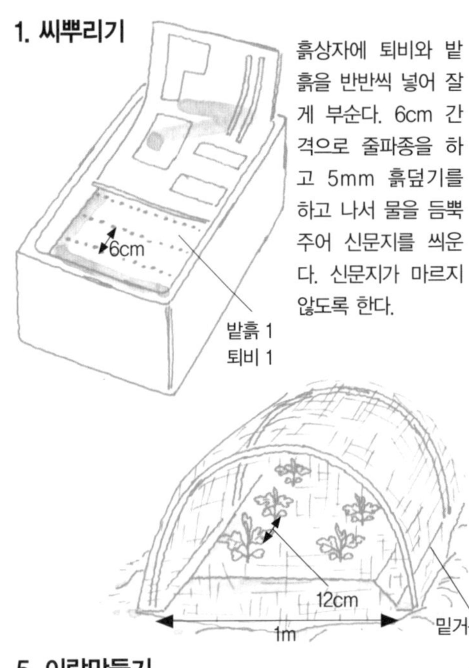

흙상자에 퇴비와 밭흙을 반반씩 넣어 잘게 부순다. 6cm 간격으로 줄파종을 하고 5mm 흙덮기를 하고 나서 물을 듬뿍 주어 신문지를 씌운다. 신문지가 마르지 않도록 한다.

2. 솎아주기

2~4일에 발아하기 시작하면 신문지를 벗기고 복잡해진 부분을 솎아내어 2cm 간격이 되게 한다.

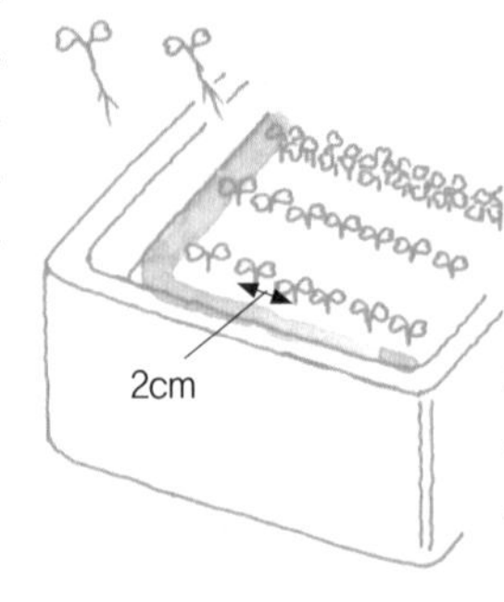

3. 포트에 이식

본잎 2~3장일 때 포트에 1그루씩 이식한다. 차광망 터널 속에 두고 관리한다.

4. 옮겨심기 1

이식하기 3~4일 전에 밑거름을 주고 1m 폭의 이랑을 만들어 12cm 간격으로 얕게 심기를 해도 좋다. 차광망 터널을 씌운다.

5. 이랑만들기

고토석회를 1㎡당 2줌 뿌리고 옮겨심기하기 일주일 전에 1㎡당 퇴비를 1.5통, 유박과 골분을 각각 2줌씩 뿌려주고 갈아엎는다.

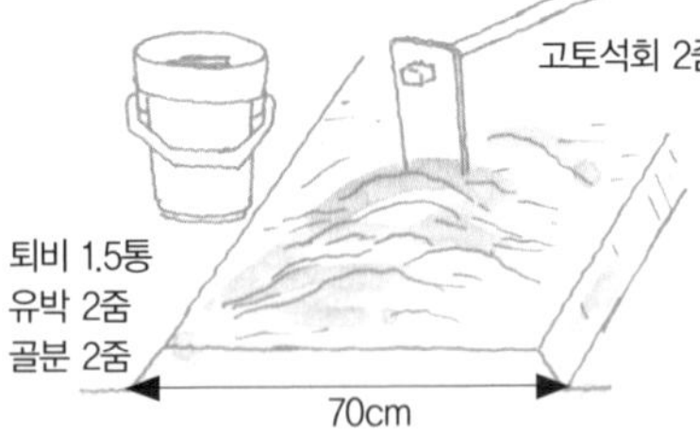
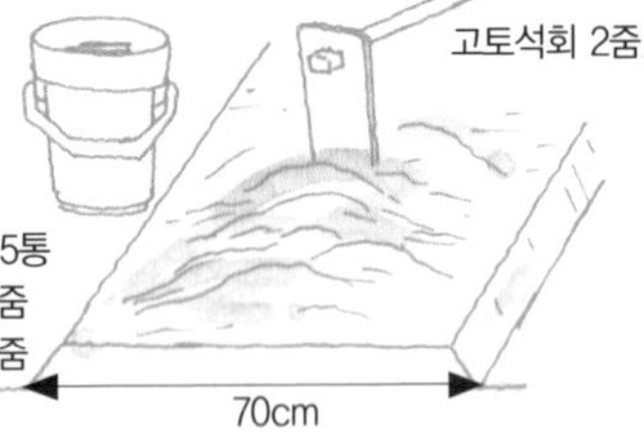

6. 옮겨심기 구멍

깊이 15cm의 옮겨심기 구멍을 45cm 간격으로 파고, 물을 듬뿍 준다.

7. 옮겨심기 2

물주기를 한 본잎 6~7장의 모종을 얕게 심은 후 물을 듬뿍 준다.

8. 지주세우기

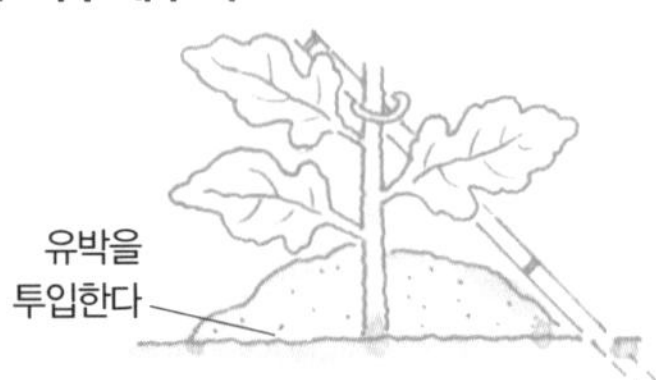

옮겨심기 후 20일이 지나면 그루 밑에 유박 1줌을 주고 흙모으기를 한다. 20일 후에도 한 번 더 반복한다. 큰 그루에는 지주를 세운다.

9. 수확

꽃봉우리가 직경 10cm 정도 됐을 때 겉잎이 달린 채로 잘라낸다.

곁 꽃봉오리는 표면이 울퉁불퉁하거나 노랗게 되기 전에 수확한다.

옮겨심기 모종과 심을 구멍에 물을 듬뿍 주고, 심은 후에도 물을 듬뿍 주어 옮겨심기한 후의 부작용을 최소화합니다. 너무 깊이 심지 않도록 주의합니다.

흙모으기 옮겨심기를 하고 20일 후, 그로부터 또 20일 후에 추비, 사이갈기, 흙모으기를 합니다.

지주세우기 크게 성장한 줄기나 잎이 늦게 찾아온 태풍으로 넘어져버리는 경우가 있습니다. 바람에 흔들리는 그루에는 짧은 지주를 세워줍니다.

거름주기 추비는 한 번에 1그루당 유박 1줌 정도로 합니다.

수 확

정점의 꽃봉오리가 10cm 정도 되면 주위의 잎을 잘라냅니다. 그러면 아래에 있는 잎의 옆에서 곁 꽃봉오리가 나오므로 추비와 흙모으기를 해두면 계속 수확할 수 있습니다.

병해충대책

연작을 피하고, 한랭포를 씌워서 바이러스병이나 진딧물, 배추좀나방 등이 붙지 않도록 합니다.

정점에 꽃봉오리를 2개 만들고 싶어요

분지(分枝)가 왕성한 품종을 선택하여 본잎이 4장일 때 2장을 남기고 순지르기하고, 남은 2장의 잎에서 나오는 곁싹을 자라게 하면 꽃봉우리가 2개가 됩니다.

컬리플라워

작업일지	1월	2월	3월	4월	5월	6월	7월	8월	9월	10월	11월	12월
씨뿌리기							■					
작업							옮겨심기	■				
수확										■	■	

♣ **어떤 채소?**
유채과. 꽃채소. 줄기 끝에 생기는 꽃봉오리를 식용으로 이용한다. 영양은 줄기에 많다.

♣ **재배방법 포인트**
저온을 만나지 않으면 꽃눈이 생기지 않으므로 환경에 맞는 품종을 선택하여 재배한다.

재배방법

흙만들기 유채과 채소를 2~3년 재배하지 않은 터를 고토석회로 중화하여 밑거름을 충분히 뿌려줍니다.

씨뿌리기 흙상자 등에 뿌리고 모종을 만들어 옮겨심기를 합니다. 퇴비와 밭흙을 절반씩 섞은 흙을 넣어 줄뿌리기를 한 후 건조하지 않도록 관리합니다. 본잎이 2~3장일 때 비닐포트에 심고 본잎이 6~7장 자랄 때까지 관리한 후 옮겨심기를 합니다.

옮겨심기 모종과 깊이 15cm의 심을 구멍에 충분히 물을 주고 약간 얕게 심습니다. 심은 후에도 물을 줍니다. 그루 간격은 수확이 늦는 것일수록 넓게 합니다.

1. 씨뿌리기

흙상자에 퇴비와 밭흙을 절반씩 넣어, 잘게 부수어 잘 섞는다. 5~6cm의 간격으로 줄뿌리기를 한다. 가볍게 흙모으기를 한 후 충분히 물을 주고 신문지를 씌운다. 신문지가 마르면 다시 물을 준다.

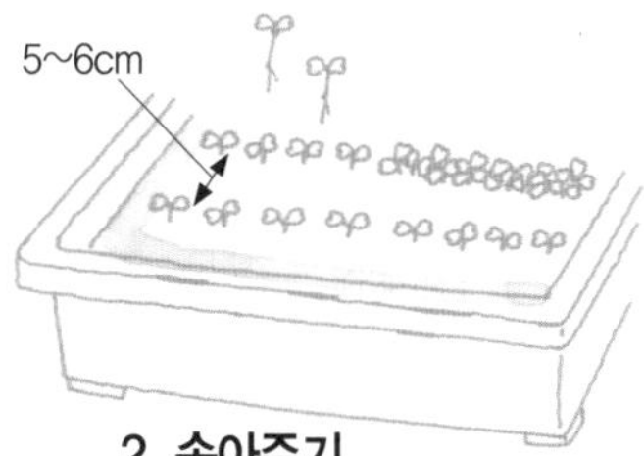

2. 솎아주기

발아하기 시작하면 신문지를 제거하고 복잡한 곳을 솎아낸다.

3. 포트에 심기

본잎 1~2장으로 자랐을 때 비닐 포트에 1그루씩 옮겨 심는다. 상자에 한꺼번에 놓고 한랭포를 씌워 건조하지 않도록 관리한다.

4. 흙만들기

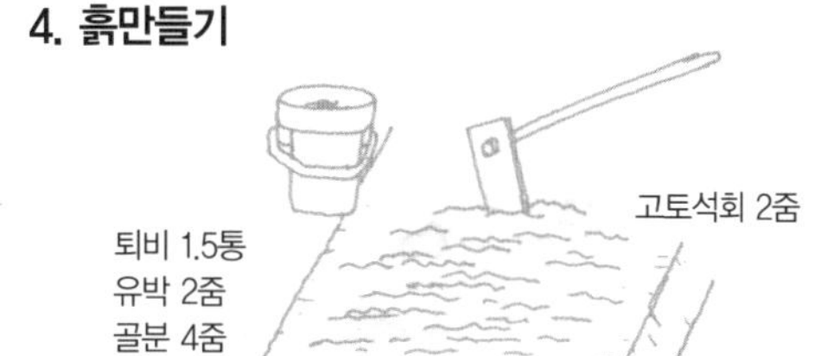

고토석회를 1㎡당 2줌 뿌려둔 밭에 옮겨심기 1주일 전 1㎡당 퇴비 1.5통, 유박 2줌, 골분 4줌을 뿌리고 잘 섞어준다.

5. 옮겨심기할 구멍

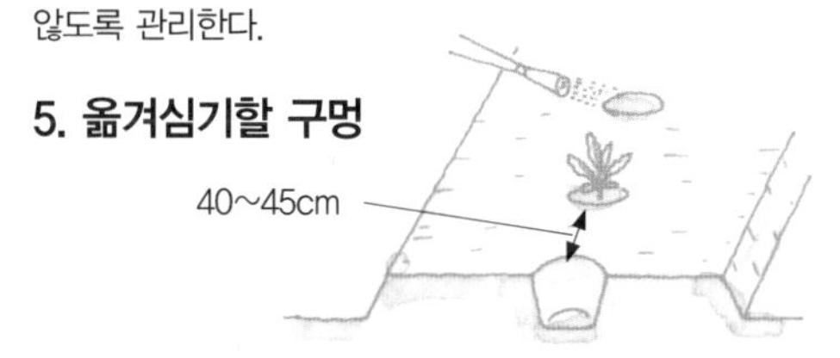

극조생종, 조생종은 이랑 폭 75cm, 그루 간격 40cm, 중만생종은 이랑 폭 90cm, 그루 간격 45cm로 깊이 15cm의 구멍을 판다. 물을 충분히 뿌려둔다.

6. 옮겨심기

물주기를 한 본잎 6~7장의 모종은 뿌리 위로 1cm 정도만 흙이 덮일 정도로 얕게 심는다.

7. 추비, 흙모으기

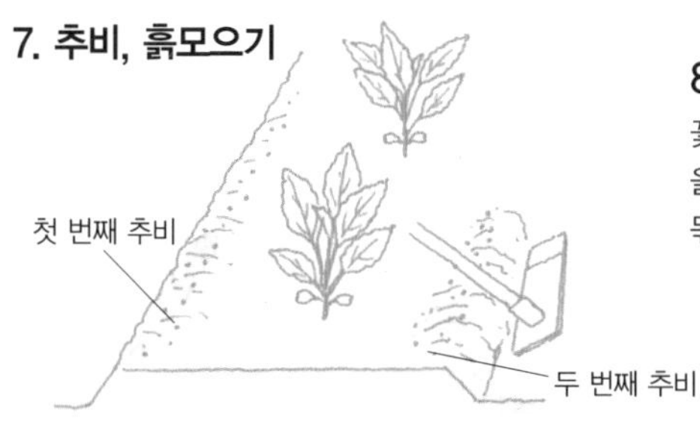

옮겨심기 20일 후 이랑 가장자리에 유박 1줌을 주고 흙과 섞어준 후 흙모으기를 한다. 20일 후에 한 번 더 실시한다. 바람이 강할 때는 지주를 세운다.

8. 결속

꽃봉오리가 직경 3~5cm 정도 되었을 때 겉잎 5~6장으로 싼 후 끈으로 묶는다.

끈

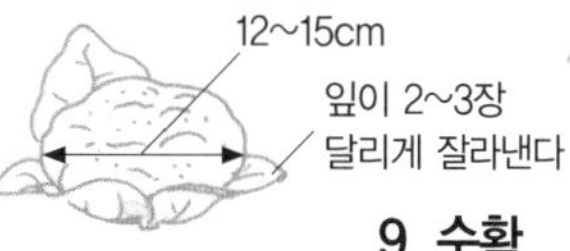

9. 수확

결속 후 20~30일 정도 지나면 꽃봉오리의 직경이 12~15cm 정도일 때 수확. 잎이 2~3장 달리게 잘라낸다.

흙모으기 옮겨심은 후 20일 정도 지나면 이랑 끝부분에 유박을 뿌리고 섞어준 후 흙모으기를 합니다. 본잎이 15장 정도 되면 또다시 추비, 사이갈기, 흙모으기를 합니다

결속 겉잎으로 꽃봉오리를 싸고 끈으로 묶어서 햇빛과 서리를 막아주면 꽃봉오리가 하얗게 됩니다. 색깔이 있는 품종은 묶어주지 않습니다.

거름주기 추비는 1그루에 유박 1줌을 주고, 그루가 넘어지지 않도록 흙모으기를 잘 해줍니다.

수 확

개화하기 전에 꽃봉오리의 직경이 12~15cm 정도될 때가 수확하기 좋은 시기입니다. 결속하여 20~30일 정도 지났을 때입니다. 수확이 늦어지면 꽃이 피므로 주의해야 합니다.

병 해 충 대 책

입고병, 노균병 등은 연작하지 않으면 줄어듭니다. 진딧물이나 청벌레 등은 한랭포를 씌워 육묘하면 방제할 수 있습니다.

꽃봉오리가 생기지 않아요

꽃봉오리가 생기기 위해서는 먼저 꽃눈이 생겨야 하는데, 꽃눈 형성에는 일정 크기의 모종이 일정 기간 저온을 만나야 합니다. 또 육묘 중에 저온을 만나면 모종이 완전히 자라기 전에 꽃봉오리가 생기게 되고, 저온기간이 너무 짧으면 꽃봉오리 속에 잎이 생기게 됩니다. 어느 쪽이든 그 품종에 적합한 시기에 씨뿌리기를 하는 것이 가장 중요합니다.

부추

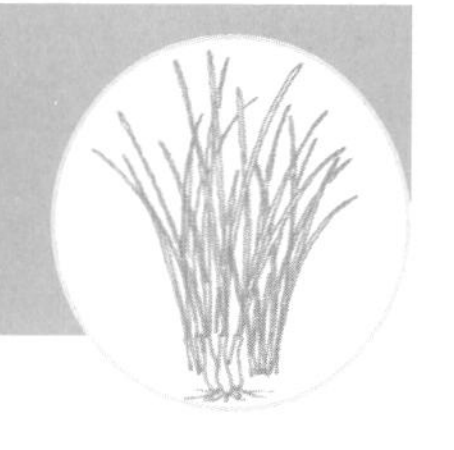

작업일지	1월	2월	3월	4월	5월	6월	7월	8월	9월	10월	11월	12월
씨뿌리기			■	■								
작업			■		옮겨심기	■	■		■			
수확					■	■	■	■	■			

♣ **어떤 채소?**
백합과. 생명력이 강한 채소로 카로틴의 함유량이 많다.

♣ **재배방법 포인트**
어디에서나 재배할 수 있어 한 번 심으면 그대로 두어도 수확할 수 있을 정도로 잘 자란다.

재 배 방 법

흙만들기 건조에 강하고 습도에는 약하므로 일조와 물빠짐이 좋은 장소를 선택합니다. 더위와 추위에 약해서 지상 부분이 마르기도 하지만 땅 속에 있는 부분이 강하므로 조건이 나빠도 점점 그루가 나눠지면서 커집니다.

씨뿌리기 가을 파종도 가능하지만 3개월 정도 육묘하므로 기후가 좋은 봄 파종이 간단합니다. 멀칭으로 지온을 높여 건조를 억제하면 2주 정도 지나서 발아합니다.

옮겨심기 육묘한 모종을 4~5그루 한꺼번에 6월 중순에서 7월 초순까지 옮겨심기를 합니다. 또 모종을 그루나누기를 하거나 구입하거나 하여 옮겨심기를 해도 좋습니다. 그런

1. 씨뿌리기

씨뿌리기 10일 전까지 1㎡당 2줌 정도의 고토석회를 뿌려서 갈아엎는다. 1㎡당 퇴비 1통, 골분 2줌을 스며들도록 하고 1m 폭의 파종 상을 만든다.

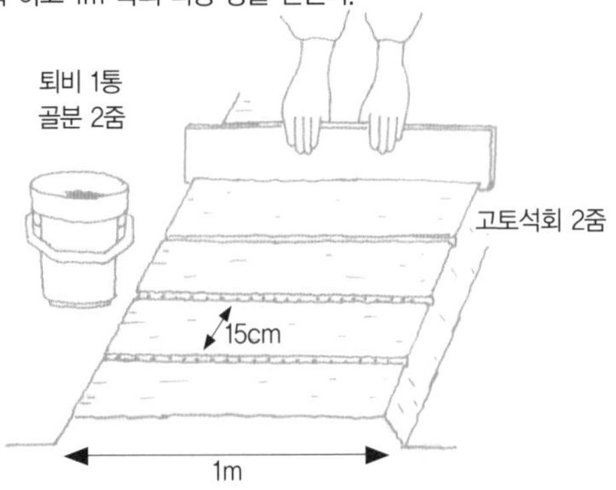

2. 발아

15cm 간격으로 파종할 골을 만들어 줄뿌리기를 한다. 흙덮기는 5mm. 물주기를 한 다음에는 짚을 깔아주어 투명 비닐 멀칭을 씌운다. 2주 정도에 발아한다.

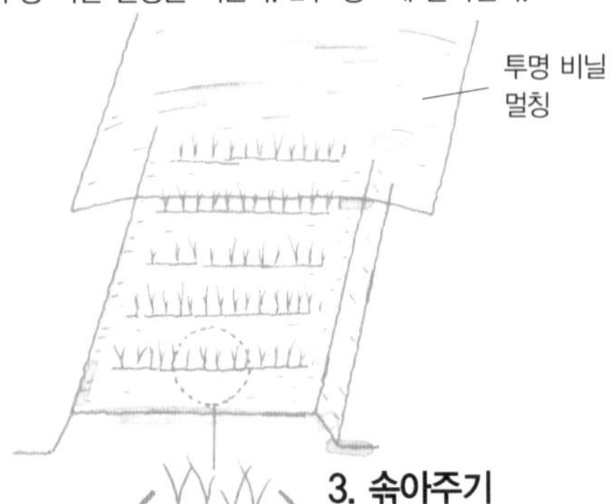

3. 솎아주기

발아 후 1cm 간격으로 솎아준다. 90일 정도에는 20~25cm의 모종이 되도록 한다.

유박을 사이에 뿌린다

1cm

4. 흙만들기

옮겨심기 10일 전에는 1㎡당 2줌의 고토석회를 뿌려서 갈아엎어둔다. 1㎡당 퇴비 2통, 골분 2줌, 유박과 어분 각각 4줌을 깊이 15cm의 골에 주고 흙을 다시 덮어준다. 50~60cm 폭의 이랑을 만든다.

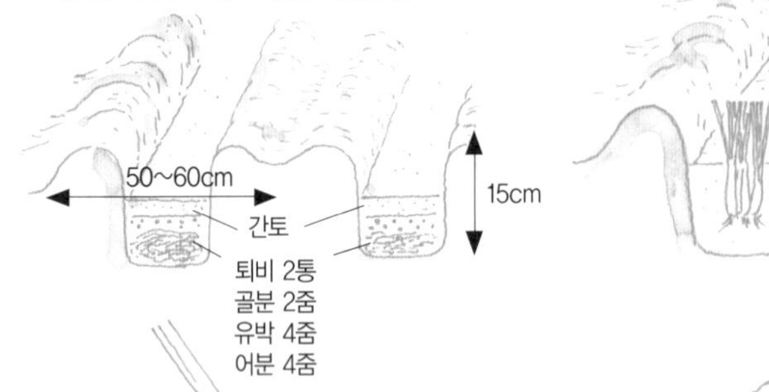

5. 옮겨심기

모종 4~5개씩 한꺼번에 20cm 간격으로 심는다. 약간 깊게 심고 잎을 반 정도 잘라준다.

20cm

6. 거름주기, 흙모으기

옮겨심기를 한 후 20일 정도에 흙모으기를 한다. 9월 하순에 유박을 소량 준 다음 흙모으기를 한다.

유박

7. 수확

잎이 20cm 정도 되면 지면에서 2cm 정도 위를 잘라서 수확한다. 2주일간 수확을 반복한다. 수확하지 않으면 잎이 굳어진다.

2cm

8. 꽃부추

개화 전의 봉오리를 잘라낸다. 잎부추의 꽃대는 빨리 잘라낸다.

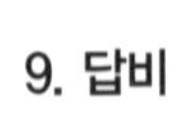

9. 답비

9월이 되면 답비를 주고 수확을 끝낸다.

경우에는 3월 중순에서 하순이나 9월 중순에 옮겨심기를 합니다.

흙모으기 씨뿌린 후 1년째는 수확하지 않고 그루가 충실해지도록 합니다. 옮겨심기 20일 후에 흙모으기를 하고, 9월 말에는 유박을 뿌려주고 다시 흙모으기를 합니다. 수확을 시작한 다음에는 추비를 주고 흙을 모아줍니다.

거름주기 추비의 유박을 소량씩 줍니다.

수 확

잎이 20cm 정도 되면 잎을 잘라서 수확합니다. 지면에서 2cm 정도를 남기고 잘라줍니다. 여름에는 꽃대가 올라오므로 그루가 소모되지 않도록 빠른 시기에 제거해줍니다.

병 해 충 대 책

진딧물은 발견하는 즉시 제거해줍니다. 노균병 대책으로 물빠짐이 나쁜 밭일 경우 이랑을 높게 합니다.

잎이 가늘고 빈약해요

일조나 물빠짐이 나쁘고 비료가 부족하면 결과가 나빠집니다. 여름의 건조와 꽃대가 올라오는 것도 그루에 부담을 주는 요인입니다. 그루가 점점 불어나므로 영양을 서로 빼앗으려고 합니다. 몇 년이 지난 후 그루나누기를 하여 옮겨심으면 다시 좋은 수확을 기대할 수 있습니다.

대파

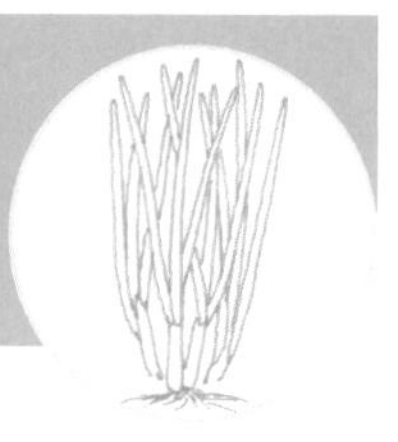

작업일지	1월	2월	3월	4월	5월	6월	7월	8월	9월	10월	11월	12월
씨뿌리기			■	■								
작업			구입한 모종 심기		■							
				옮겨심기		■	■					
수확	■	■									■	■
	■	■						구입한 모종	■	■	■	■

♣ **어떤 채소?**
백합과. 우리나라에서는 주로 줄기가 짧고 잎이 긴 잎파가 생산된다.

♣ **재배방법 포인트**
더위와 추위에 강하고 가정 텃밭에서도 수확기간이 길다. 물빠짐이 좋은 흙을 깊이 갈아주는 것이 좋다.

재 배 방 법

흙만들기 산성 토양을 싫어하므로 반드시 고토석회로 중화합니다. 묘판에는 밑거름을 주지만 옮겨심기할 이랑에는 비료의 부작용이 있을 수 있으므로 밑거름을 주지 않습니다. 척박한 토양이라면 퇴비나 골분 등을 주도록 합니다.

씨뿌리기 가을 파종은 봄이 되어 꽃대가 올라오면 성장이 멈추므로 생장기간이 짧아도 되는 봄 파종이 간단합니다. 씨앗은 하룻밤 물에 담가두면 발아하기 쉽습니다. 흙덮기는 얕게 하고 짚을 깔아주고 비닐 터널을 만들어 관리하면 건조를 막을 수 있습니다. 일주일 정도 후에 발아하면 짚을 벗겨줍니다.

솎아주기 복잡해진 부분부터 빨리 솎아주어 그루 간격이 2cm 정도 되도록 합니다. 굵기 1cm 정도까지 키웁니다.

옮겨심기 5월경에 시중에 나오는 모종을 구입하여 사용해도 됩니다. 옮겨심기할 때는 뿌리가 보이지 않고 잎이 넘어지지 않을 정도로 흙을 덮고 건조를 막기 위해 짚을 덮어줍니다. 3~4개의 모종을 한꺼번에 옮겨심기합니다. 심근성 품종일 경우에는 수직으로 구멍을 깊이 파고 다시 흙을 모아 구멍을 채워주어 뿌리가 잘 뻗을 수 있도록 합니다.

흙모으기 심근성 파 중에서 흰 줄기가 긴 것은 흙모으기로 연백화(軟白化, 흙을 높이 올려서 햇빛이 닿지 않도록 하는 것)해야 하기 때문입니다. 추비와 흙모으기는 월 1회를 기준으로 전체 3~4회 실시하고, 그후 마지막 흙모으기로 연백화 작업이 끝납니다. 잎파는 가볍게 1회만 구멍을 채우는 정도로 합니다.

거름주기 추비는 속효성(速效性) 성분이 있는 것으로 부작용이 없도록 거름을 줍니다.

수 확

심근성 파는 9월 초순의 흙모으기에서 20일, 11월 이후에는 40일 정도로 연백화가 완성됩니다. 잎파는 8월부터 수확이 가능합니다.

병 해 충 대 책

파에는 벌레가 잘 붙어 구멍을 뚫고 잎 안으로 잘 숨습니다. 발견하는 즉시 제거해주도록 합니다. 비나 비료가 부족하여 노균병이나 검은무늬병이 발생하므로 물빠짐과 통풍이 잘 되도록 합니다.

심근성

1. 흙만들기

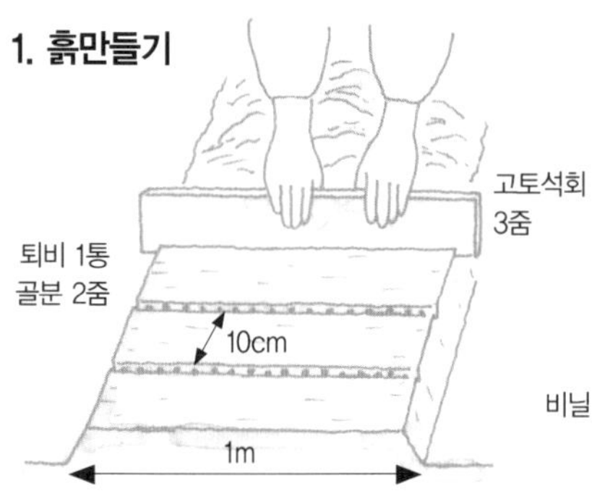

씨뿌리기 10일 전까지 1㎡당 고토석회 3줌, 퇴비 1통, 골분 2줌을 주고 잘 갈아엎어준다. 1m 폭의 평이랑을 만든다.

2. 씨뿌리기 1

씨가 뜨지 않도록 가제로 싸서 하룻밤 물에 담가둔다. 10cm 간격으로 파종할 골을 만들어 줄뿌리기를 한다.

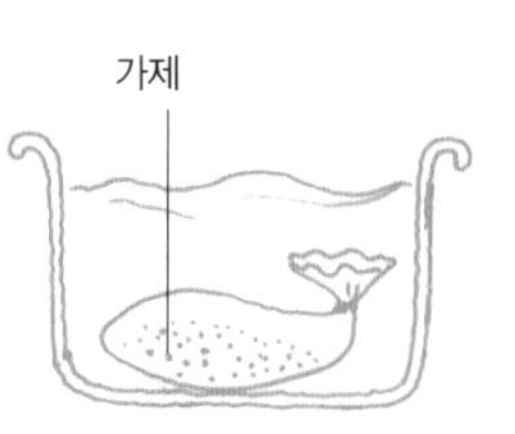

3. 씨뿌리기 2

가볍게 흙덮기를 하고 물을 준 다음 짚을 깔아주어 건조를 막는다. 차광망을 씌우거나 3월 중순경이라면 비닐을 씌워 터널을 만들어 보온하고 해충을 방제한다.

4월에 비닐을 벗기고 차광망을 씌운다

끝을 열어서 환기시킨다

유박으로 추비

4. 모종의 관리

15~25도의 적정 온도라면 일주일 정도 후에 발아한다. 발아하면 짚을 걷어주고 비닐 터널은 환기를 시작한다. 4월이 되면 차광망 터널로 바꾼다.

5. 솎아주기

복잡해진 곳은 2cm 정도의 간격으로 솎아준다. 6월 중순에서 7월 하순까지 30~50cm의 모종으로 자라게 한다.

2cm

6. 거름주기

고토석회 3줌

퇴비 1통
유박 4줌
어분 2줌
골분 3줌

20cm 이상 갈아 엎는다

옮겨심기 10일 전까지 1㎡당 3줌의 고토석회를 뿌리고 20cm 이상 깊이 갈아엎어둔다. 척박한 토양에는 1㎡당 위와 같이 밑거름을 준다.

북
80cm
남
15~20cm
척박한 땅이라면 퇴비나 골분 등을 준다
15cm

7. 옮겨심을 골 파기

남북으로 80cm 폭의 이랑을 만들어, 깊이 15~20cm의 수직 골을 판다.

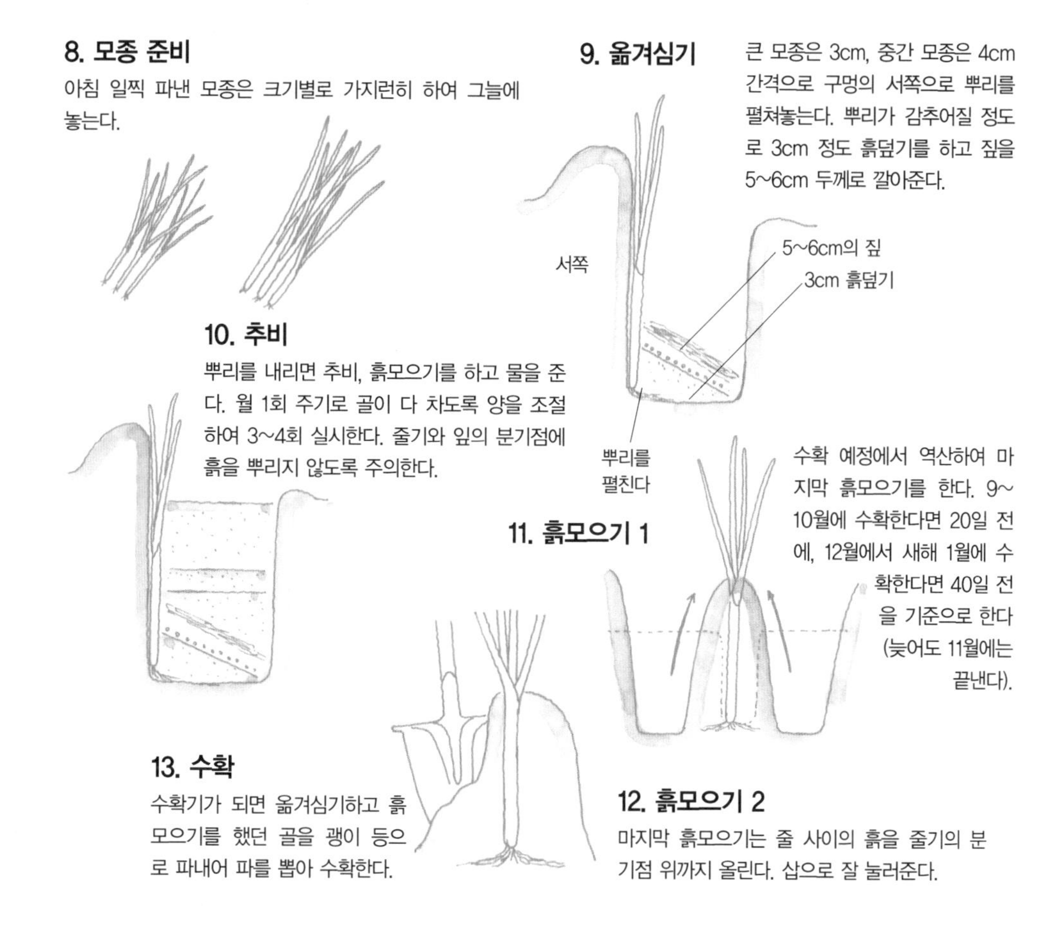

8. 모종 준비

아침 일찍 파낸 모종은 크기별로 가지런히 하여 그늘에 놓는다.

9. 옮겨심기

큰 모종은 3cm, 중간 모종은 4cm 간격으로 구멍의 서쪽으로 뿌리를 펼쳐놓는다. 뿌리가 감추어질 정도로 3cm 정도 흙덮기를 하고 짚을 5~6cm 두께로 깔아준다.

10. 추비

뿌리를 내리면 추비, 흙모으기를 하고 물을 준다. 월 1회 주기로 골이 다 차도록 양을 조절하여 3~4회 실시한다. 줄기와 잎의 분기점에 흙을 뿌리지 않도록 주의한다.

11. 흙모으기 1

수확 예정에서 역산하여 마지막 흙모으기를 한다. 9~10월에 수확한다면 20일 전에, 12월에서 새해 1월에 수확한다면 40일 전을 기준으로 한다(늦어도 11월에는 끝낸다).

12. 흙모으기 2

마지막 흙모으기는 줄 사이의 흙을 줄기의 분기점 위까지 올린다. 삽으로 잘 눌러준다.

13. 수확

수확기가 되면 옮겨심기하고 흙모으기를 했던 골을 괭이 등으로 파내어 파를 뽑아 수확한다.

Q&A

파가 굵어지지 않아요

비료부족일 경우도 있지만 뿌리가 상했을 가능성도 있습니다. 흙모으기가 너무 이르거나 한 번에 너무 많은 양의 흙을 모으는 것은 좋지 않습니다. 11월 하순에 흙모으기를 끝낼 수 있도록 역산하여 조금씩 모아줍니다. 심근성 파는 옮겨심기하고 3~4개월 후에 갑자기 양분을 흡수하기 시작합니다. 속효성 비료를 주더라도 부작용이 일어나기 쉬우므로 주의해야 합니다. 충분히 발효한 계분이라면 속효성 성분이 있고 석회분도 많으므로 이상적입니다. 간토해야 하므로 흙모으기를 하면서 섞이지 않도록 주의해야 합니다. 꽃대가 나오면 영양분을 빼앗기므로 성장이 멈추게 됩니다. 일정한 크기의 그루가 저온상태를 맞으면 꽃눈이 분화하므로 가을 파종 모종의 꽃대가 나오는 것은 바로 제거해줍니다.

잎파

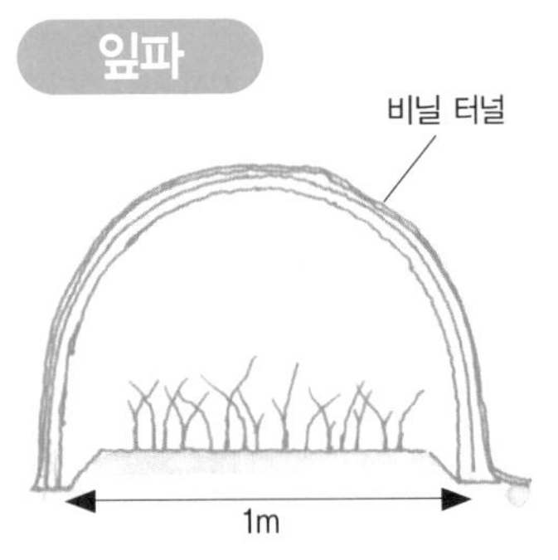

1. 모종만들기

모종만들기는 심근성 파와 같은 방법으로 함.

2. 흙만들기

옮겨심기 10일 전까지 1㎡당 3줌의 고토석회를 뿌리고 잘 갈아엎어둔다. 척박한 토양에는 밑거름을 준다. 60cm 폭의 이랑을 만들어 깊이 10cm 정도의 옮겨심기할 골을 판다.

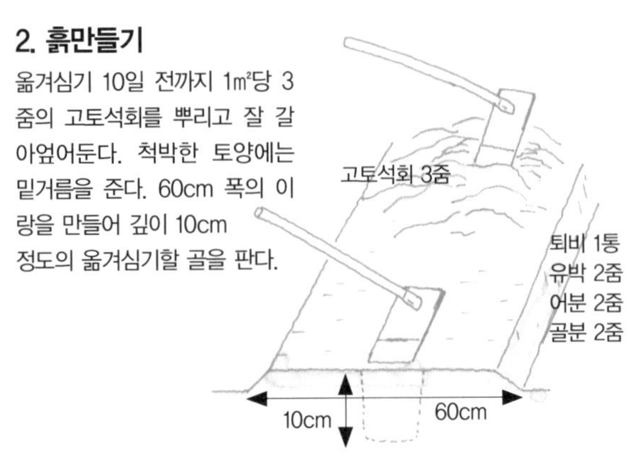

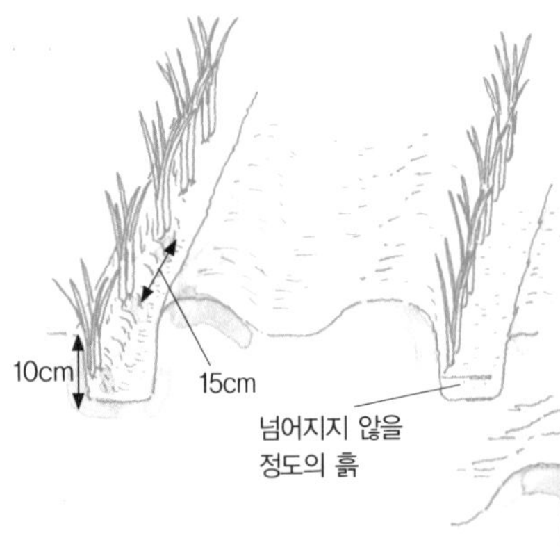

3. 옮겨심기

모종은 크기를 가지런히 하여 3~5개씩 한꺼번에 15cm 간격으로 심는다. 넘어지지 않을 정도로 흙을 덮어준다.

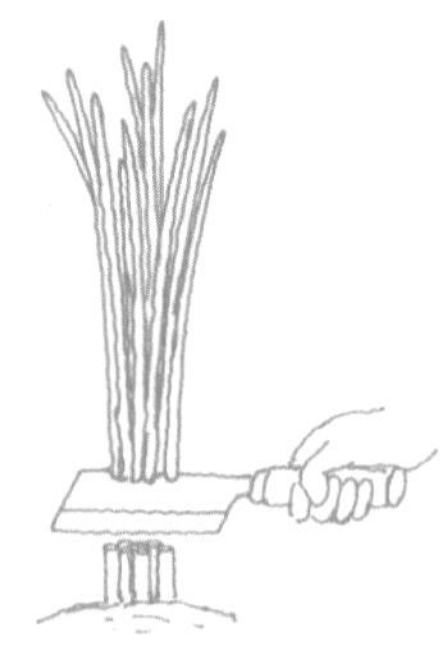

4. 추비, 흙모으기

옮겨심기 후 1개월이 되면 추비를 주고 골을 매립하듯이 흙모으기를 한다.

상태를 보고
추비로
유박을 준다

5. 수확

옮겨심기하고 2개월 정도 후에 수확할 수 있다. 이용할 분량만 자르든지 그루째 뽑아서 수확한다.

줄기가 짧은 품종을 재배하고 싶어요

최근에는 여러 가지 품종의 잎파가 나와 있습니다. 심근성 파와는 반대로 여름에도 수확할 수 있으므로 둘 다 재배해보는 것도 좋을 것입니다. 더위와 추위에 강하고 심근성보다 손이 덜 가는 편입니다. 위의 그림과 같이 이식하여 재배하는 방법 외에 직파도 가능합니다. 심근성 파와 같은 흙으로 10cm 폭의 골 3개에 줄뿌리기를 하고 15cm의 모종이 5cm 간격이 되도록 솎아주면서 재배하면 간단합니다. 2회 추비를 주고 옮겨심기하고 1개월 후에 1회 흙모으기를 합니다.

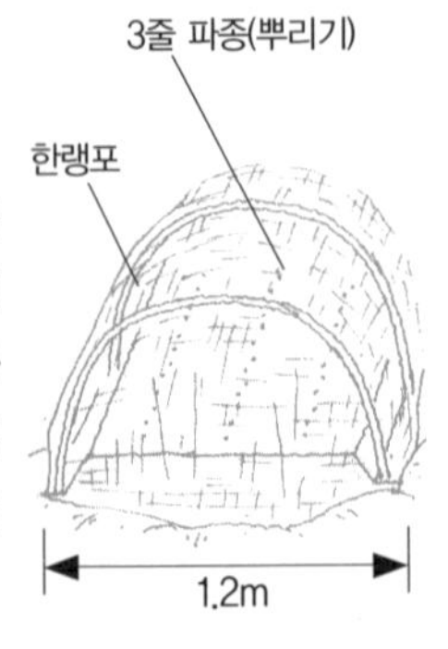

실파

작업일지	1월	2월	3월	4월	5월	6월	7월	8월	9월	10월	11월	12월
옮겨심기								■	■			
작업		추비	■						추비	■		
수확			■	■	■							

♣ 어떤 채소?
백합과. 잎이 가늘고 깔끔한 맛이 나는 파.

♣ 재배방법 포인트
한 번 심으면 2~3년은 수확할 수 있다. 산성 토양과 건조, 과습을 피한다.

재배방법

흙만들기 산성 토양을 싫어하므로 반드시 고토석회로 중화시키고 물빠짐이 나쁜 장소를 피하여 이랑을 만듭니다. 밑거름은 잘 스며들도록 합니다.

옮겨심기 여름이 끝날 무렵 시중에 나오는 구근(알뿌리)을 구하여 심습니다. 구근의 3~4배 깊이의 골을 파고 뾰족한 부분을 위로 하여 15cm 간격으로 심습니다. 구근은 2~3개가 붙어 있는 것을 하나로 하여 심습니다. 흙덮기를 한 후 건조하지 않도록 짚을 깔아줍니다. 일조와 물빠짐이 좋은 장소에서 건조하지만 않다면 아무것도 하지 않더라도 잘 자랄 정도로 재배가 간단합니다.

1. 흙만들기

퇴비 1통
유박 2줌
어분 2줌
골분 2줌

고토석회 2줌

50~70cm

옮겨심기 2주일 전에 1㎡당 2줌의 고토석회를 뿌려서 갈아엎어둔다. 일주일 전까지는 퇴비 1통, 유박, 어분, 골분을 각각 2줌씩 주고 흙과 잘 섞어서 50~70cm 폭의 평이랑을 만든다.

2. 옮겨심기

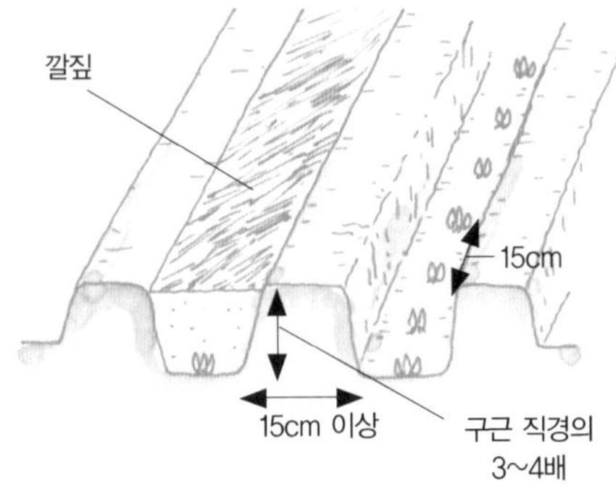

옮겨심기할 골은 줄 간격 15cm, 구근의 직경 3~4배의 깊이에 15cm 간격으로 2~3개씩 심는다. 흙덮기를 한 후에는 짚을 깔아준다. 매년 뽑지 않는다면 그루 간격을 더 넓게 하는 것이 좋다.

3. 거름주기

10월 중순과 3월 초순에 2회, 그루 사이에 1그루당 1줌의 유박을 주고 가볍게 스며들도록 한다.

4. 수확

다음해 봄에 잎이 15~20cm가 될 때 수확한다. 그대로 심어둘 경우에는 가을에도 같은 방법으로 수확할 수 있다. 수확할 때는 지면 위에서 잎부분만 잘라 수확한다.

15~20cm

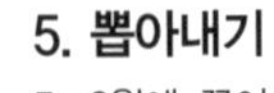

5. 뽑아내기

5~6월에 꽃이 피고 잎이 마르면 그루째 뽑아서 그늘에 말려, 가을에 다시 구근으로 심으면 좋다.

겨울나기 겨울에는 지상 부분이 마르지만 봄이 되면 다시 싹이 나옵니다.

거름주기 추비를 하면 수확이 좋아집니다. 10월 중순과 3월 초순 그루 사이에 2회 유박을 주면 됩니다.

수 확

다음해 봄에 다시 나온 싹이 15~20cm가 되면 잎을 잘라서 수확합니다. 그대로 두면 5~6월에 꽃대가 나와 꽃이 핍니다. 잎은 여름의 휴면으로 말라버리므로 뽑아내어 그늘에 말려 구근을 수확합니다. 또한 2~3년 심은 상태로 두어도 좋습니다.

병 해 충 대 책

진딧물, 뿌리응애 등의 해충은 미숙한 비료를 사용하면 늘어납니다. 완숙 발효퇴비를 사용하고 해충은 발견하는 즉시 제거합니다.

잎이 매년 빈약해져요

그루를 나누는 힘이 왕성하여 1년 재배하면 잎줄기 밑부분에는 여러 개의 줄기가 달리는 것이 실파의 특징입니다. 그대로 심어두어도 몇 년간 수확이 가능하지만 금방 무성해져서 정해진 영양분으로는 빈약해질 수밖에 없습니다. 뽑아내어 옮겨심는 것이 좋습니다.

쪽파

작업일지	1월	2월	3월	4월	5월	6월	7월	8월	9월	10월	11월	12월
옮겨심기								■	■			
작업												
수확			■	■							■	■

♣ **어떤 채소?**
백합과. 파보다도 부드럽고 단맛이 있으며 비타민류도 많이 함유되어 있다.

♣ **재배방법 포인트**
그루나누기를 잘 하는 작물이라 재배하기가 쉽다. 비료를 좋아하므로 밑거름을 많이 주도록 한다. 내한성은 파보다는 약한 편이다.

재 배 방 법

흙만들기 산성 토양을 싫어하는 것은 파와 동일합니다. 반드시 고토석회로 중화시키고 물빠짐이 잘 되도록 해둡니다. 비옥한 흙을 좋아하므로 퇴비와 골분 등의 밑거름을 주고 잘 갈아엎어주면 그루나누기가 진행됩니다.

옮겨심기 8~9월에 구근이 나오므로 그것을 구하여 옮겨심기를 합니다. 옮겨심기 전에 겉껍질을 벗겨두면 뿌리를 잘 내릴 수 있습니다. 반나절 동안 햇빛에 말렸다가 손으로 비비면 구근을 상하지 않고 겉껍질을 벗길 수 있습니다. 구근을 2~3개씩 나누어 끝이 감추어지지 않을 정도로 수직으로 심습니다.

1. 흙만들기, 이랑만들기

옮겨심기 10일 전까지 1㎡당 2줌의 고토석회를 뿌려 퇴비 1통, 유박, 골분, 어분을 각각 2줌씩 뿌려주고 잘 갈아엎어둔다. 30cm 폭의 이랑이나 50~70cm 폭의 평이랑을 만든다.

30cm

퇴비 1통
유박 2줌
어분 2줌
골분 2줌

고토석회 2줌

50~70cm

2. 구근 준비

구근은 겉껍질을 벗겨서 2~3개씩 나눈다. 반나절 정도 햇빛에 말렸다가 손으로 비비면 좋다.

손으로 비벼서
겉껍질을 벗긴다

3. 옮겨심기

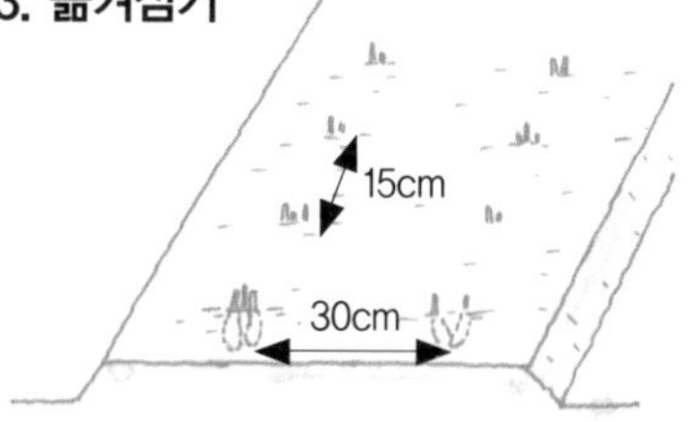

줄 간격은 30cm로 하고, 그루 간격은 15cm 정도로 2~3개씩 심는다. 줄기 끝이 겨우 보일 정도의 깊이로 심는다.

4. 거름주기

잎의 길이가 10cm 정도 되면 유박을 1줌 그루 사이에 뿌려주고 가볍게 스며들도록 하여 흙모으기를 한다. 이후 월 1회를 기준으로 실시한다.

5. 수확

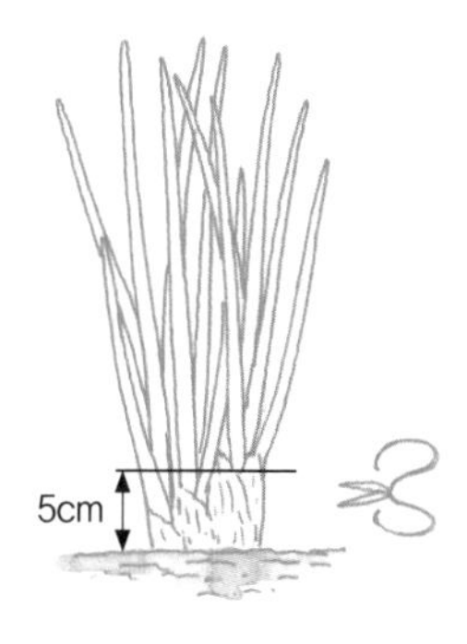

잎의 길이가 20cm 이상 되면 필요한 분량만 잘라서 수확한다. 지면에서 5cm 정도 되는 부분을 칼이나 가위로 잘라서 수확한다.

6. 뽑아내기

6월에 잎이 노랗게 마르면 구근이 상하지 않도록 뽑아낸다.

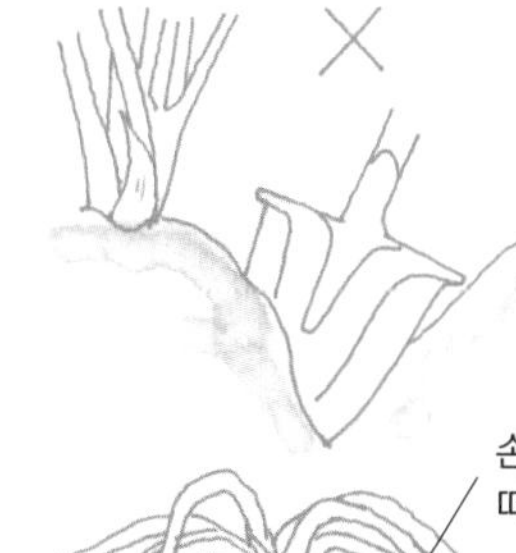

손으로 그루 밑을
떠내듯이 뽑는다

7. 건조

건조시켜서 흙을 털고 옮겨심을 때까지 시원한 곳에 보관한다.

거름주기 길이가 10cm 정도 자라면 상태를 보아 유박을 주고 가볍게 흙모으기를 합니다. 이후 월 1회를 기준으로 추비, 사이갈기, 흙모으기를 합니다. 사이갈기, 흙모으기를 하면 그루나누기가 촉진되므로 추비를 하지 않을 경우에도 이 작업은 하도록 합니다. 추비가 꼭 필요하지 않다면 생략하는 것이 유박 냄새로 인해 진딧물이 생기지 않으므로 좋습니다.

수 확

11월 이후 잎이 자라나면 지면에서 5cm 정도 부분을 잘라서 수확합니다. 잎은 나중에 다시 자라 나오므로 계속 수확할 수 있습니다. 겨울에는 지상 부분이 마르지만 봄이 오면 다시 싹이 납니다. 구근은 지상 부분의 잎이 노랗게 마르는 6월경 맑은 날에 뽑아냅니다. 그늘지고 바람이 잘 통하는 곳에 매달아 잘 건조시킨 후 시원한 곳에 보관합니다.

병 해 충 대 책

씨고자리, 뿌리응애 등의 해충, 병을 매개하는 진딧물에 주의하고 발견하는 즉시 제거합니다. 구근을 선택할 때도 병해충의 피해상태를 확인합니다.

잎의 생육이 약해요

줄기가 점점 분열하여 늘어나므로 매년 여름에 뽑아내어 가을에 옮겨심기를 하지 않으면 밀집되어 양분이 부족해집니다.

삼엽초

작업일지	1월	2월	3월	4월	5월	6월	7월	8월	9월	10월	11월	12월
씨뿌리기				■	■				■			
작업												
수확						■	■	■		■	■	

♣ **어떤 채소?**
미나리과. 향이 좋으므로 찌개에 넣어 향을 낸다. 청삼나물이 재배하기가 쉽다.

♣ **재배방법 포인트**
밀식하여 재배, 부드러운 줄기와 잎으로 자라게 한다. 고온 건조한 여름에는 재배하기 어렵다.

재 배 방 법

흙만들기 비옥하고 보습성이 좋은 흙이라면 좋은 결과를 얻을 수 있을 것입니다. 물빠짐이 나쁜 곳에서는 병해충 발생을 초래하므로 이랑을 높게 해야 합니다. 산성 토양에 약하므로 반드시 고토석회로 중화시킨 후 흙만들기를 합니다.

씨뿌리기 발아하기 어려운 씨앗이므로 하룻동안 물에 담가두어 씨앗에 물이 충분히 스며들도록 합니다. 수분이 충분히 스며들지 않으면 발아가 불균등해집니다. 밀식하여 재배하므로 성장이 균일하지 않으면 적기에 수확하는 데 문제가 생기므로 주의해야 합니다. 발아하기까지는 2주 정도 걸리므로 그 동안 건조하지 않도록 물을 자주 주는 것도 중

1. 흙만들기

일주일 전까지 1㎡당 2줌의 고토석회를 뿌리고 퇴비 1통, 유박 3줌, 골분 2줌을 뿌리고 1m 폭의 이랑을 만든다.

2. 씨앗 침수

씨앗은 가제로 싸서 하룻동안 물에 담가둔다.

가제

3. 씨뿌리기

이랑에 15~20cm 간격, 1cm 깊이의 파종 골을 만들어 줄뿌리기를 한다.

15~20cm

깊이 1cm

4. 짚깔기

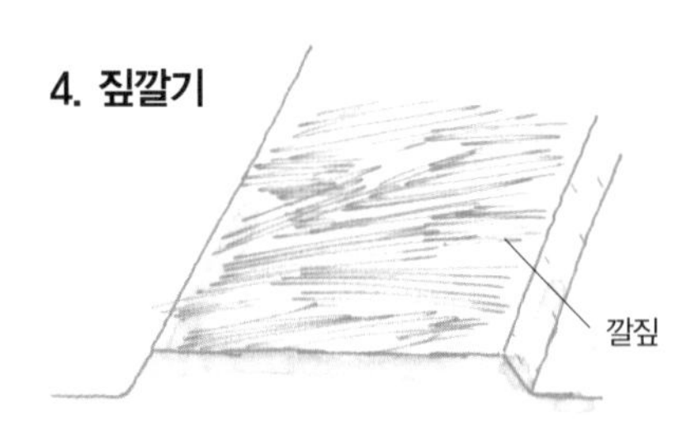

가볍게 흙덮기를 한 후 흙을 눌러주고 씨앗 주위에 짚을 깔아준다.

5. 솎아주기와 추비

발아하면 어린 잎이 겹치지 않도록 너무 작은 것과 너무 큰 것을 솎아준다. 가끔씩 줄 사이에 추비를 주고 사이갈기를 한다.

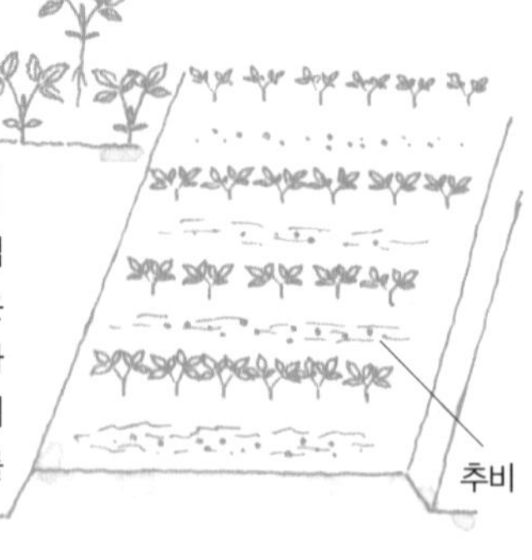

6. 수확

씨뿌린 지 50~60일 후에 수확. 지면으로부터 2~3cm 정도에서 잘라 수확한다. 추비를 해두면 다시 싹이 나서 수확할 수 있다. 뿌리째 뽑아내도 된다.

7. 뿌리삼나물

뿌리삼나물은 겨울 동안에 흙모으기를 해두면 봄에 싹이 난다. 하얀 줄기가 생겨나서 뿌리삼나물이 된다.

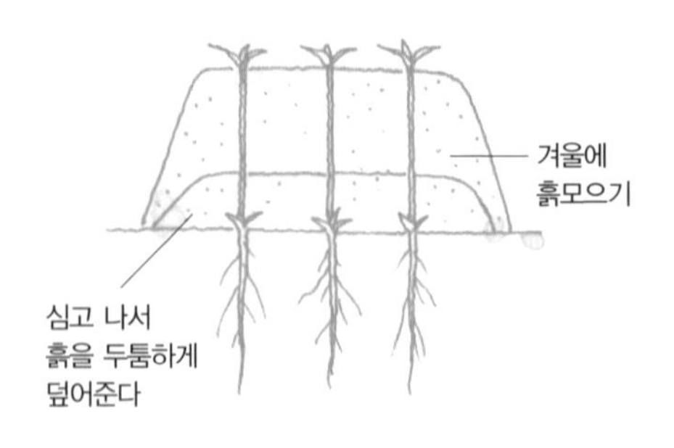

요합니다.

솎아주기 어린 잎이 겹치지 않을 정도로만 솎아주고 밀식하도록 합니다. 직사광선을 피하기 위해 차광망으로 햇빛을 가리고 건조기에는 물주기를 하여 건조를 막습니다.

거름주기 상태를 보아 줄 사이에 추비로 유박을 뿌리고 스며들도록 합니다.

수 확

봄 · 가을 파종이라면 50~60일 정도에 수확할 수 있습니다. 수확기의 초기에는 베어서 수확하고, 추비를 주어 새싹이 나오게 하는 방법도 있습니다. 그루째 뽑아서 수확하는 것도 좋습니다.

병 해 충 대 책

진딧물의 해가 심할 때는 햇빛가리개를 겸하여 차광망(한랭포) 터널을 만들어도 좋습니다.

뿌리삼엽초를 재배하고 싶어요

연백화시키기 위해 괭이 폭으로 가벼운 골을 만들어 흩어뿌리기를 하고, 솎아주기를 하며 재배합니다. 장마철과 가을에 추비를 주고, 겨울에 지상 부분이 마르면 흙모으기를 5cm 정도 합니다. 3월이 되면 다시 흙모으기를 하여 15~20cm 정도 높이까지 올려줍니다. 윗부분을 평평하게 하여 새싹이 나오기를 기다립니다. 30~40일 정도 되어 싹이 나오기 시작하면 하얀 줄기의 삼나물이 수확됩니다.

양파

작업일지	1월	2월	3월	4월	5월	6월	7월	8월	9월	10월	11월	12월
옮겨심기											■	
작업		거름주기	■									거름주기 ■
수확						■						

♣ **어떤 채소?**
백합과. 잎도 이용할 수 있고 장기 보존도 가능하다.

♣ **재배방법 포인트**
영하의 추위에도 잘 견디고 병해충에도 강하므로 건조를 주의하면 재배는 어렵지 않다.

재 배 방 법

흙만들기 일조가 좋고 산성 토양이 아니라면 토질은 그다지 상관없이 재배가 가능합니다. 건조를 싫어하므로 점질(粘質) 토양이 좋지만, 퇴비를 주면 사질(砂質) 토양에서도 잘 자랍니다.

옮겨심기 11월 중순쯤 15~20cm 정도의 모종을 구해 멀칭을 한 밭에 옮겨심기를 합니다. 모종의 크기, 옮겨심기할 시기가 수확량을 좌우합니다. 적당한 크기, 봄의 일조시간(12시간 이상의 일조와 15도 이상의 기온) 등의 좋은 조건을 맞이할 수 있도록 옮겨심기 시기를 지키는 것이 중요합니다. 너무 빠르면 꽃대가 나오므로 주의하고, 너무 깊이 심지 않도록 흰 부분과 녹색 부분의 경계를 기준으로 깊이 2cm 정도로 심습니다.

1. 흙만들기

미리 1㎡당 3줌의 고토석회를 뿌려서 갈아엎어둔다. 퇴비 1㎡당 1통, 유박, 어분, 골분 각각 2줌씩 뿌려 잘 스며들도록 하고 1m 폭의 평이랑을 만든다.

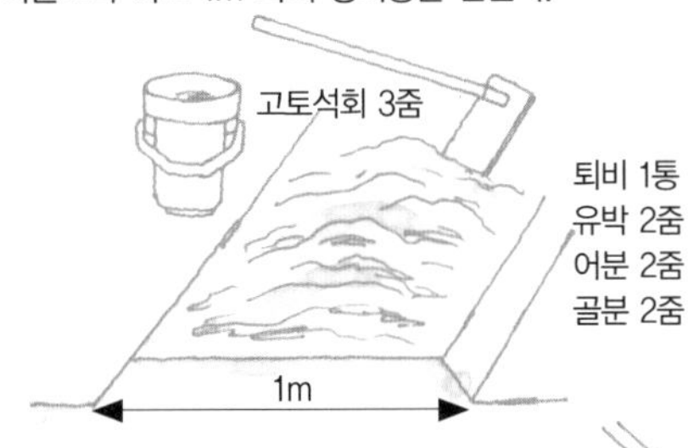

2. 옮겨심기할 모종

연필 정도의 굵기로 길이가 15~20cm인 모종을 11월 중순에 심는다.

3. 옮겨심기

비닐 멀칭을 하고 줄 간격 30cm, 그루 간격 12cm의 2줄 심기를 한다. 1줄 심기라면 그루 간격 9cm로 심는다. 12cm, 15cm 간격의 구멍 난 비닐 멀칭도 편리하다.

4. 옮겨심는 방법

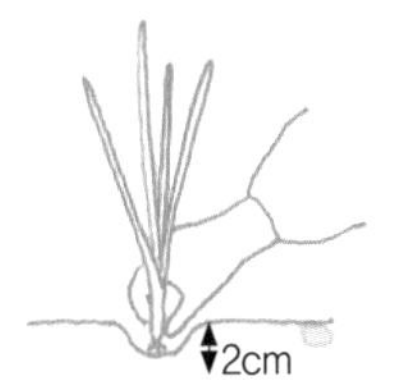

모종의 밑그루를 잡고 2cm 정도 깊이로 심는다. 녹색 부위는 흙을 덮지 않도록 한다.

5. 추비 1

옮겨심기를 한 후 25일이 지나면 멀칭을 벗긴다. 줄 사이나 이랑 모퉁이에 유박을 1줌 주고 사이갈기와 흙모으기를 한다.

6. 짚 깔아주기

짚을 깔아주고 그루 밑을 밟아 서리로 인해 뜨는 것을 막아준다. 양파는 잡초에 약하므로 방제 효과도 있다.

7. 추비 2

3월 초순에 다시 추비, 사이갈기, 흙모으기를 한다.

8. 뽑아내기, 건조

70~80% 정도의 그루 잎이 넘어졌을 때 뽑아내어 그대로 이랑에 한나절 이상 건조시킨다.

통풍이 좋은 그늘에 달아두면 6개월 정도 보존 가능하다

9. 꽃대

줄기가 지면에서 1cm 이상 자라 있는 모종이 10도 이하의 저온상태로 1~3개월간 있으면 꽃눈이 분화하여 대가 나온다.

이랑에 그대로 놓아두면 꽃대가 나와버린다

흙모으기 옮겨심기 25일 후와 3월 초순에 추비를 2회 주고 사이갈기를 합니다.

겨울나기 서리가 내리면 모종이 떠올라버리기 때문에 짚을 깔아주고 그루 밑을 밟아줍니다. 건조가 계속될 때는 물을 줍니다.

거름주기 추비는 1㎡당 유박과 골분을 각각 1줌을 기준으로 뿌려줍니다.

수 확

그루의 잎이 70~80% 넘어진 상태에서 뽑아내고, 그대로 한나절 이상 이랑 위에서 말립니다. 보존은 통풍이 잘 되는 그늘에 달아놓습니다.

병 해 충 대 책

멀칭으로 노균병을 예방하면 비교적 병해충에는 강한 채소입니다.

씨앗부터 키우고 싶어요

일조, 물빠짐, 보습성이 좋고 비옥한 밭에 6~8cm 간격으로 줄뿌리기를 합니다. 씨앗이 보이지 않을 정도로만 흙덮기를 하여 물을 듬뿍 준 다음 짚을 깔아줍니다. 발아하면 싹이 올라온 상태에서 솎아주기를 시작하여 본잎이 3~4장일 때 그루 가격이 2cm가 되도록 합니다. 55일 동안 충분히 뿌리를 내릴 수 있도록 건조하지 않게 하고 흙넣기, 흙모으기를 하면서 모종을 키웁니다.

염교(락교)

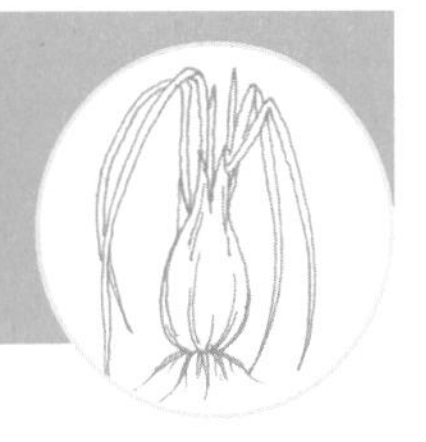

작업일지	1월	2월	3월	4월	5월	6월	7월	8월	9월	10월	11월	12월
옮겨심기								▬	▬			
작업			추비	▬								
수확						▬	▬					

♣ **어떤 채소?**
백합과. 간장절임으로 많이 이용한다. 파 종류는 비타민 B_1의 흡수를 좋게 한다.

♣ **재배방법 포인트**
비료가 적은 흙을 좋아한다. 파 재배가 안 되는 척박한 토양이나 사질 토양에서도 잘 자란다.

재배방법

흙만들기　척박한 토양, 특히 모래가 섞인 땅에서 재배하는 편이 충실하고 좋은 것을 생산할 수 있습니다. 또 1년째보다는 2년째에 수확하는 것이 분구(分球)를 많이 하여 작은 구근이 많이 달립니다. 거기에 겨울나기용 밑거름을 주고 나서 간토를 넣어둡니다.

옮겨심기　씨앗 구근은 크고 충실한 것으로 1개씩 나누었을 때의 무게가 6~7g 정도 되는 것이 좋습니다. 8월 하순에서 9월 하순까지 옮겨심기를 합니다. 늦어지면 늦어질수록 수량이 감소합니다. 깊이 5~6cm로 옮겨심기를 합니다. 깊이 심으면 구근은 크지만 수는 줄어들고, 낮게 심으면 구근이 작고 수가 많아집니다. 낮게 심었을 때는 직사광선에 노출되어 녹색이 되지 않도록 흙을 모아줍니다.

1. 흙만들기

옮겨심기를 하기 2주 전까지 1㎡당 2줌의 고토석회를 뿌려서 갈아엎어둔다. 옮겨심기 일주일 전에 옮겨심기 할 골을 파고 1㎡당 퇴비 1 통, 유박과 골분을 각각 2줌씩 뿌린 다음, 5~6cm의 간토를 넣어준다.

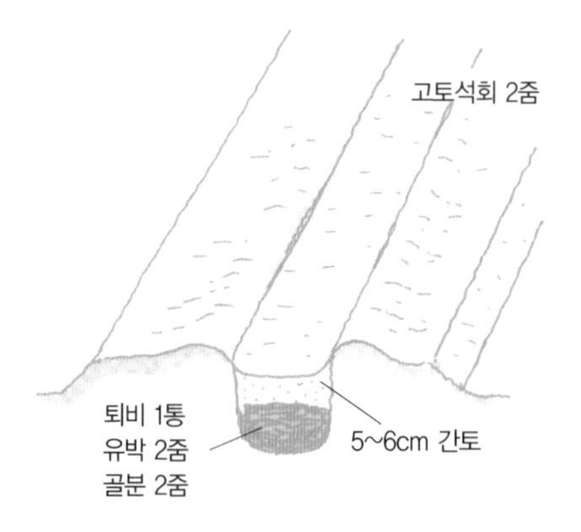

2. 옮겨심기 1

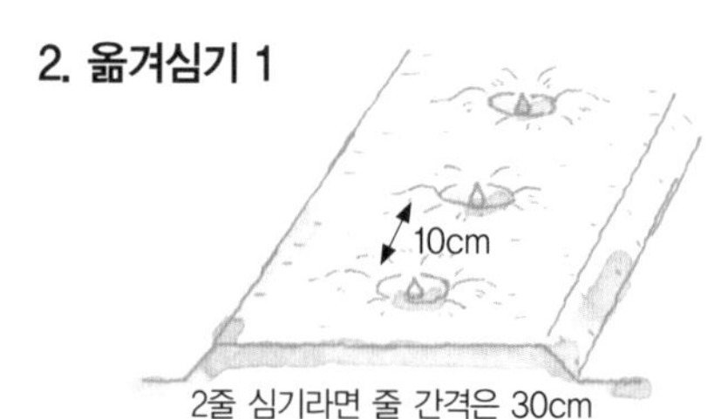

씨앗 구근은 1개씩 나누어서 10cm 간격으로 심는다. 줄 간격은 30cm로 하고 흙덮기는 5~6cm로 한다.

3. 옮겨심기 2

구근을 많이 만들고자 할 경우에는 2~3개의 구근을 한꺼번에 심는다.

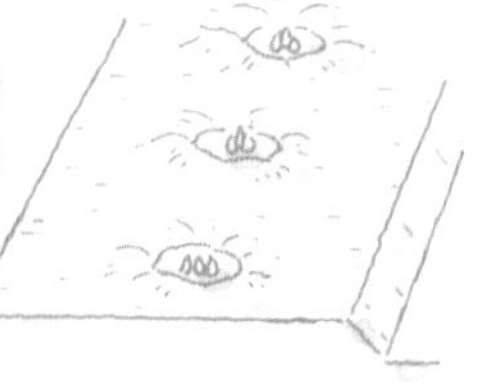

4. 겨울나기

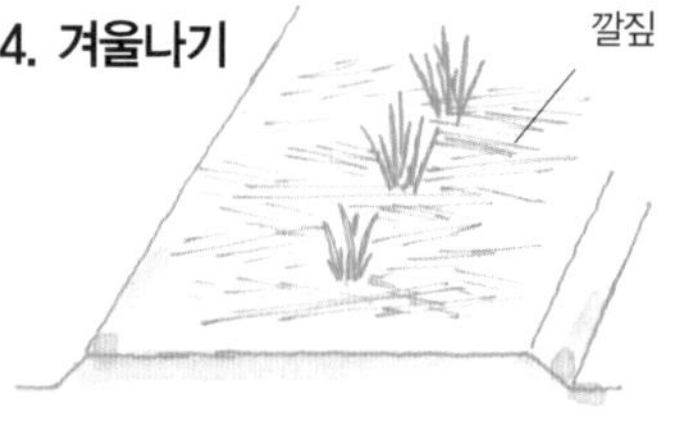

발아하면 짚을 깔아주고 그루 길이가 10cm 정도로 겨울을 나도록 한다.

5. 추비

잎색이 나쁘거나 생장이 나쁘면 가을이나 봄에 싹트기 전에 퇴비를 준다.

6. 제초

추비 후 이랑 사이의 흙을 갈아 제초를 하고 흙모으기를 한다. 추비를 하지 않을 경우에도 제초는 해야 한다.

7. 뽑아내기

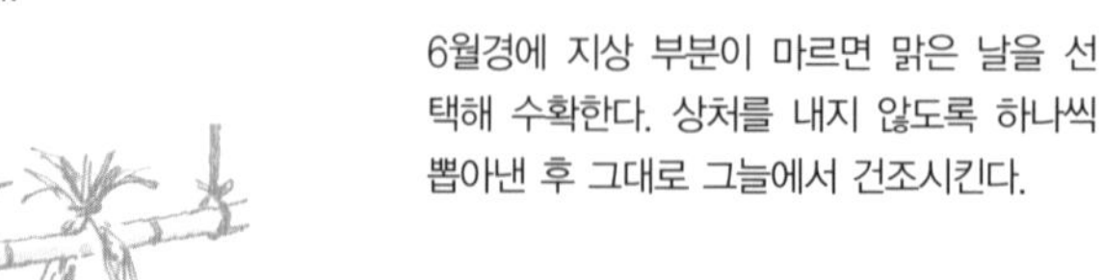

6월경에 지상 부분이 마르면 맑은 날을 선택해 수확한다. 상처를 내지 않도록 하나씩 뽑아낸 후 그대로 그늘에서 건조시킨다.

8. 건조

2~3일 후 흙을 털어내고 물로 씻어낸다. 소금으로 절인 후 설탕과 식초로 절임을 한다.

겨울나기 발아는 가을에 합니다. 추위에는 강한 편이지만, 추워지기 전에 짚을 깔아 겨울을 나도록 합니다.

흙모으기 봄이 되면 새싹이 자라기 시작하여 5~6월경에 구근이 커집니다. 필요하다면 이때 추비를 하여 제초를 겸해 가볍게 갈아엎어주고 흙모으기를 합니다.

거름주기 추비는 구근을 크게 하고자 할 때 퇴비가 가볍게 스며들 정도로 합니다.

수 확

6월경에 잎이 마르고 휴면에 들어가면 뽑아내어 수확합니다. 2~3일 그늘에서 건조시켜 흙을 털어냅니다.

병 해 충 대 책

뿌리응애는 낮게 심으면 발생하기 쉬우므로 주의해야 합니다.

수확을 많이 하고 싶어요

꽃염교라고도 불리는 구근이 작은 구슬염교는 옮겨심기한 다음해 6월에는 수확하지 않고 2년째부터 수확하면 구근을 많이 수확할 수 있습니다. 여름에는 잎이 말라 있지만 가을에 가볍게 추비, 사이갈기, 흙모으기를 해둡니다. 그 다음해의 6월에 수확하면 분구를 2회 거치게 되므로 많은 양을 수확할 수 있습니다.

명강

작업일지	1월	2월	3월	4월	5월	6월	7월	8월	9월	10월	11월	12월
옮겨심기												
작업						추비						
수확					명강 순							

♣ **어떤 채소?**
생강과. 땅 속 줄기를 늘려서 번식한다. 꽃봉오리 외에 어린 줄기도 먹는다.

♣ **재배방법 포인트**
반그늘의 습한 곳을 좋아하므로 정원의 그늘진 곳에 심어도 좋다. 매년 수확할 수 있다.

재 배 방 법

흙만들기　산성 토양에서도 잘 자라지만 고토석회를 뿌려두는 편이 안심이 됩니다. 비옥하고 습한 토양, 반그늘인 곳을 좋아하지만 양지에서도 잘 자랍니다.

옮겨심기　땅 속 줄기가 시판되는 시기는 3월경입니다. 다른 사람에게 받아서 사용하는 것도 좋은 방법입니다. 3월 하순에서 4월에 새싹이 나도록 하여 15~20cm로 잘라서 사용합니다.

흙모으기　발아 후 장마 중에 1회, 지상 부분이 마르는 11월 말경에 1회, 이랑 사이에 추비를 주고 가볍게 스며들도록 하여 흙모으기를 합니다. 건조기에 접어들기 전이므로 낙

1. 흙만들기

옮겨심기를 하기 최소한 10일 전에 1㎡당 1줌의 고토석회를 뿌려서 갈아엎어둔다. 퇴비 1통과 골분 2줌을 스며들도록 하여 옮겨심기할 골을 폭 15cm, 깊이 5~6cm로 판다.

고토석회 1줌

퇴비 1통
골분 2줌

5~6cm

15cm

2. 땅 속 줄기 준비

3월 하순에서 4월 초순에 새싹이 붙어 있는 땅 속 줄기를 구한다. 옮겨심기를 하기 직전에 구하는 것이 좋다. 새싹이 붙어 있는 것을 15~20cm 간격으로 잘라서 나눈다.

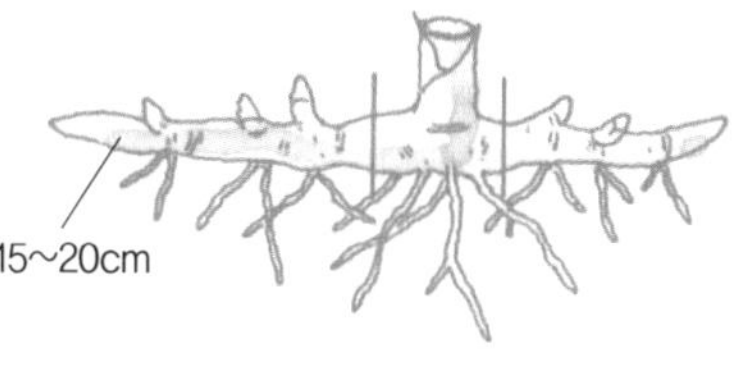

3. 옮겨심기

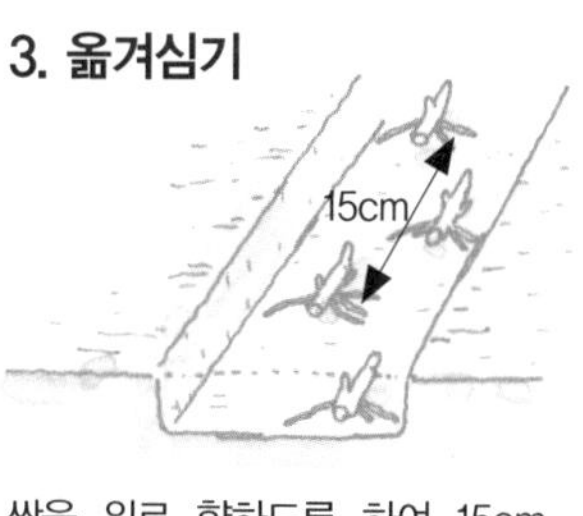

싹을 위로 향하도록 하여 15cm 간격으로 1개의 골에 2줄로 그루가 서로 엇갈리게 심는다. 5~6cm 흙덮기를 하여 잘 눌러준다.

4. 건조대책

4월 하순에서 7월 초순, 이랑 사이에 추비를 하여 스며들도록 하고 짚을 깔아준다. 건조가 심할 때는 물을 준다.

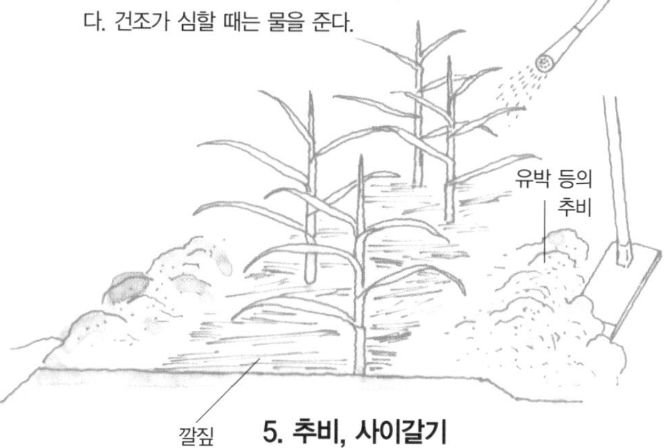

5. 추비, 사이갈기

11월 하순에서 12월 초순에도 추비, 사이갈기를 한다. 마른 줄기와 잎도 사이갈기로 덮어준다.

6. 그루의 변신

3~4년 후부터 1m 건너서 40cm를 파내서 그루를 제거하고 흙을 다시 덮어준다. 다음해에는 그 옆의 40cm를 파내어 3~4년 주기로 변신하도록 한다.

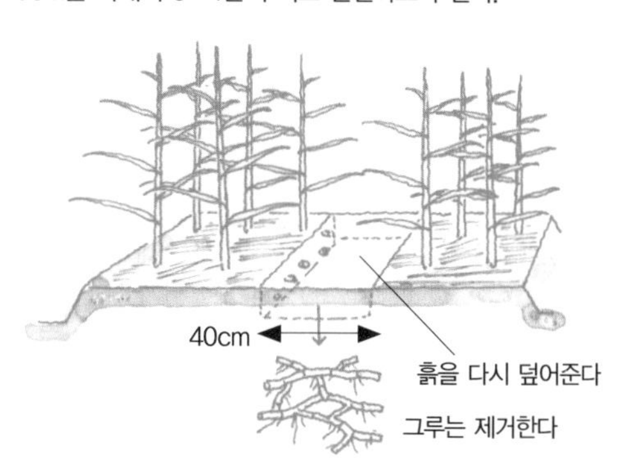

7. 수확

어린 명강(꽃명강)의 땅 속 꽃줄기 부분을 가위로 잘라서 수확한다.

엽이나 짚으로 건조를 막아줍니다. 짚을 두껍게 깔아주면 여름부터 가을까지 수확하는 어린 명강이 희고 부드럽습니다.

그루의 변신 한 번 심으면 그대로 매년 수확되지만 서서히 노화하게 되므로, 3~4년 지나면 11월 말경에 뿌리를 뽑아내어 솎아주고 흙을 넣어줍니다. 솎아낸 그루는 6월까지 본잎이 4~5장 되도록 키워서 20cm 간격으로 옮겨심기를 합니다.

거름주기 추비는 퇴비나 유박 등을 줍니다.

수 확

여름에 지하에서 자라는 꽃줄기가 얼굴을 내밀면 꽃이 피기 전에 줄기가 건실할 때, 땅속 부분을 가위로 잘라서 수확합니다. 가을에도 수확이 됩니다.

병 해 충 대 책

특별한 병해충의 피해는 없습니다.

명강대를 만들고 싶어요

꽃명강이 아닌 봄에 나오는 새싹을 연백화하여 만듭니다. 3월 말경 발아를 예측하여 상자를 씌워두고, 어두운 상태에서 싹이 자라도록 합니다. 20일 후와 그 일주일 후에 상자 밑 끝을 5~6시간 열어줍니다. 5월 말에는 연백화된 명강대가 수확됩니다.

모로헤이야

작업일지	1월	2월	3월	4월	5월	6월	7월	8월	9월	10월	11월	12월
씨뿌리기					■	■						
작업												
수확							■	■	■	■		

♣ **어떤 채소?**
비타민 A, B_1, B_2, 칼슘, 칼륨 등이 많이 함유되어 있다.

♣ **재배방법 포인트**
열대지역 원산으로 고온기에 재배한다. 생장 적정온도는 25~30도로 서리에는 약하므로 주의해야 한다.

재 배 방 법

흙만들기 일조조건이 좋고 물빠짐이 좋으면 토질은 그다지 문제되지 않습니다. 척박한 땅에 심을 경우에는 밑거름으로 퇴비와 유박을 주고 잘 갈아엎어줍니다. 미숙한 비료 등으로 인해 어린 모종이 비료 부작용을 일으키지 않도록 주의해야 합니다.

씨뿌리기 씨앗이 매우 건강하여 3~4년 정도 보관한 씨앗이라도 발아는 가능합니다. 강한 유독성분을 함유하고 있으므로 애완동물이나 어린아이가 먹지 않도록 주의하여 취급해야 합니다. 그러나 발아시키는 것이 쉽지 않으므로 하룻밤 물에 담가두었다가 상자에 파종합니다. 25~30도에서 발아합니다. 추위에 약하므로 밭에 직파를 할 경우에는 5~6월에 파종하는 것이 적합합니다.

1. 직파

씨뿌리기 10일 전까지 1㎡당 고토석회 2줌, 퇴비 1통, 유박 5~6줌, 골분 3줌을 주고 1.2m 폭의 파종 상을 만든다.

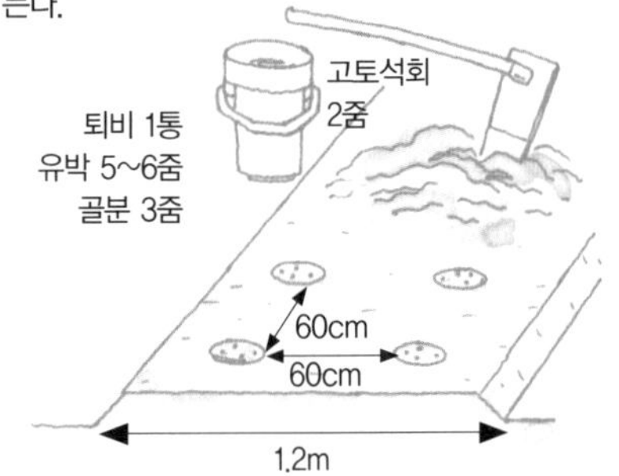

2. 씨앗담그기

씨앗은 파종 전날 밤에 물에 담가둔다.

3. 상자에 뿌리기

깊이 15cm의 넓은 상자나 화분에 밭흙과 퇴비를 반씩 넣어 흩어뿌리기를 한다. 흙덮기는 5mm로 한다.

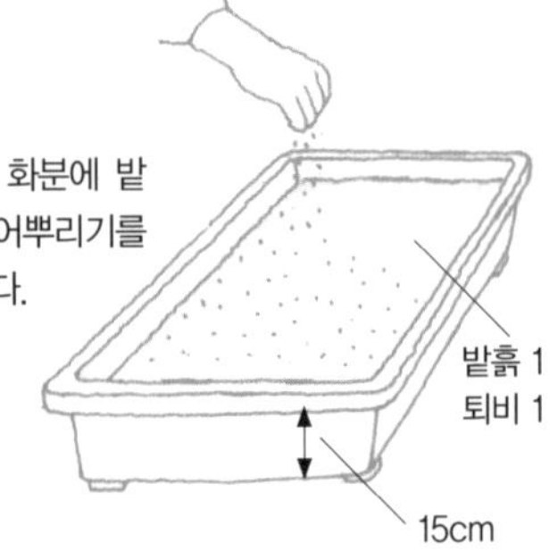

4. 솎아주기

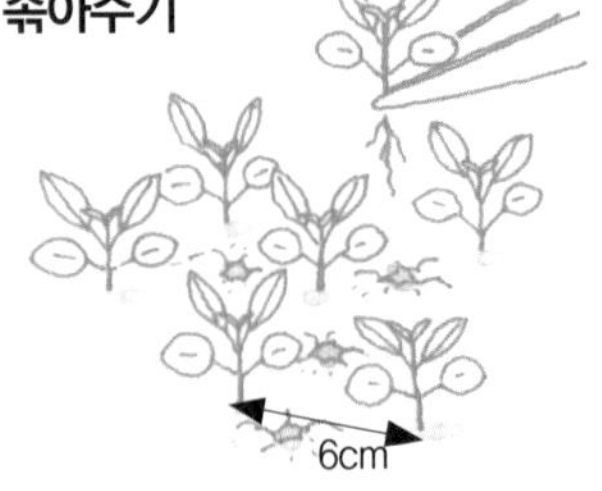

본잎이 2장일 때 그루 간격 6cm로 솎아주고 본잎이 5~6장 될 때까지 자라게 한다.

5. 옮겨심기

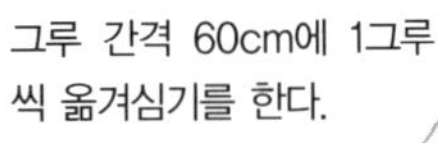

그루 간격 60cm에 1그루 씩 옮겨심기를 한다.

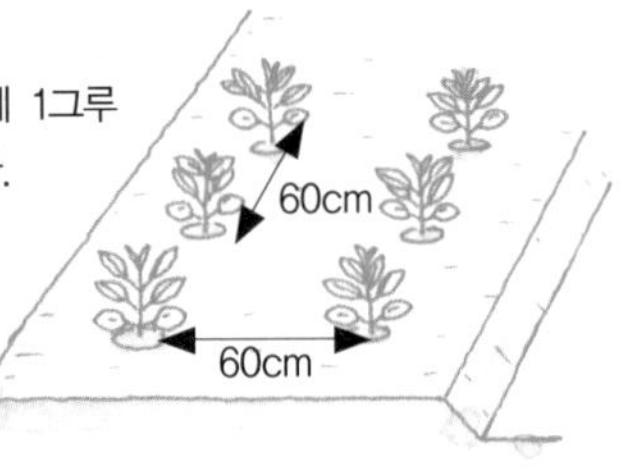

6. 거름주기, 물주기

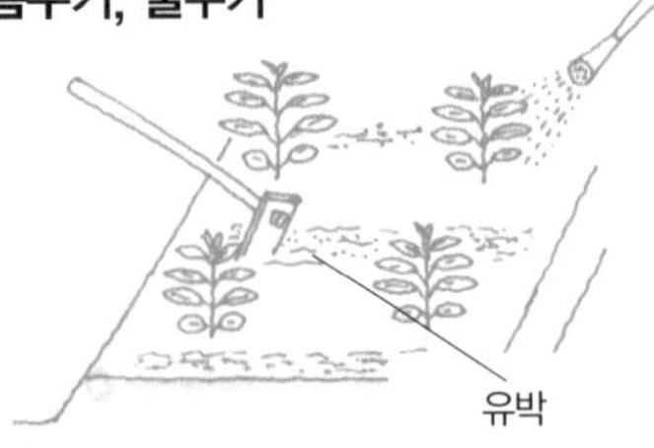

상태를 보아 1개월에 1회 그루 사이에 유박을 투입하여 스며들도록 한다. 건조가 심할 때는 아침, 저녁으로 2회 물을 준다.

7. 순지르기

잎의 길이가 30cm 정도로 자라면 가지 끝을 순지르기하여 곁가지가 자라도록 유도한다.

8. 지주세우기

잎의 길이가 40cm 정도로 자라면 지주를 세우고 가볍게 고정시킨다.

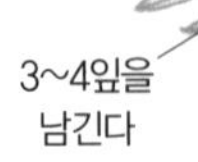

9. 수확

50~60cm로 자란 상태에서 주가지나 옆가지의 생장점을 3~4잎 남기고 손으로 따서 수확한다.

10. 결실

가을에는 결실하여 깍지가 생긴다.

옮겨심기 본잎이 5~6장으로 자랐을 때 그루 간격을 충분히 두어 옮겨심기를 합니다. 구입한 모종을 사용할 경우에도 같은 방법으로 옮겨심기를 합니다. 가을에는 1m가 넘는 크기로 자랍니다.

순지르기 잎의 길이가 30cm 되면 줄기 끝부분을 순지르기하여 곁싹이 길게 자라게 합니다. 건조기에는 아침, 저녁으로 2회 물주기를 하여 수분이 부족하지 않도록 합니다.

지주세우기 40cm가 되면 지주를 세워 유인합니다.

거름주기 재배기간이 길기 때문에 퇴비나 유박 등을 뿌려줍니다.

수 확

솎아주면서 이용할 수 있습니다. 50~60cm가 되면 사용할 때마다 앞쪽 잎을 따서 이용합니다.

병 해 충 대 책

미숙한 퇴비를 사용하면 날아들어온 풍뎅이에게 잎이 먹힐 수 있습니다.

직파로 재배하고 싶어요

5월이 되면 1.2m 폭의 이랑을 만들어, 그루 간격 60cm로 10알씩 점파를 합니다. 본잎이 2장일 때 솎아주기 시작하여 4~5장이 1그루가 되게 합니다. 또 넓은 화분이라면 세 곳에 4~5알씩 점파를 하고, 본잎 5~6장이 1그루씩 되도록 솎아줍니다. 생잎은 맛을 보면 미미하게 끈적한 느낌이 듭니다.

순무

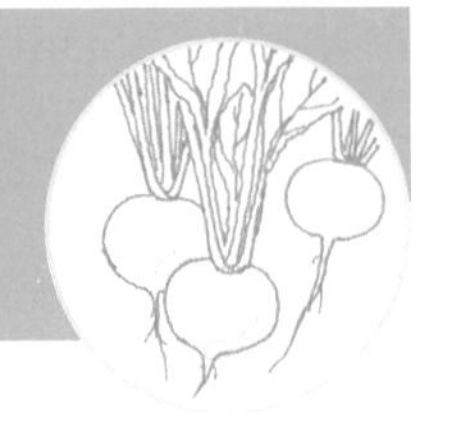

작업일지	1월	2월	3월	4월	5월	6월	7월	8월	9월	10월	11월	12월
씨뿌리기				■					■			
작업												
수확					■						■	

♣ **어떤 채소?**
유채과. 품종에 지역의 특색이 나타난다. 가을에 파종하는 것이 재배가 간단하다.

♣ **재배방법 포인트**
병해대책으로 유채과 작물을 연작하지 않아야 한다. 작은 순무를 심는 것이 수확을 빨리 할 수 있다.

재 배 방 법

흙만들기 미리 고토석회를 뿌려서 갈아엎어둔 밭에 씨뿌리기 일주일 전에 밑거름을 주고 잘 갈아엎어줍니다. 깊고 잘게 갈아주면 발아가 균일해져서 좋은 결과를 얻을 수 있습니다.

씨뿌리기 봄 파종과 가을 파종이 있습니다. 봄 파종은 늦서리를 만나면 꽃눈이 분화하여 대가 올라올 우려가 있으므로 가을 파종이 더 안전합니다. 잘 갈아엎어둔 넓은 파종상에 물을 듬뿍 주어 적셔주고 흩어뿌리기를 합니다. 흙덮기를 한 후 가볍게 눌러주어 흙에 밀착되도록 합니다.

1. 흙만들기

1㎡당 고토석회 2줌을 뿌리고 씨뿌리기 일주일 전까지 밑거름으로 1㎡당 유박과 어분을 각각 3줌, 골분 2줌을 섞어서 잘 갈아엎어준다. 흙을 부수며 깊게 갈아엎는다.

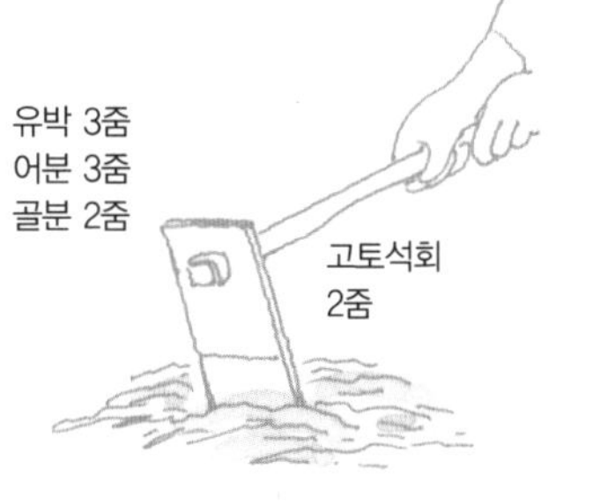

2. 파종 상 만들기

60cm~1m 폭의 평상을 만들어 물을 듬뿍 준다.

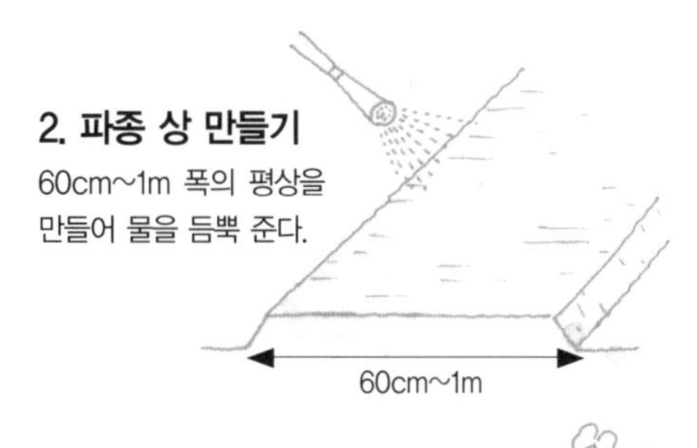

3. 씨뿌리기

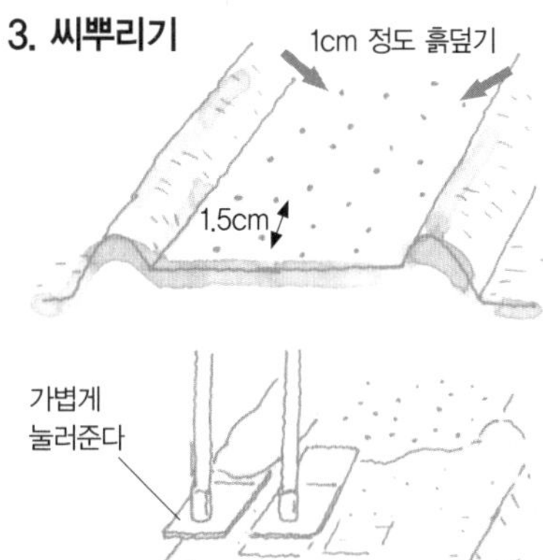

1.5cm 간격을 기준으로 흩어뿌리고 흙덮기를 1cm 정도 한 다음 눌러준다.

4. 솎아주기

첫 번째 솎아주기는 어린 잎의 단계에서 복잡한 부분을 정리하는 정도이고, 두 번째는 본잎이 2~3장 정도 자랐을 때, 세 번째는 본잎이 4~5장으로 자랐을 때 실시하고 그루 간격이 7~8cm가 되도록 한다.

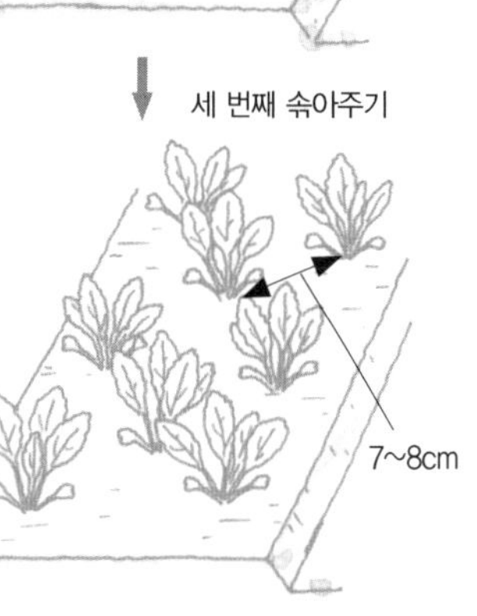

5. 거름주기, 흙모으기

두 번째, 세 번째의 솎아주기를 한 후에 유박을 소량 주고 흙모으기를 한다. 건조가 심할 때 유박 발효액(삭힌 물)을 물 대신 뿌려주는 것도 좋다. 건조가 계속될 때는 짚을 깔아준다.

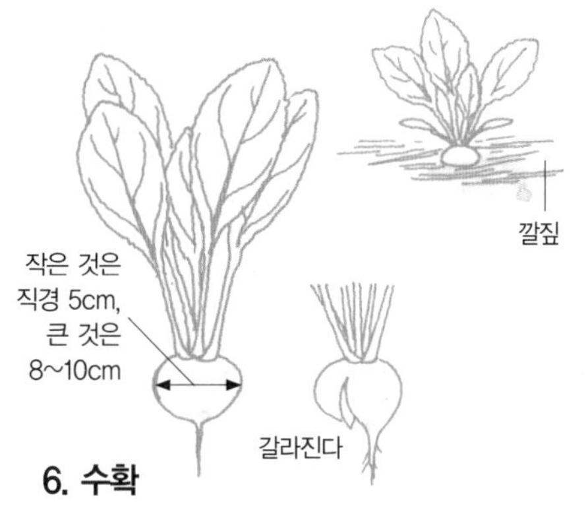

6. 수확

작은 것은 직경이 5~6cm, 큰 것은 8~10cm가 수확할 때의 기준. 수확 적기를 놓치면 잎이 달린 부분 쪽이 갈라지거나 바람이 들게 되므로 주의한다.

솎아주기 발아상태를 보고 복잡해진 부분부터 솎아줍니다. 그후 2회 더 솎아주어 그루 간격이 7~8cm 정도 되도록 합니다.

흙모으기 2회째, 3회째 솎아주기 때 흙모으기를 하면 건조를 막는 데 도움이 됩니다. 짚을 깔아주어도 좋습니다.

거름주기 흙모으기를 할 때 유박을 투입하면 생장이 촉진됩니다.

수 확

가을 파종 작은 순무는 40~50일, 큰 순무 60~100일 정도면 수확할 수 있습니다. 파종 시기에 조금씩 간격을 두고 여러 번 파종하면 오랫동안 수확할 수 있습니다. 봄 파종은 1~2개월 정도에 수확합니다. 순무의 형태가 완성되면 그 이상은 커지지 않으므로 수확 적기를 놓치지 않도록 주의합니다.

병해충대책

진딧물 등의 유충에 의한 피해에 주의하고 미숙한 퇴비는 사용하지 않도록 합니다.

갈라져버린 순무

건조할 때 갑자기 물을 주거나, 거름이 부족하거나, 너무 빨리 솎아주기를 했거나 등이 원인입니다. 수확이 늦어지면 윗부분이 갈라집니다. 짚을 깔거나 흙모으기로 수분량이 급변하는 것을 억제하고 척박한 땅에는 완숙퇴비 외에 칼륨을 보충하고 풀이나 나무의 재를 뿌려줍니다. 솎아주기도 서서히 실시합니다.

래디시(20일 무)

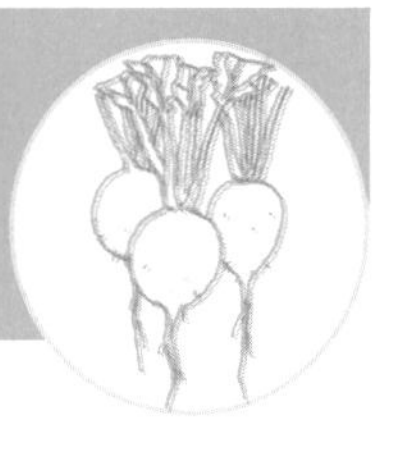

작업일지	1월	2월	3월	4월	5월	6월	7월	8월	9월	10월	11월	12월
씨뿌리기			■	■			■		■			
작업												
수확				■	■		■	■	■	■		

♣ 어떤 채소?
유채과. 20일 무로 불릴 정도로 수확과 생장이 빠르다. 형태나 크기는 다양하다.

♣ 재배방법 포인트
시기를 조금씩 늦추어 파종하면 연중 수확할 수 있다. 일조조건이 좋으면 색과 모양이 좋아진다.

재 배 방 법

흙만들기 산성 토양을 싫어하므로 고토석회로 중화시킵니다. 비옥한 토양이라면 밑거름은 필요하지 않습니다. 물빠짐이 좋게 합니다. 다른 채소와 혼식해도 좋습니다. 척박한 땅에 밑거름을 줄 경우에는 반드시 완숙 퇴비를 이용합니다.

씨뿌리기 30~60cm 폭의 이랑을 만들고 가로로 파종 골을 만들어 줄뿌리기를 합니다. 흙덮기는 1cm 이하로 하고 물을 듬뿍 주고 나서 건조하지 않도록 관리합니다. 3일 정도 후에 발아합니다.

솎아주기 어린 잎이 열리면 복잡한 부분을 솎아주고 본잎이 2~3장일 때 그루 간격을

1. 흙만들기

유박 3줌
어분 3줌
골분 2줌

고토석회
2줌

30~60cm

1㎡당 2줌의 고토석회와 유박 3줌, 어분 3줌, 골분 2줌을 주고 잘 갈아엎어준다. 30~60m 폭의 이랑을 만든다. 물빠짐이 좋지 않은 곳에서는 이랑을 약간 높게 만든다.

2. 씨뿌리기

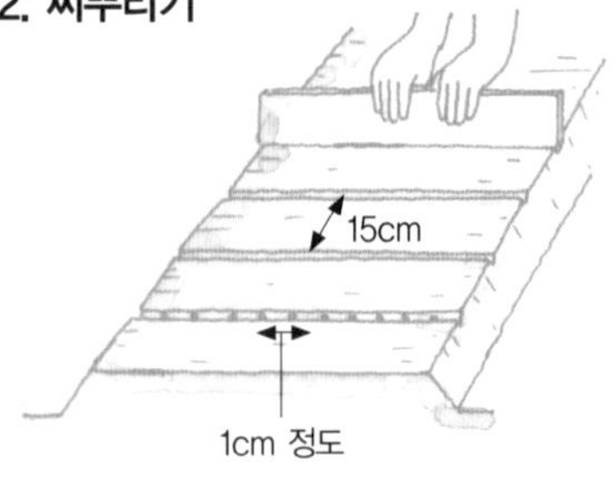

판자 등으로 파종할 골을 만들고 1cm 정도 간격을 기준으로 줄뿌리기를 한다. 흙덮기는 1cm 이하로 한다.

3. 발아

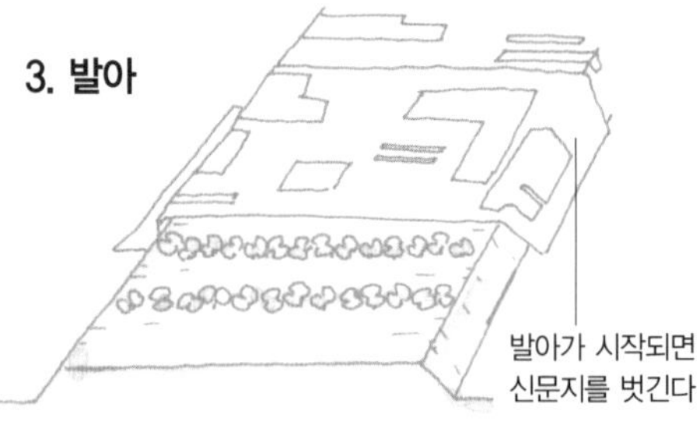

물을 듬뿍 주고 건조기에는 신문지 등을 씌워서 건조를 막아 발아시킨다. 3~5일 후에 발아하면 곧바로 신문지를 벗긴다.

4. 솎아주기

어린 잎 단계에서 복잡한 부분을 솎아주고 마지막으로 본잎 2~3장일 때 그루 간격 3~5cm가 되도록 한다.

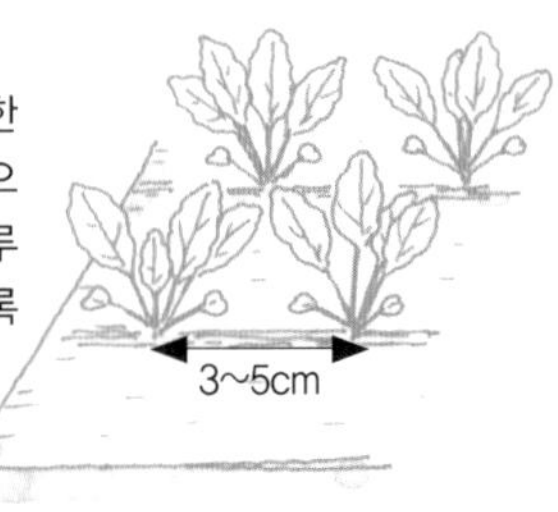

5. 추비

생육이 나쁠 때만 추비를 하고 사이갈기를 한다.

6. 추위 · 더위대책

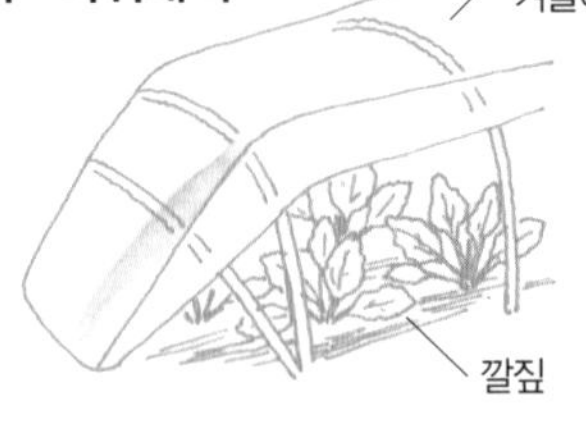

터널을 만들어두면 여름에는 차광망으로 해가림을 하고, 겨울에는 비닐 시트로 보온을 할 수 있다. 겨울에 터널 안은 건조하므로 짚을 깔아주거나 날씨가 좋은 날 물을 준다.

7. 수확

본잎이 5~6장 되면 뿌리의 직경이 2~3cm 정도 된다. 이때 큰 것부터 차례로 뽑아내어 수확한다.

8. 수염뿌리, 균열

추울 때는 수확이 늦어지게 되지만, 수확 적기를 놓치면 바람이 들거나 수염뿌리가 늘어나고, 갑작스런 비로 인해 갈라지기도 한다.

3~5cm로 합니다. 그루 간격이 좁으면 품종 원래의 형태를 얻기가 어려워집니다.

추위 · 더위대책 터널을 만들어 여름에는 차광망을, 겨울에는 비닐 시트를 씌우면 편리합니다. 또한 여름과 겨울에는 건조도 심하므로 짚을 깔아주는 것도 좋은 방법입니다.

거름주기 잎의 색을 보고 생장상태가 좋지 않으면 줄 사이에 풀이나 나무의 재를 뿌려 가볍게 스며들도록 합니다.

수 확

뿌리의 직경이 2~3cm가 되면 수확합니다. 20도 전후의 시원한 기후라면 생장이 좋으므로 봄이나 가을에는 30일 이내에 수확이 가능합니다. 그 시기에 맞는, 시중에 시판되고 있는 종류를 선택하면 간단히 순조롭게 재배할 수 있습니다.

병 해 충 대 책

진딧물은 발견하는 즉시 제거합니다.

가늘고 길어 둥글게 되지 않아요

그루 간격이 좁거나 고온상태가 계속되는 여름에는 둥글게 되지 않는 경향이 있습니다. 일조가 부족할 경우에도 뿌리가 굵어지지 않습니다. 땅 표면이 건조한 것도 균열의 원인이 됩니다. 솎아주기를 한 후에는 반드시 흙을 보충해주어야 합니다.

무

작업일지	1월	2월	3월	4월	5월	6월	7월	8월	9월	10월	11월	12월
씨뿌리기			■	■					■	■		
작업												
수확			■	■	■	■	■				■	■

♣ **어떤 채소?**
유채과. 영양가가 높고 추위에 강한 것은 잎이다. 4계절 재배가 가능하다.

♣ **재배방법 포인트**
꽃대가 잘 나오지 않는 가을 수확을 권장한다. 흙은 깊이 갈아주고 병해충 대책으로는 연작을 하지 않는다.

재 배 방 법

흙만들기 흙 덩어리를 부수고 잘 갈아엎어줍니다. 깊이 잘 갈아주어야 뿌리가 커지고 장해물로 인해 뿌리가 굽거나 하는 것을 막을 수 있습니다. 물빠짐이 나쁜 곳에서는 이랑을 높게 하지만 재배하면서 흙모으기를 하므로 평소에는 평이랑이 좋습니다. 밑거름으로 퇴비와 골분 등을 1줄씩 뿌려주고 그 사이에 씨앗을 뿌립니다.

씨뿌리기 밑거름에 닿지 않도록 주의하면서 5~6알씩 점파를 합니다. 물을 듬뿍 주면 2~3일 후에 발아합니다.

솎아주기 어린 잎이 열리면 복잡해진 부분을 솎아주고 마지막으로 본잎 5~6장으로 1

그루가 되도록 합니다. 처음부터 많이 솎아내면 생장이 둔해지지만 너무 늦어도 뿌리가 상하므로 2~3회 나누어서 실시합니다. 솎아낸 잎도 이용할 수 있습니다.

흙모으기 솎아주기를 할 때 뿌려준 추비가 스며들도록 그루 밑에 흙을 모아줍니다.

겨울나기 추위에는 강하지만, 뿌리가 너무 크면 얼 수 있습니다. 또 씨뿌리기 후에 일정 기간 저온상태가 되면 온도가 올라간 후에 뿌리가 크지 않으며 꽃대가 나옵니다.

거름주기 솎아주기를 할 때 유박을 1줌 뿌려주고 뿌리 위까지 흙을 모아줍니다.

수 확

겉잎이 열려서 옆으로 퍼졌을 때가 수확 적기입니다. 잎이 기울어져 있는 방향으로 뽑아 냅니다. 수확이 늦어지면 바람이 들 수 있으므로 주의합니다. 봄 파종은 50~60일, 가을 파종은 90~100일에 수확할 수 있습니다.

병해충대책

차광망 터널은 진딧물 방제가 되고 바이러스병의 감염을 방지할 수 있습니다. 바이러스병은 발견하는 즉시 그루째 뽑아내어 처분하도록 합니다.

1. 흙만들기

씨뿌리기 10일 전까지 1㎡당 고토석회 2줌을 뿌려주고 40~50cm 깊이까지 잘 갈아엎어준다. 돌멩이 등을 주워내고 60~70cm 폭의 이랑을 만든다.

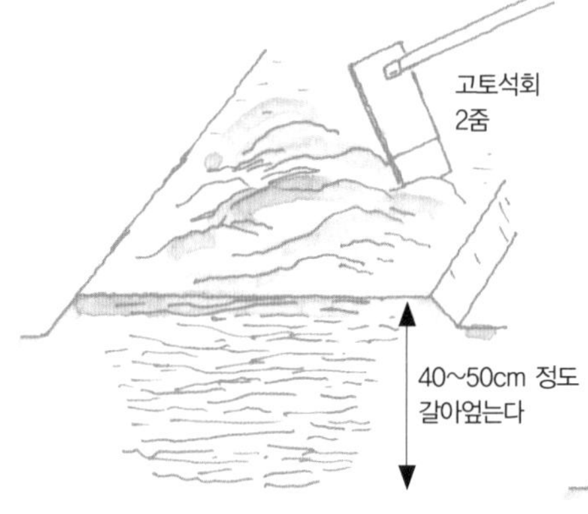

2. 밑거름

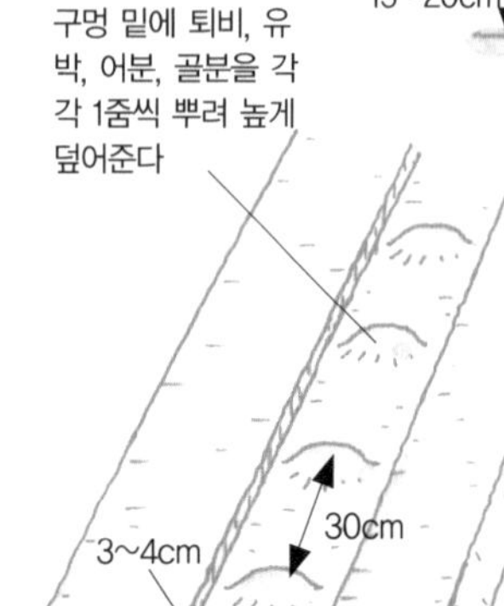

이랑의 중앙을 3~4cm 정도 파내고, 30cm 간격으로 밑거름으로 퇴비, 유박, 어분, 골분을 각각 1줌씩 뿌려준다. 약간 봉우리가 되도록 흙을 다시 덮어준다.

3. 씨뿌리기

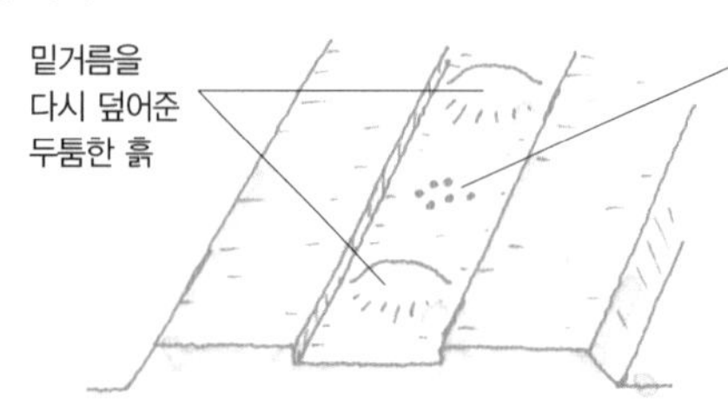

밑거름과 밑거름 사이에 5~6알씩 씨앗을 점파한다.

4. 흙덮기, 물주기

1cm 흙덮기를 하고 가볍게 눌러서 흙을 밀착시킨다. 물을 주면 발아가 촉진된다.

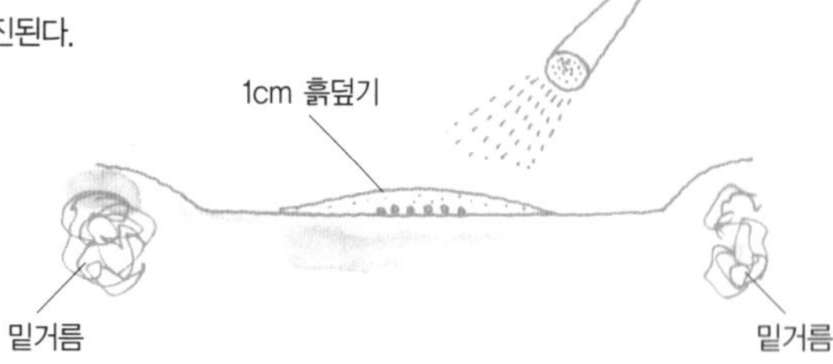

5. 꽃대

꽃눈 분화 후 기온 상승에 의해 꽃대가 나온다

봄 파종에서는 뿌린 씨앗이 저온을 맞으면 꽃대가 나오게 되므로 꽃대가 잘 나오지 않는 품종을 선택해야 한다.

6. 솎아주기

어린 잎이 생기면 복잡해진 부분부터 솎아준다. 그후 본잎이 2~3장 나오면 한 곳에 2~3그루, 본잎이 5~6장 나오면 한 곳에 1그루가 되게 솎아준다.

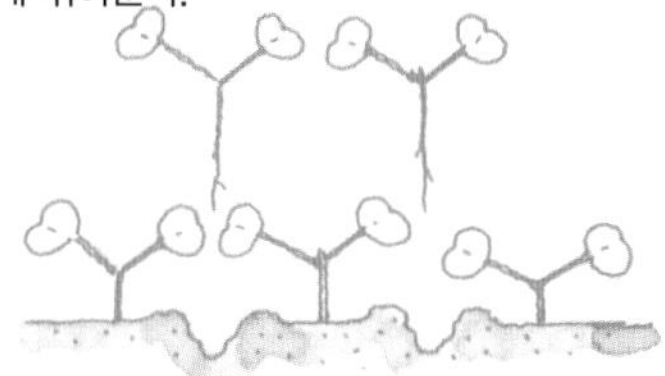

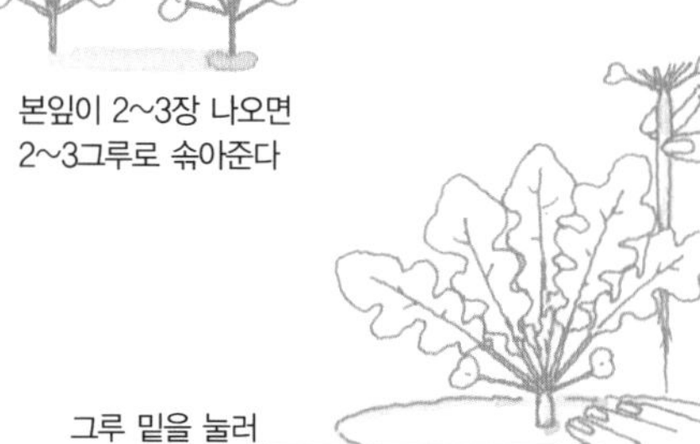

7. 솎아주는 방법

조심스럽게 뽑아내지 않으면 뿌리가 상하므로 남기는 그루 밑을 눌러주면서 뽑아낸다.

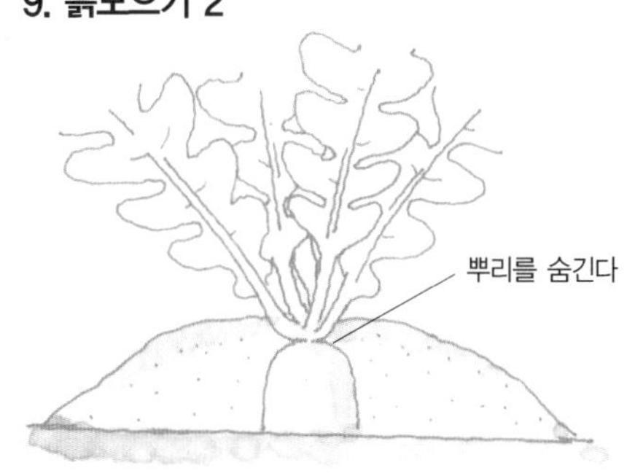

8. 흙모으기 1

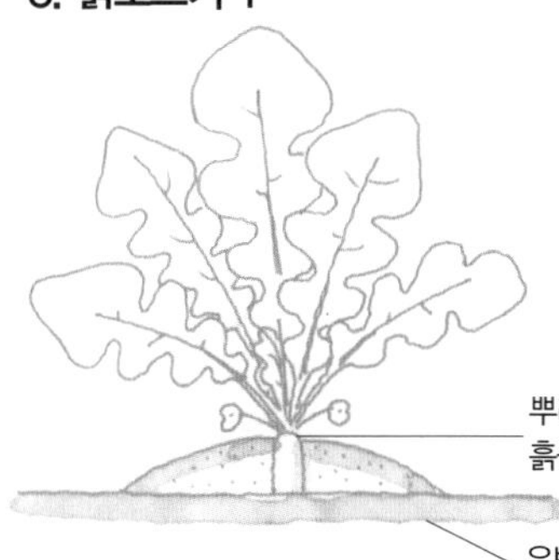

솎아주기를 할 때 이랑에 유박을 뿌리고, 스며들도록 하여 그루 밑에 흙모으기를 한다. 그루가 넘어지지 않도록 뿌리 위까지 흙을 모은다.

9. 흙모으기 2

세 번의 흙모으기는 뿌리가 보이지 않을 정도까지 하는 것이 좋은 방법이다.

Q&A

뿌리가 갈라져버렸어요

바르게 자라야 할 무가 앞쪽에 장해물이 있으면 옆이 자라게 되어 뿌리가 갈라진 무가 됩니다. 장해물은 작은 돌이나 전에 심은 작물의 뿌리, 딱딱한 흙이나 미숙된 퇴비일 수도 있습니다. 밑거름은 완전히 발효되어 형태가 남아 있지 않은 것을 사용합니다. 씨앗을 뿌릴 때는 밑거름이 잘 분해되어 흙에 잘 섞이도록 빠른 시기에 준비해놓는 것도 중요합니다. 또한 뿌리가 길게 자리는 품종이라면 이랑 만드는 단계부터 깊이 잘 갈아엎어서 흙 덩어리를 남기지 않도록 합니다. 70~80cm 정도까지 자라므로 흙모으기를 할 양을 남기고도 파낸 흙을 50cm 정도는 다시 덮어줍니다. 흙을 깊이 갈아엎을 수 없는 땅이라면 뿌리가 길게 자라지 않는 품종을 심는 것이 좋습니다.

10. 수확시기

가을 파종, 가을 수확 품종은 90~100일, 10월 파종 봄 수확 품종은 120~140일, 3월 파종 품종은 80~90일, 봄 파종 여름 수확 품종은 50~60일 정도가 기준이다. 잎이 펼쳐지고 평평해진 것 같으면 수확 적기이다.

11. 뽑아내는 방법

잎이 조금이라도 기울어져 있는 방향으로 잎과 목 부분을 잡고 가볍게 뽑아낸다.

12. 보관

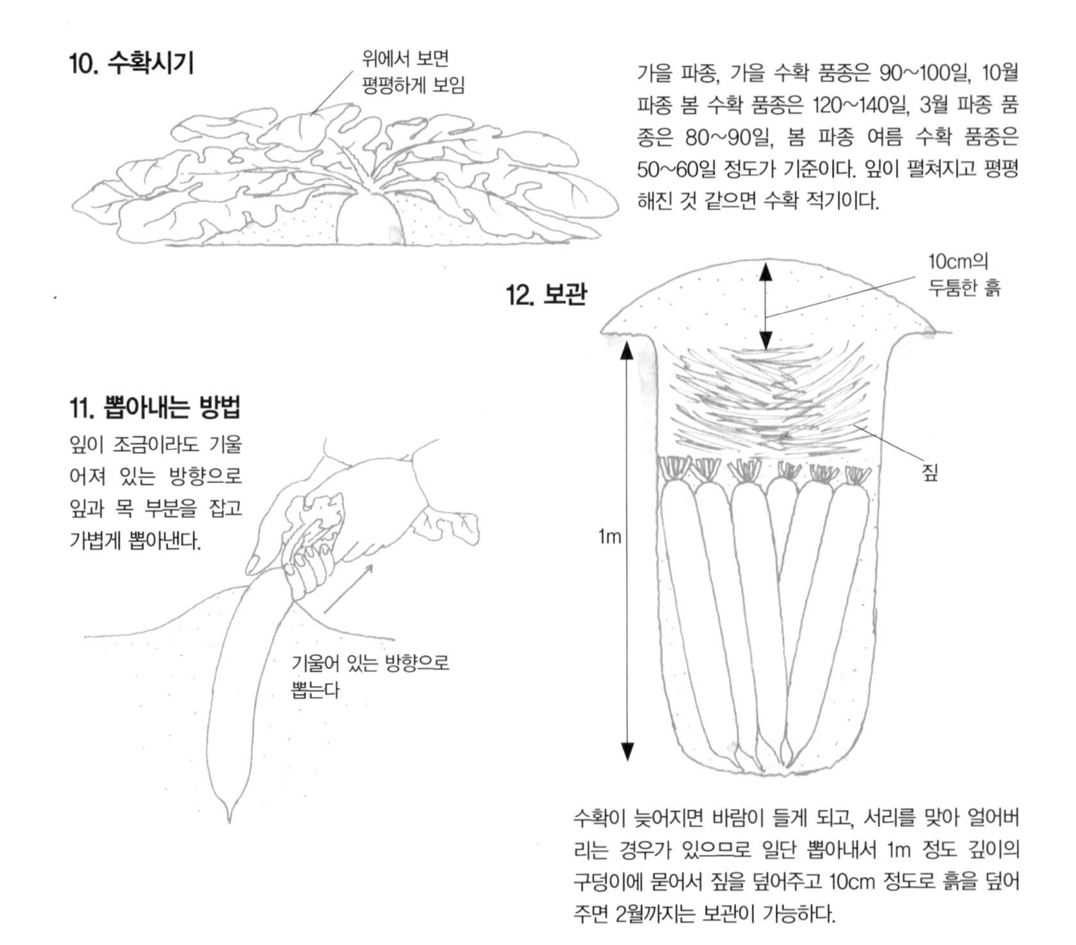

수확이 늦어지면 바람이 들게 되고, 서리를 맞아 얼어버리는 경우가 있으므로 일단 뽑아내서 1m 정도 깊이의 구덩이에 묻어서 짚을 덮어주고 10cm 정도로 흙을 덮어주면 2월까지는 보관이 가능하다.

Q&A

무에 바람이 들었어요

무에 바람이 들면 맛도 떨어집니다. 바람이 드는 것은 잎에서 만들어진 양분이 뿌리까지 전달되기가 어렵고 저장되기도 어려워졌을 때 나타납니다. 이것은 일종의 노화현상이며 너무 숙성한 것으로 생각되므로 적기를 놓치지 않고 수확하는 것이 중요합니다. 뿌리에 바람이 들면 오래된 잎자루에도 바람이 들어 있으므로 바깥 부분 잎의 줄기 쪽으로부터 3cm 정도 부분을 잘라보면 확인할 수 있습니다. 바람이 빨리 드는 원인으로는 성장이 빠른 요소를 들 수 있습니다. 예를 들면 생장 후기에 고온상태가 되거나 그루 간격이 넓고 비료가 너무 많을 경우, 흙이 가벼워 뿌리 발달이 너무 빠를 경우 등입니다. 품종에 따라서도 다릅니다. 조생종이나 봄에 파종한 무는 특히 수확 적기를 놓치지 않도록 주의해야 합니다.

당근

작업일지	1월	2월	3월	4월	5월	6월	7월	8월	9월	10월	11월	12월
씨뿌리기			■				■	■				
작업												
수확							■	■			■	

♣ **어떤 채소?**
미나리과. 카로틴을 비롯해 많은 영양소를 함유하고 있다. 뿌리보다도 잎에 있는 영양소가 더 많은 것으로 알려져 있다.

♣ **재배방법 포인트**
비옥하고 물빠짐이 좋은 흙을 좋아한다. 밑거름이 잘 스며들도록 하지 않으면 뿌리가 직선으로 바르게 자라지 않는다.

재배방법

흙만들기 산성 토양을 싫어하고, 비옥하고 보습성이 좋은 토질을 좋아합니다. 물빠짐이 나쁜 점질 토양은 피하는 것이 좋습니다. 흙을 잘 부수고 70cm 폭의 이랑을 만듭니다.

씨뿌리기 시원한 기후를 좋아하므로 여름에 파종하여 가을에 수확하는 것이 재배하기 쉽습니다. 발아하기 어려운 작물이므로 2줄로 약간 많은 정도를 흩어뿌리기 합니다. 건조할 경우에는 미리 물을 뿌려놓습니다. 흙덮기는 5mm 정도로 하고 가볍게 눌러서 밀착시킵니다. 짚을 깔아주어 건조하지 않도록 합니다.

솎아주기 발아하면 짚을 걷어내고 본잎이 2~3장 정도일 때 솎아주기 시작하여 마지막

1. 흙만들기

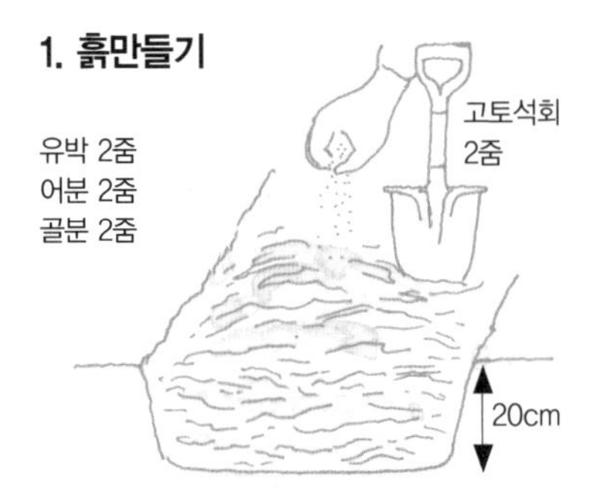

씨뿌리기 10일 전까지 1㎡당 고토석회 2줌, 유박, 어분, 골분을 각각 2줌씩 뿌려주고 20cm 깊이로 갈아엎어준다.

2. 씨뿌리기

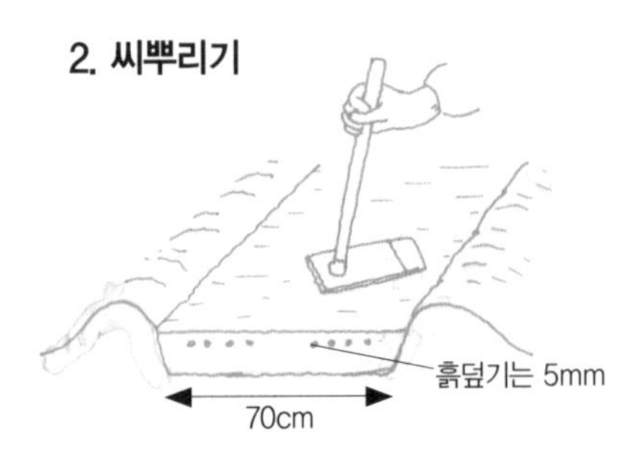

70cm 폭의 이랑을 만들고 건조할 경우에는 물을 뿌려둔다. 씨앗이 조금 많을 정도로 2줄로 흩어뿌리기를 하고 5mm 정도 흙덮기를 하여 눌러준다.

3. 짚깔아주기

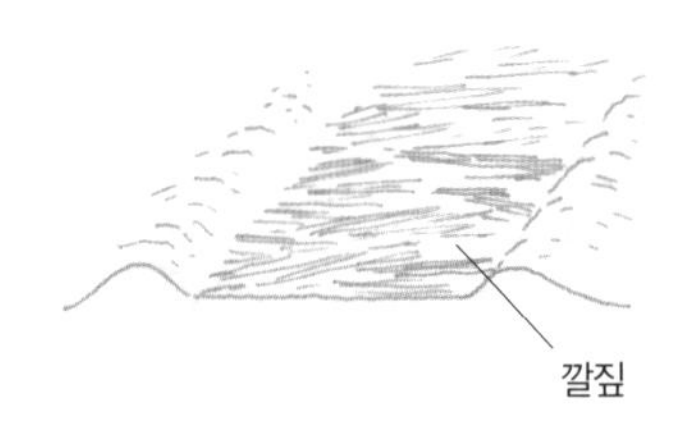

7~10일 정도 후 발아할 때까지 짚을 깔아준다.

4. 솎아주기, 흙모으기

본잎이 2~3장일 때와 4~5장일 때 솎아주기를 하고 추비를 한다. 비료가 스며들도록 그루 밑으로 흙을 모아준다. 건조가 계속될 때는 물을 준다.

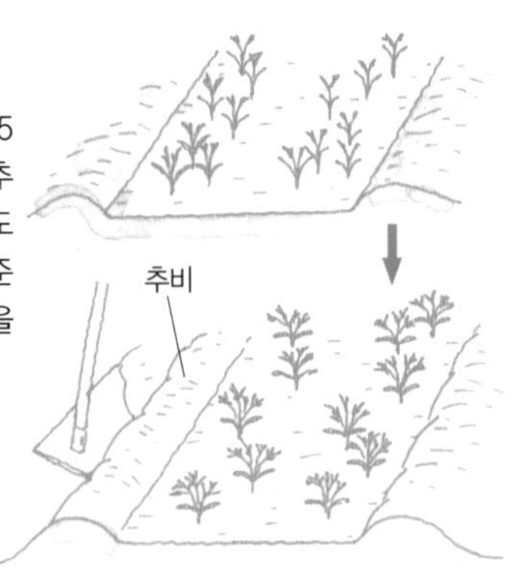

5. 추비, 흙모으기

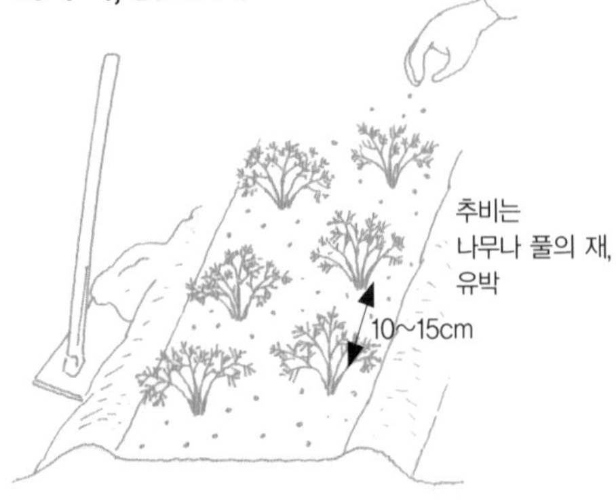

본잎이 6~7장일 때 그루 간격이 10~15cm가 되도록 한다. 마지막 추비, 흙모으기를 한다.

6. 수확

100~120일 정도에 수확할 수 있다. 뿌리가 굵어진 것부터 뽑아서 수확한다.

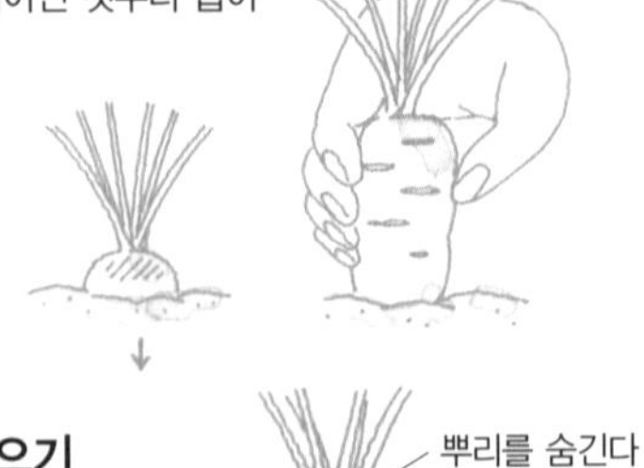

7. 흙모으기

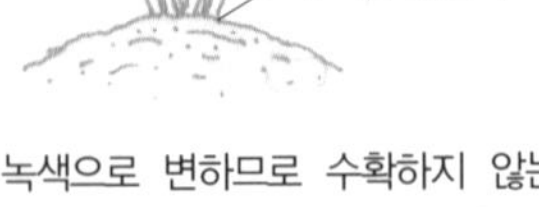

뿌리가 노출되면 녹색으로 변하므로 수확하지 않는 것은 흙모으기를 하여 햇빛이 닿지 않도록 해둔다.

으로 본잎이 6~7장으로 자랐을 때 10~15cm 간격이 되도록 합니다.

흙모으기 솎아주기를 할 때 가볍게 추비를 주고 스며들도록 흙을 모아줍니다.

거름주기 추비는 풀이나 나무의 재, 유박을 1㎡당 1줌을 기준으로 뿌려줍니다.

수 확

발아하여 100~120일 정도를 기준으로 수확합니다. 뿌리는 추위에 강하므로 이른 봄까지는 수확이 가능합니다. 그때는 흙모으기를 몇 번 정도 실시합니다.

병 해 충 대 책

뿌리혹선충의 피해를 입으면 뿌리에 혹이 생겨서 커지지 않습니다. 채소를 몇 년이나 재배하고 있는 밭이라면 흙을 깊이 갈아엎어서 지표의 흙과 깊은 곳에 있는 흙을 바꾸어줍니다. 또는 잡초가 자라도록 밭을 휴경합니다. 잎을 갉아먹는 벌레는 발견하는 즉시 제거합니다.

뿌리가 갈라져요

무와 같이 뿌리가 자라는 앞쪽에 장해물이 있을 경우에 나타나는 현상입니다. 새로운 씨앗을 구하여 반드시 밑거름은 완전히 숙성되어 덩어리가 없는 것을 사용합니다. 과채를 연작한 밭에서는 선충의 피해로 뿌리가 갈라지는 경우가 있습니다. 뿌리가 갈라지는 것은 저온이나 건조 직후의 고온이나 비가 원인입니다. 짚을 깔아 방지하도록 합니다.

미니당근

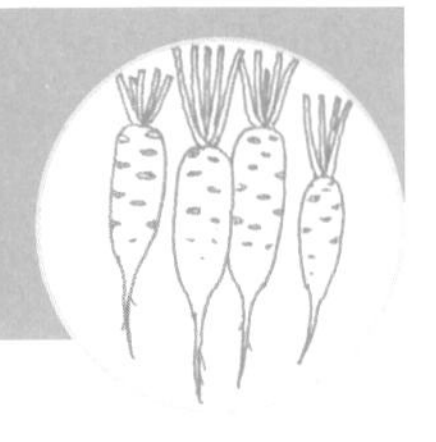

작업일지	1월	2월	3월	4월	5월	6월	7월	8월	9월	10월	11월	12월
씨뿌리기				■								
작업												
수확						■	■					

♣ **어떤 채소?**
미나리과. 카로틴 등 많은 영양소를 가지고 있다. 뿌리보다 잎에 영양소가 풍부하다.

♣ **재배방법 포인트**
비옥하고 물빠짐이 좋은 땅에서 잘 자란다. 밑거름은 잘 부숙시켜 잘게 분해되어 있어야 뿌리를 방해하지 않아 곧게 자란다.

재 배 방 법

흙만들기 산성 흙을 싫어하고 물빠짐이 좋은 비옥한 땅에서 잘 자랍니다. 물빠짐이 나쁜 점질 토양은 피하는 것이 좋습니다. 흙을 잘게 부수고 70cm 폭의 이랑을 만듭니다.

씨뿌리기 시원한 기후를 좋아하므로 여름에 파종하여 가을에 수확하는 것이 좋을 것입니다. 발아하기가 쉽지 않으므로 2줄 뿌리기를 하여 약간 많다 싶을 정도로 뿌려주는 것이 좋습니다. 건조하면 바로 물을 뿌려줍니다. 흙덮기는 5mm 정도로 하고 가볍게 눌러주어 밀착시킵니다. 그리고 짚을 깔아주어 건조하지 않도록 합니다.

솎아주기 발아하면 바로 짚을 걷고 본잎이 2~3장 자라면 솎아주기를 시작합니다. 마

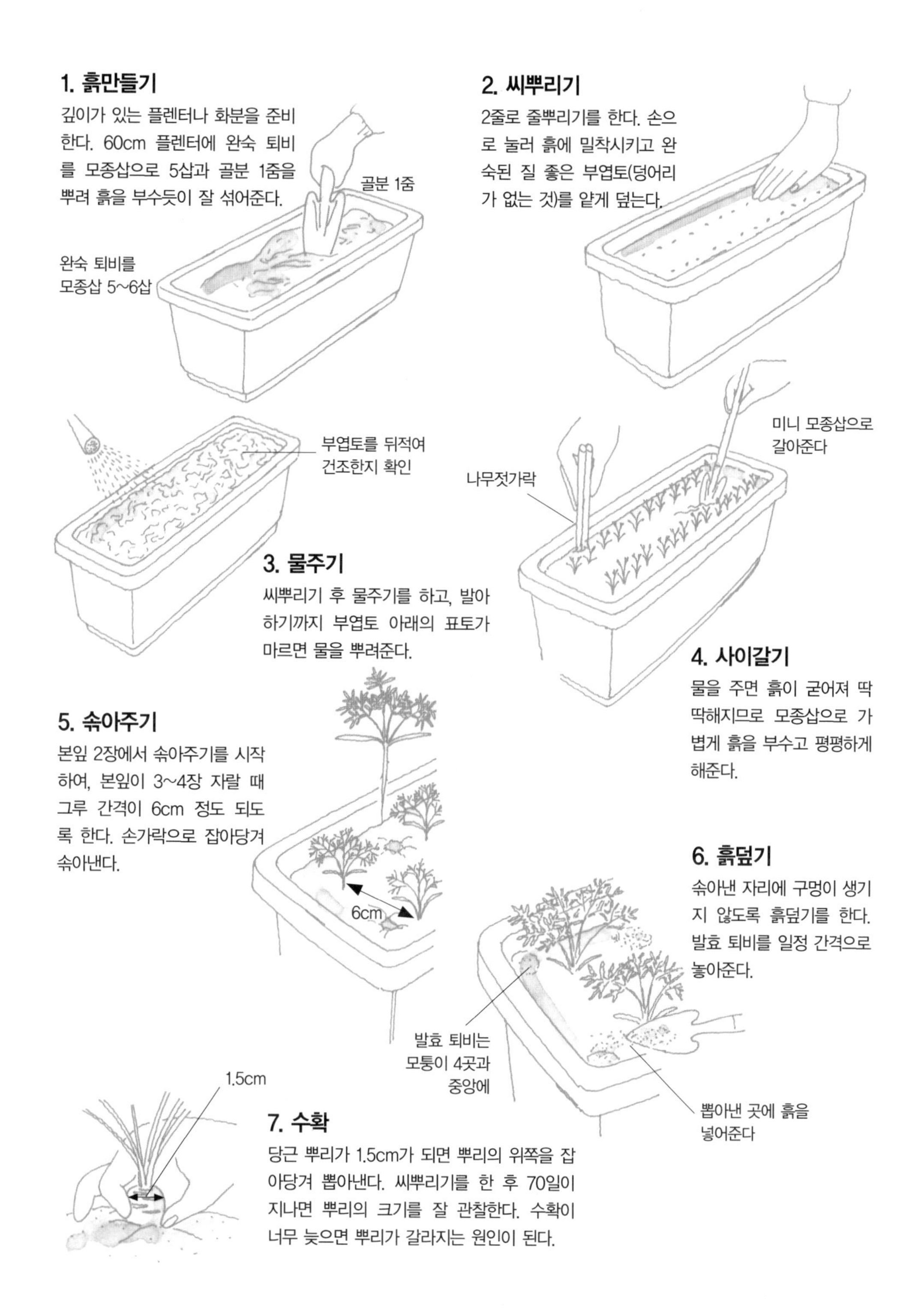

1. 흙만들기

깊이가 있는 플렌터나 화분을 준비한다. 60cm 플렌터에 완숙 퇴비를 모종삽으로 5삽과 골분 1줌을 뿌려 흙을 부수듯이 잘 섞어준다.

2. 씨뿌리기

2줄로 줄뿌리기를 한다. 손으로 눌러 흙에 밀착시키고 완숙된 질 좋은 부엽토(덩어리가 없는 것)를 얇게 덮는다.

3. 물주기

씨뿌리기 후 물주기를 하고, 발아하기까지 부엽토 아래의 표토가 마르면 물을 뿌려준다.

4. 사이갈기

물을 주면 흙이 굳어져 딱딱해지므로 모종삽으로 가볍게 흙을 부수고 평평하게 해준다.

5. 솎아주기

본잎 2장에서 솎아주기를 시작하여, 본잎이 3~4장 자랄 때 그루 간격이 6cm 정도 되도록 한다. 손가락으로 잡아당겨 솎아낸다.

6. 흙덮기

솎아낸 자리에 구멍이 생기지 않도록 흙덮기를 한다. 발효 퇴비를 일정 간격으로 놓아준다.

7. 수확

당근 뿌리가 1.5cm가 되면 뿌리의 위쪽을 잡아당겨 뽑아낸다. 씨뿌리기를 한 후 70일이 지나면 뿌리의 크기를 잘 관찰한다. 수확이 너무 늦으면 뿌리가 갈라지는 원인이 된다.

지막으로 본잎이 6~7장 자랐을 때는 그루 간격이 10~15cm가 되도록 합니다

흙모으기 솎아주기를 할 때 가볍게 추비를 주고, 거름과 흙을 섞어주듯이 하여 흙모으기를 합니다.

시비 추비는 나무 풀의 재나 유박을 1m²당 한 줌 정도 줍니다.

수 확

발아한 후 100~120일을 기준으로 수확합니다. 뿌리는 어느 정도 추위에 강하므로 초봄까지 수확이 가능합니다. 그때는 흙모으기를 몇 차례 실시합니다.

병 해 충 대 책

뿌리혹선충의 피해를 보면 뿌리에 혹이 생겨서 당근이 크지 않습니다. 채소를 연작한 밭에는 깊이 갈아서 흙을 뒤집어주거나 잡초가 자라도록 땅을 쉬게 합니다.

Q&A

뿌리가 갈라지고 부러져요

무와 같이 뿌리가 자라는 끝 쪽에 장해물이 있으면 생기는 현상입니다. 새로운 씨앗을 구하여 재배하고, 밑거름은 반드시 충분히 발효되어 잘게 분해된 것을 사용합니다. 과채를 연작한 밭은 선충의 피해를 볼 수 있고, 뿌리가 갈라지는 것은 저온이나 건조한 후 갑자기 고온이나 비를 맞을 때 생기는 현상이기도 합니다. 짚을 깔아주어 방제합니다.

우엉

작업일지	1월	2월	3월	4월	5월	6월	7월	8월	9월	10월	11월	12월
씨뿌리기				■					■			
작업												
수확					가을 파종	■	■		봄 파종	■	■	■

♣ 어떤 채소?
국화과. 식용으로 이용하는 부분은 뿌리 부분. 중국에서는 약초로 이용한다.

♣ 재배방법 포인트
깊이 갈아주고 흙덮기는 얕게 한다. 추위에 강하다. 연작을 피하고 3~4년 윤작으로 한다.

재 배 방 법

흙만들기 깊이 갈아주고 흙 덩어리가 없도록 해두면 수직으로 길게 자란 우엉을 수확할 수 있습니다. 산성 토양을 싫어하고 점질 토양을 좋아하므로 반드시 고토석회를 뿌려서 중화시킨 후에 밑거름을 주어 잘 갈아엎어줍니다.

씨뿌리기 봄 파종은 늦서리의 우려가 없어졌을 때 씨를 뿌립니다. 가을에 파종하면 재배기간이 길어지지만 여름에 수확할 때 진한 향을 즐길 수 있습니다. 괭이 폭 정도의 얕은 파종 골을 만들어 점파합니다. 빛을 좋아하므로 흙덮기는 얕게 합니다.

흙모으기 뿌리가 완전히 뻗어내릴 때까지 어린 모종은 건조에 약하므로 10일 정도에

1. 흙만들기

씨뿌리기 10일 전에 1㎡당 고토석회 2줌, 퇴비 1통, 유박, 어분, 골분 각각 2줌씩 주고 70~80cm 이상은 흙을 파내서 잘 갈아엎는다.

2. 씨뿌리기

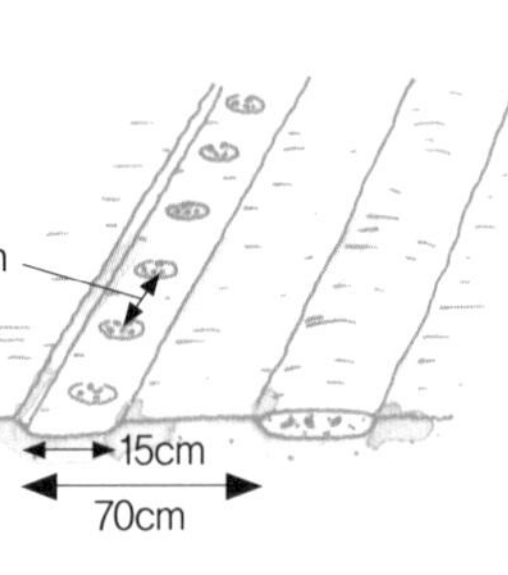

70cm 폭의 이랑에 15cm 폭의 파종 골을 얕게 만든다. 그루 간격 8~15cm로 3~4알씩 점파한다. 가볍게 흙덮기를 하고 발로 밟아준다. 발아할 때까지 건조하지 않도록 해준다.

3. 흙모으기

10일 정도 후에 발아한다. 이랑 끝의 흙을 가볍게 부수어서 흙모으기를 한다.

4. 솎아주기

본잎이 3~4장으로 자라면 잎이 위로 자라는 건강한 1그루만 남긴다. 둥근 어린 잎, 녹색이 짙은 것, 잎 뒷면에 흰 털이 나지 않은 것 등을 솎아내고 가볍게 추비를 한다.

5. 추비, 흙모으기

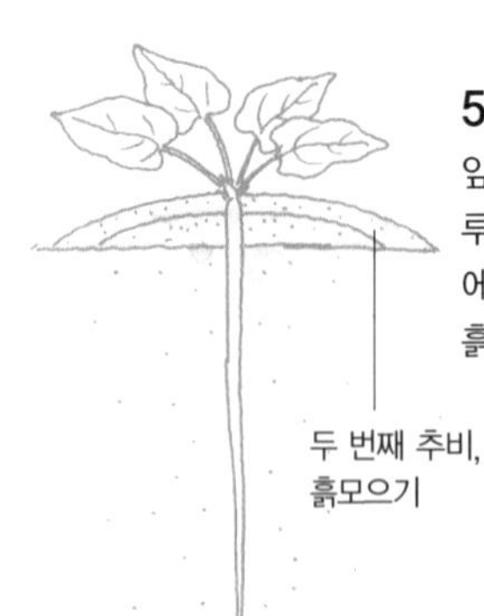

잎이 왕성해지기 전에 그루 길이가 30cm 되기 전에 두 번째 추비를 주고 흙모으기를 한다.

6. 수확

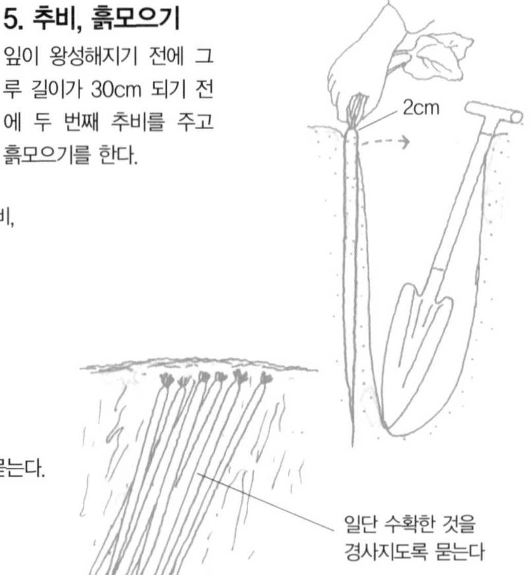

흙 위로 보이는 뿌리의 직경이 2cm가 되면 수확한다. 말라 있는 잎줄기는 15cm로 자른다. 옆 부분의 흙을 깊이 파고 뿌리를 넘어뜨리듯이 하여 뽑아낸다.

씨뿌리기를 조금씩 어긋나게 하면 10~2월까지 오래 수확할 수 있다. 가을 파종은 6~7월경에 수확한다.

7. 보관

보관은 땅 속에 비스듬하게 묻는다.

발아가 균일해지면 가볍게 흙모으기를 합니다. 잎 길이가 30cm 되기 전에 한 번 더 흙모으기를 합니다. 건조에 약하긴 하지만 뿌리를 뻗어가면 습기가 많은 것을 싫어하므로 적당한 물주기가 중요합니다.

솎아주기 본잎이 3~4장 정도로 자랐을 때 1그루가 되도록 합니다.

거름주기 솎아주기 후와 두 번째 흙모으기를 할 때 추비로 가볍게 유박을 뿌려줍니다.

수 확

뿌리의 직경이 2cm 정도 되면 수확합니다. 잎줄기를 15cm 정도에서 자르고 뿌리 옆을 깊이 파고 나서 뿌리를 넘어뜨리듯이 뽑아냅니다. 무리하게 잡아당기면 도중에 부러질 수 있으므로 주의합니다. 또한 12~1월경에는 바람이 들기 쉬우므로 수확이 늦어지지 않도록 합니다.

병 해 충 대 책

생장 초기의 풍뎅이나 근절충(根切蟲) 등의 유충 피해에 주의해야 합니다.

뿌리가 갈라져버렸어요

깊이 잘 갈아엎었는데도 뿌리가 갈라졌다면 가지나 오크라 다음으로 재배한 것이 원인일 것입니다. 미숙한 퇴비나 부엽토 등 형태가 남아 있는 밑거름도 좋지 않습니다. 흙과 같은 완숙 퇴비도 되도록이면 잘게 부수는 것이 좋습니다. 뿌리가 갈라진 것은 지상 부분의 생장도 좋지 않으므로 빨리 솎아냅니다.

감자

작업일지	1월	2월	3월	4월	5월	6월	7월	8월	9월	10월	11월	12월
옮겨심기			■									
작업												
수확						■						

♣ **어떤 채소?**
가지과. 서늘한 기후를 좋아한다 일교차가 심할 수록 감자가 커진다.

♣ **재배방법 포인트**
물빠짐이 좋으면 토질은 가리지 않는다. 좋은 씨감자를 구하여 연작하지 않으면 재배는 간단하다.

재배방법

흙만들기 산성 토양에 강한 편이지만 옮겨심기 10일 전까지 고토석회로 중화시켜놓습니다. 일주일 전에 이랑을 만들어 골을 파고 밑거름을 뿌려줍니다. 물빠짐이 좋은 곳에서 흙을 잘 갈아엎어줍니다.

옮겨심기 씨감자를 구합니다. 식용으로 구한 감자는 병에 걸리기 쉬우므로 사용하지 않도록 합니다. 40g 정도의 작은 씨감자는 그대로, 큰 씨감자는 눈이 2개 정도 달린 상태로 40~50g의 크기로 나눕니다. 그늘에 말려서 자른 부분을 건조시키고, 자른 부분이 밑으로 향하도록 하여 30cm 간격으로 옮겨심기를 합니다. 깊이 심지 않도록 주의해야 합니다.

싹따주기 1그루당 5~6개의 눈(싹)이 8~10cm 정도의 싹으로 자랐을 때 2~3개의 눈을 남깁니다.

흙모으기 싹따주기를 한 후 그루 길이가 15cm로 자랐을 때 차례로 흙모으기를 합니다. 너무 높이 모으면 지온이 오르지 않아 감자가 커지지 않는 원인이 되므로 주의해야 합니다. 마지막 흙모으기는 감자가 지표에 나오지 않도록 합니다.

거름주기 싹따주기를 한 다음과 그로부터 2주일 후 칼륨 성분이 많은 풀이나 나무의 재, 유박을 뿌리고 스며들도록 하여 흙모으기를 합니다.

수 확

개화 후 줄기잎이 노랗게 말라오면 수확합니다. 먼저 1그루만 뽑아서 감자의 크기를 확인한 후에 수확합니다. 너무 빠르면 감자가 상처를 입습니다. 반대로 너무 늦어지면 고온으로 인해 부패합니다. 흙이 건조해 있을 때 그루째 뽑아내어 그 상태로 2~3시간 정도 말린 후 서늘한 곳에 보관합니다. 보관할 때는 직사광선과 습기를 피하도록 합니다.

병해충대책

종묘검정에 합격한 좋은 씨감자를 구하여 바이러스병의 전염을 미리 방지합니다. 저온에서 비가 계속 내리면 노균병에 걸리기 쉬우므로 질소분을 줄이고 물빠짐이 좋게 합니다.

1. 흙만들기

물빠짐이 좋은 곳을 선택해 옮겨심기를 하기 10일 전에 1㎡당 2줌의 고토석회를 뿌리고 잘 갈아엎어준다.

고토석회
2줌

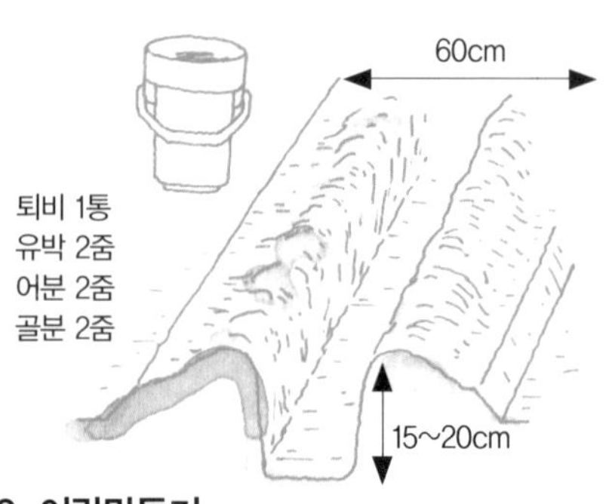

2. 이랑만들기

일주일 전에 60cm 폭의 이랑을 만든다. 깊이 15~20cm의 골을 파고 1㎡당 퇴비 1통, 유박, 어분, 골분을 각각 2줌씩 뿌려준다.

3. 간토

간토로 4~5cm 정도 흙을 되돌려준다.

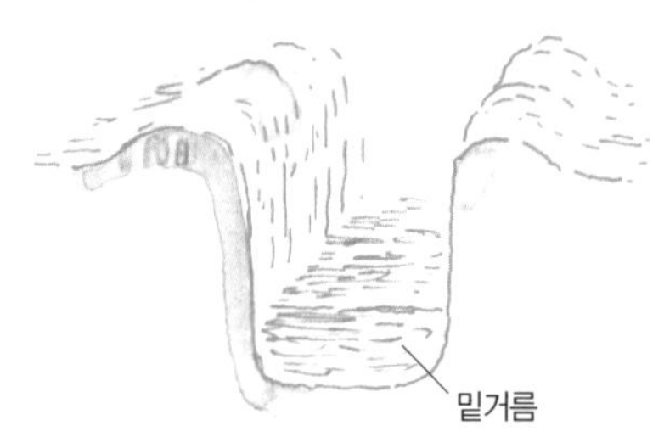

4. 씨감자 절단방법

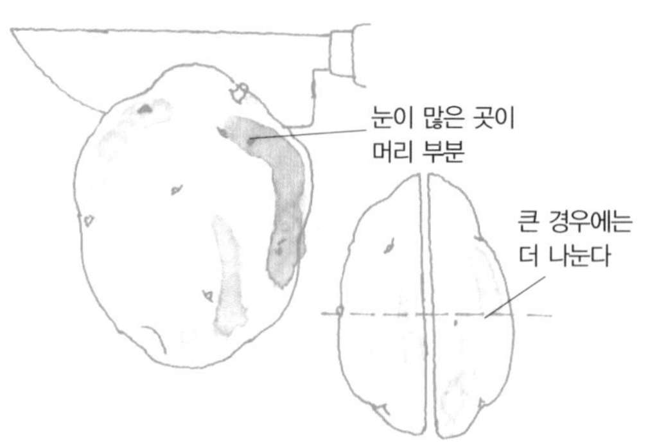

씨감자는 40~50g 정도로 균일하게 한다. 큰 씨감자는 눈이 균일하게 붙도록, 눈이 많이 있는 윗부분부터 아래로 향하여 칼로 자른다. 이때 싹을 자르지 않도록 주의해야 한다.

5. 씨감자의 건조

잘라낸 씨감자는 그대로 잘린 부분이 아물어 굳을 때까지 그늘에서 말린다.

6. 옮겨심기

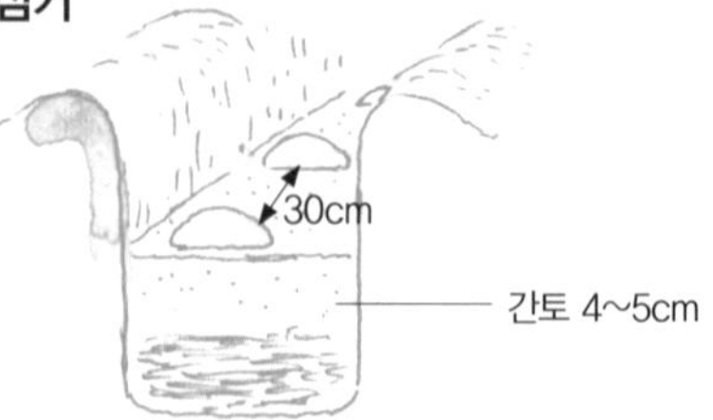

씨감자의 잘린 부분이 밑으로 향하도록 하여 30cm 간격으로 옮겨심기를 한다.

7. 흙덮기

7~8cm 흙을 덮어주고 가볍게 밟아준다. 깊이 심지 않도록 주의해야 한다.

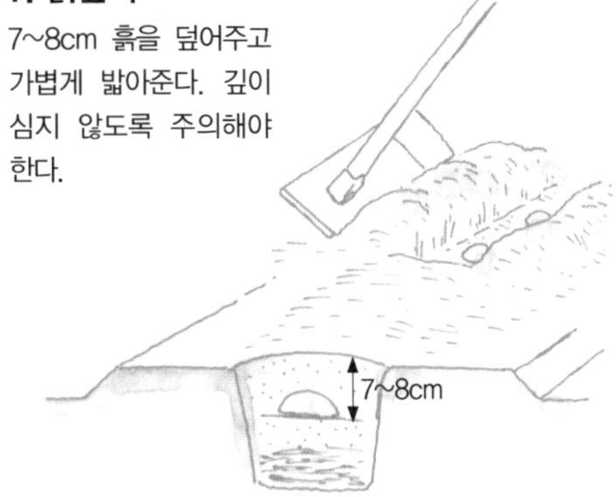

8. 늦서리 대책

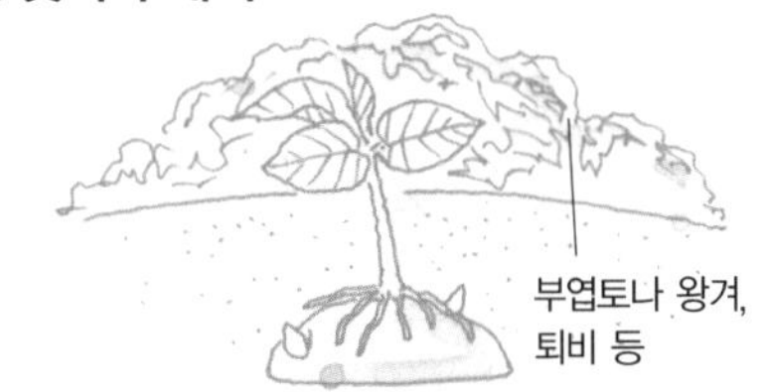

싹이 나왔을 때 흙모으기를 한다. 또는 부엽토나 왕겨, 퇴비 등으로 덮어주어 늦서리의 냉해를 입지 않게 한다.

9. 싹따주기

싹따주기는 1그루당 2개의 싹을 남기고 따주는 것을 기준으로 한다. 뿌리 부분을 눌러주며 아랫부분을 잡고 옆으로 꺾어준다. 씨감자가 들려 올라오지 않도록 주의해야 한다.

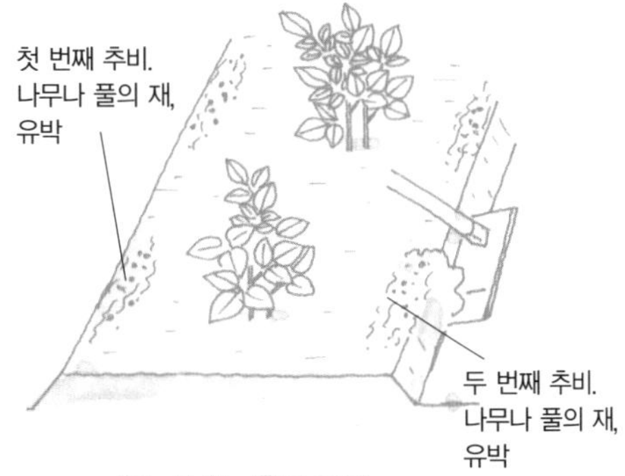

10. 추비, 흙모으기

싹따주기를 하고 1㎡당 풀이나 나무의 재, 유박을 각각 1줌씩 이랑 모퉁이에 뿌려주고 흙모으기를 한다. 2주일 후에 다시 한 번 추비와 흙모으기를 한다.

Q&A

감자가 커지지 않아요

싹따주기를 하지 않으면 줄기잎의 수가 많아져서 감자 수도 많아지지만 커지지는 않습니다. 싹이 10cm 정도로 자라면 싹따주기를 하여 힘이 좋은 2~3개 싹으로 양분을 집중시키면 감자가 커집니다. 옮겨심기 시기가 늦어져도 고온기까지의 기간이 짧아지므로 커지지 않습니다. 그 경우에는 옮겨심기 20일 전에 짚을 깐 단열재 상자에 씨감자를 자르지 않고 놓은 다음 비닐 터널에서 15~20도의 온도를 유지합니다. 낮에 고온이 될 때는 비닐을 열어서 바람이 통하도록 하고 밤에는 모포를 덮어서 보온합니다. 도중에 몇 번 정도 감자의 위치를 바꾸어 전체가 골고루 햇빛에 닿게 합니다. 이렇게 싹이 1cm 정도 자랄 때까지 관리한 후 이것을 잘라서 옮겨심기를 합니다. 다음은 일조와 물빠짐이 좋게 하여 줄기잎이 충분히 생장하도록 하면 감자가 커집니다.

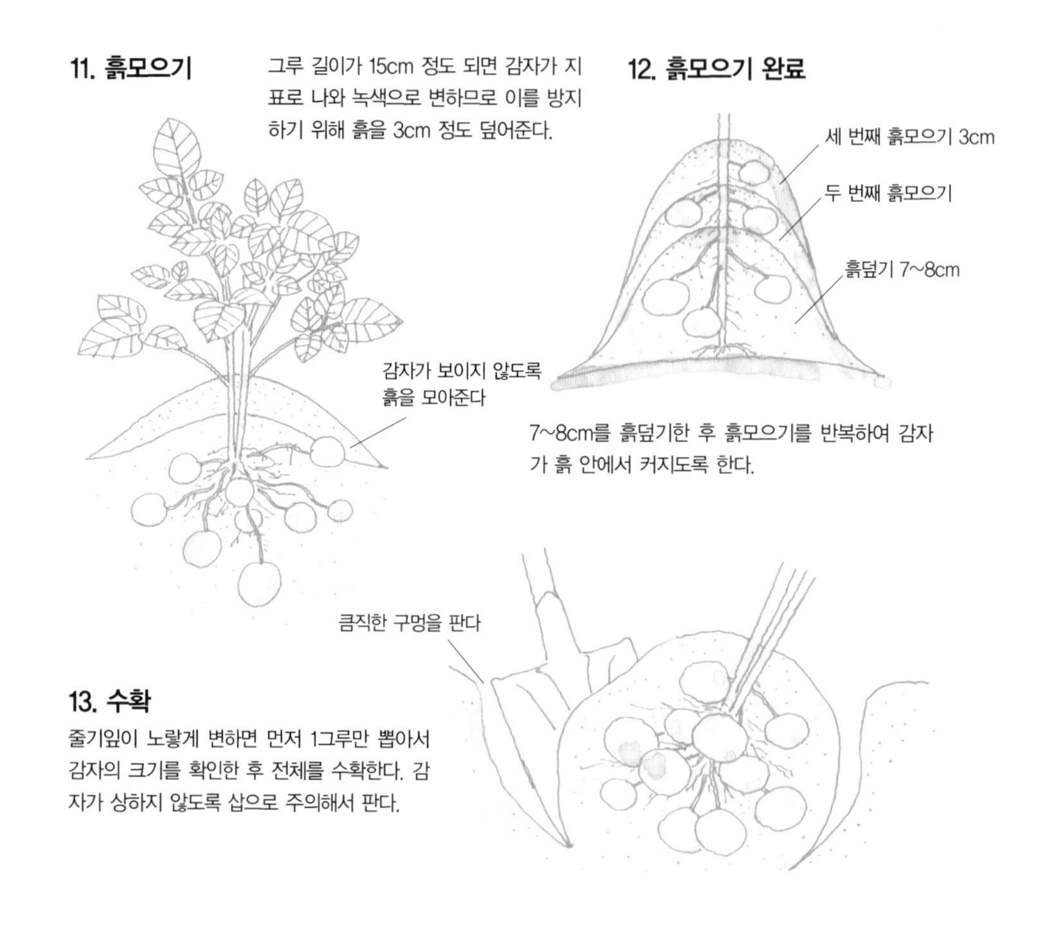

11. 흙모으기

그루 길이가 15cm 정도 되면 감자가 지표로 나와 녹색으로 변하므로 이를 방지하기 위해 흙을 3cm 정도 덮어준다.

12. 흙모으기 완료

7~8cm를 흙덮기한 후 흙모으기를 반복하여 감자가 흙 안에서 커지도록 한다.

13. 수확

줄기잎이 노랗게 변하면 먼저 1그루만 뽑아서 감자의 크기를 확인한 후 전체를 수확한다. 감자가 상하지 않도록 삽으로 주의해서 판다.

Q&A

잎이 썩어요

역병에 걸리면 줄기잎의 끝부터 병이 나타나 점점 썩어가게 됩니다. 이는 20도 전후의 저온에서 날씨가 흐리거나 비가 계속 내리면 발생하기 쉽습니다. 잎 끝에 갈색 반점이 생겨 점점 진하고 커지면 주의해야 합니다. 잎 뒤에는 흰 곰팡이가 발생하고, 다른 곳에까지 흩어져 병이 넓게 전염됩니다. 잎에서 줄기감자에까지 전염되어 나중에는 수확을 할 수 없게 됩니다. 다른 밭의 그루에까지 전염되지 않도록 발견하는 즉시 빠른 시간 내에 처리해야 합니다. 비가 계속 내려도 물빠짐이 좋은 곳이라면 비료가 과다하지 않도록 조심하고, 통풍이 잘 되도록 하는 방법으로 예방할 수 있습니다. 또한 잘 갈아엎은 흙으로 흙모으기를 하는 것도 효과적인 대책이 됩니다. 역병은 아니지만 수확이 늦어진 경우에도 감자가 고온으로 썩을 수 있으므로 주의해야 합니다.

고구마

작업일지	1월	2월	3월	4월	5월	6월	7월	8월	9월	10월	11월	12월
옮겨심기												
작업												
수확												

♣ **어떤 채소?**
근채류. 껍질의 색깔, 육질의 색깔이 다양하다. 영양 균형이 좋다.

♣ **재배방법 포인트**
재배는 간단하다. 척박한 땅에서 재배나 연작도 가능하다. 넝쿨이 잘 자라므로 넓은 면적이 필요하다.

재 배 방 법

흙만들기 비옥한 밭이라면 고토석회와 칼륨분으로 나무와 풀을 태운 재를 뿌려주는 것만으로도 충분합니다. 척박한 땅에서도 재배가 가능하며 연작도 가능합니다. 비료가 너무 많으면 실패의 원인이 됩니다. 과습을 싫어하므로 깊이 갈아엎어주고 이랑을 높게 합니다.

옮겨심기 모종은 줄기와 잎만 있고 뿌리는 달려 있지 않습니다. 7~8마디로 25~30cm 정도 굵은 줄기가 좋습니다. 마디 사이가 부러져 있는 것은 좋지 않습니다. 늦서리의 염려가 없어진 후에 옮겨심기를 합니다. 지온이 18도 이상 되면 뿌리가 나는 것이 쉬워집니다. 그보다 낮을 경우에는 멀칭을 합니다. 흙에 묻힌 마디에서 고구마가 생겨나므로 가능한 한 많은 마디를 흙으로 덮어줍니다. 보통은 수평심기나 곡선심기를 하지만, 모종이 짧거나 멀칭 재배로 수확을 빨리 하고 싶을 때는 수직이나 옆으로 기울여 눌러 심습니다. 생장 적정온도는 22~30도로 고온성이므로 여름에 생장합니다. 또 일조시간이 12~13시간이면 뿌리가 잘 자랍니다.

제초와 흙모으기 싹이 자라기 시작하면 풀을 제거하여 모종이 햇빛을 잘 받도록 하고 넝쿨이 지면을 덮도록 합니다. 이랑 사이의 흙을 가볍게 갈아서 흙모으기를 합니다.

거름주기 밑거름만으로 충분합니다. 넝쿨의 자람이나 잎 색깔이 좋지 않을 경우에는 유박을 조금 뿌려줍니다. 또한 병해충으로 잎이 없어진 경우에는 여름이 끝날 무렵 나무나 풀의 재를 뿌려서 흙모으기를 합니다.

수 확

8월 말의 빠른 수확부터 서리가 내리기 전까지가 수확기입니다. 생장기 후반은 특히 일조량을 확보하여 고구마가 커질 수 있도록 합니다. 맑은 날 넝쿨을 베어내고 흙을 가볍게 파내어 고구마가 상처를 입지 않도록 주의하며 수확합니다. 일주일 정도 그늘에 건조시킨 후 어둡고 시원한 곳에 보관합니다.

병해충대책

병해충에는 강하지만 야도충 등 여름의 해충은 빠른 시간 내에 제거해야 합니다.

1. 이랑만들기

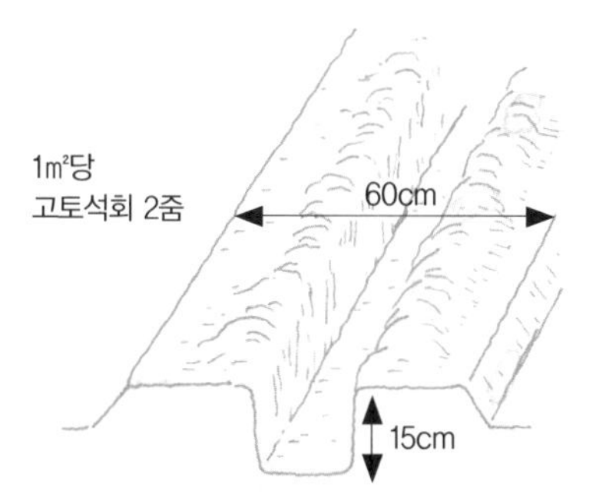

일조가 좋은 곳에 옮겨심기를 하기 10일 전에 60cm 폭의 이랑을 만들고, 이랑의 중앙을 15cm 정도 파서 골을 만든다. 흙은 잘 갈아엎는 것이 좋다.

2. 흙만들기

1㎡당 유박 1줌, 골분 2줌, 나무와 풀의 재 2줌을 골에 뿌리고 파냈던 흙을 덮어준다.

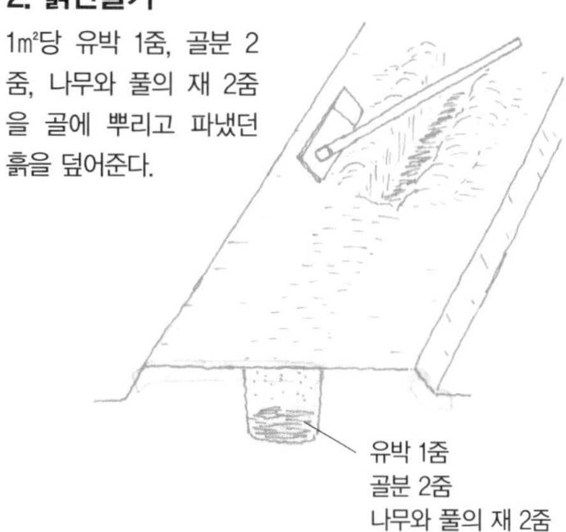

3. 물주기

잘 갈아엎은 이랑 사이의 흙을 끌어올려 20cm 이상 이랑을 높여 물빠짐이 좋게 한다. 흙이 건조한 상태라면 이때 물주기를 해둔다.

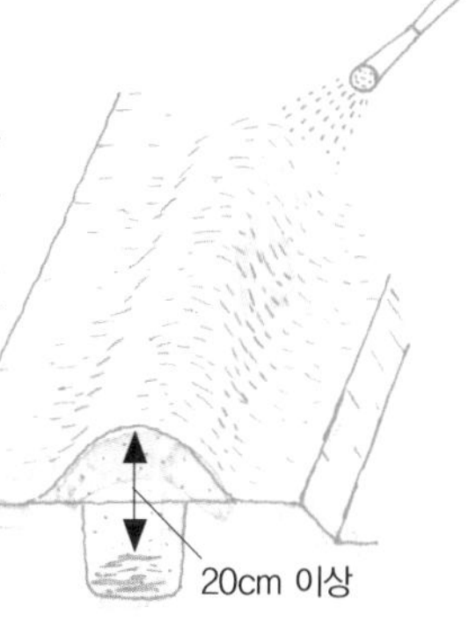

4. 모종 준비

모종은 하룻밤 물에 담가둔다.

5. 옮겨심기 1

오전에 그루 간격 30cm로 모종을 옮겨심기한다. 수평 심기나 곡선 심기가 좋다. 높은 이랑의 정상에 수평으로 놓고, 줄기를 손가락으로 눌러서 심는다.

곡선 심기

수평 심기

이랑의 정점과 평행하게

6. 뿌리가 날 때까지

뿌리가 날 때까지 조금 시들지만 10일 정도만 지나면 뿌리가 나고 줄기잎도 건강해진다.

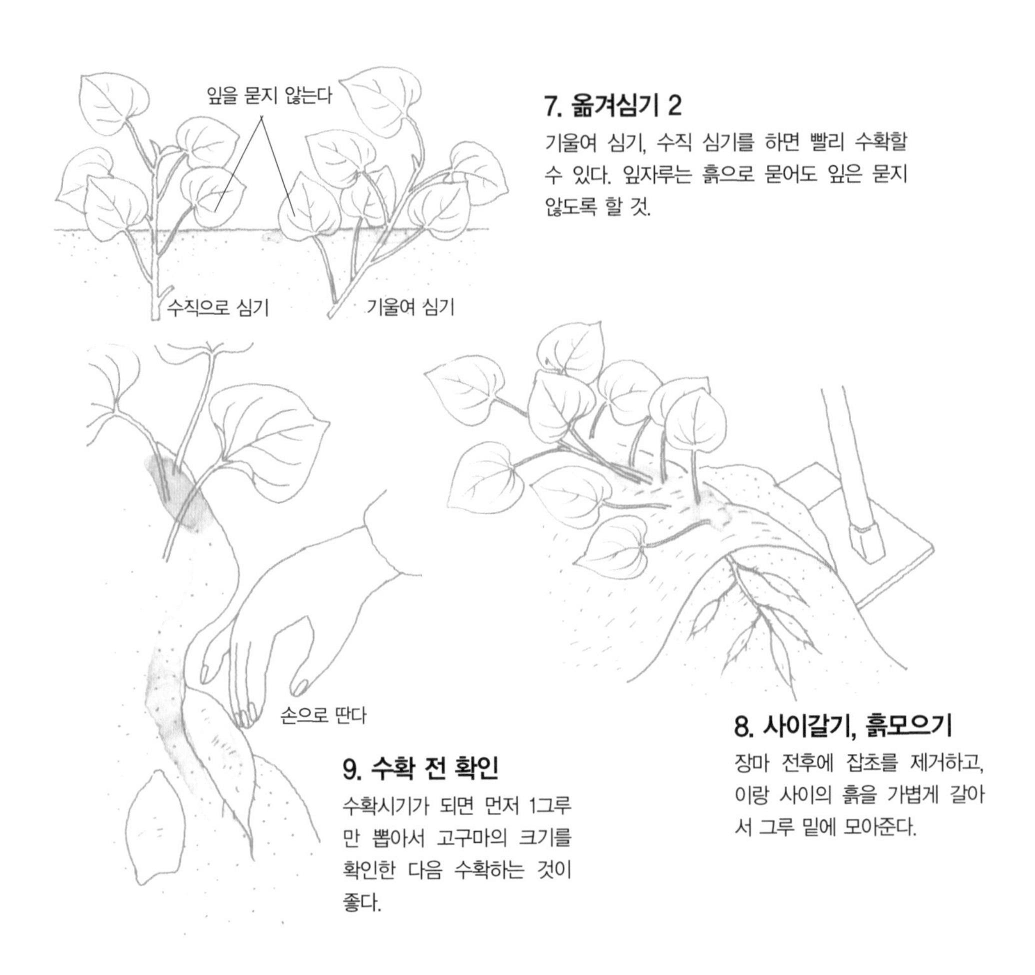

7. 옮겨심기 2

기울여 심기, 수직 심기를 하면 빨리 수확할 수 있다. 잎자루는 흙으로 묻어도 잎은 묻지 않도록 할 것.

8. 사이갈기, 흙모으기

장마 전후에 잡초를 제거하고, 이랑 사이의 흙을 가볍게 갈아서 그루 밑에 모아준다.

9. 수확 전 확인

수확시기가 되면 먼저 1그루만 뽑아서 고구마의 크기를 확인한 다음 수확하는 것이 좋다.

Q&A

잎은 번성한데 고구마가 달리지 않아요

질소분이 많거나 칼륨 부족, 여름에서 가을의 일조량 부족 등이 원인으로 잎만 무성하게 된 것 같습니다. 잎만 무성한 경우는 비옥한 땅에서 일어나기 쉽습니다. 더 척박한 땅을 선택하거나 표층 흙과 지하 흙을 뒤집어서 비료분이 없는 지하 흙을 표면으로 나오게 하는 방법이 있습니다. 그러나 아무리 척박한 흙이 좋다고 하더라도 칼륨분이 부족하면 고구마가 커지지 않으므로 나무나 풀의 재를 듬뿍 뿌려줍니다. 또한 물빠짐이 좋고 바람이 잘 통하도록 하고, 수분이 많은 곳은 퇴비나 짚을 넣어둡니다. 그리고 심는 시기가 늦어지지 않도록 하면 넝쿨만 번성하는 것을 막을 수 있을 것입니다.

10. 수확 1

고구마가 커졌으면 지상 부분을 베어내고 고구마가 상하지 않도록 조금 떨어진 곳에서부터 삽으로 부드럽게 흙을 부순다.

11. 수확 2

손으로 줄기를 더듬듯이 하여 고구마를 남기지 않고 파낸다. 서리가 내리면 맛이 떨어지고 썩는 경우도 있으므로 수확 적기를 놓치지 않도록 주의한다.

12. 보관

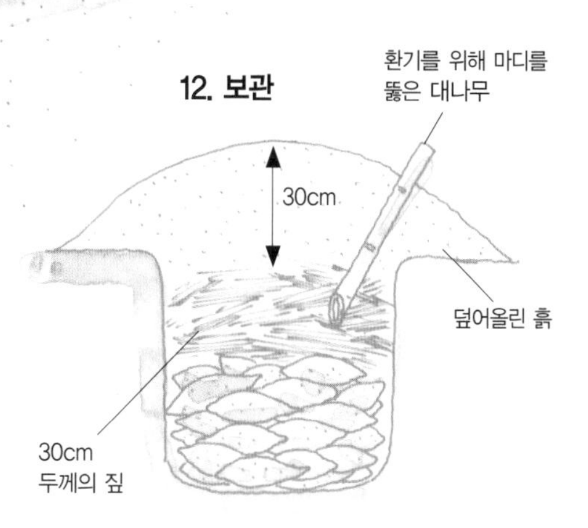

일주일 정도 그늘에 건조시킨 후 보관한다. 구덩이에 묻은 다음 짚을 씌우고 흙을 덮어두어도 좋다.

고구마가 커지지 않아요

이랑을 높게 하고 물빠짐이 좋게 한 푹신푹신한 흙이라면 고구마는 커집니다. 하지만 비료분이 너무 많으면 줄기잎만 무성해져서 일조를 방해하여 고구마는 커지지 않게 됩니다. 또한 수확 전의 8~9월경 빛과 온도가 충분해야 고구마가 굵어집니다. 순조롭게 자라서 줄기의 마디가 지면에 닿는 곳에서 점점 새끼고구마가 생겨납니다. 이렇게 되면 양분이 분산되므로 새끼고구마가 생겨나지 않도록 제초를 겸해 넝쿨을 지면에서 떨어지게 하는 방법도 있습니다. 이때 그루가 상하지 않도록 조심해야 합니다. 우엉과 같이 가느다란 뿌리는 옮겨심기를 할 때 지온이 높아졌거나 흙이 푹신푹신하지 않고 건조로 인해 공기가 적어질 때 생기기 쉽습니다. 옮겨심기를 할 때는 흙을 잘 갈아엎어줍니다.

토란

작업일지	1월	2월	3월	4월	5월	6월	7월	8월	9월	10월	11월	12월
옮겨심기				■								
작업												
수확									■	■	■	

♣ 어떤 채소?
토란과. 열대성으로 고온 다습한 곳을 좋아한다. 지상 부분은 큰 잎으로 자란다.

♣ 재배방법 포인트
건조에는 상당히 약하지만 일조량이 부족해도 수확이 가능하다. 연작은 어려우므로 3~4년 주기로 윤작재배를 한다.

재 배 방 법

흙만들기 물빠짐이 좋고 보습성이 좋은 흙을 좋아합니다. 옮겨심기를 하기 10일 전에 고토석회를 뿌리고 갈아엎어줍니다.

옮겨심기 40g 정도의 큰 씨토란을 구입합니다. 30cm 간격으로 토란을 놓고 1개당 퇴비와 골분을 각각 2줌씩 그루 사이에 뿌리고 스며들도록 합니다. 25~30도에서 발아하므로 비닐 멀칭으로 지온을 높이고, 싹이 나면 멀칭에 구멍을 내주어 싹이 밖으로 나오도록 하는 방법이 좋습니다. 먼저 넓은 상자에 심어서 비닐을 씌워 본잎이 2~3장 정도로 자라면 옮겨심는 것도 좋은 방법입니다. 또한 밭의 북쪽에 심지 않으면 큰 잎이 그늘을 만들어 다른 채소의 생장을 방해할 수 있으므로 주의해야 합니다.

1. 흙만들기

옮겨심기를 하기 10일 전에 1㎡당 2줌의 고토석회를 뿌리고 깊이 갈아준다.

2. 씨토란 옮겨심기

폭 60cm, 깊이 15cm의 골을 파고 씨토란의 눈을 위로 하여 30cm 간격으로 심는다. 그루 사이에는 추비와 골분을 각각 2줌씩 뿌리고 5~6cm 정도 흙덮기를 한다.

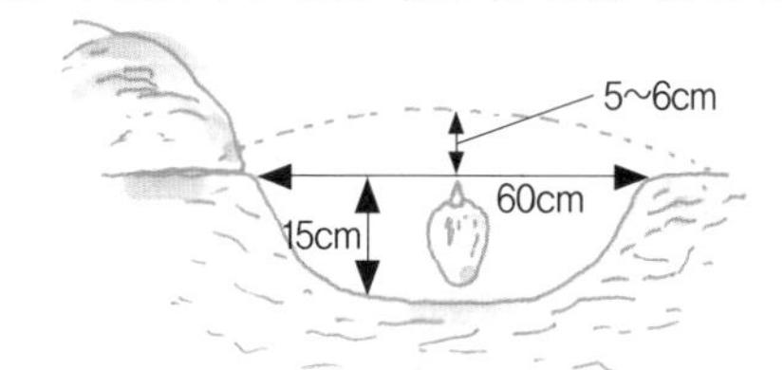

3. 어미토란과 아기토란 겸용 품종의 그루 간격

어미, 아기 겸용 품종은 그루 간격을 45cm, 어미토란용 품종은 60cm로 한다.

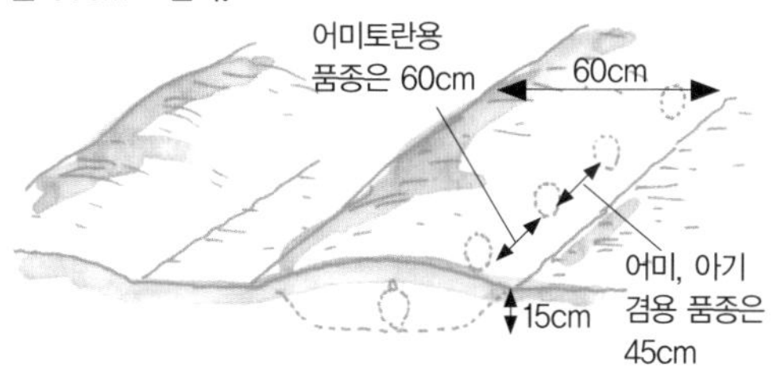

4. 멀칭

비닐 멀칭을 깔고 지온을 높인다. 싹이 나온 것을 확인하면 멀칭에 구멍을 뚫어준다.

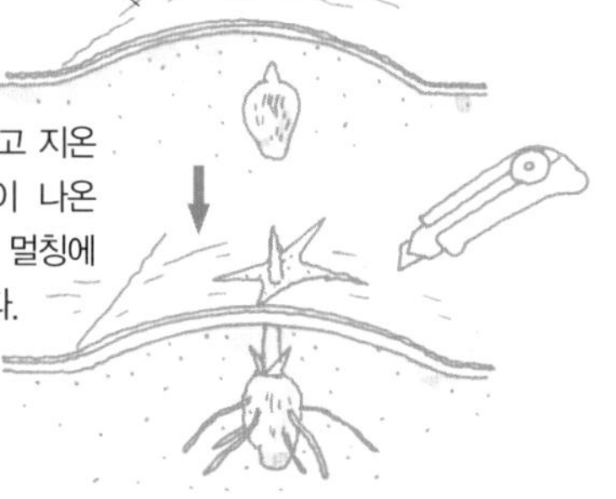

5. 넓은 상자에 심기

폭과 깊이가 있는 상자에 심고, 비닐을 씌워 따뜻한 곳에서 관리하는 것도 좋은 방법이다. 싹이 나오면 비닐 터널을 만들고, 본잎이 2~3장 자라면 옮겨심기를 한다.

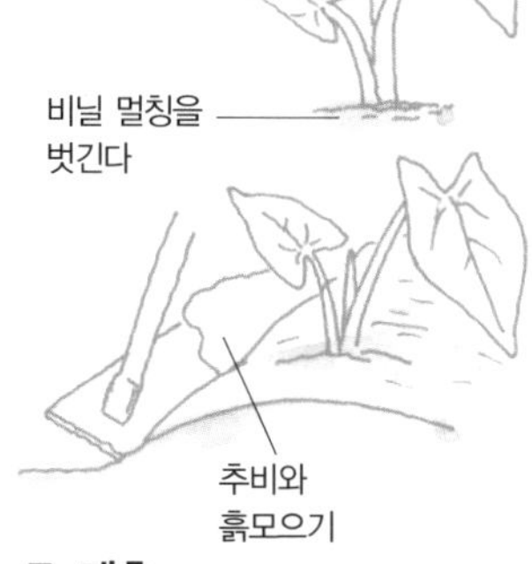

6. 추비, 흙모으기

5월 하순에 본잎이 3~4장으로 자라면 비닐을 벗기고 유박을 뿌려주어 스며들도록 하고 어린 토란이 숨겨질 정도로 흙덮기를 한다. 1개월 후 다시 추비와 흙모으기를 한다.

7. 제초

그루 밑에 빛이 닿도록 잡초를 제거한다. 장마 후의 건조를 막기 위해 짚을 깔아준다.

8. 수확

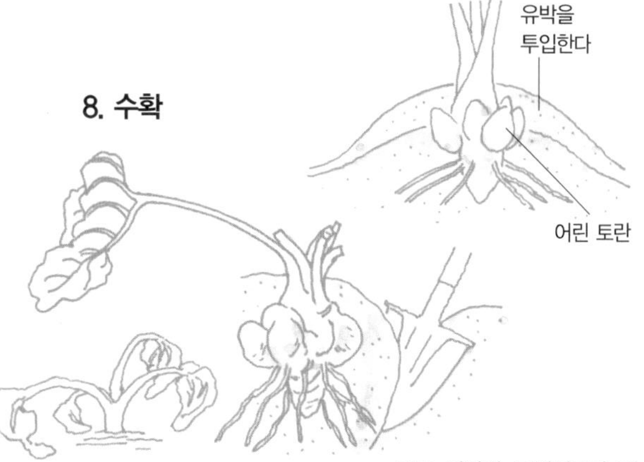

서리를 맞으면 줄기잎이 갑자기 시든다. 이때 수확한다.

조금 떨어진 곳에서부터 괭이나 삽을 넣어 그루째 파내어 이용할 양만 수확한다.

제초와 흙모으기 본잎이 3~4장일 때 비닐 멀칭을 걷어주고 추비를 하여 흙모으기를 해놓습니다. 1개월 후에는 잡초를 제거하여 빛이 잘 들도록 하고, 다시 추비와 흙모으기를 합니다. 흙모으기는 씨토란의 싹이 감춰질 정도가 기준입니다. 건조가 심할 때는 짚을 깔아주고 이랑 사이에 물을 줍니다.

거름주기 추비는 그루 사이나 이랑 사이에 유박을 1그루당 1줌씩 뿌려줍니다.

수 확

서리를 맞은 다음 맑은 날에 지상 부분을 베어주고 이랑 측면부터 괭이 등으로 그루째 이용할 양만큼 파냅니다.

병 해 충 대 책

장마가 지난 후부터 발생하는 담배거세미나방은 유충이 잎에 군생하므로 발견하는 즉시 제거해줍니다.

발아가 불균형해요

생장이 불균형하면 큰 잎에 덮여서 작은 그루가 자라지 않으므로 될 수 있는 한 조건을 균일하게 해야 합니다. 씨토란의 크기를 균일하게 하고, 너무 깊이 심지 않도록 하며, 흙덮기를 균일하게 합니다. 눈이 잘 붙어 있는 씨토란을 구입하는 것도 중요합니다.

생강

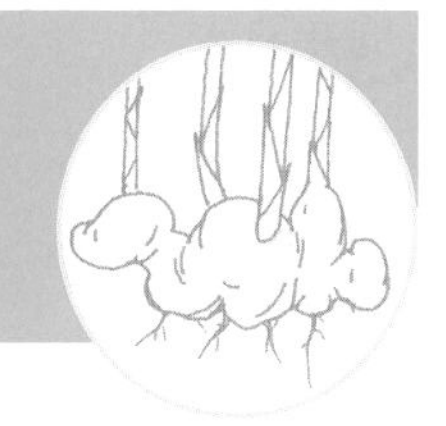

작업일지	1월	2월	3월	4월	5월	6월	7월	8월	9월	10월	11월	12월
싹틔우기				▬								
작업					▬							
수확						잎생강	▬		▬	▬	▬	

♣ **어떤 채소?**

생강과. 덩이줄기(塊莖)를 식용으로 이용한다. 약용으로도 이용한다.

♣ **재배방법 포인트**

3~4년 주기로 윤작을 하여 바이러스병을 방지한다. 고온 다습을 좋아하고 건조, 저온에는 약하다.

재 배 방 법

흙만들기 옮겨심기 2주일 전까지 고토석회를 뿌리고 일주일 전에는 이랑을 만듭니다. 배수가 좋은 장소를 선택하여 잘 갈아엎어 비옥한 흙을 만듭니다.

옮겨심기 4월경에 씨앗생강을 구입합니다. 발아에 시간이 걸리므로 눈이 3개 정도 달린 씨앗생강을 60~70g 정도로 손으로 쪼개어 상자에 심어 싹을 틔웁니다. 싹이 나온 상태에서 30cm 간격으로 옮겨심기를 합니다.

흙모으기 옮겨심기 후 10일 정도 지나 잡초를 뽑아주어 뿌리줄기의 생장을 촉진함과 동시에 추비를 주고 흙모으기를 합니다. 추비와 흙모으기는 그후에도 2주일 간격으로 3

1. 씨앗생강

씨앗생강을 눈이 3개씩, 60~70g 정도의 크기로 쪼갠다.

2. 상자에 심기

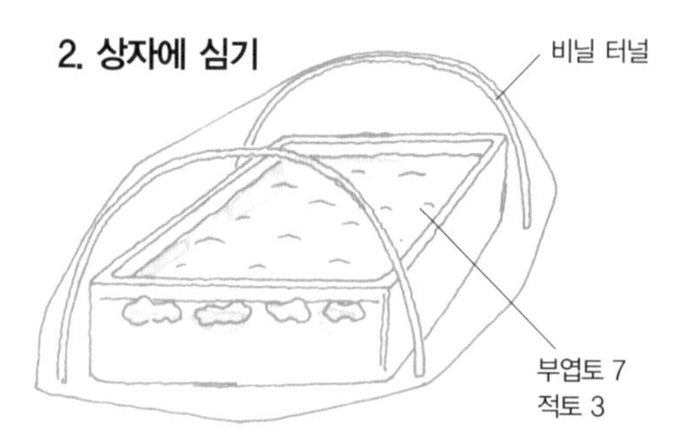

부엽토 7 : 적토 3을 넣은 상자에 심는다. 감춰질 정도로 흙덮기를 하여 비닐 터널에서 관리한다. 싹이 모두 나오면 옮겨심기를 한다.

3. 이랑만들기

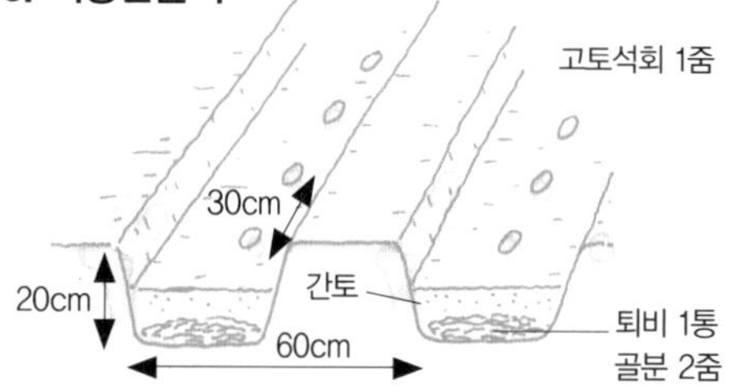

옮겨심기 2주일 전까지 고토석회를 1㎡당 1줌씩 뿌리고 잘 갈아엎어준다. 일주일 전까지는 60cm 폭의 이랑을 만들어 깊이 20cm의 골을 파고 1㎡당 퇴비 1통과 골분 2줌을 뿌리고 파낸 흙을 다시 덮어준다.

4. 옮겨심기

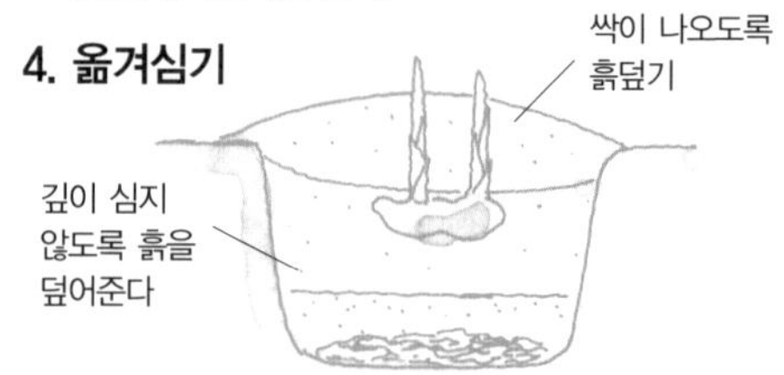

싹이 자란 씨앗생강은 30cm 간격으로 옮겨심기를 하고 싹이 나올 정도로 흙덮기를 한다. 깊이 심지 않도록 주의한다.

5. 제초

잡초는 자주 제거해 준다.

6. 거름주기, 흙모으기

추비는 나무나 풀의 재 또는 유박을 1줌 뿌려주고 스며들도록 하여 그루 밑에 흙모으기를 한다. 옮겨심기 10일 후부터 2주일 간격으로 3회 정도 더 실시한다.

7. 짚깔기

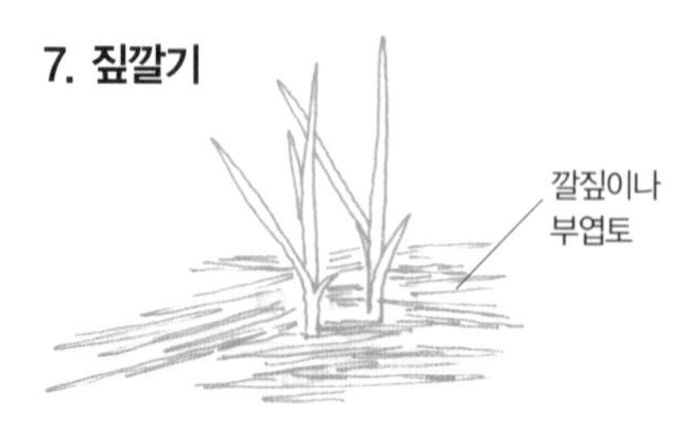

장마 후 건조에 대비해 짚을 깔아준다. 부엽토를 두껍게 깔아주어도 좋다.

8. 수확

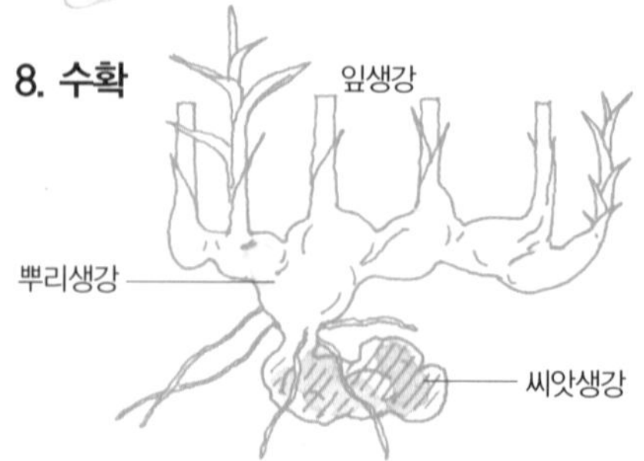

7월에는 새로운 생강을 잎생강으로 이용하기 위해 수확할 수 있다. 그대로 가을까지 자라게 하면 뿌리생강이 된다. 뿌리생강은 9월에 수확한다.

회 정도 실시합니다. 장마가 지난 후에는 건조대책으로 짚을 깔아줍니다.

거름주기 추비는 나무나 풀의 재, 유박을 1그루당 1줌씩 주고 흙모으기를 합니다.

수 확

씨앗생강의 위에 생긴 새로운 생강은 7월에는 잎생강으로 수확하고, 그대로 놓아두면 9월에는 뿌리생강으로 수확할 수 있습니다. 사용할 분량만 수확해도 되지만 서리가 내리기 전까지는 전부 수확합니다.

병 해 충 대 책

생육이 나빠지면 뿌리자름충(조절충), 뿌리혹선충 등의 해충을 찾아 방제합니다. 습도가 높으면 입고병 등이 생기기 쉬우므로 물빠짐이 좋게 재배해야 합니다.

잎생강을 즐기고 싶어요

미숙한 뿌리를 이용하는 잎생강은 재배 도중에 이른 수확을 하면 이용할 수 있습니다. 잎생강만 재배할 목적이라면 그루 간격을 10cm로 하여 밀식합니다. 3~4개로 복잡한 상태에서 부드러운 덩이줄기(塊莖)가 상하지 않도록 수확합니다.

청경채

작업일지	1월	2월	3월	4월	5월	6월	7월	8월	9월	10월	11월	12월
씨뿌리기				■	■	■	■	■	■			
작업												
수확					■	■	■	■	■	■	■	■

♣ **어떤 채소?**
유채과. 중국에서는 소백채라고 부른다. 결구하지 않는 배추류의 대표적인 종류.

♣ **재배방법 포인트**
겨울에도 따뜻한 지역에서 재배되는 채소로, 여름 파종은 고온에서 재배가 어렵다.

재 배 방 법

흙만들기 보습성과 배수성이 좋은 땅에서 잘 자랍니다. 일조량이 다소 좋지 않아도 재배는 가능하지만 일조량이 좋은 편이 그루가 충실하게 자랍니다. 물빠짐이 좋지 않은 곳에서는 이랑을 높게 하고 바람이 잘 통하도록 합니다.

씨뿌리기 두껍게 뿌려지지 않도록 흩어뿌리기를 하고 흙덮기는 얕게 합니다. 가을 파종이라면 8월 하순에서 9월, 봄 파종이라면 4~5월이 적기입니다. 비닐 터널 등으로 온도관리를 할 수 있다면 2월에도 파종이 가능합니다.

솎아주기 솎아주기는 빠른 시간 내에 합니다. 잎이 겹치지 않도록 솎아주기를 하여 본

1. 흙만들기

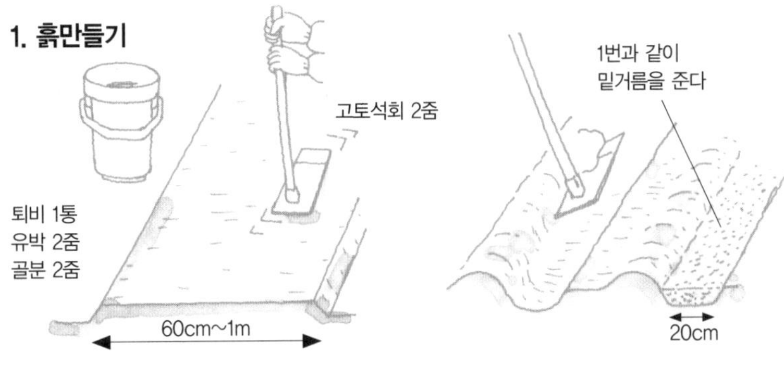

미리 1㎡당 2줌의 고토석회를 뿌려둔 밭에, 씨뿌리기 10일 전 1㎡당 퇴비 1통, 유박과 골분 각각 2줌씩 뿌리고 잘 갈아엎어준다. 60~1m 폭의 이랑을 만든다.

2. 밑거름

또는 20cm의 파종 골을 파서 밑거름을 뿌리고 주위의 흙과 잘 섞은 다음 파낸 흙을 다시 덮어주고 약간 끌어올려주어도 좋다.

3. 씨뿌리기

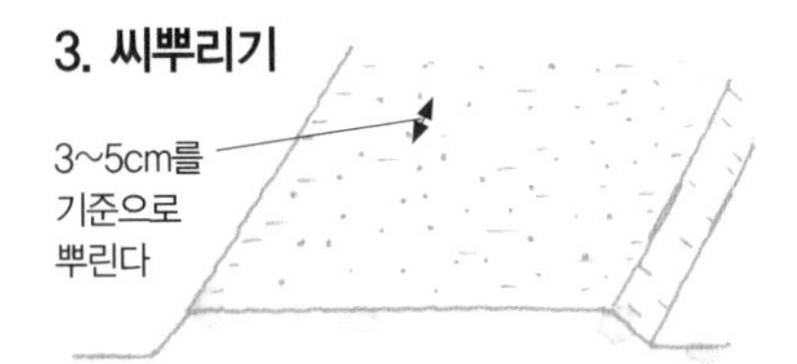

이랑 위에 씨앗이 겹치지 않게 흩어뿌리기를 한다. 3~5cm 간격을 기준으로 한다. 가볍게 흙덮기를 하고 눌러준 후 물을 듬뿍 준다.

4. 솎아주기

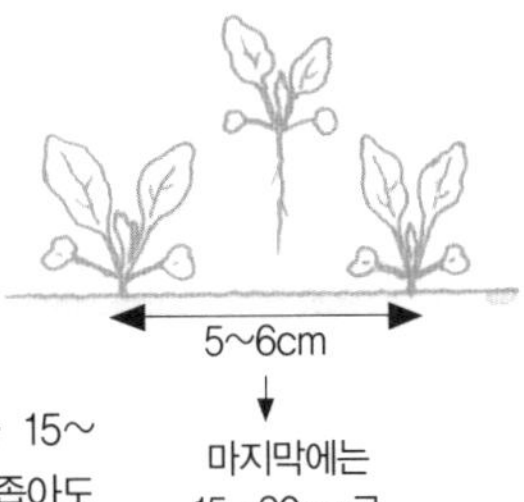

5일 정도 후에 발아하므로 본잎이 2~3장에 5~6cm 간격이 되도록 솎아주고, 마지막으로 본잎이 5~6장으로 자랐을 때 그루 간격을 15~20cm로 한다. 봄에는 좁아도 좋다. 일조가 좋지 않은 곳은 그루 간격을 넓혀준다.

5. 추비, 사이갈기, 흙모으기

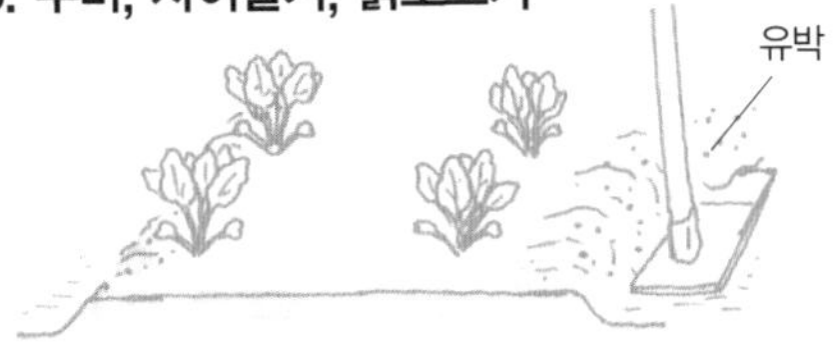

마지막 솎아주기를 한 후 1그루에 1줌씩을 기준으로 이랑 사이에 유박을 뿌리고 사이갈기, 흙모으기를 한다. 추비가 필요할 때도 반드시 흙모으기를 한다.

6. 솎아낸 모종의 이식

본잎 4~5장의 솎아낸 모종은 별도의 장소에 10~15cm 간격으로 이식한다.

7. 여름 · 겨울나기

터널 틀을 만들어 겨울에는 비닐을 씌워 보온을 하고, 여름에는 차광망으로 해가림, 해충 피해를 방지한다. 겨울에는 비닐의 밑부분을 열어서 가끔씩 환기를 시켜준다.

8. 수확

밑그루의 지름이 4~5cm, 그루 길이가 10~20cm 정도로 자라면 그루 밑부분을 잘라서 수확한다. 서리가 내리는 때와 봄의 꽃대가 나오는 시기에는 빨리 수확한다.

잎이 5~6장일 때 그루 간격이 15~20cm가 되도록 합니다. 솎아낸 모종이 본잎 4~5장의 모종이라면 뿌리가 상하지 않도록 뽑아내어 다른 곳에 이식하는 것도 좋습니다.

여름 · 겨울나기 여름에는 차광망, 겨울에는 비닐을 씌워서 더위와 추위를 피하고 동시에 해충의 피해를 방지합니다.

거름주기 솎아주기를 한 후 추비가 필요하면 그루에 직접 닿지 않도록 이랑 사이에 유박을 뿌리고 스며들도록 합니다.

수 확

잎의 길이가 15cm 전후에 수확이 가능합니다. 꽃대는 나오는 즉시 따내어 활용합니다. 서리를 맞으면 상하므로 겨울에는 빨리 수확하든지 서리방지 대책을 마련해야 합니다.

병 해 충 대 책

진딧물이나 배추좀나방 등의 피해가 심할 때는 차광망이나 비닐 속에서 재배합니다. 비닐은 온도가 너무 높아지지 않도록 환기를 해주고 3월까지 사용합니다.

그루가 넘어져버렸어요

솎아주기 후에는 넘어지기 쉬우므로 반드시 흙모으기를 하여 눌러줍니다. 밀식하면 작물이 건강하게 자라는 데 방해가 되므로 솎아주기는 중요한 작업이지만, 이로 인해 작물이 넘어지면 그 동안의 수고가 헛되므로 주의해야 합니다.

팍초이

작업일지	1월	2월	3월	4월	5월	6월	7월	8월	9월	10월	11월	12월
씨뿌리기												
작업												
수확												

♣ **어떤 채소?**
유채과. 청경채와 같이 소백채(小白菜)로 분류된다. 잎자루는 희다.

♣ **재배방법 포인트**
청경채보다 꽃대가 나오기 쉽다. 저온기의 생장을 피하고 봄 파종한 것은 빠른 시간 내에 수확한다.

재 배 방 법

흙만들기 재배방법은 청경채와 거의 비슷합니다. 비옥한 흙이라면 비료를 주지 않아도 재배가 가능합니다. 처음에 밑거름을 충분히 주면 추비는 거의 필요하지 않습니다.

씨뿌리기 잎자루는 굵고 그루가 잘 자라기 때문에 청경채보다는 그루 간격을 넓게 합니다. 특히 자루가 짧은 팍초이는 두꺼운 잎이 옆으로 열리듯이 퍼지므로 겹치지 않도록 20cm 이상은 줄 간격을 두도록 합니다. 또 이식을 싫어하므로 겹쳐 뿌려지지 않도록 균등하게 줄뿌리기를 합니다. 멀칭을 하면 병을 방지하고, 초기 생장을 촉진합니다. 그 경우에는 20cm 간격으로 점파를 합니다. 봄 파종은 5월 초순에 뿌려도 꽃대가 나오므로 하순까지 기다립니다.

1. 흙만들기

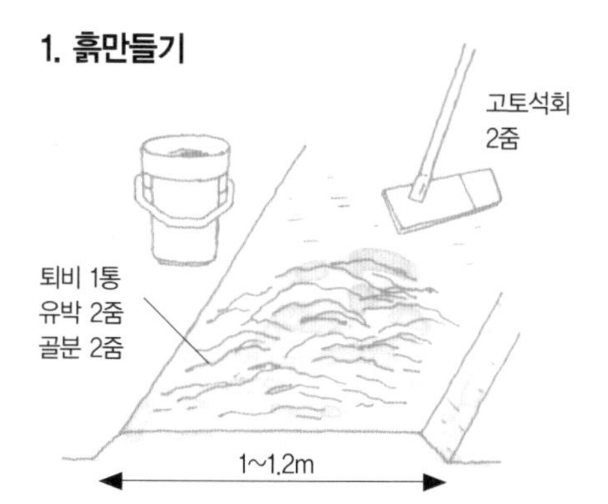

미리 1㎡당 2줌의 고토석회를 뿌려준다. 씨뿌리기 10일 전 1㎡당 퇴비 1통, 유박과 골분을 각각 2줌씩 주고 잘 갈아엎어서 1~1.2m 폭의 평이랑을 만든다.

2. 밑거름

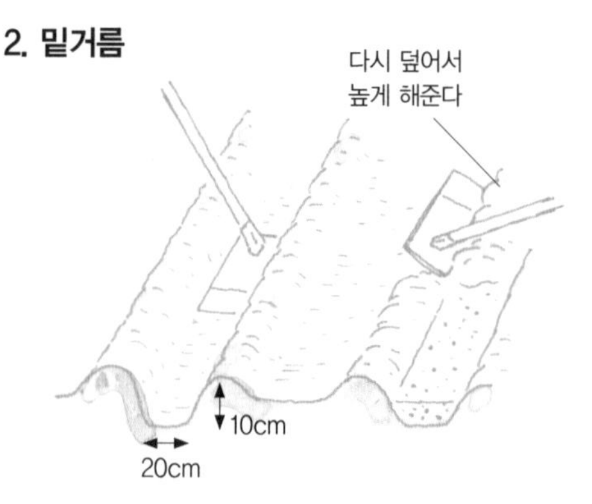

또는 폭 20cm, 깊이 10cm 정도의 파종 골을 파고 밑거름을 뿌려준 후 주위의 흙과 잘 섞는다. 흙을 다시 덮어서 약간 높게 이랑을 만들어둔다.

3. 씨뿌리기

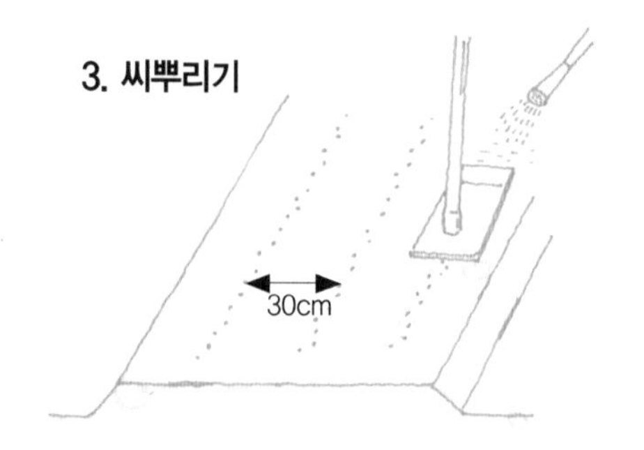

줄 간격 30cm로 2~3줄의 줄뿌리기를 하거나, 이랑에 가득 흩어뿌리기를 한다. 멀칭을 한다면 20cm 간격으로 4~5알씩 점파한다. 씨가 겹치지 않도록 할 것. 흙덮기는 씨앗이 숨겨질 정도로 얕게 하고 물을 듬뿍 준다.

4. 솎아주기 · 흙모으기

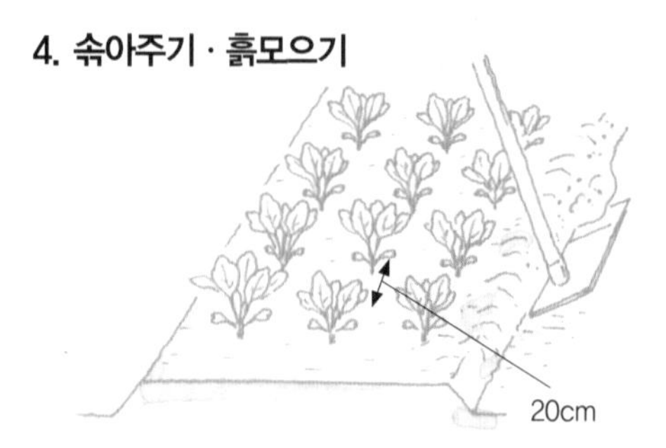

발아하면 본잎 2~3장 정도에서 솎아주기를 시작하여, 마지막으로 본잎 5~6장일 때 그루 간격을 20cm로 솎아낸다. 점파종은 1그루만 자라게 한다.

5. 추비, 흙모으기

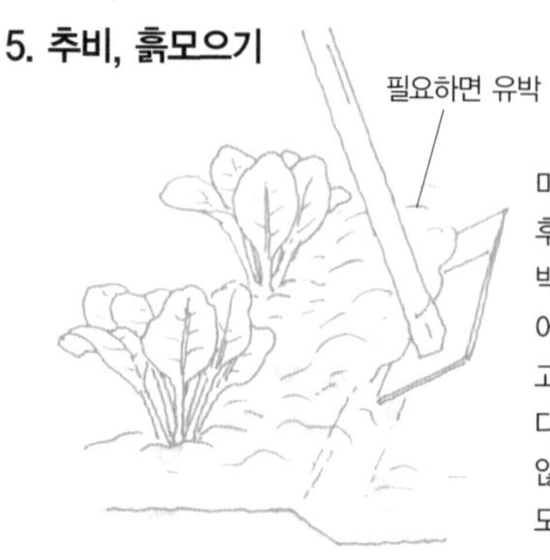

마지막 솎아주기 후 필요하다면 유박을 소량 뿌려주어 스며들도록 하고 흙모으기를 한다. 추비를 하지 않을 경우에도 흙모으기는 한다.

6. 수확

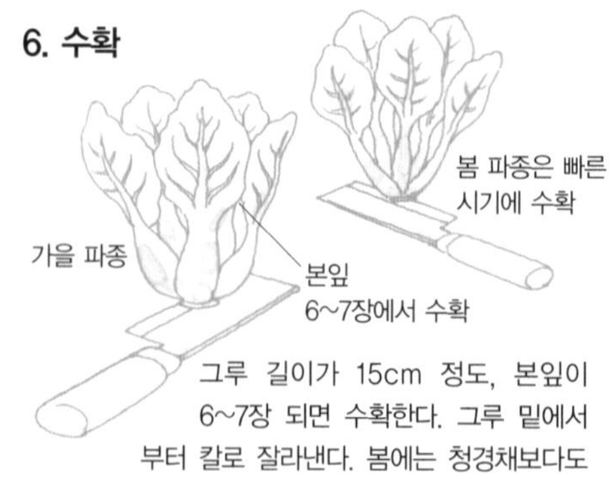

그루 길이가 15cm 정도, 본잎이 6~7장 되면 수확한다. 그루 밑에서부터 칼로 잘라낸다. 봄에는 청경채보다도 꽃대가 나오기 쉬우므로 빠른 시기에 수확한다. 또한 15도 이하에서는 재배하기가 어려우므로 추위가 오기 전에 수확한다.

솎아주기 솎아낸 모종을 이용하면서 마지막으로는 본잎이 5~6장일 때 그루 간격 15~20cm로 솎아냅니다. 솎아주기는 복잡해진 부분부터 실시합니다.

거름주기 솎아주기를 한 후 생장이 나쁠 때만 추비를 줍니다. 해충을 피하기 위해서도 무리하게 추비를 줄 필요는 없습니다.

수 확

본잎이 6장 이상 되어 그루 길이가 15cm 전후일 때 수확합니다. 봄에는 꽃대가 나오기 전에 수확하기 위해 멀칭 등으로 생장을 앞당겨 수확이 늦어지지 않도록 합니다.

병 해 충 대 책

청경채와 같습니다. 충해를 방지하면 벌레를 매개로 하는 바이러스병 등을 예방할 수 있습니다.

잎에 흰 반점이 번져요

저온다습한 상태가 되면 발생하는 백녹병(白綠病)입니다. 빗물이 튀거나 비료부족으로도 발생하기 쉽습니다. 또한 유채과의 연작도 여러 가지 병의 원인이 됩니다. 연작을 피하고 이랑을 높여 물빠짐이 좋게 하고 멀칭을 해서 재배합니다.

비타민(다채)

작업일지	1월	2월	3월	4월	5월	6월	7월	8월	9월	10월	11월	12월
씨뿌리기				■	■			■	■			
작업												
수확	■	■				■	■			■	■	■

♣ 어떤 채소?
유채과. 잎이 국화처럼 펼쳐져서 국화심(菊花芯)이라고 불리기도 한다.

♣ 재배방법 포인트
연중 재배가 가능하고, 서리를 맞으면 감미가 더 해진다. 크게 재배하고 싶으면 가을 파종이 좋다.

재 배 방 법

흙만들기　물빠짐, 보습성이 좋고 비옥한 흙을 좋아하지만 산성 토양을 중화시켜두면 그다지 토질을 가리지 않습니다. 양분 흡수량이 많으므로 멀칭을 할 경우에는 추비를 합하여 투입해줍니다. 일조가 좋은 곳을 선택하고, 혼작할 경우에는 그루 길이가 짧으므로 남쪽에 심습니다.

씨뿌리기　여름에도 건조대책을 세우면 재배가 가능하므로 언제든지 씨뿌리기가 가능합니다. 꽃대가 잘 나오지 않고 저온으로 그루가 잘 결속하는 가을 파종이 특히 재배하기가 쉽습니다. 8월 하순에서 9월이 적기입니다.

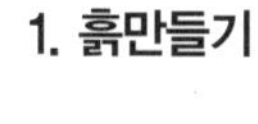

1. 흙만들기

씨뿌리기 10일 전까지 고토석회를 1㎡당 2줌씩 뿌려주고 갈아엎는다. 폭 15cm, 깊이 10cm의 골을 파고 밑거름으로 1㎡당 퇴비 1통, 유박과 골분을 각각 2줌씩 뿌려주어 주위의 흙과 잘 섞는다. 줄 간격은 30cm로 한다.

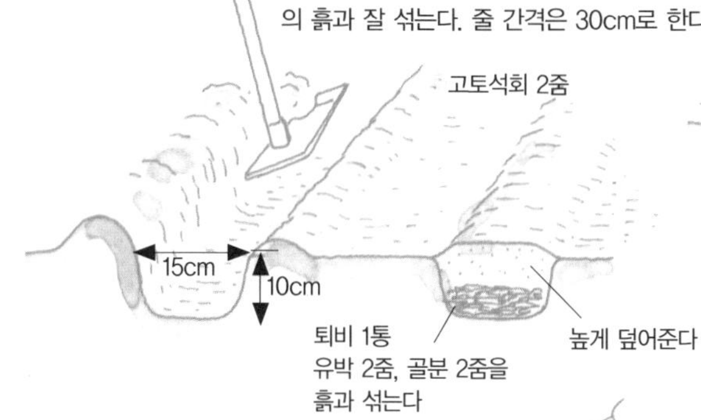

2. 씨뿌리기(흩어뿌리기)

파낸 흙을 다시 덮어주고, 씨앗을 얇게 흩어뿌려준다. 가볍게 흙덮기를 하고 눌러준다. 여름에는 건조하면 물을 주도록 한다.

3. 씨뿌리기(줄뿌리기)

밑거름을 전체에 투입하고 평이랑을 만들어 15cm 간격으로 줄뿌리기를 해도 좋다.

15cm

1번과 같이
밑거름을
투입

4. 솎아주기

3일 정도 후에 발아하고 본잎이 나오면 복잡해진 부분부터 솎아준다. 처음에는 생장이 느리지만 잎이 닿을 정도로 서서히 솎아준다.

5. 생장

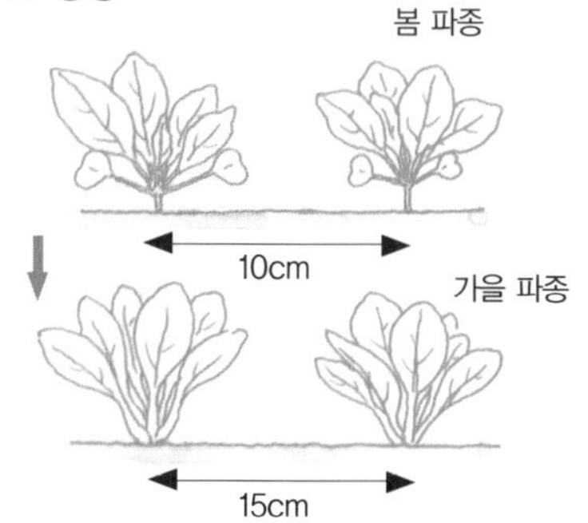

서리가 내리기 전에는 본잎이 5~6장 정도일 때 그루 간격을 15cm로 한다. 솎아낸 잎을 이용할 수 있다.

6. 추비, 흙모으기

솎아낸 후에 1㎡당 유박 1줌을 뿌려주고 흙모으기를 한다. 그외에도 가끔씩 그루 사이를 사이갈기하면 뿌리내림이 좋아진다.

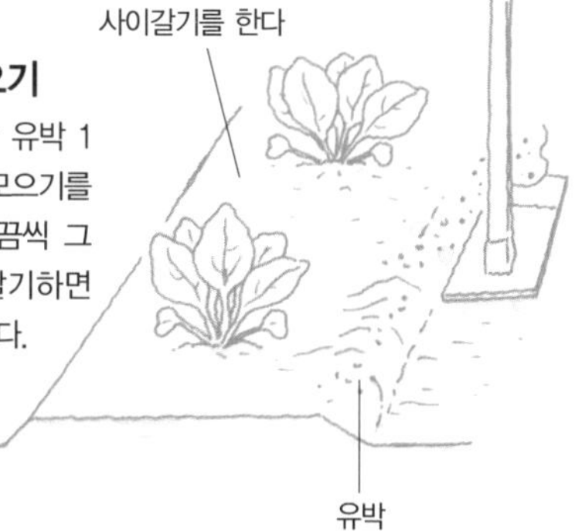

7. 수확

크게 자란 것부터 가위로 잘라서 수확한다. 가을 파종은 씨뿌리기 후 40일 정도부터 수확할 수 있다. 오래 두면 그만큼 큰 그루를 수확할 수 있지만 봄에는 꽃대가 나올 수 있으므로 주의한다.

솎아주기 본잎이 나오면 솎아주기를 시작합니다. 마지막으로 그루 간격을 15cm로 솎아줍니다. 봄 파종이라면 10cm로 합니다. 솎아주기를 한 후에는 이랑 사이에 추비를 투입하고 그루 밑으로 흙모으기를 합니다. 추비가 필요하지 않을 경우에도 가끔씩 표면의 흙을 가볍게 갈아 공기를 넣어주면 뿌리내림이 좋아집니다.

거름주기 추비는 유박을 1㎡당 1줌 정도 뿌려줍니다. 월동을 위해 질소분은 적게 주어야 하므로 나무나 풀의 재를 뿌려주도록 합니다.

수 확

그루가 20cm 이상 되면 필요에 따라서 그루를 잘라내어 수확합니다. 가을 파종으로 40일 정도 후에 수확할 수 있습니다. 가을 이후에는 꽃대가 나오지 않으므로 2월까지는 심은 상태로 놓아두어도 좋습니다. 점점 크게 자라므로 솎아주기를 하여 적당히 그루 간격을 유지해가며 수확합니다.

병해충대책

배추좀벌레, 진딧물은 발견하는 즉시 제거합니다.

봄이나 여름에 파종하여 재배하고 싶어요

4~5월에 파종하면 40~50일 정도 후에 수확할 수 있지만 꽃대가 나오기 쉬운 시기이므로 거름을 많이 주어 빨리 자라도록 합니다. 6~7월의 여름 파종은 잎이 너무 크고 해충의 피해가 늘어나므로, 차광망으로 터널을 만들어 재배하면 좋습니다.

세리폰

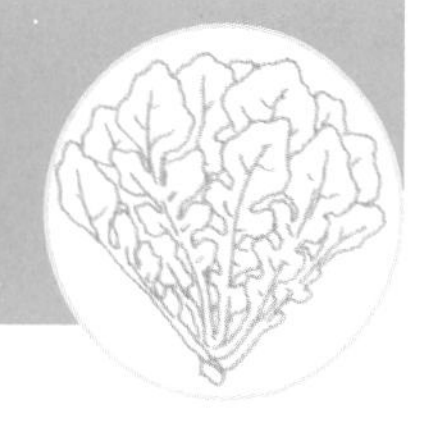

작업일지	1월	2월	3월	4월	5월	6월	7월	8월	9월	10월	11월	12월
씨뿌리기			■	■				■	■			
작업												
수확					■	■				■	■	■

♣ 어떤 채소?

유채과. 매운맛이 있는 채소이지만 뜨거운 물에 데치면 매운맛이 줄어든다.

♣ 재배방법 포인트

눈 속에서도 자란다고 하여 '설채(雪菜)'라는 별명이 있을 정도로 추위에 강하다. 그루 간격을 넓게 하여 큰 그루를 만들어도 좋다.

재 배 방 법

흙만들기 일조가 좋은 곳에 산성 토양을 중화시킨 다음 밑거름을 뿌려줍니다. 토질은 가리지 않지만 생장기간이 길기 때문에 밑거름은 듬뿍 주도록 합니다.

씨뿌리기 재배하기 쉬운 시기는 3월 중순에서 4월의 봄 파종, 8월 하순에서 9월의 가을 파종입니다. 하지만 추위와 더위에 강한 작물이므로 연중 파종과 재배가 가능합니다. 여름에 수확할 수 있는 녹색 채소가 적으므로 수확목표를 정하여 1개월 전에 파종합니다.

솎아주기 본잎 2~3장일 때 솎아주기를 시작하여 본잎 5~6장일 때 그루 간격 25cm가 되도록 합니다. 그루 간격이 좁으면 꽃대가 나오기 쉽습니다. 크게 자라도록 하기 위해서

1. 흙만들기

씨앗을 뿌리기 일주일 전까지 1㎡당 고토석회 2줌을 뿌리고 잘 갈아엎어준다.

2. 밑거름

이랑 간격을 60cm로 한다

15cm

퇴비 1통
유박 2줌, 골분 2줌을
흙과 섞는다

흙을 다시 덮는다

60cm 간격으로 괭이 폭만큼 파종 골을 판다. 밑거름으로 1㎡당 퇴비 1통, 유박과 골분을 각각 2줌씩 뿌려주고 골 안의 흙과 잘 섞는다. 그후 파낸 흙을 다시 덮어준다.

3. 씨앗파종

파종 골에 흩어뿌리기를 하고 가볍게 흙덮기를 한 후 눌러준다. 건조할 때는 물을 준다.

4. 솎아주기

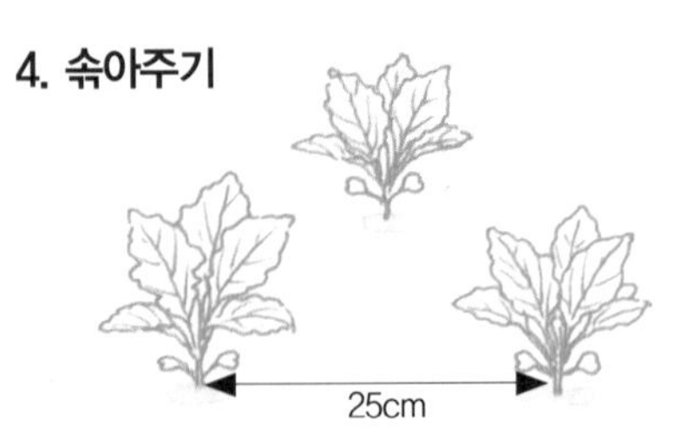

4~5일에 발아하면 본잎 2~3장일 때 솎아주기를 시작한다. 서서히 복잡한 부분을 솎아주고 본잎 5~6장에서 25cm 간격이 되도록 한다.

5. 솎아낸 모종의 이식

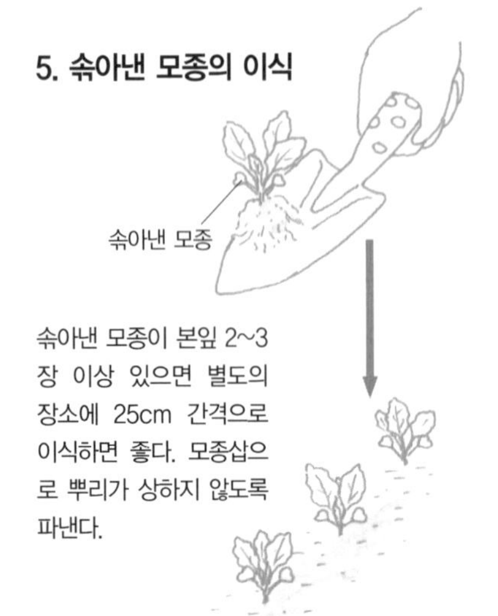

솎아낸 모종이 본잎 2~3장 이상 있으면 별도의 장소에 25cm 간격으로 이식하면 좋다. 모종삽으로 뿌리가 상하지 않도록 파낸다.

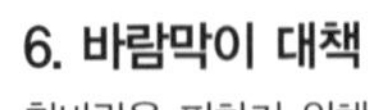

6. 바람막이 대책

찬바람을 피하기 위해 북쪽에 대나무 등을 세우면 잎이 상하지 않아서 좋다.

북쪽에
세운다

7. 수확

그루 길이가 30~40cm, 잎이 10~20장 되면 수확한다. 온도가 높을수록 빨리 수확할 수 있다. 수확하지 않으면 점점 커지므로 남겨둘 경우에는 그루 간격을 보아 밀집되지 않도록 한다. 가을에 파종하여 겨울을 난 후 봄에 수확하는 것도 좋다.

는 그루 간격을 넓게 하면 잎이 열려 50장 정도까지 달립니다. 솎아낸 모종은 다른 장소에 이식하면 좋을 것입니다. 뿌리내림이 왕성하므로 건조에는 강하지만 이식할 때는 뿌리가 상하지 않도록 모종삽으로 조심스럽게 들어냅니다.

거름주기 수확한 후에 유박 등의 추비를 뿌려주면 그루 밑에서 곁싹이 나와서 자라게 할 수 있습니다. 다만 진딧물 등의 피해가 많아집니다.

수 확

그루 길이가 30~40cm 정도일 때 수확합니다. 그루 밑에서 잘라냅니다. 여름에는 35일, 가을에는 50일 정도 후에 수확할 수 있습니다. 겨울에는 바람막이를 해두면 필요에 따라 겨울부터 봄까지 수확을 계속할 수 있습니다.

병 해 충 대 책

그루 간격이 좁으면 진딧물을 비롯해 해충이 늘어나므로 통풍이 잘 되도록 재배합니다.

꽃대가 올라왔어요

주로 일조가 길면 꽃눈이 분화하여 꽃대가 나오게 됩니다. 가을 파종에서는 3개월 이내에 개화하므로 파종이 늦어질수록 개화까지의 일수가 빨라집니다. 또한 영양조건이 좋으면 개화도 빨라집니다.

중국무

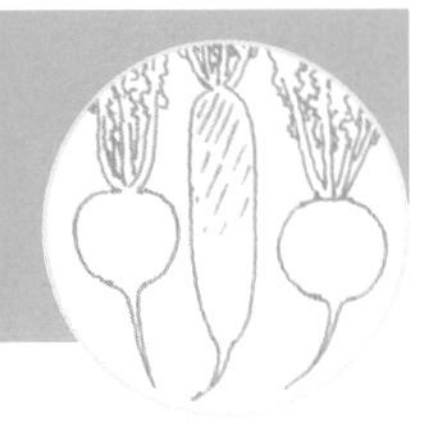

작업일지	1월	2월	3월	4월	5월	6월	7월	8월	9월	10월	11월	12월
씨뿌리기								▬	▬			
작업												
수확										▬	▬	

♣ **어떤 채소?**
유채과. 순무를 닮아 약간 단맛이 난다. 색깔이나 형태가 다양하다.

♣ **재배방법 포인트**
우리나라 기후에 맞는 품종을 선택하여 무와 같은 방법으로 재배한다. 땅 속에 묻어서 저장할 수 있다.

재배방법

흙만들기 일조, 물빠짐, 보습성이 좋고 비옥한 흙을 좋아합니다. 무와 같이 뿌리 끝에 장해물이 있으면 뿌리가 갈라지기 때문에 반드시 흙을 잘게 부숴주고, 밑거름이 무 아래에 들어가지 않도록 해야 합니다. 무와 같이 길게 자라지는 않으므로 너무 깊이 갈아엎을 필요는 없습니다.

씨뿌리기 8월 하순에서 9월 중순까지 시기를 놓치지 않고 뿌립니다. 너무 빠르면 바이러스병이 발생할 수 있고, 너무 늦으면 뿌리가 커지지 않습니다.

솎아주기 본잎 2장에서 솎아주기를 시작합니다. 본잎 5~6장에서 1그루만 남기도록 합

1. 흙만들기

씨뿌리기 일주일 전까지 1㎡당 2줌의 고토석회를 뿌리고 잘 갈아엎어준다. 장해물을 제거하고 덩어리를 부순다.

2. 밑거름

덩어리가 없는 완숙 퇴비를 1㎡당 1통, 골분 2줌을 전체에 뿌리고 잘 스며들도록 한다.

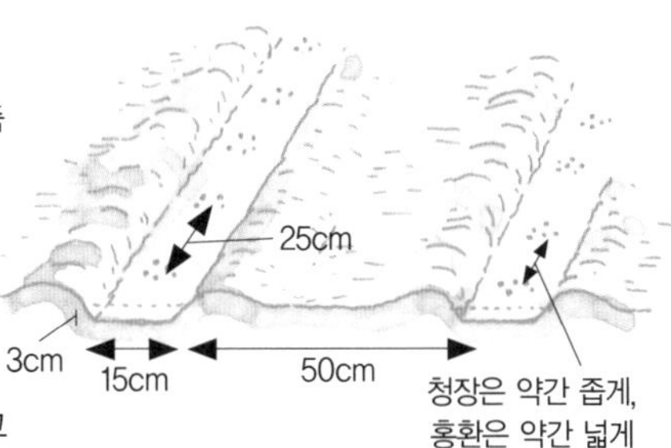

3. 씨뿌리기

폭 15cm, 깊이 3cm의 파종 골을 50cm 간격으로 만든다. 25cm 간격으로 4~5개씩 점파한다. 청장(靑長) 품종은 약간 좁게, 홍환(紅丸) 품종은 약간 넓게 한다.

4. 흙덮기

퇴비가 미숙한 경우에는 전체에 뿌리지 않고 그루 사이에 뿌려준다. 흙덮기는 가볍게 하고 눌러준다.

5. 솎아주기

4~5일 후에 발아한다. 2장째 본잎이 나왔을 때 솎아주기를 시작한다. 본잎이 3~4장일 때 2그루, 5~6장일 때 1그루가 되도록 한다.

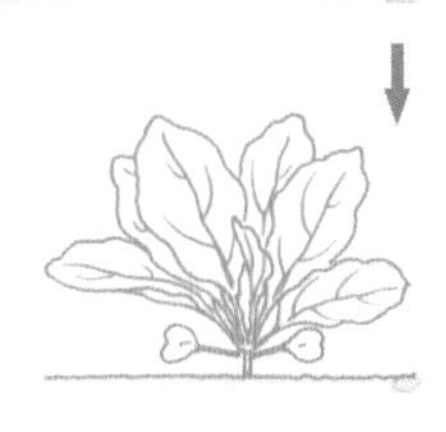

6. 추비, 흙모으기

1㎡에 유박 1줌을 기준으로 이랑 모퉁이에 뿌려주고 흙모으기를 한다. 멀칭을 할 경우에는 밑거름을 듬뿍 뿌려준다.

7. 흙모으기 기준

홍환은 뿌리의 4분의 1, 홍심은 절반 정도, 청장은 3분의 2 정도 지상에 나와 있으므로 흙모으기는 너무 덮지 않도록 주의한다.

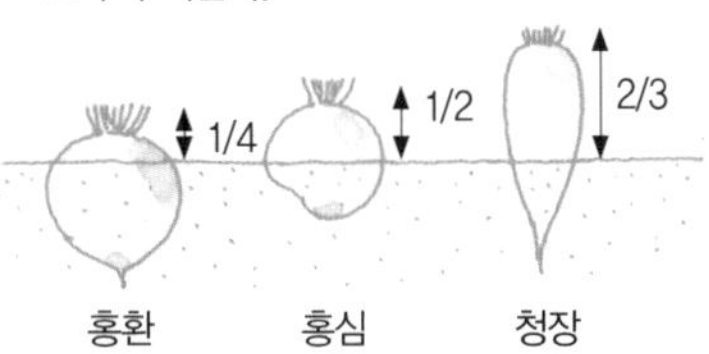

8. 저장

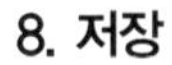

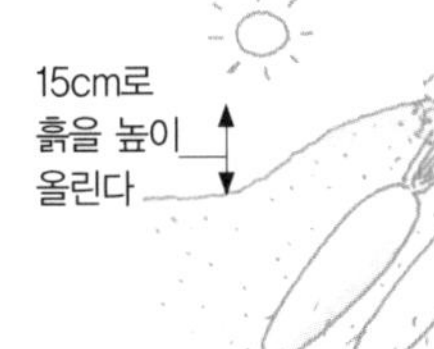

큰 것부터 가볍게 뽑아내듯 수확한다. 다 이용하지 못할 경우에는 일단 뽑아내서 잎이 달린 채로 땅 속에 묻어 15cm 정도 흙을 모아올려 저장한다.

니다. 너무 크거나 빈약한 것, 병이 든 그루 등을 뽑아내고 크기가 균일하게 합니다.

거름주기 마지막 솎아주기가 끝나면 이랑 모퉁이에 추비를 주고 스며들도록 하여 가볍게 흙모으기를 합니다. 이때 무와는 달리 뿌리가 4분의 1에서 절반 정도 지상에 나오므로 흙을 너무 많이 덮지 않도록 합니다.

수 확

씨뿌리기 후 70~80일, 이른 품종일 경우에는 65일 정도에 수확합니다. 크기가 다 자란 것부터 뽑아내어 수확합니다.

병해충대책

병해충에는 약한 편입니다. 이랑을 약간 높게 하여 비닐 멀칭을 깔아주면 빗물이 튀어올라서 생기는 병해를 방지할 수 있습니다. 병을 전파하는 진딧물의 발생에도 주의하고 발견하는 즉시 제거해줍니다.

수확량이 많아서 보관하고 싶어요

특히 청장(靑長)은 추위에 약하므로 빠른 시기에 수확하여, 따뜻한 장소에 굴을 파고 묻어줍니다. 15cm 정도 흙을 덮어두면 2개월 정도는 보관이 가능합니다. 홍환(紅丸)은 추위에 강하므로 잎이 말라도 커질 때까지 놓아두어도 됩니다. 병해에 강한 특징이 있습니다.

무순

작업일지	1월	2월	3월	4월	5월	6월	7월	8월	9월	10월	11월	12월
씨뿌리기	■	■	■	■	■	■	■	■	■	■	■	■
작업												
수확	■	■	■	■	■	■	■	■	■	■	■	■

♣ **어떤 채소?**
유채과. 양식, 중식을 불문하고 널리 요리의 재료로 쓰인다.

♣ **재배방법 포인트**
연중 재배가 가능하며, 일주일 정도만 지나면 수확할 수 있는 편리한 채소이다.

재 배 방 법

씨뿌리기 용기는 어떤 것이라도 문제되지 않습니다. 밑부분에 스펀지나 천, 모래, 탈지면 등 뿌리가 움직이지 않게 할 수 있는 것을 깔아줍니다. 물에 적신 위에 겹치지 않도록 균등하게 씨를 뿌립니다. 다 뿌린 다음에는 분무기로 물을 듬뿍 뿌려줍니다.

관리 습기를 유지하기 위해 신문지나 젖은 천을 씌워둡니다. 골박스나 검은 비닐 봉투를 씌워서 어둡게 합니다. 단 밀폐는 하지 않습니다. 이렇게 하면 발아 후의 생장이 균일해집니다.

장소 생장 적정온도는 20~25도. 이런 조건이라면 일주일 정도 후에 수확이 가능합니

1. 씨앗의 흡수

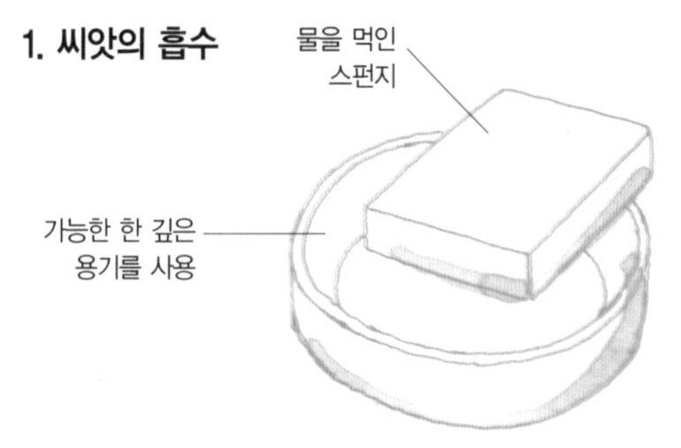

용기 밑에 스펀지나 천을 놓고 물을 듬뿍 적셔준다. 용기가 깊으면 싹이 바르고 길게 자란다.

2. 씨뿌리기

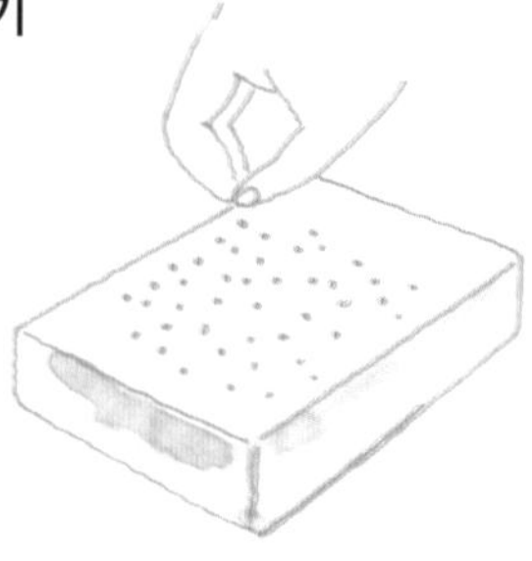

씨앗을 스펀지 위에 흩어뿌린다. 밀집하다 싶을 정도로 뿌려서 발아 후 서로 지탱해줄 수 있도록 한다.

3. 물주기

스프레이로 듬뿍 물을 뿌린다.

4. 보습

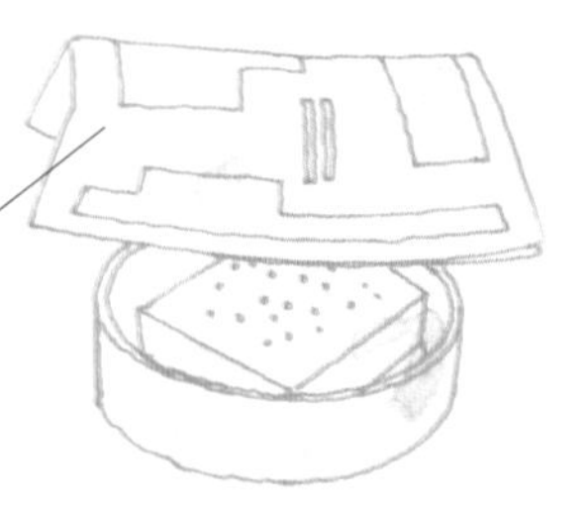

신문지나 천을 덮어서 건조하지 않게 하고 광선을 차단한다. 비닐 봉지를 덮을 경우에는 밀폐되지 않도록 주의한다.

5. 장소

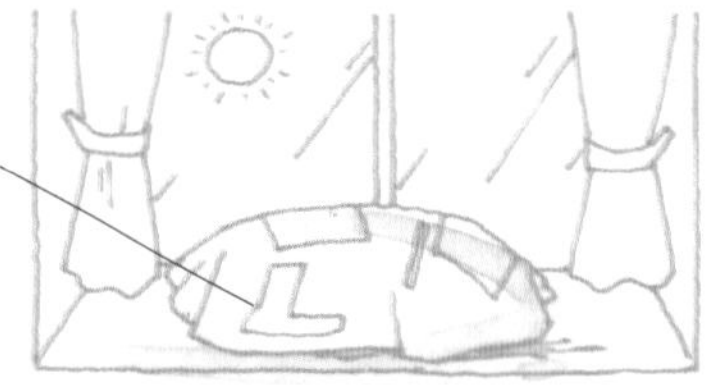

20~25도 정도의 장소에 둔다. 추우면 수확할 때까지 시간이 걸리지만 재배는 가능하다. 여름에는 가능한 한 시원한 곳에 두도록 한다.

6. 물주기

씨앗을 씻어내듯이 아침, 저녁으로 스프레이 또는 분무기로 안개물을 뿌려준다.

얕은 용기일 경우에는 신문지를 접어 주위를 둘러준다

7. 발아

2일 정도 지나 발아가 균일해지면 신문지 등을 걷어주고 평소의 실내 밝은 곳에 둔다.

8. 수확

직사광선으로 녹색이 된다

떡잎이 열리기 시작하면 2~3시간 정도 직사광선을 쪼인 후 수확한다. 뿌리 부근에서 잘라도 좋고, 뿌리째 이용해도 좋다. 5~7일에 수확 가능하다.

다. 추운 계절에는 실내의 따뜻한 곳에 두면 좋지만, 한여름의 고온기에는 물이 썩으므로 물이 고이지 않도록 주의하고 시원한 곳에 놓아둡니다.

물주기 아침, 저녁으로 씨앗이나 줄기와 잎, 뿌리를 씻어내듯이 안개물(霧水)을 뿌려줍니다.

수 확

전부 다 발아하면 광선을 비추어 영양분을 늘리고, 떡잎이 열리기 시작하면 수확합니다. 특히 수확 2~3시간 전에 태양광선을 비추면 비타민류가 늘어나 녹색이 선명해집니다.

병 해 충 대 책

물이 신선하면 특별히 할 일은 없습니다. 무비료, 무농약으로도 맛을 즐길 수 있습니다.

시판되고 있는 세트가 좋은가요?

시판되고 있는 것은 대부분 물을 채운 위에 그물을 쳐서 그곳에 씨를 뿌리게 되어 있습니다. 뿌리가 길게 자라서 이용할 수 있고, 물주기는 스프레이를 사용하는 것이 아니라 용기의 물을 갈아주는 방법으로 되어 있습니다. 또 수확 후에도 그물을 씻어내면 몇 번이고 이용할 수 있습니다. 그 나름대로 이점이 있지만 집에 있는 용기로도 손색 없이 키울 수 있습니다.

알팔파, 콩나물류

작업일지	1월	2월	3월	4월	5월	6월	7월	8월	9월	10월	11월	12월
씨뿌리기	■	■	■	■	■	■	■	■	■	■	■	■
작업												
수확	■	■	■	■	■	■	■	■	■	■	■	■

♣ **어떤 채소?**

콩과. 수확 직전에 햇빛을 쪼여서 녹색이 강해지면 영양분이 늘어난다.

♣ **재배방법 포인트**

재배가 간단하다. 흙을 사용하지 않고, 물과 병을 사용하는 콩나물 재배는 그 종류도 다양하다.

재 배 방 법

씨앗　씨앗은 콩나물류나 싹을 틔워 먹는 채소로 표기되어 있는 것을 사용합니다. 1컵의 대두에서 2.5컵의 콩나물이 나오고, 알팔파는 1큰술의 씨앗으로 3컵의 나물을 만들 수 있습니다. 물에 담가서 뜬 씨앗은 뿌리지 않습니다.

병만들기　병에 씨앗을 넣어 그물을 씌워 물을 가득 부어줍니다. 20도 정도면 순조롭게 수확이 가능하지만 7일이 지나도 수확할 수 없을 때는 온도가 너무 낮으므로 미지근한 물로 헹구도록 합니다.

스펀지에 기르기　스펀지에 물을 듬뿍 적셔서 스펀지 위의 80% 정도를 기준으로 흩어

1. 입구가 넓은 병이나 컵 등을 이용하면 좋다.

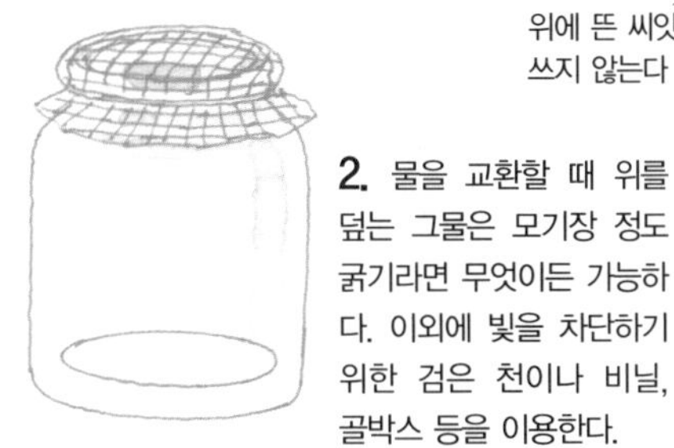

2. 물을 교환할 때 위를 덮는 그물은 모기장 정도 굵기라면 무엇이든 가능하다. 이외에 빛을 차단하기 위한 검은 천이나 비닐, 골박스 등을 이용한다.

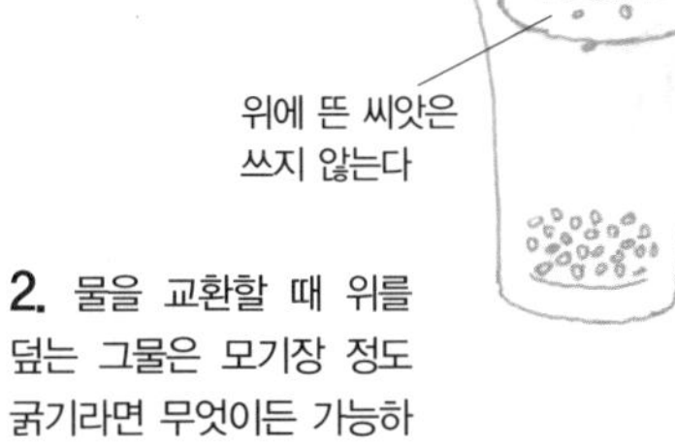

3. 벌레 먹거나 충실하지 않은 씨앗을 제거. 5분 정도 물에 담가서 떠오른 씨앗을 제거한다.

4. 병에 씨앗과 물을 넣어 하룻밤 놓아둔다.

5. 물이 빠지도록 경사지게 놓고 천이나 골박스 등으로 빛을 차단한다.

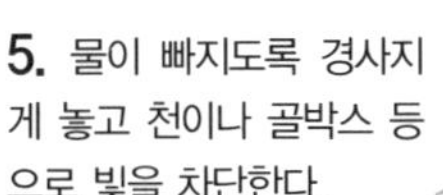

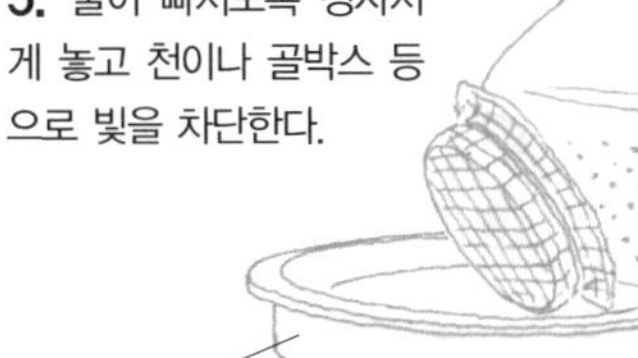

6. 하루에 2~3회 흐르는 물로 헹구어내기를 4일 정도 계속한다.

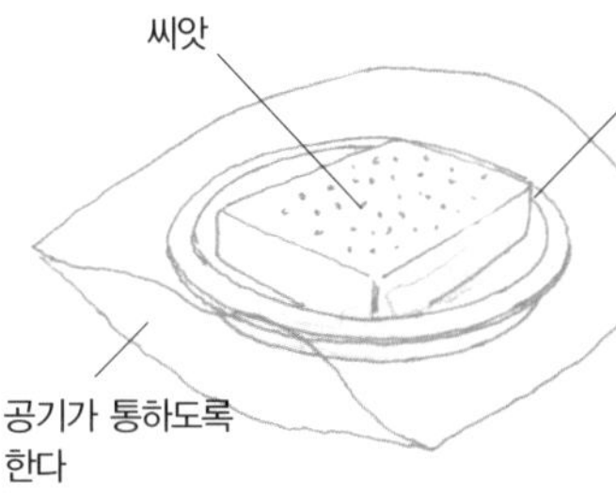

7. 스펀지나 목면 천에 씨를 뿌리는 방법도 있다.

검은 비닐 봉지나 종이 박스 등으로 빛을 차단할 것

8. 스프레이로 물을 듬뿍 뿌려주고 검은 비닐 봉지 등으로 싸서 빛을 차단한다.

9. 아침, 저녁 2회 스프레이로 씨앗을 씻어내듯 물을 주고 발아 후에는 비닐 봉지를 벗긴다.

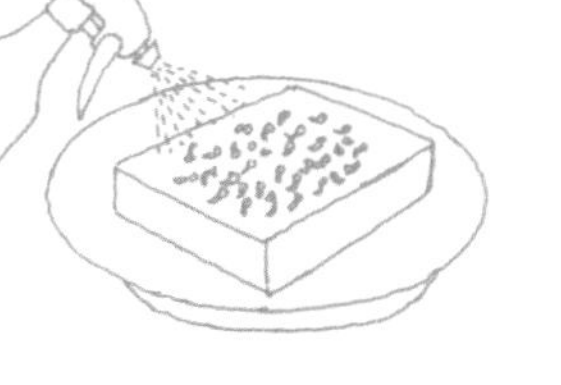

어린 잎

10. 어린 잎이 열리기 직전 병에서 꺼낸다.

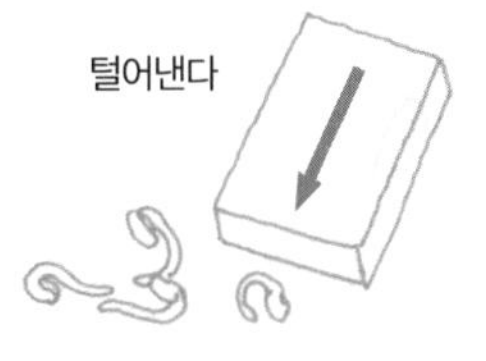

11. 천이나 스펀지에서 털어낸다. 4~5일 지나도 싹이 나지 않는 것은 흙에 심는다.

12. 남은 씨앗은 종이봉투에 넣어서 물기를 흡수하지 않도록 하여 냉암소에 보관. 냉장고라면 3년 정도 보관이 가능하다.

뿌리는 방법입니다.

거름주기 신선한 물만으로 기르기 때문에 비료는 필요하지 않습니다.

수 확

어린 잎이 벌어지기 시작하면 수확합니다. 늦어도 본잎이 나오기 전에는 이용하도록 합니다. 수확 직전에 몇 시간 창문으로 넘어 들어오는 햇빛에 비추어 녹색이 강해지면 비타민 등의 영양분이 증가합니다.

병해충대책

실내에서 천이나 상자로 덮어씌우기 때문에 물만 깨끗하다면 문제는 없습니다.

수확하기 전에 부패했어요

신선한 물과 공기가 없으면 재배가 잘 되지 않습니다. 알팔파는 잘 부패하지 않지만 그렇더라도 아침, 저녁 2회는 물을 갈아줍니다. 발아하기 시작하면 씨앗의 겉껍질이 벗겨져서 쌓이게 되므로 막혀서 물빠짐이 안 좋아지는 경우가 있습니다. 일단 뚜껑을 열어서 모두 꺼낸 다음 병을 헹구고 다시 넣어주면 좋습니다. 대두는 썩기 쉬우므로 더운 여름철 낮에는 3시간 주기로 물을 갈아주거나 냉방된 방에 놓는 등 대책을 세우도록 합니다.

싹파

작업일지	1월	2월	3월	4월	5월	6월	7월	8월	9월	10월	11월	12월
씨뿌리기												
작업												
수확												

♣ 어떤 채소?
백합과. 녹색으로 실과 같이 가늘지만 파의 향이 약하게 난다. 좋은 양념으로 제격이다.

♣ 재배방법 포인트
양념으로 언제든지 이용할 수 있도록 여러 가지를 싹틔우면 편리하다.

재배방법

흙만들기 싹을 틔우는 채소의 재배는 어느 것이나 무순과 동일합니다. 일반 재배용 채소작물의 씨앗은 대부분 화학약품으로 소독 처리되어 있으므로 싹을 틔워서 직접 이용하는 채소의 씨앗은 소독 처리되어 있지 않은 것을 택해야 합니다. 가든크레스나 화이트머스터드의 씨앗은 하룻밤 물에 담가두면 주위에 젤리와 같은 물질이 생겨서 다루기 힘들어지므로 조금씩 간격이 떨어지도록 파종합니다. 싹이 나기 시작하면 겹친 씨앗을 이쑤시개 등으로 움직여서 균일하게 간격을 유지하도록 합니다.

관리 젤리 같은 물질이 생기는 씨앗은 수분을 스스로 보유하며 자라므로 더울 때는 썩기 쉬우니 주의해야 합니다. 씨앗을 썩게 한 환경이라면 물주는 방법을 바꿔야 합니다.

재배방법은 무순과 같다. 여기에서는 다양하게 즐길 수 있는 방법을 소개

1. 그물 바구니를 사용하면 싹이 난 후에는 바구니를 들어서 물받이의 물을 갈아주기만 하면 되므로 편리하다. 그물 바구니의 굵기가 거칠면 그물을 깔아도 좋다.

2. 용기 밑에 까는 것은 스펀지, 목면 천, 탈지면 등도 가능하다.

3. 모래나 펄라이트(Perlite), 버미큘라이트(Vermiculite, 질석), 유리구슬 등을 이용. 건조하지 않도록 주의한다. 건조하면 생장이 느려진다.

4. 용기는 응용할 수도 있다. 깊은 용기는 밑을 올려서 수확할 때 2~3cm 정도가 위로 올라오도록 한다.

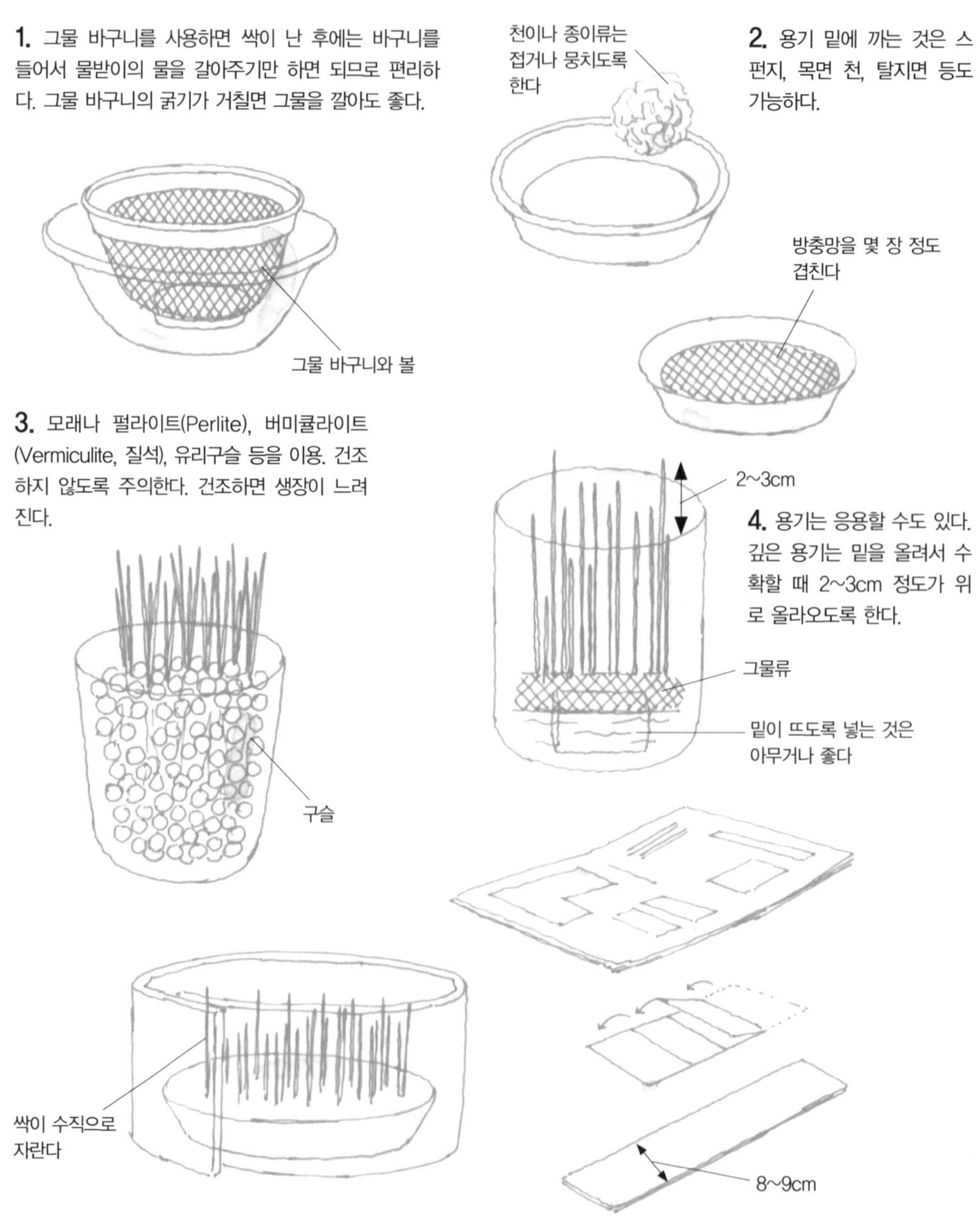

5. 깊이가 낮은 용기, 둘레가 없는 용기는 곧게 자라게 하기 위해서 주위를 신문지 등으로 감싸주는 것이 좋다.

조금씩 자주 적셔주는 것이 아니라 한 번에 듬뿍 물을 주어 밑에 있는 천이나 스펀지를 씻어내 줍니다. 이렇게 하면 물과 공기가 교환되어 신선함을 유지할 수 있습니다.

수 확

싹파는 수확이 늦어져도 길게 자랄 뿐이므로 필요한 시기에 필요한 분량만 잘라서 사용할 수 있습니다. 겨자채는 발아 2~3일 후 싹이 나오면 급격히 성장하므로 수확이 늦어지지 않도록 합니다. 10cm 정도까지 수확할 수 있습니다. 가든크레스는 6cm 정도에서 수확합니다.

병 해 충 대 책

씨앗은 반드시 싹틔우기 채소 재배용으로 시판되는 것을 구입합니다. 신선한 물로 재배하므로 병해충 방제 처리를 하지 않아도 안전하게 재배할 수 있습니다.

싹이 곧게 자라지 않아요

밝은 방에 놓으면 광선이 강한 방향으로 싹이 굽어서 자랍니다. 볕이 잘 드는 방에 놓을 때는 깊은 용기를 사용하여 옆면을 신문지나 두꺼운 종이로 덮어서 빛을 차단해야 곧게 자랍니다.

파슬리

작업일지	1월	2월	3월	4월	5월	6월	7월	8월	9월	10월	11월	12월
씨뿌리기			■	■	■				■	■		
작업												
수확			■	■	■	■	■	■	■	■	■	■

♣ 어떤 채소?
미나리과. 네덜란드미나리라고도 한다. 비타민 A, 비타민 C 등 미네랄분이 많이 함유되어 있다.

♣ 재배방법 포인트
발아에 시간이 걸리므로 모종을 구입하여 재배하는 것이 간단하다. 저온에 강하고 여름의 더위에 약하다.

재 배 방 법

흙만들기 일조, 물빠짐, 보습성이 좋은 비옥한 땅을 좋아합니다. 한 번에 많은 양을 이용하기보다는 신선한 잎을 조금씩 이용하므로 1그루만 있어도 충분합니다. 길이 가 긴 화분이라면 다른 종류와 혼식을 해도 좋을 것입니다.

씨뿌리기 굵고 곧은 뿌리가 자라나서 이식을 싫어하므로 깊이가 있는 화분을 이용하여 점파나 흩어뿌리기를 합니다. 발아하기까지 10일 정도 걸리므로 추위와 더위가 심하지 않은 3~5월이나 9~10월에 뿌립니다. 흙덮기는 가볍게 건조하지 않도록 하여 발아하기를 기다립니다.

1. 흙만들기

깊이가 있는 화분에 밭흙과 퇴비를 절반씩 잘 섞어서 넣는다.

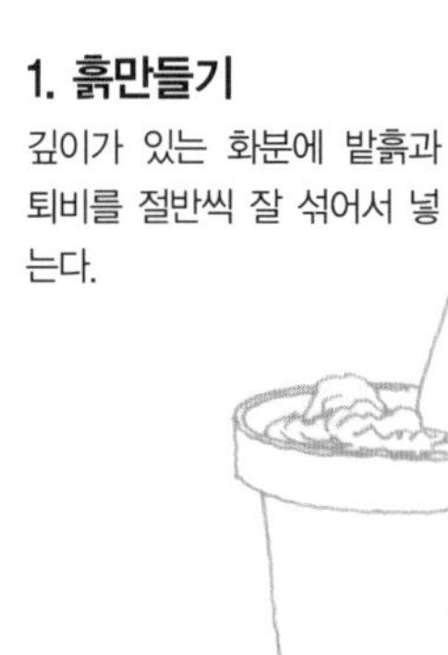

2. 씨뿌리기

적당한 크기의 화분에 5~6알 정도를 흩어뿌린다. 길이가 긴 화분이라면 세 곳에 3알 정도씩 점파해도 좋다. 가볍게 흙덮기를 하고 신문지를 씌운다.

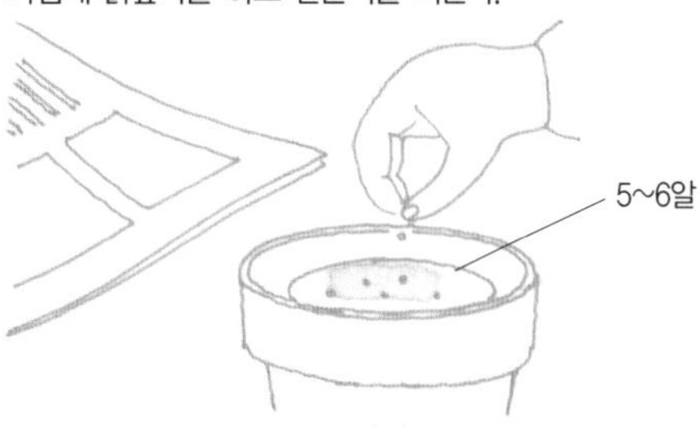

3. 발아

신문지는 발아할 때까지 씌워둔다

신문지 위로 물을 듬뿍 주어 발아할 때까지 건조하지 않도록 한다. 발아하면 신문지를 걷어준다.

4. 솎아주기

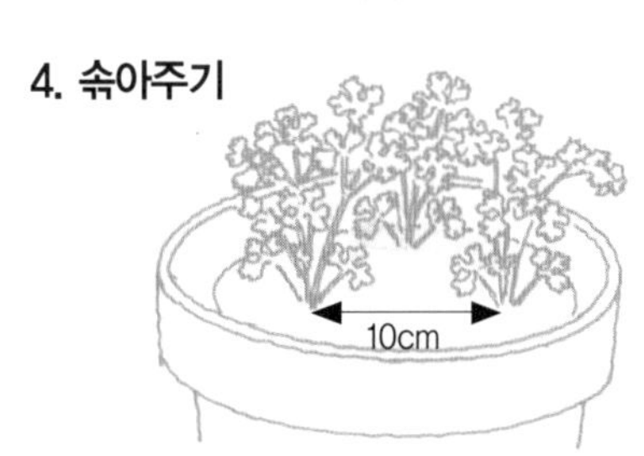

본잎이 나오면 솎아주기. 5~6장일 때 그루 간격 10cm 정도 되도록 한다.

5. 생장

여름에는 통풍이 잘 되는 반그늘에, 겨울에는 바람을 피할 수 있는 햇볕이 좋은 곳에 놓고 관리한다. 추위에 비교적 강하다. 화분의 흙이 희게 마르면 물을 듬뿍 준다.

6. 수확

본잎이 15장일 때 겉잎부터 잘라서 수확한다. 한 번에 수확하는 양은 2~3장 정도로 한다. 항상 8~10장 정도의 잎을 남겨두면 새싹이 잘 자라난다.

7. 보관

노랗게 변한 잎은 발견하는 즉시 제거한다. 잎이 많을 때는 잘라서 물에 담가두거나 잘게 다져서 냉동하면 사용하기가 편리하다.

솎아주기 본잎 5~6장에서 1그루가 되도록 하고 그루 간격은 10cm 정도로 합니다.

관리 건조에 약하므로 흙이 마르면 듬뿍 물주기를 합니다. 여름에는 더위를 피하여 바람이 잘 통하는 반그늘에, 겨울에는 햇볕이 잘 드는 따뜻한 곳에 놓아둡니다. 서리를 맞지 않도록 주의합니다.

거름주기 오래 수확하기 위해서는 추비를 중점적으로 해야 합니다. 유박을 침전시킨 물 등을 가끔씩 액비로 물 대신 줍니다.

수 확

본잎이 15장 이상 되면 외부의 큰 잎부터 순서대로 잘라서 수확합니다. 새싹은 중심에서 나오므로 겉잎을 빨리빨리 수확하여 새싹의 생장을 촉진시키도록 합니다. 다만 한 번에 많은 양을 수확하면 그루가 약해지므로 10장 정도의 잎을 남겨둡니다.

병해충대책

진딧물 등이 많을 때는 차광망(한랭포) 등으로 방충을 하고, 유박은 주지 않고 잘 발효된 미생물 발효퇴비 등을 주도록 합니다.

모종에서부터 재배하고 싶어요

시판되고 있는 모종은 가을에 나옵니다. 뿌리 덩어리가 부서지지 않도록 이식하여 햇빛이 좋은 곳에서 물을 잘 주며 관리합니다. 화분은 깊이가 있는 것이 좋습니다. 2년초여서 2년째 여름에는 꽃이 피므로 그 전에 수확을 끝내도록 합니다. 잘게 다져서 냉동 보관하는 것도 좋습니다.

크레송

작업일지	1월	2월	3월	4월	5월	6월	7월	8월	9월	10월	11월	12월
꺾꽂이	■	■	■	■	■	■	■	■	■	■	■	■
작업												
수확	■	■	■	■	■	■	■	■	■	■	■	■

♣ 어떤 채소?
유채과. 무류의 약간 쓴맛이 특징이다. 어육요리에 1줄기 정도 놓아둔다.

♣ 재배방법 포인트
물이 흐르는 곳에서 자라나, 수경재배로 쉽게 재배할 수 있다. 시판하는 제품을 구입하여 늘려갈 수 있다.

재 배 방 법

모종만들기 4~6월에 씨앗을 뿌려서 저면급수(底面給水)를 하면 씨앗이 발아하여 모종이 됩니다. 더 간단하게 하기 위해서는 채소로 시중에 판매되고 있는 크레송의 줄기를 10cm 정도 잘라서 꺾꽂이를 합니다. 삼엽초 등 뿌리째 시판되고 있는 것은 뿌리 부분을 심으므로 이용할 때는 줄기를 3~4cm 정도 남기고 자릅니다.

용기 준비 잘 씻은 하이드로 볼(스티로폴 연석)을 망사 바구니에 넣습니다. 그물 바구니가 완전히 들어갈 만한 볼을 준비합니다. 이미 뿌리가 나와 있는 삼엽초의 경우에는 컵에 하이드로 볼을 넣어두는 것만으로도 좋습니다.

1. 하이드로 볼

하이드로 볼을 망사 바구니에 넣고 흐르는 물로 씻어낸다.

2. 꺾꽂이순 준비

줄기 끝을 10cm 정도 잘라 아랫잎을 절반 정도 제거해서 꺾꽂이순을 만든다.

3. 꺾꽂이순

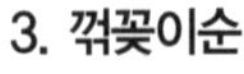

하이드로 볼에 봉으로 구멍을 뚫어 꺾꽂이순을 넘어지지 않도록 심어준다.

4. 물채우기

볼에 물을 채우고 옮겨심기 한 망사 바구니를 놓는다. 적합한 수온은 14~15도. 물은 볼의 4분의 1 정도가 좋다. 하루에 한 번씩 물을 갈아준다. 일주일 정도 후에 싹이 나온다.

5. 수확

그루 길이가 자라나면 수확한다. 아랫잎을 남기고 잘라내면 곁싹이 재생한다. 크레송의 생장 적정온도는 15~20도이다.

삼엽초

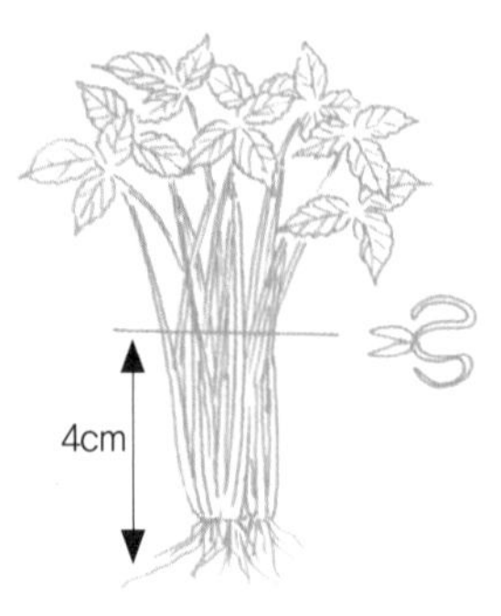

1. 그루 준비

삼엽초 등의 뿌리가 붙어 있는 채소는 줄기를 4cm 정도 남기고 자른다.

2. 옮겨심기

용기에 씻은 하이드로 볼을 조금 넣고 삼엽초를 놓고 뿌리가 감춰질 정도까지 하이드로 볼을 더해준다.

3. 물주기

물은 한꺼번에 너무 많이 주면 안 된다. 용기의 4분의 1 정도까지만 주고 없어지면 다시 같은 양을 더해주는 것이 좋다. 이렇게 물을 신선하게 관리하며 재배한다. 삼엽초의 생장 적정온도는 10~20도.

커진
겉잎

4. 수확

그루 길이가 15cm 정도 자랐을 때 겉잎부터 수확한다.

옮겨심기 아랫잎을 따낸 꺾꽂이순을 넘어지지 않도록 꽂아줍니다. 볼에 물을 채운 뒤 망사 바구니를 넣어 줄기가 물에 닿아 있도록 수량을 조절합니다. 뿌리가 썩는 걸 방지하기 위해 물은 자주 갈아줍니다. 컵에 꺾꽂이순을 꽂은 경우에는 물이 없어진 후 컵의 4분의 1 정도가 되도록 물을 부어줍니다. 가끔씩 액비를 넣어줍니다.

수 확

물이 부족하거나 썩지 않도록 계속 물을 주면 2주일 정도 지난 후 소복하게 자랍니다. 아랫잎을 2장 정도 남기고 수확하면 곁싹이 나와서 수확을 계속할 수 있습니다. 줄기가 부드러울 때를 놓치지 않고 수확하는 것이 좋은 맛을 즐길 수 있는 방법입니다.

병 해 충 대 책

구입한 채소에 병해충이 없고 하이드로 볼을 잘 씻으면 별 문제는 발생하지 않습니다. 물을 항상 신선하게 보존합니다.

컵에 이끼가 끼어요

빛이 통과할 수 있는 용기로 바꾸면 직사광선에 의해 내부에 이끼가 자라지 않습니다. 그러나 일광이 좋은 창가에는 놓아두지 않도록 합니다. 뿌리가 나올 때까지 덮어두도록 합니다.

민트

작업일지	1월	2월	3월	4월	5월	6월	7월	8월	9월	10월	11월	12월
씨뿌리기												
작업			옮겨심기									
수확						2년째	수확					

♣ 어떤 채소?
자소(紫蘇, 차조기)과. 과자나 차로 친근하다. 페퍼민트의 살균력은 주목할 만하다.

♣ 재배방법 포인트
반그늘에서도 잘 자라고 추위에도 강한 편이지만 고온 건조에는 약하다. 싹을 따서 꽂아주는 것으로 간단하게 번식시킬 수 있다.

재 배 방 법

흙만들기　반그늘이 되는 장소에서도 잘 자랍니다. 보습성이 좋고 물빠짐이 잘 되는 흙이 좋습니다.

씨뿌리기　봄이나 가을에 파종합니다. 씨앗이 아주 작기 때문에 비트판에 뿌려 흙덮기는 하지 않고 저면급수로 키운 다음 옮겨심기를 합니다. 10일 정도 걸리지만 흘린 씨앗만으로도 점점 늘어날 정도로 발아는 간단합니다. 다만 매우 교잡(交雜)되기 쉬운 작물이므로 씨앗부터 재배하면 다른 종류가 나올 수도 있습니다. 확실하게 하기 위해서는 싹을 따서 꽂아주거나 그루나누기로 번식하는 것이 좋습니다.

1. 씨뿌리기

피트 판이나 씨뿌리기용 흙을 넣어 둔 비닐 포트에 흩어뿌린다. 엽서 등을 접어 씨앗을 넣고, 가볍게 두드리듯이 하여 균등하게 뿌려준다.

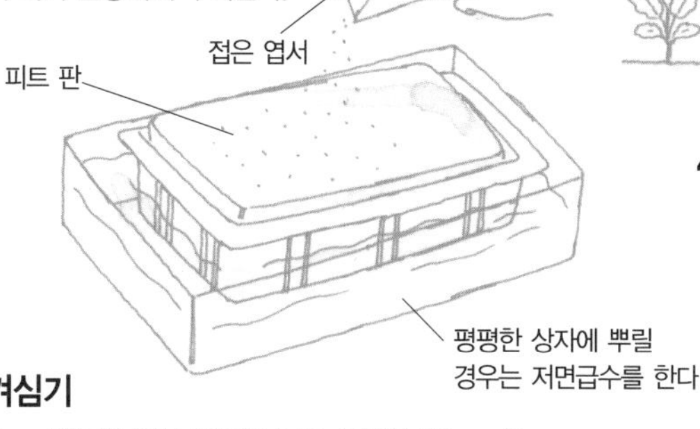

2. 솎아주기

잎이 서로 닿을 정도로 솎아주면서 본잎이 2~3장 될 때까지 키운다.

3. 옮겨심기

밭에 20cm 깊이의 틀을 만들어 그루 간격은 30cm 이상으로 하여 옮겨심기를 한다. 종류가 다른 민트를 주위에 심지 않도록 한다.

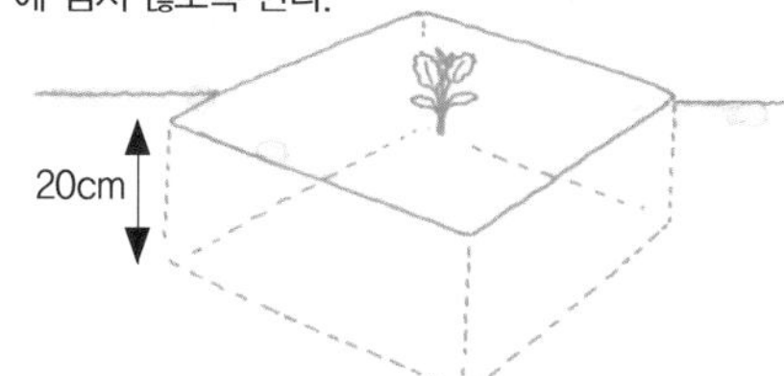

4. 순지르기

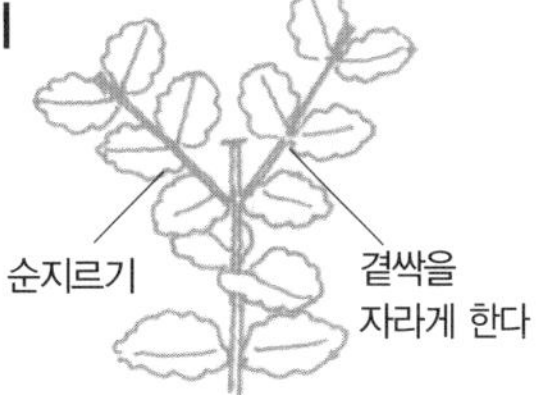

싹을 따면 아래에서 곁싹이 나와 자라게 된다. 수확을 겸해 1년째에는 가지 수를 늘리고 그루가 충실해지도록 유도한다.

5. 자르기

높이가 15cm 되면 절반 정도의 높이가 되도록 잘라주어 소복하게 자라도록 한다.

6. 수확, 그늘에 말리기

2년째 여름, 개화하기 전의 향기가 좋은 시기에 지표면에서 3~4cm 정도 높이에서 잘라내어 묶어서 그늘에 말린다. 마른 후에는 잎을 따서 건조제가 들어 있는 밀봉용기에 보관한다.

7. 꺾꽂이순

5번에서 잘라준 줄기 앞쪽 5~6cm의 싹을 컵에 꽂아주고 뿌리가 나오도록 옮겨심기를 하여 새 그루로 사용한다.

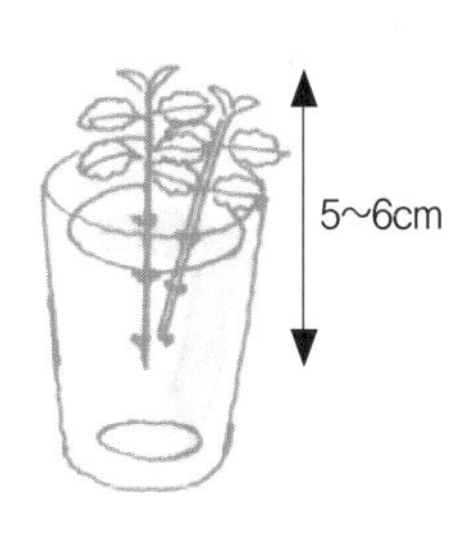

8. 겨울철 분갈이

2~3년에 한 번은 분갈이를 한다. 뿌리가 상하지 않도록 흙을 털어내고 1그루씩 나누어 새로운 화분에 심고, 밭에 심을 경우에는 장소를 옮겨서 심는다.

순지르기 높이가 15cm 정도 되었을 때 절반 정도의 길이로 잘라주면 가지가 많이 나와서 수확량도 늘어납니다.

번식 생장이 왕성하므로 화분에 심었을 경우에는 2~3년에 한 번씩 그루나누기를 거듭하며 분갈이를 해줍니다. 또 오래된 그루는 싹을 꽂아(揷牙)주는 방법으로 새로운 그루로 대체할 수 있습니다. 컵에 가지를 꽂는 것만으로도 뿌리가 뻗어나옵니다.

거름주기 생장 중일 때는 2~3개월에 1회 고형 발효유박을 줍니다.

수 확

순지르기를 겸한 싹따주기로 언제나 수확이 가능합니다. 여름에 꽃이 피기 전에 그루째 잘라내서 말립니다. 잎만 따내서 밀봉용기에 보존합니다.

병해충대책

모종을 구입할 때는 병이 든 잎이 없는 것을 고릅니다.

이용방법

페퍼민트는 과자나 음료에, 약간 단맛이 나는 스피어민트는 고기나 채소요리에, 애플민트는 생선요리에 적합합니다. 애플민트는 사과 향이 나는 것으로 과자나 샐러드, 차에도 이용됩니다. 어느 것이나 잎 부위를 생으로 또는 드라이로 사용합니다.

바질

작업일지	1월	2월	3월	4월	5월	6월	7월	8월	9월	10월	11월	12월
씨뿌리기				■								
작업				옮겨심기	■							
수확							■	■				

♣ **어떤 채소?**

자소(紫蘇, 차조기)과. 소화를 촉진하는 효과나 살균작용이 있다. 토마토와 잘 맞는다.

♣ **재배방법 포인트**

여름의 고온에 강하고 곁싹이 잘 나온다. 꽃이 피면 잎이 단단해지므로 따준다.

재 배 방 법

흙만들기와 씨뿌리기 습기, 일조가 좋은 곳을 좋아하고 비옥한 흙에서 잘 자랍니다. 발아 적정온도가 높으므로 4월 하순 이후에 뿌립니다. 흙덮기는 하지 않고 손으로 누른 후 물을 주면 5~7일이면 발아합니다.

솎아주기 복잡해진 곳을 뽑아내든지 가위로 잘라 발아의 상태를 균일하게 합니다.

옮겨심기 본잎 4장에서 옮겨심기를 합니다. 그루 간격 40cm으로 밭에 심든지 화분에 1그루씩 심어줍니다. 일조량이 좋은 곳에 흙이 말라 있을 경우에는 물주기를 하여 튼튼한 그루로 자라도록 합니다.

1. 씨뿌리기

노지 재배라면 5월 중순이 적기. 습기가 있는 씨뿌리기 흙에 흩어뿌리고 손으로 눌러준다. 흙덮기는 하지 않는다.

2. 물주기 1

씨앗이 흘러나가지 않도록 주의

스프레이로 씨앗이 흘러나가지 않도록 물을 주고, 일주일 정도 밝은 그늘에서 관리한다.

3. 솎아주기

발아하면 복잡한 곳부터 솎아준다.

4. 옮겨심기

본잎이 4장 되면 옮겨심기를 한다. 밭일 경우에는 그루 간격 40cm로, 넓은 화분이라면 3그루씩 심는다.

5. 물주기 2

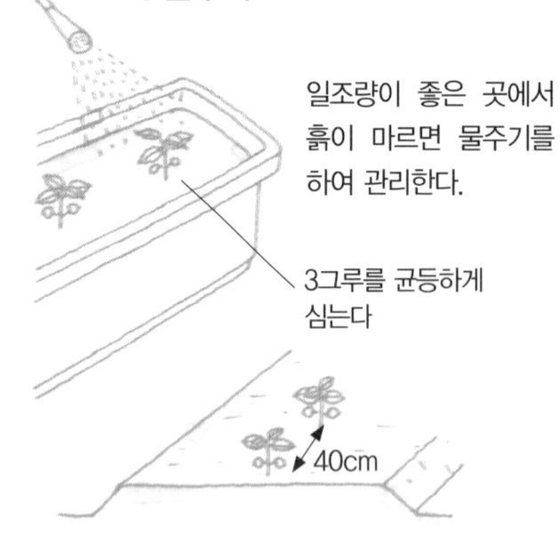

일조량이 좋은 곳에서 흙이 마르면 물주기를 하여 관리한다.

6. 순지르기

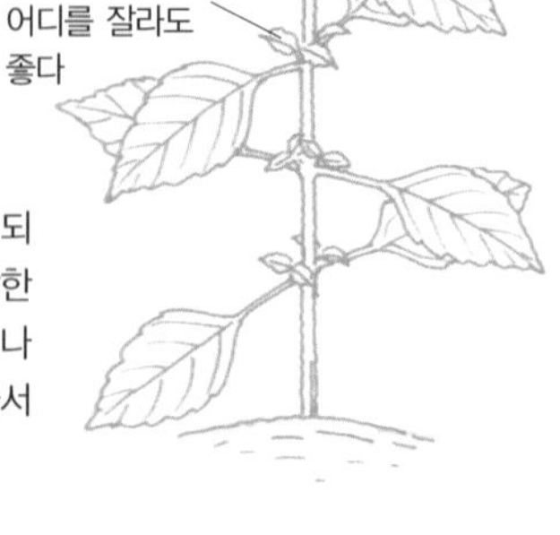

그루 길이가 15cm 되면 순지르기를 시작한다. 그후에도 곁싹이 나온 곳을 가위로 잘라서 이용한다.

7. 건조대책

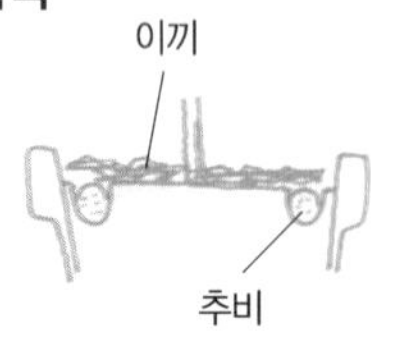

여름의 건조가 심해지면 흙의 표면에 이끼를 덮어주는 게 좋다. 추비는 고형으로 된 것을 넣어준다.

8. 꺾꽂이순

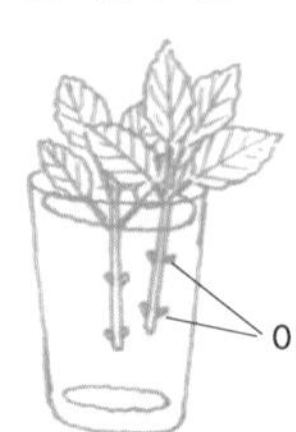

꺾꽂이순은 복잡한 곳에서 솎아내어 사용한다. 컵에 꽂아두었다가 뿌리가 나면 화분에 옮겨심는다.

9. 겨울나기

한국에서는 실외에서 겨울을 나기가 어려우므로 잘라내어 드라이를 하든지, 꺾꽂이순을 만들어 실내에서 관리한다.

순지르기 그루 길이가 15cm 정도 되면 앞쪽을 따서 이용합니다. 그 아랫잎부터 곁싹이 나오고, 이를 반복하면 그루 전체가 수북하게 자라게 됩니다. 복잡해지면 줄기째 잘라내어 물에 넣어 뿌리가 나오게 하면 꺾꽂이순이 됩니다. 이것을 화분에 심어 실내에 두면 겨울에도 바질을 이용할 수 있습니다.

갈아심기 생장이 왕성하므로 화분에 심어 있는 것을 구입했을 때는 아랫잎이 노랗게 되거나 화분 밑부분으로 뿌리가 뻗어나옵니다. 뿌리 덩어리를 부수어서 더 큰 화분에 갈아심기를 합니다.

거름주기 비료를 좋아하므로 2개월에 1회 고형의 발효유박을 줍니다.

수 확

순지르기 요령으로 잎을 따내어 수확합니다. 곁싹이 나와 있는 위를 자르는 것이 많은 수확을 하는 방법입니다. 1년생 초이므로 서리가 내리기 전에 전부 수확하여 건조 보관합니다.

병 해 충 대 책

잎 응애가 붙으면 잎을 잘라주어 재생하도록 하는 방법이 좋습니다.

이 용 방 법

이탈리아 요리에 빠뜨릴 수 없는 재료입니다. 생으로도, 드라이로도 상용되며, 요리를 완성하기 직전에 넣어주면 향이 살아납니다. 토마토 이외에 잣과도 잘 어울립니다.

로즈마리

작업일지	1월	2월	3월	4월	5월	6월	7월	8월	9월	10월	11월	12월
씨뿌리기				■	■							
작업			옮겨심기	■	■			■	■			
수확								2년째	■	■	수확	

♣ 어떤 채소?

자소(紫蘇, 차조기)과. 향이 강하고 해충 방제를 위해 심는다. 노화방지 효과가 있는 것으로 알려져 있다.

♣ 재배방법 포인트

물빠짐이 좋은 흙을 사용하여 건조하다 싶을 정도로 재배한다.

재배방법

흙만들기 일조가 좋은 장소를 고토석회로 중화시키고, 이랑을 높게 하여 물이 잘 빠지도록 합니다.

씨뿌리기 기온이 안정되는 4월 하순 이후 벚꽃이 개화하는 시기를 기준으로 포트에 파종합니다. 발아하기까지 2주 정도는 수분을 유지하도록 잘 관리합니다. 본잎이 나오면 크기가 큰 포트에 1그루씩 옮겨심습니다.

옮겨심기 가을이 되면 화분에 옮겨심기를 합니다. 밭에 옮겨심기를 하는 것은 1년간 화분에서 자란 후에 실시합니다. 물주기는 화분의 흙이 마르고 2일 정도 지난 후에 듬뿍 줍

1. 씨뿌리기

포트 등에 흩어뿌린다. 얕게 흙덮기를 하여 2주 정도 지나면 발아한다. 씨앗이 휴면 중인 것은 발아하지 않는 경우도 있다.

2. 포트에 옮겨심기

솎아내면서 키운 후 그루 길이가 3~4cm 정도 자라면 포트에 1그루씩 옮겨심는다.

3. 화분에 심기

그루 길이가 10cm 정도 되면 화분에 1그루씩 심는다. 흙은 적옥토, 부엽토, 펄라이트, 퇴비 등을 섞어서 물빠짐이 좋게 한다.

4. 밭에 옮겨심기

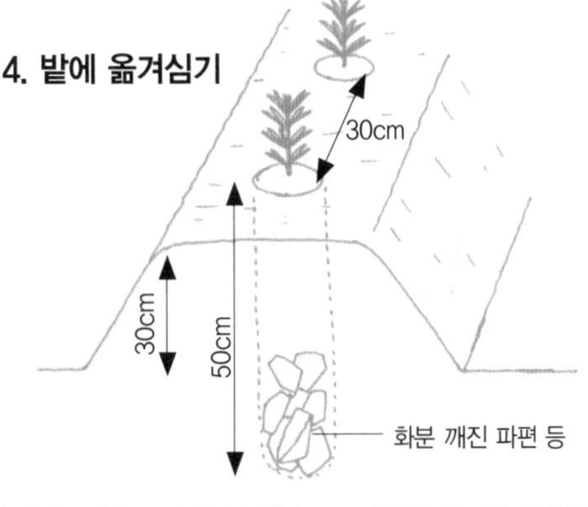

밭에 옮겨심는 것은 2년째부터 한다. 고토석회와 추비를 준 밭은 30cm 정도로 이랑을 높게 만든다. 그루 간격은 30cm.

5. 가지치기, 수확

가지를 전정하면서 수확한다.

6. 옮겨심기

화분에 심은 경우에는 2년에 한 번씩 옮겨심는다. 그루를 3분의 2 정도로 잘라내고 뿌리 덩어리를 부수어 뿌리 끝을 조금씩 잘라낸다. 이전보다 더 큰 화분에 심는다.

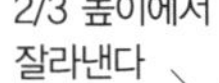

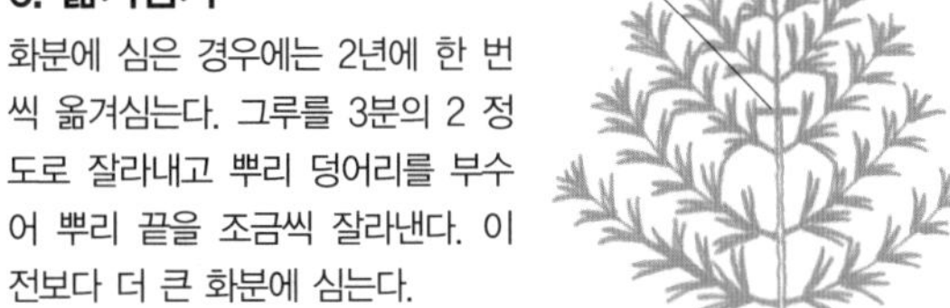

7. 번식방법

5~6월에 꺾꽂이싹이 나온다. 가지 끝을 5cm 정도로 잘라서 아랫잎을 절반 정도 따내고 물에 넣었다가 적옥토에 꽂아서 3주 정도 자라게 한 후 옮겨심기를 한다.

니다. 밭에 심었을 경우 물주기는 필요하지 않습니다. 다만 물이 없어도 잎이 마르거나 하지 않으므로, 뿌리가 엉키거나 막혀서 물을 충분히 흡수하지 못하는 경우에도 잘 모를 수 있습니다. 잎 끝이 노랗게 변하면 옮겨심는 것이 좋습니다. 씨앗은 수입품이므로 발아하기 어렵고 성장이 느린데다 교잡(交雜)되기 쉬우므로 꺾꽂이 모종(揷木苗)을 구해 심는 것이 간단하고 정확한 종류를 재배할 수 있습니다.

번식 이번해에 자란 가지의 앞쪽을 꺾꽂이싹으로 사용하여 번식시킬 수 있습니다. 5~6월에 잘라서 꽂아주면 가을까지는 50~60cm가 되므로 다음해 봄에는 옮겨심기를 할 수 있습니다.

거름주기 봄과 가을에 한 번씩 고형 발효유박을 묻어줍니다.

수 확

복잡해진 곳부터 솎아주기 전정을 반복하여 가지를 잘라 수확합니다. 포복성종(얕게 퍼지는 종류)은 초여름과 가을에 잘라내어 수확하고 가지 수를 늘리는 것이 좋습니다. 2년 후 여름에는 꽃이 피므로 개화 직전에 지면 위를 잘라내어 건조시켜 보관하면 향이 좋은 드라이 허브가 됩니다.

이 용 방 법

고기나 생선의 냄새 제거용으로 많이 사용됩니다. 채소요리나 차에도 잘 어울립니다. 향이 강하므로 과다 사용하지 않도록 주의합시다. 입욕제로도 이용합니다.

타임

작업일지	1월	2월	3월	4월	5월	6월	7월	8월	9월	10월	11월	12월
씨뿌리기				▬	▬				▬	▬		
작업				옮겨심기	▬					▬	▬	
수확				2년째	▬	수확						

♣ **어떤 채소?**

자소(紫蘇, 차조기)과. 고기요리나 생선요리에 빠뜨릴 수 없는 재료. 소화를 돕는 성분(치몰)이 함유되어 있다.

♣ **재배방법 포인트**

물빠짐이 좋은 흙을 사용하여 건조하다 싶을 정도로 재배한다. 내한성이 있으므로 노지 재배로도 월동이 가능하다.

재 배 방 법

흙만들기 물빠짐, 일조량, 통풍이 좋은 장소를 선택합니다. 물빠짐이 잘 되게 하기 위해 강모래나 작은 돌, 펄라이트(Perlite) 등을 섞어도 좋습니다. 비료를 너무 많이 주면 생장은 좋으나 향이 떨어집니다.

씨뿌리기 씨앗이 작으므로 모래나 버미큘라이트(질석) 등과 섞어서 넓은 화분에 파종합니다. 물을 줄 때 씨앗이 떠내려가지 않도록 저면급수로 발아시킵니다. 일주일 정도 후에 발아하면 솎아주면서 본잎이 6~8장까지 자라게 합니다.

옮겨심기 약간 이랑이 높은 밭이나 화분에 심습니다. 그루가 밀생하지 않도록 바람이

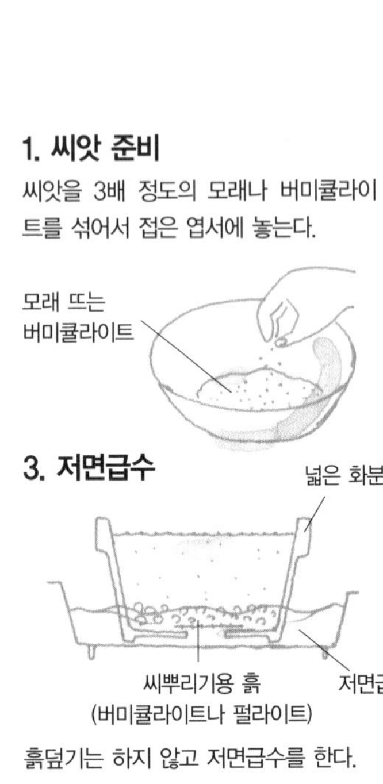

1. 씨앗 준비

씨앗을 3배 정도의 모래나 버미큘라이트를 섞어서 접은 엽서에 놓는다.

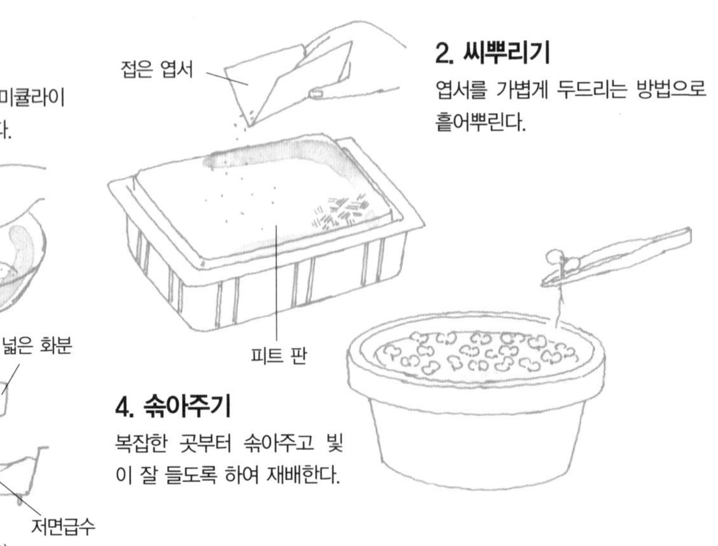

2. 씨뿌리기

엽서를 가볍게 두드리는 방법으로 흩어뿌린다.

3. 저면급수

흙덮기는 하지 않고 저면급수를 한다.

4. 솎아주기

복잡한 곳부터 솎아주고 빛이 잘 들도록 하여 재배한다.

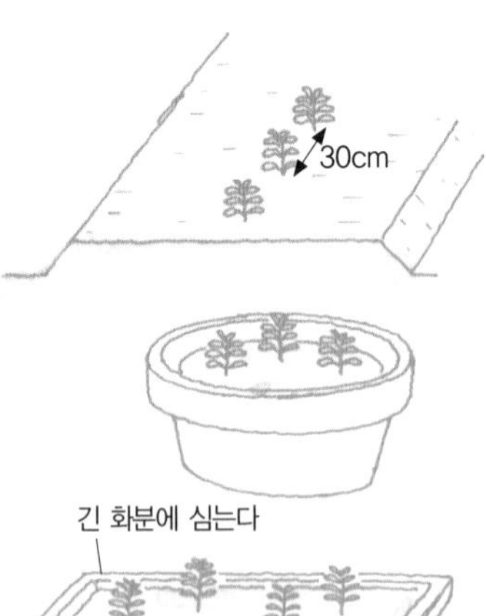

5. 옮겨심기 1

본잎이 5~8장 되면 밭에 30cm 간격으로 심는다. 보통 화분이라면 2~3그루, 길이가 긴 화분(길이 60cm)이라면 4그루 정도 심는다.

긴 화분에 심는다

6. 가지치기

가지 수를 늘리기 위해 가을이 되기 전에 가지를 전정한다.

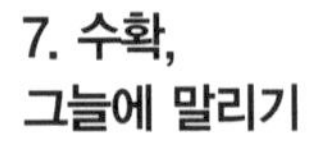

7. 수확, 그늘에 말리기

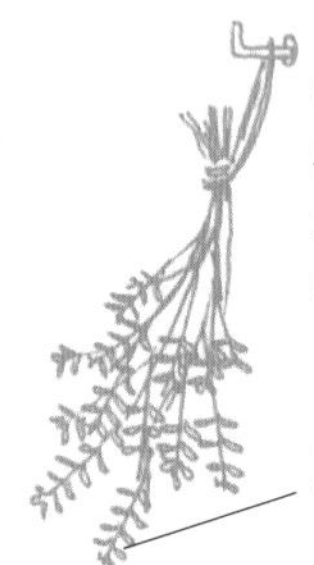

필요할 때마다 잘라서 수확, 이용한다. 초여름의 개화 전이라면 가지째 잘라서 그늘에 말려 드라이 허브로 보관한다.

개화 전에는
향이 좋다

8. 옮겨심기 2

그루가 커져서 통풍이 좋지 않으면 화분일 경우 1그루만 자라도록 하고, 그루나누기를 하여 옮겨심는다.

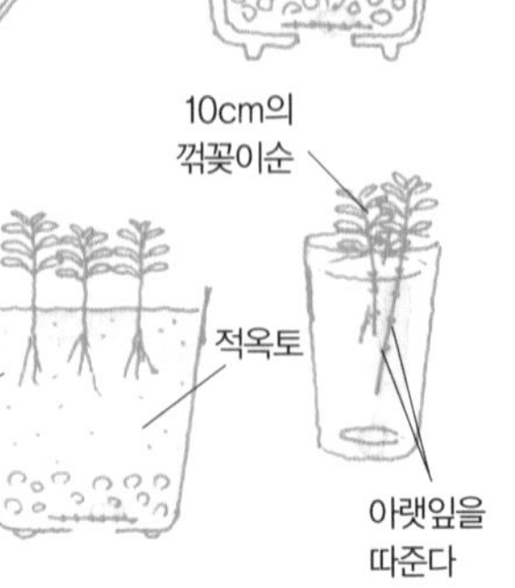

9. 꺾꽂이싹

오래된 그루는 꺾꽂이를 하여 재생시킬 수 있다. 10cm의 꺾꽂이순은 아랫잎을 따고 물에 담근 후 적옥토 등에 꽂아 뿌리가 나오면 옮겨심기를 한다.

잘 통하도록 심습니다. 밭은 옮겨심는 시기나 심한 건조기를 제외하면 물주기를 할 필요가 없습니다. 서리가 내려서 뿌리가 뜨면 손으로 흙을 눌러줍니다.

가지치기 가을에는 새싹이 잘 납니다. 1년째는 가지를 늘리기 위해 원기가 좋은 싹 위에서 잘라냅니다. 복잡한 곳은 솎아내듯이 잘라냅니다. 그루가 커지면 재생을 겸하여 3분의 1정도로 잘라줍니다.

번식 꺾꽂이는 5~9월에 합니다.

거름주기 봄과 가을에 상태를 보아 유박 액비를 뿌려줍니다.

수 확

2년째 봄부터 여름, 개화 직전에 향이 강해져 있을 때 가지를 잘라 그늘에 말려서 드라이 허브를 만듭니다. 다 마른 가지에서 잎을 분리하여 보관합니다.

병 해 충 대 책

비료를 과다 사용하지 않으면 특별히 병해충 걱정은 할 필요가 없습니다.

이 용 방 법

서양요리, 특히 삶는 요리에는 빠뜨릴 수 없는 허브로 생으로도, 드라이로도 사용합니다. 오일에 담그거나 허브차로 이용할 수 있습니다. 또한 방부작용이 있어서 의약품으로는 기침을 멈추게 하는 데 좋습니다.

세이지

작업일지	1월	2월	3월	4월	5월	6월	7월	8월	9월	10월	11월	12월
씨뿌리기												
작업				옮겨심기								
수확				2년째			수확					

♣ **어떤 채소?**
자소(紫蘇, 차조기)과. 약용 사루비아라고도 한다. 살균효과가 높고 고기요리의 냄새 제거에 이용한다.

♣ **재배방법 포인트**
관상용 종류도 많으므로 종류를 잘 확인하고 재배해야 한다. 비료는 듬뿍 주고, 순지르기는 자주 한다.

재 배 방 법

흙만들기 퇴비나 계분을 투입하여 물빠짐이 좋고 보습성이 좋은 흙으로 만듭니다. 산성을 싫어하므로 고토석회로 중화시킵니다. 보통의 채소밭일수록 밑거름은 필요하지 않습니다. 화분에 재배할 경우에는 적옥토와 퇴비만으로도 좋습니다.

씨뿌리기 비닐 포트에 3~4알씩 뿌리고 2주일 정도 건조하다 싶을 정도로 관리합니다. 발아 적정온도는 20~25도이므로 봄에 따뜻해지면 파종합니다. 가을 파종도 가능합니다. 잎이 서로 닿을 정도가 되면 솎아내어 본잎 6~8장에서 1그루가 되게 합니다.

옮겨심기 그루 간격 40cm로 밭에 옮겨심기를 하고, 넓은 화분이라면 조금 좁혀서 옮겨

1. 씨뿌리기

버미큘라이트+펄라이트 등 무균의 흙을 포트에 넣어 3~4알 뿌리고 얕게 흙덮기를 한 후 물을 듬뿍 준다.

2. 솎아내기

발아가 균일해지면 일조량이 좋은 장소에서 관리하고, 건조하면 물주기를 하며 잎이 닿는 곳부터 솎아낸다.

4. 순지르기

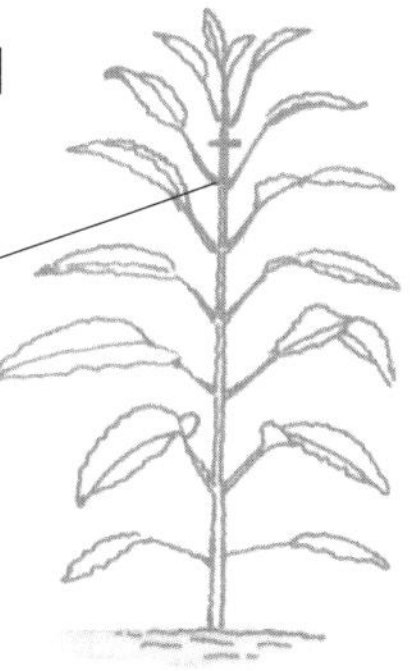

뿌리를 내리면 빠른 시간 내에 순지르기를 한다. 1년째는 수확을 줄이고 순지르기를 반복하여 잎 수를 늘린다.

3. 옮겨심기

본잎이 6~8장 되면 옮겨심기를 한다. 고토석회와 퇴비를 뿌려 약간 높게 만든 평이랑에 그루 간격 40cm로 옮겨심는다. 60cm 길이의 화분이라면 4그루, 평범한 화분이라면 1그루가 되게 심고, 흙은 적옥토와 퇴비를 섞은 것으로 한다.

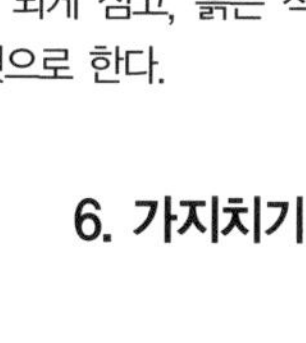

5. 수확

필요한 분량만 가지 끝을 따서 수확한다.

6. 가지치기

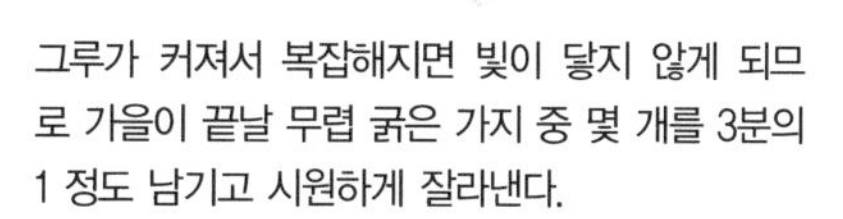

겨울에는 그루 밑에 낙엽이나 짚을 깐다. 화분에 심어 실내에서 겨울을 나는 것도 좋다. 파인애플세이지는 추위에 약하다.

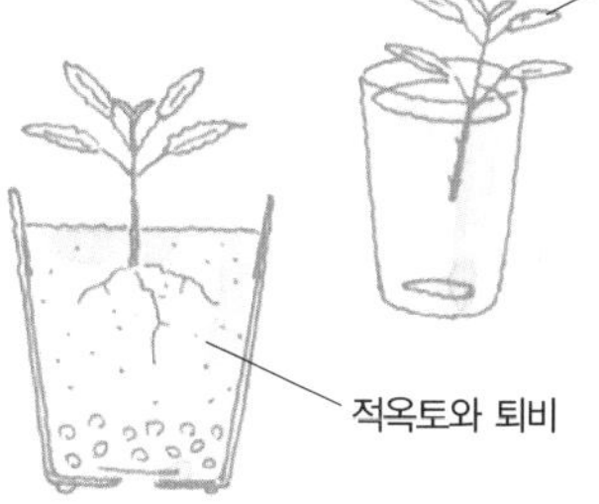

10cm의 꺾꽂이순은 아랫잎을 따주고 물에서 꺼내어 포트에 심는다

2년째 이후, 상태를 보아 꺾꽂이를 하거나 더 큰 화분에 옮겨 심는 방법으로 그루를 재생시킨다.

심기를 해도 좋습니다. 봄이나 가을에 시중에 나와 있는 모종을 구입하여 심어도 좋습니다. 일조량이 좋은 곳에서 건조하면 물을 듬뿍 주어 관리합니다.

순지르기 뿌리가 뻗으면 끝을 따서 곁싹이 나오도록 합니다. 1년째에는 잎 수를 늘려서 그루를 충실하게 합니다.

번식 꺾꽂이는 장마철에 실시합니다. 뿌리가 나오기까지는 2주일 정도 걸립니다.

거름주기 옮겨심기를 하여 2주일 후 상태를 보아 고형 발효유박을 1그루당 1개씩 묻어 줍니다. 그후에도 2개월에 1회씩 거름을 줍니다. 비교적 비료를 좋아하는 허브입니다.

수 확

복잡한 곳부터 따서 수확합니다. 여름의 개화 직전에는 향이 진해지므로 30cm 정도 높이에서 잘라내어 그늘에 말립니다.

병 해 충 대 책

수분이 너무 많으면 병의 원인이 됩니다. 진딧물은 조기에 발견하고 발견하는 즉시 제거하는 것이 중요합니다.

이 용 방 법

생잎은 고기와 함께 굽거나, 끓이거나, 튀기거나 하며, 소시지나 빵에 섞기도 합니다.

라벤더

작업일지	1월	2월	3월	4월	5월	6월	7월	8월	9월	10월	11월	12월
씨뿌리기												
작업			옮겨심기									
수확												

♣ **어떤 채소?**
자소(紫蘇, 차조기)과. 향이 진한 꽃이 핀다. 향수로도 이용되고 진정작용이 뛰어나다.

♣ **재배방법 포인트**
시원한 기후를 좋아한다. 과습을 싫어하므로 일조량이 좋은 장소에서 건조하다 싶을 정도로 재배한다.

재 배 방 법

씨뿌리기 산성 토양은 고토석회로 중화시키고, 물빠짐이 좋은 흙에 봄이나 가을에 씨앗을 파종합니다. 발아하기까지 시간이 걸리므로 직파보다는 포트에 파종한 후 물주기 등 관리를 잘 합니다.

옮겨심기 교잡되기 쉬우므로 꺾꽂이싹이나 모종을 구입하여 심는 것이 확실합니다. 통풍과 일조량이 좋은 장소를 선택하여 여름에는 반그늘에서 관리합니다. 물주기는 흙이 마른 후 듬뿍 주고, 큰 그루의 옮겨심기는 3월이나 12월에 합니다.

거름주기 봄과 가을의 옮겨심기 시기에 고형 발효유박을 줍니다.

1. 씨뿌리기

씨뿌리기용 흙을 넣은 포트에 10알 정도 흩어뿌리고 물주기를 거르지 않고 잘 관리한다.

2. 옮겨심기, 관리

솎아주면서 자라게 한 후, 그루 길이가 4~5cm 되면 화분이나 밭에 옮겨심기를 하고, 뿌리가 뻗을 때까지는 반그늘에서 관리한다.

3. 수확, 그늘 건조

꽃이 피기 직전 맑은 날 아침에 줄기에 잎을 4장 이상 남겨놓고 수확한다. 그늘에 말린다.

수 확

개화하기 시작하면 꽃줄기를 잘라서 수확합니다. 모두 수확한 후에는 전체를 둥글게 가지치기합니다. 수확하지 않으면 꽃이 피고 장마철이라 다습하기도 하여 그루가 약해집니다.

이 용 방 법

봉오리를 이용합니다. 설탕에 절이거나 차, 잼 등으로 활용합니다. 풍부한 향은 입욕제로도 좋습니다.

레몬밤

작업일지	1월	2월	3월	4월	5월	6월	7월	8월	9월	10월	11월	12월
씨뿌리기												
작업			옮겨심기									
수확						2년째	수확					

♣ **어떤 채소?**

자소(紫蘇, 차조기)과. 잎을 샐러드나 소스로 이용하고, 차로 이용하면 감기 예방에 좋다.

♣ **재배방법 포인트**

생장이 왕성하다. 꺾꽂이싹으로 간단히 번식시킬 수 있다. 과습하지 않도록 주의하고 밝은 그늘에서 관리한다.

재 배 방 법

씨뿌리기 일조량, 물빠짐, 보습성이 좋은 비옥한 장소에 직파를 하거나, 발아하기까지 시간이 걸리므로 포트에 심어 모종을 옮겨심기합니다. 뿌리뻗음이 좋고 점점 번져가므로 밭에서는 차단틀을 설치하여 그 안에 심도록 합니다. 넓은 화분이나 길이 60cm의 큰 화분이라면 3그루 정도가 좋습니다.

솎아주기 발아하기까지는 2~3주일 걸리지만, 그후에는 생장이 빠르므로 솎아내기를 자주 합니다. 여름에는 수분이 부족하지 않도록 주의합니다.

번식 그루나누기가 간단한 방법입니다. 오래된 그루는 꺾꽂이싹으로 재생시킵니다.

1. 씨뿌리기

씨앗이 매우 작고 건조시키면 싹이 나오지 않으므로 포트 파종을 하여 건조하지 않도록 2~3주일 동안 관리한다.

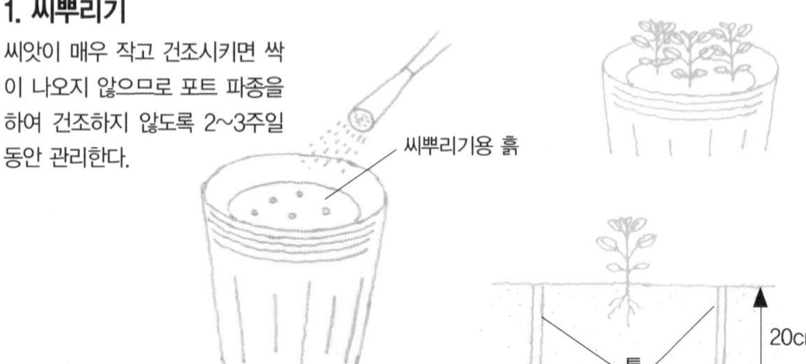

2. 옮겨심기

본잎 2~3장에서 옮겨심기를 한다. 밭에는 20cm 정도 깊이로 틀을 묻어 뿌리가 너무 퍼지지 않도록 한다. 60cm 길이의 화분이라면 3그루를 심는다.

3. 순지르기

순지르기를 하면서 이용하면 수북해진다. 장마철에는 그루가 상하기도 하므로 잘라서 건조시킨다. 꺾꽂이를 한다면 가지 끝을 5~6cm로 잘라서 꽂아준다.

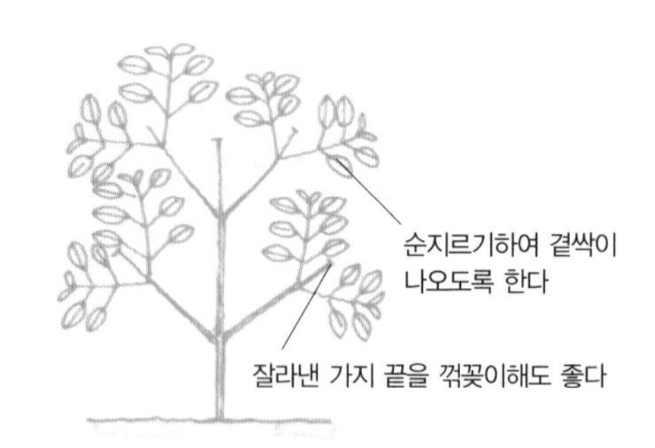

수 확

필요한 양을 줄기째 잘라서 수확합니다. 겨울철에는 실내에서 관리하면 수확을 계속할 수 있습니다. 2년째부터는 초여름에 개화하므로 개화 직전에 잘라내면 향이 강한 드라이 허브가 됩니다.

이 용 방 법

레몬 맛이 나며 샐러드나 소스, 오믈렛 등에 이용합니다. 특히 드라이는 허브티로도 이용합니다.

오레가노

작업일지	1월	2월	3월	4월	5월	6월	7월	8월	9월	10월	11월	12월
씨뿌리기												
작업			옮겨심기									
수확				2년째		수확						

♣ **어떤 채소?**
자소(紫蘇, 차조기)과. 스파이시로 이용하며 드라이는 향이 강하다.

♣ **재배방법 포인트**
생장이 왕성하다. 그루나누기로 번식하며 넝쿨을 뻗게 하므로 천장이나 벽에 달아 재배하는 것도 좋다.

재 배 방 법

씨뿌리기 봄이나 가을에 미세한 씨앗을 포트에 뿌리고 저면급수로 관리합니다. 발아하여 본잎이 다 나오면 일조량과 물빠짐이 좋은 장소에, 산성 토양은 중화시킨 후 옮겨심기를 합니다. 천장이나 벽에 달아서 재배할 경우에도 물빠짐이 좋은 흙을 사용합니다.

번식 넝쿨이 뻗어나가서 번식하는 종류이므로 너무 많이 뻗어나간 부분을 5cm 정도로 잘라서 꺾꽂이싹을 만들면 언제든지 번식시킬 수 있습니다. 3년 정도 재배하면 봄에 싹이 트기 전에 그루나누기를 합니다. 겨울에는 화분에 심어서 실내에 두면 수확을 계속할 수 있습니다.

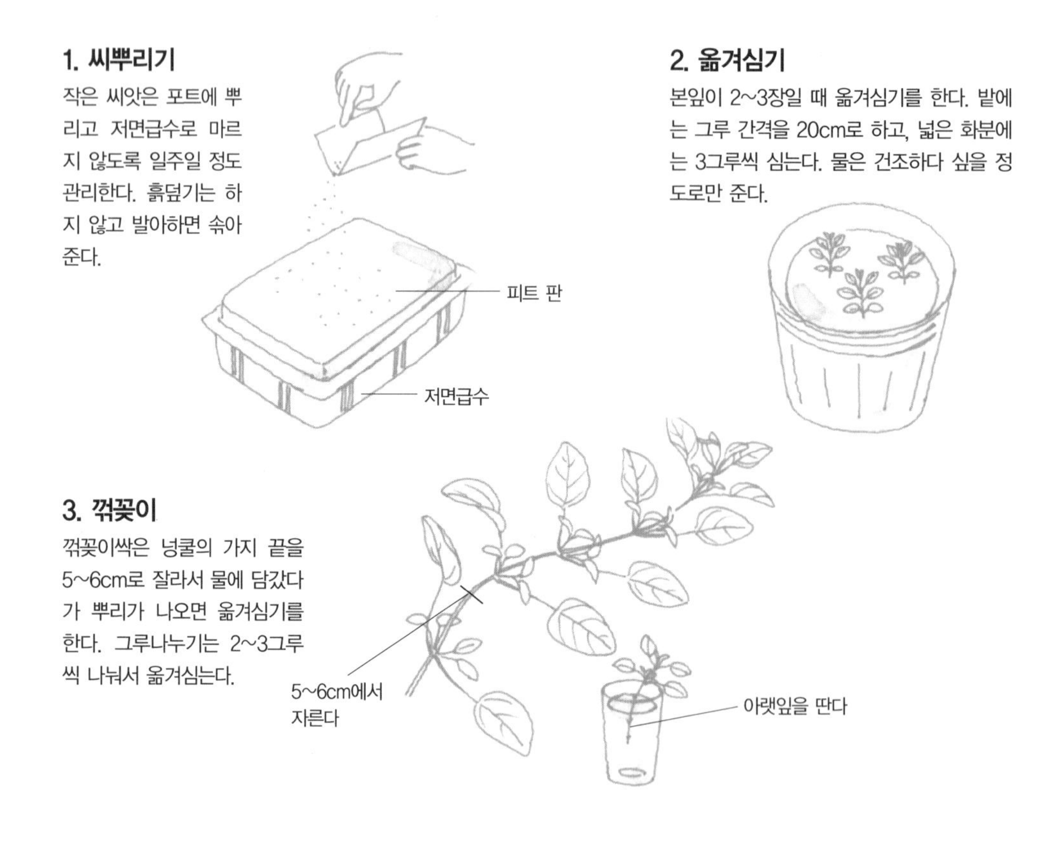

수 확

1년째에는 잘라내기나 솎아내기로 수확하고 그루가 충실해지도록 관리합니다. 2년째 여름에는 꽃이 피므로 개화 직전의 향이 강할 때 그루 밑에서부터 8cm 정도를 잘라서 수확합니다.

이 용 방 법

고기요리의 냄새 제거로 유명합니다. 토마토, 치즈와 잘 어울리고 허브티로도 좋습니다.

딜

작업일지	1월	2월	3월	4월	5월	6월	7월	8월	9월	10월	11월	12월
씨뿌리기			■	■					■	■		
작업			옮겨심기	■	■					■	■	
수확							■	■ 수확				

♣ 어떤 채소?

미나리과. 생선요리를 하거나 피클을 만들 때 생잎이나 미숙한 씨앗을 사용한다.

♣ 재배방법 포인트

추위에 강하다. 직근성이므로 뿌리가 너무 자라지 않은 빠른 시기에 옮겨심는다. 펜넬(Fennel, 딜과 같은 미나리과 식물, 지중해 원산) 주위에 심으면 교잡되므로 주의한다.

재 배 방 법

씨뿌리기 산성 토양을 중화시키고 물빠짐과 보습성이 좋은 직파를 합니다. 일조량이 좋은 장소를 선택하여 흙덮기를 한 후 7일 정도에 발아합니다. 봄 파종일 경우에는 바로 꽃이 피지만 가을 파종이라면 다음해 봄부터 잎을 수확할 수 있습니다.

순지르기 솎아내어 1그루가 되게 한 후 그루 길이가 20cm 정도 되면 순지르기하여 곁싹이 나오도록 해 자라게 합니다.

1. 씨뿌리기

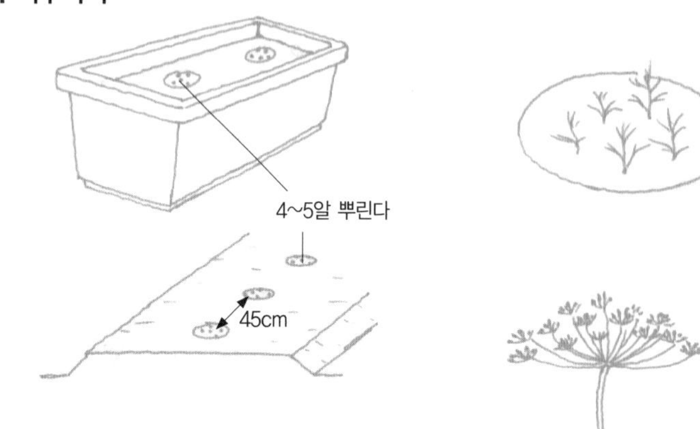

밭이라면 45cm 간격으로, 길이 60cm 정도의 긴 화분이라면 두 곳에 4~5알씩 점파한다.

2. 솎아주기

솎아내면서 그루 길이가 6~7cm 되면 1그루로 한다. 일조량이 좋은 장소에서 재배하고 물주기는 흙이 마른 후에 한다.

3. 개화, 수확

봄 파종은 6월 하순, 가을 파종은 다음해 5월에 개화한다. 열매가 떨어지기 직전에 맑은 날 수확한다. 생으로도, 드라이로도 이용한다. 씨가 떨어지도록 꽃을 조금 남기고 수확하는 것이 좋다.

시드는 열매가 떨어지기 직전에 수확

잎은 아래에서 수확

수 확

커지면 아랫잎부터 필요한 양만큼 따서 수확합니다. 한꺼번에 너무 많이 수확하면 그루가 약해집니다. 딜즙을 수확하려면 꽃이 지고 난 다음 그대로 결실하도록 하여 갈색으로 변할 때 줄기째 잘라서 건조시켜 보관합니다.

이 용 방 법

딜즙은 빵이나 과자에 넣습니다. 향이 강한 미숙한 녹색 씨앗은 피클이나 비네가로 이용합니다. 잎은 생선요리의 양념으로 사용합니다.

차빌

작업일지	1월	2월	3월	4월	5월	6월	7월	8월	9월	10월	11월	12월
씨뿌리기												
작업			옮겨심기									
수확				2년째			수확					

♣ **어떤 채소?**
미나리과. 잎을 잘게 다져서 버터나 치즈에 섞는다. 미식가의 파슬리.

♣ **재배방법 포인트**
씨앗을 파종하여 5주일 정도 후에 수확할 수 있다. 이식을 싫어하므로 직파를 하여 더위를 막아준다.

재 배 방 법

씨뿌리기 4월이나 9월 중순에서 10월 중순에 흩어뿌리기를 하여 흙덮기를 가볍게 합니다. 흘린 씨앗에서도 발아합니다.

솎아주기 잎이 닿을 정도로 뿌리를 상하지 않도록 가위로 자릅니다.

관리 약간 젖은 땅을 좋아하고 수분부족에는 약하므로 짚을 깔아주어 건조를 방지하고, 비로 인해 넘어지거나 잎이 더러워지는 것을 막아줍니다. 여름에는 강한 햇빛을 피하고, 시원한 반그늘진 곳에서 자라게 합니다.
봄에 꽃대가 나오면 생장도 멈추므로 빠른 시일 내에 따내도록 합니다. 화분에 심은 경우

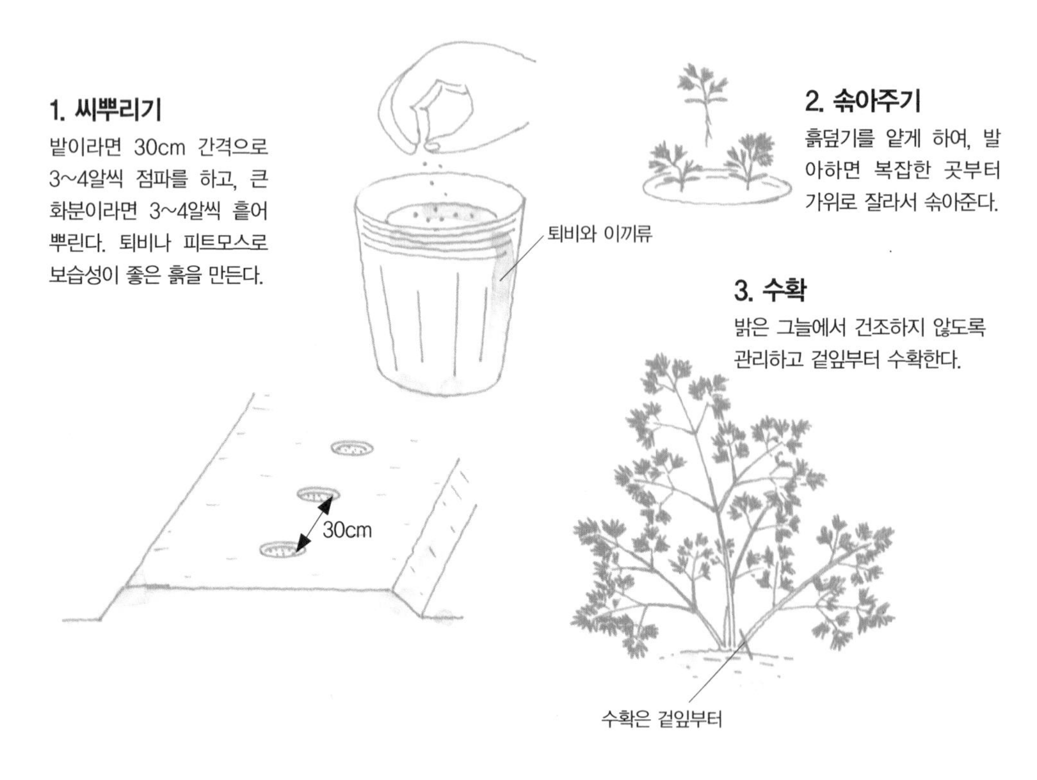

에는 겨울에도 실내에 두면 수확을 계속할 수 있습니다.

거름주기 비료는 그다지 좋아하지 않습니다. 퇴비 또한 밑거름만으로도 충분합니다.

수 확

그루 길이가 20cm 정도로 자라면 겉잎부터 잘라서 수확합니다. 5~6장 정도는 남겨두고 이용할 양만 수확합니다.

이 용 방 법

생잎을 잘게 다져서 생선요리나 샐러드에 이용합니다. 다른 허브와 섞어서 사용합니다.

차이브

작업일지	1월	2월	3월	4월	5월	6월	7월	8월	9월	10월	11월	12월
씨뿌리기												
작업			옮겨심기									
수확				2년째		수확						

♣ **어떤 채소?**

백합과. 잎이나 꽃을 생으로 이용한다. 식욕증진 작용이 있다.

♣ **재배방법 포인트**

구근이 남아 매년 그루나누기로 번식한다. 보습성이 좋고 비옥한 땅에서 잘 자란다.

씨뿌리기 봄이나 가을에 일조량, 물빠짐, 보습성이 좋은 비옥한 장소에 줄뿌리기를 합니다. 포트에 뿌려서 그루 길이가 5~6cm 되면 옮겨심기를 해도 좋습니다.

옮겨심기 밭이나 넓은 화분에 5~6그루를 하나로 하여 옮겨심기를 합니다. 옮겨심기할 때 물을 너무 많이 주면 뿌리가 썩을 수 있으므로 주의해야 합니다. 직파는 솎아내어 20cm 간격이 되게 합니다. 1년째에는 일조량이 좋은 곳에서 그루가 충실해지도록 관리합니다.

1. 씨뿌리기

직파는 줄뿌리기를 한다. 포트에 10알 정도 뿌리고 솎아내어 그루 길이가 5~6cm 될 때까지 키워도 좋다. 흙덮기를 5mm 한 후 신문지로 빛을 차단한다.

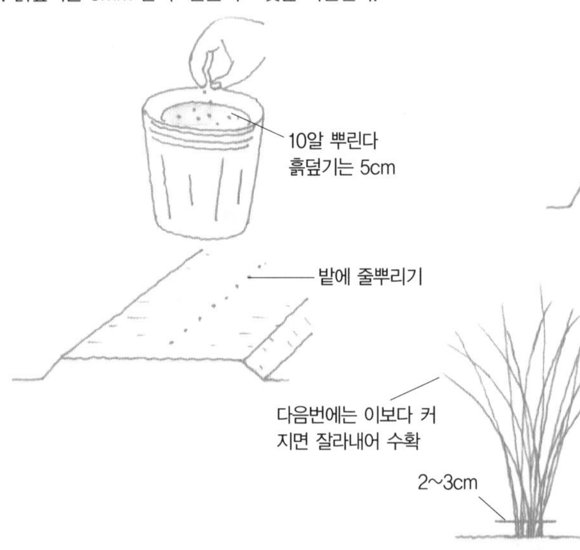

2. 옮겨심기

5~6cm로 자라면 5~6그루를 하나로 하여 20cm 간격으로 옮겨심기를 한다.

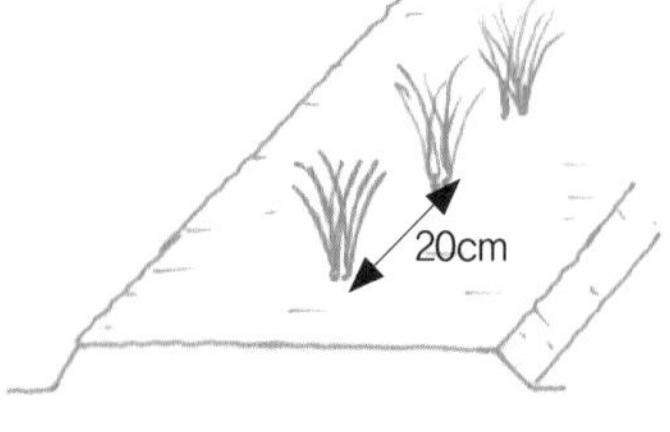

3. 수확

일조량이 좋은 곳에서 관리하고, 지면 가까이에서 베어서 수확한다. 지난번보다 더 커지면 수확을 반복할 수 있다.

수 확

20cm 이상 되면 수확할 수 있습니다. 수확은 비오는 날을 피하고 그루 밑을 2~3cm 남기고 베어냅니다. 2년째 여름에 피는 꽃도 식용으로 이용할 수 있으나, 꽃이 피면 잎이 딱딱해지므로 빠른 시기에 꽃 봉오리를 제거해줍니다. 수확 후에는 부엽토나 퇴비를 뿌리고 갈아엎어둡니다. 1년에 한 번은 봄이나 가을에 그루나누기를 합니다.

이 용 방 법

파와 같은 방법으로 이용합니다.

야채가꾸기 용어설명

3대 요소

질소, 인산, 칼륨의 3가지 영양분. 엽비의 질소, 실비의 인산, 근비의 칼륨이라는 말도 있듯이 식물 생장의 필수요소이다.

간토(間土)

비료와 식물이 직접 닿아서 부작용이 일어나는 것을 막기 위해 미숙한 퇴비를 사용할 경우, 그 위에 비료분이 없는 흙을 적당량 덮어주는 것.

개량종

교배나 돌연변이로 인해 얻은 씨앗으로, 그 성질이 안정적으로 나올 수 있도록 인위적으로 만들어낸 품종. 수요에 맞춰서 재배하기가 쉽다. 추위에 강하다거나 그외에 재배하기 쉬운 성질을 가질 수 있도록 개량된 품종이 많다.

결실

수정한 암술의 자방이 커져서 열매가 되고 씨앗이 되는 것.

곁싹

가지 끝 이외의 마디에서 나오는 싹. 잎 사이에 나오는 경우가 많다.

고토석회

고토(마그네슘)와 석회(칼슘)로 토양의 산도를 조정하기 위해 사용하는 토양개량제. 동시에 식물에 필요한 2가지 원소를 보충할 수도 있다.

골분

동물의 뼈를 분말로 만든 비료. 인산비료로 사용한다.

나무나 풀의 재(草木灰)

식물을 태워서 만든 비료. 유일하게 천연 칼륨 비료로 사용된다.

늦서리

그 지역의 겨울에 마지막으로 서리가 내리는 날의 평균보다 나중에 서리가 내리는 것. 씨뿌리기 후나 옮겨심기 후에 서리가 내리면 피해를 입게 됨.

답비(答肥, 禮肥)

수확 후에 주는 비료. 수확기간이 긴 경우나 몇 년이고 수확할 수 있는 다년초 등 양분이 집중된 과실을 수확하여 그루 전체가 약해졌을 때 주는 비료.

떼알구조(團粒構造)

흙 알갱이에 크기가 큰 것과 작은 것이 있어서 틈새가 있는 흙의 구조. 수분과 산소를 많이 함유한다. 반대로는 흙 틈새가 작은 홑알구조가 있다.

러너

딸기 등의 어미그루에서 나오는 긴 줄기를 말함. 마디에서 아들넝쿨이 나와 번식한다. 17도 이상의 온도가 하루에 12시간 이상 될 때 잘 발생한다.

멀칭(피복)

방한 · 더위대책으로 지온이 지나치게 상승하거나 하락하는 것을 막기 위해 흙 표면에 비닐이나 짚, 부엽토 등을 깔아주는 것. 동시에 빗물이 튀는 것과 잡초가 나오는 것을 예방할 수도 있다.

미량요소

흙에 미량으로 함유되어 식물의 성장에는 필수적인 붕소, 망간, 염소, 철, 동, 아연 등의 원소.

밑거름(원비)

식물을 옮겨심기할 때 흙 안에 미리 주는 비료.

반그늘

나뭇잎 사이로 햇빛이 비치는 정도의 양달. 또는 하루 중 3~4시간 정도는 직사광선이 비치고 그 다음에는 그늘이 되는 곳. 그러나 서향 빛만 비치는 곳은 제외.

부엽토

낙엽 등 식물을 반 정도 발효시킨 흙 양분을 포함하여 멀칭이나 물빠짐이 좋아지도록 사용한다.

비료 부작용

비료가 직접 식물에 닿거나 비료가 너무 많으면 식물에 악영향이 나타나는 것.

뿌리 덩어리

그루를 화분이나 흙에서 뽑아냈을 때 뿌리에 흙이 붙어 있는 상태.

산도 조정

비로 인해 흙이 산성화되기 쉽지만 거의 대부분의 채소가 산성을 싫어하므로 고토석회 등의 토양개량제를 사용하여 식물에 맞게 흙의 산도를 조정한다.

수분

수술의 꽃가루가 암술 머리에 묻는 것. 그후 순조롭게 진행되면 열매를 맺는다.

순지르기(적심)

생장하는 줄기나 가지의 앞부분을 잘라주는 전정방법. 그 아래 싹을 자라게 하는 것으로 가짓수를 늘리거나 그루 길이가 커지지 않도록 하는 데 효과적이다.

실생(實生)

씨앗부터 재배하는 것.

싹따주기

모든 싹을 자라게 하지 않고 필요한 싹만 남기고 나머지는 아직 자라지 않았을 때 제거해 주는 것. 양분이 분산되지 않고 남은 싹의 성장이 좋아진다.

싹틔우기

껍질이 단단하거나 발아율이 낮은 씨앗을 미리 물에 담그거나 저온 처리를 하거나 하여 씨뿌리기 전에 싹이 나오도록 하는 것.

액비

액체 비료의 줄임말로 주로 추비로 사용된다. 유기비료로는 유박의 부숙액 위에 떠 있는 부분을 이용한다.

얕게 심기

모종 등의 뿌리가 지표로 나오지 않을 정도로 얕게 심는 것. 물빠짐이 나쁜 장소에 효과적이다. 반대로 줄기가 어느 정도 묻힐 정도로 심는 것은 깊게 심기.

연작

같은 장소에서 같은 종류의 작물을 계속해서 재배하는 방법. 유채과, 가지과 등은 연작을 하면 병이 발생하거나 해충이 발생한다(연작 장해).

옮겨심기(정식)

수확할 장소에 모종을 심는 것.

완효성 비료

비료효과가 천천히 긴 시간에 걸쳐서 조금씩 나타나는 비료. 거의 대부분의 유기비료가 이 성질을 가지고 있다. 화성비료나 액비는 속효성 비료가 많다.

유기비료

화학성분 비료(무기비료)가 아닌 퇴비, 유박, 골분, 계분, 어분, 쌀겨 등 동물질이나 식물질을 원료로 한 비료. 지효성, 완효성인 것이 많다.

유기채소

병해충을 방제하기 위한 농약을 사용하지 않고 비료도 화학비료가 아닌 유기질 비료만 사용하여 3년 이상 재배한 채소를 말함. 시장에 나와 있는 유기채소에 관해서는 친환경농업육성법에서 정한 기준이 적용된다.

유박(깻묵)

유채나 땅콩, 대두 등의 기름성분을 이용하는 식물에서 기름을 짜고 남은 찌꺼기.

유인

지주를 세워서 넝쿨이나 가지를 원하는 방향으로 자라게 하는 것.

육묘상자

씨앗 파종에 사용하는 깊이가 있는 사각 상자. 밑이 그물망으로 되어 있다. 작은 포트를 정렬하여 사용하면 육묘가 편리하고 사용용도가 다양하다.

윤작

같은 종류의 작물을 같은 장소에 계속해서 심지 않고 수확 후에는 다른 종류의 작물을 재배하는 방법. 연작 장해를 방지하기 위한 것.

이식

씨앗을 뿌리거나 꺾꽂이를 하여 기른 모종을 최초로 화분에 옮겨심는 것. 마지막으로 수확할 장소에 심는 것은 옮겨심기(정식)라고 함.

저면급수(바닥급수)

화분의 아랫부분에서 물을 흡수하도록 하는 것. 씨앗이 미세하고 물주기로 인해 씨앗이 떠내려갈 우려가 있을 경우 효과적인 물주기 방법.

직파

수확할 장소에 직접 씨앗을 뿌리는 것. 키운 모종을 옮겨심기하는 것과는 달리 솎아주기를 하며 재배한다.

차광망(한랭포)

광선의 양을 조정하기 위한 그물. 그물의 굵기로 차광량이 정해진다.

추비(웃거름)

식물의 성장을 돕기 위해 성장 중에 주는 비료. 속효성이어야 하므로 흡수하기 쉽도록 뿌리 앞쪽 부근의 흙 표면에 뿌리는 경우가 많다. 성장에 맞추어 성분을 선택해 거름을 주는 횟수와 양 등을 조절한다.

치비(置肥, 놓아주는 비료)

고형 비료를 지표에 놓아두는 것. 또는 그 비료. 뿌리의 앞쪽 부분에 놓아두어 물을 줄 때마다 조금씩 녹은 비료를 흡수하도록 한다.

퇴비

유기물을 미생물로 분해시켜서 만든 비료. 시판품 이외에 생쓰레기나 낙엽 등을 모아 자가 제조할 수 있다. 썩히는 것이 아니라 완전히 발효시켜서 완숙된 상태에서 사용하는 것이 좋다.

포복성

줄기나 넝쿨이 수평 방향으로 뻗어가는 성질.

피트(Peat) 판

피트모스를 건조하여 압축시켜서 판넬로 만든 것. 물을 머금으면 불어나서 씨앗을 뿌릴 수 있다.

화성비료

고형의 화학 합성비료. 질소, 인산, 칼륨의 3요소를 화학적으로 합성한 비료로 밑거름으로 사용되는 경우가 많다. 유기재배 채소에는 사용하지 않는다.

흙덮기(북토)

씨앗을 뿌린 후 광선을 차단하여 싹을 틔우기 위해 흙을 덮어주는 것. 그 두께는 씨앗의 종류에 따라 달라진다.

흙모으기(북주기)

그루가 넘어지지 않도록, 또는 뿌리나 줄기가 노출되지 않도록 흙을 그루 밑으로 모아주는 것.

■ 편역자의 글

현대는 다양한 문화와 고도의 정보화 사회입니다. 이 고도의 문화 · 정보화 사회를 지탱하기 위해서 과학에 의존하기 이전에 궁극적인 농업(과학의 산물인 땅과 인체에 해로운 물질이 완전히 배제된 순수 · 청정 농산물을 생산하는)사회가 실현되지 않으면 인류는 비참한 결과를 맞이하게 되리라는 우려를 하고 있습니다. 농업은 생명을 가꾸고 공급하는 일이기 때문입니다.

산업사회 이전의 인류는 그러한 농업사회를 이루며 자연과 함께 사는 지혜를 지니고 있었습니다. 그리고 그것을 지속적으로 영위하기 위해 자연을 배려할 줄 아는 관습과 문화를 지키고 있었습니다.

이러한 의식과 관습을 송두리째 머릿속에서 지워버리는 무서운 과실을 범하기 시작한 것은 우리의 역사를 보더라도 대량생산 소비문화가 시작된 시점인 반 세기를 넘지 않습니다. 그러므로 우리는 지금 돌이켜야 합니다. 지속 가능한 사회, 정신과 신체가 건강하고, 그런 사람들이 영위하는 건강한 사회를 실현하기 위해서 그 무엇보다도 이 일이 최우선이기 때문입니다. 즉 몸과 정신이 온전한 삶을 살기 위해서는 우리의 정신과 몸을 만들어내고 지탱할 힘을 공급해주는 생명력 있는 먹을거리를 섭취해야 합니다.

독일의 경제학자 슈마허는 "대량의 소비문화는 대량생산을, 대량생산은 곧 지구 자원의 대량소비다"라고 말합니다. 인류는 풍족해졌으나 쉴 틈 없이 생산해내야 하는 땅은 몸살을 앓고 자원은 고갈되어갑니다. 인간의 욕심은 현대에 이르러 심각한 모순들을 낳고, 그것이 먹을거리에도 일찍부터 개입되어 인간이 병드는 원인을 제공하기도 합니다. 그러므로 우리는 이 땅에서 깨끗하고 욕심 없는 자연의 순리에 따른 농업을 해야 합니다.

먹을거리는 우리의 몸과 정신세계를 더 높여주기도 하고 낮아지게 하기도 합니다. 그러므로 우리는 무엇을 먹어야 할 것인가에 대해 심각하게 고민해봐야 합니다. 잘못된 먹을거리를 섭취함으로써 발생하는 심각한 병에 대해 자기 자신 외에 아무도 책임을 지지 않기 때문입니다.

최근 농사일을 하고 여러 가지 농법을 접하면서 안전한 먹을거리와 궁극적인 농업이란 결국 어떤 것인가에 대해 생각해보았습니다. 그 결과 한 가지 더 확신을 얻게 된 것은 농업에 있어서 진리는 자연이며, 사람도 자연이요, 우리가 매일 섭취하는 양식도 자연이라는 사실입니다.

자연계는 나와 별개의 것이 아니라, 나 자신이 곧 자연계입니다. 즉 나는 '자연' 을 먹어야 건강하게 살 수 있다는 것입니다. 그러므로 가장 자연에 가깝게 자란 먹을거리가 가장 사람에게 이롭습니다. 적어도 농업에 있어서는 과학을 적용하기 이전에 자연계의 이치와 규범이 최우선 되어야 하고, 과학이 그 규범을 해쳐서도 안 됩니다. 예를 들면 유전자 조작 식품(GMO)이나 그 종자가 미치는 범지구적 피해를 들 수 있습니다.

우리가 가장 건강하기 위해서는 가장 자연에 가까운 먹을거리를 먹어야 하는데, 그러기 위해 우리는 최대한 우리가 속해 있는 자연에서 얻을 수 있는, 자연에 되돌려주었을 때 부작용 없이 바로 자연으로 돌아갈 수 있는 퇴비만을 사용하여 농사를 지어야 합니다.

그것이 가능한 한 가지 방법은 텃밭에서 내가 먹을 양식을 내가 잘 알고 있는 자연의 산물을 이용해 가꾸어 청정한 양식을 섭취하는 것입니다.

끝으로 덧붙이고 싶은 말은 이 책을 사용하여 채소가꾸기를 할 때 화학비료나 화학살충제 등을 절대로 사용하지 말아주시기를 부탁드립니다. 또한 지나치게 퇴비를 많이 주어 질소분이 많은 채소로 가꾸면 텃밭에서 가꾸는 의미를 잃게 될 수 있습니다. 그러므로 직접 가꾸는 채소는 색깔이 그다지 진하지 않은 연녹색을 띠는, 질소성분이 적은 채소를 가꾸시기를 권장합니다.

박성진

한 권으로 읽는 상식&비상식 시리즈

우리가 몰랐던 **웃음 치료의 놀라운 기적** 후나세 슌스케 지음 | 이요셉·김채송화 옮김 | 14,500원
우리가 몰랐던 **항암제의 숨겨진 진실** 후나세 슌스케 지음 | 김하경 옮김 | 14,500원
우리가 몰랐던 **암 자연치유 10가지 비밀** 후나세 슌스케 지음 | 이정은 옮김 | 13,500원
우리가 몰랐던 **암의 비상식** 시라카와 타로 지음 | 이준육·타키자와 야요이 옮김 | 14,000원
우리가 몰랐던 **마늘 요리의 놀라운 비밀** 주부의 벗사 지음 | 한재복 편역 | 백성진 요리·감수 | 12,900원
우리가 몰랐던 **어깨 통증 치료의 놀라운 기적** 박성진 지음 | 올컬러 | 16,000원
우리가 몰랐던 **목 통증 치료의 놀라운 비밀** 박문수 지음 | 13,500원

우리가 몰랐던 **냉기제거의 놀라운 비밀** 신도 요시하루 지음 | 고선윤 옮김 | 15,000원
우리가 몰랐던 **냉기제거 반신욕 건강백서** 신도 요시하루 지음 | 고선윤 옮김 | 14,000원
우리가 몰랐던 **턱관절 통증 치료의 놀라운 비밀** 로버트 업가르드 지음 | 권종진 감수 | 15,000원 eBook 구매 가능
우리가 몰랐던 **야채수프의 놀라운 기적** 다테이시 가즈 지음 | 예술자연농식품 감수 | 강승현 옮김 | 14,000원
우리가 몰랐던 **면역혁명의 놀라운 비밀** 아보 도오루·후나세 슌스케·기준성 지음 | 박주영 옮김 | 14,000원
우리가 몰랐던 **당뇨병 치료 생활습관의 비밀** 오비츠 료이치 외 지음 | 박선무·고선윤 옮김 | 15,000원
우리가 몰랐던 **자연재배 놀라운 기술** 기무라 아키노리 지음 | 도라지회 옮김 | 15,000원

우리가 몰랐던 **유전자 조작 식품의 비밀** 후나세 슌스케 지음 | 고선윤 옮김 | 15,000원
우리가 몰랐던 **눈이 좋아지는 하루 5분 시력 트레이닝** 로버트 마이클 카플란 지음 | 14,000원 eBook 구매 가능
우리가 몰랐던 **백신의 놀라운 비밀** 후나세 슌스케 지음 | 김경원 옮김 | 15,000원 eBook 구매 가능
한승섭 박사의 **전립선 치료 10일의 기적** 한승섭·한혁규 지음 | 15,000원
혈액을 맑게 하는 지압 동의보감 세리자와 가츠스케 지음 | 김창환·김용석 편역 | 25,000원
암 치유 면역력의 놀라운 힘 장석원 지음 | 15,000원
우리가 몰랐던 **백년 건강 동의보감** 한승섭·한혁규 지음 | 16,000원

중앙생활사 Joongang Life Publishing Co.
중앙경제평론사 | 중앙에듀북스 Joongang Economy Publishing Co./Joongang Edubooks Publishing Co.

중앙생활사는 건강한 생활, 행복한 삶을 일군다는 신념 아래 설립된 건강 · 실용서 전문 출판사로서
치열한 생존경쟁에 심신이 지친 현대인에게 건강과 생활의 지혜를 주는 책을 발간하고 있습니다.

그림으로 쉽게 배우는 야채재배 첫걸음

초판 1쇄 인쇄 | 2021년 9월 13일
초판 1쇄 발행 | 2021년 9월 18일

지은이 | 아라이 도시오(新井敏夫)
편역자 | 박성진(SeongJin Park)
감수자 | 이태근(TaeGeun Lee)
펴낸이 | 최점옥(JeomOg Choi)
펴낸곳 | 중앙생활사(Joongang Life Publishing Co.)

대　표 | 김용주
편　집 | 한옥수 · 백재운
디자인 | 박근영
마케팅 | 김희석
인터넷 | 김회승

출력 | 삼신문화　종이 | 한솔PNS　인쇄 | 삼신문화　제본 | 은정제책사

잘못된 책은 구입한 서점에서 교환해드립니다.
가격은 표지 뒷면에 있습니다.

ISBN 978-89-6141-277-3(03520)

원서명 | 無農薬 · 有機栽培で育てるおいしい野菜作り80種

등록 | 1999년 1월 16일 제2-2730호
주소 | ㉾ 04590 서울시 중구 다산로20길 5(신당4동 340-128) 중앙빌딩
전화 | (02)2253-4463(代)　팩스 | (02)2253-7988
홈페이지 | www.japub.co.kr　블로그 | http://blog.naver.com/japub
페이스북 | https://www.facebook.com/japub.co.kr　이메일 | japub@naver.com
♣ 중앙생활사는 중앙경제평론사 · 중앙에듀북스와 자매회사입니다.

※ 이 책은《유기농 야채재배 도감》을 독자들의 요구에 맞춰 새롭게 출간하였습니다.